W0337616

BILDERLEXIKON DER TECHNIK

Gewidmet den Zeichnern dieses Buches,
diesen Zauberern und Illusionisten,
die durch alle Wände sehen, jede Maschine
auseinandernehmen, jedes Einzelteil betrachten
und uns so die verborgenen Geheimnisse
der Dinge unseres täglichen Lebens offenlegen.

Ganz besonders soll diese Widmung gelten für:
Jos Fichet, Gilbert Macé, Lucien Mathieu,
Emmanuel Mercier und François Pichon.

© 1990 Librairie Larousse
© 1992 für die deutschsprachigen Rechte bei
Bechtermünz Verlag GmbH, Eltville am Rhein
Graphische Konzeption; CALLIGRAM
Übersetzung und Redaktion: W. M. Riegel, München
Druck und Bindung: New Interlito, Trezzano
ISBN 3 86047 035 3

BILDERLEXIKON DER TECHNIK

Maschinen
Instrumente
Apparate
Bauwerke

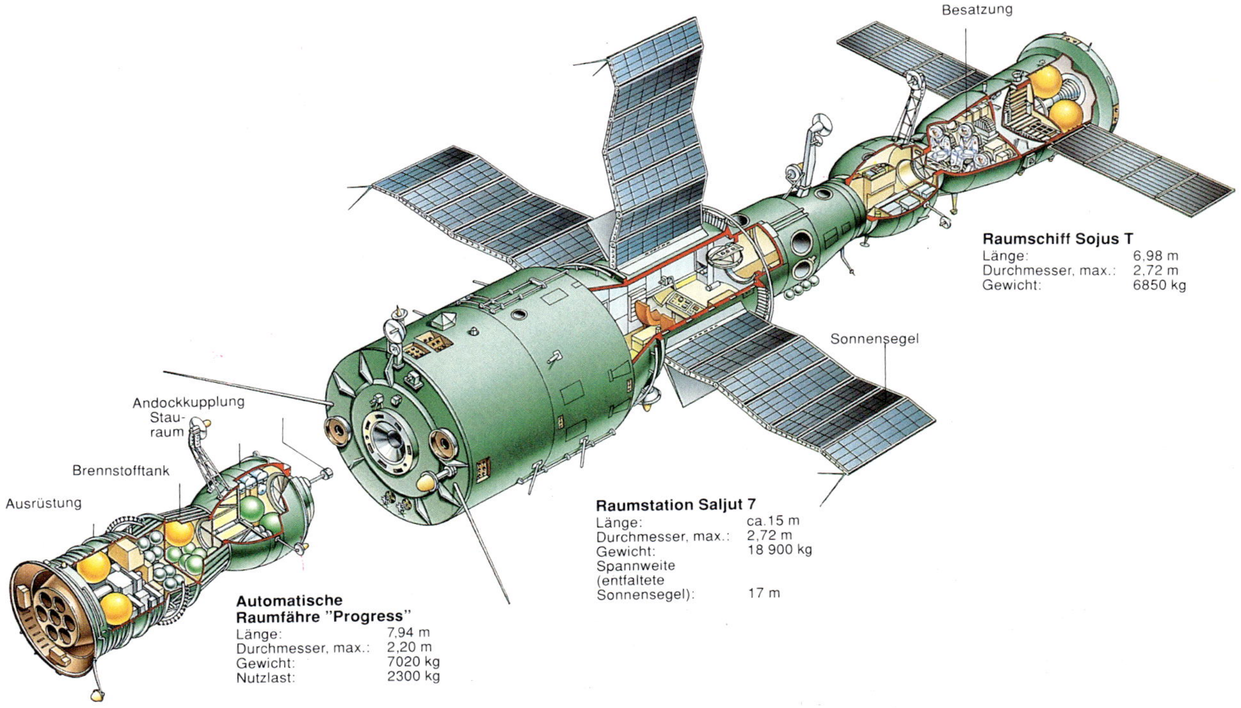

Weltbild

Dieses Buch enthält hunderte verschiedener Dinge,

nach Gruppen und Oberbegriffen geordnet:

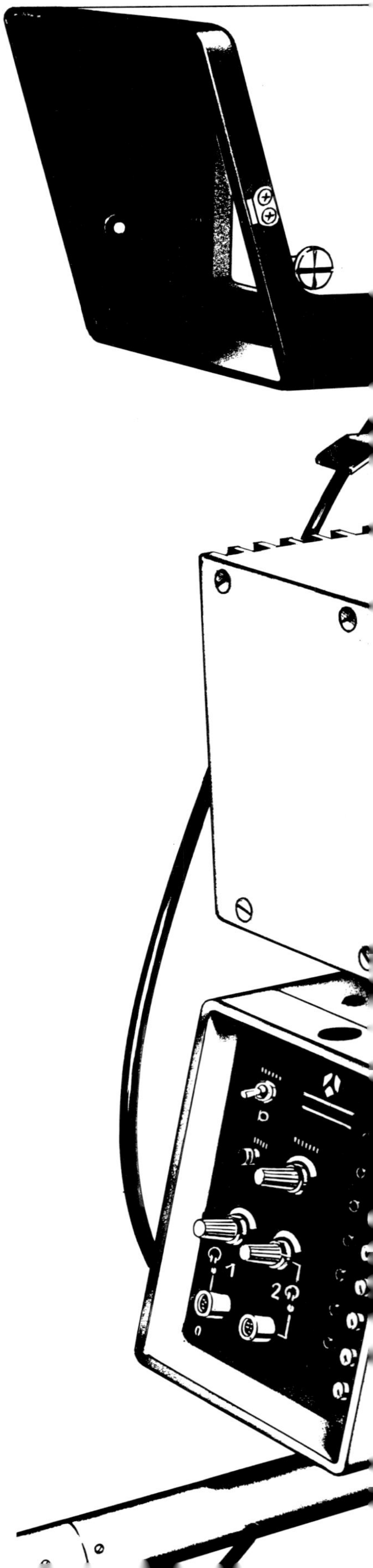

Anmerkung:
Das Ordnungsprinzip der Einzelthemen (Stichworte) innerhalb jeder Sachgruppe dieses Buches war, der Originalausgabe entsprechend, das französische Alphabet. Da für die deutsche Ausgabe allein schon aus technischen Gründen Stand und Seitehumbruch der Abbildungen nicht einfach deutsch-alphabetisch völlig neu geordnet werden konnten, war in Kauf zu nehmen, daß in dieser deutschen Ausgabe die Zusammenstellung und die Abfolge der Themen etwas zufällig und keinem rechten System folgend erscheinen könnte, was aber tatsächlich nur die zwangsläufige Konsequenz der Übersetzung ist. Der Verlag ersucht dafür um Verständnis.

APPARATE

Es gibt eine Unmenge von ihnen. Für den Haushalt, zum Fotografieren, mechanische Apparate, elektronische Apparate... Alle diese Zusammensetzungen vieler Einzelteile kann oder könnte man auch Geräte nennen oder Instrumente oder Maschinen. Aber in der Alltagssprache haben sich bestimmte Gebräuche eingebürgert. Wenn man zum Beispiel in einem Flugzeug sitzt, kann man die Stewardess fragen, ob es hier in der „Maschine" einen „Apparat" gibt ... zum Telefonieren nämlich.

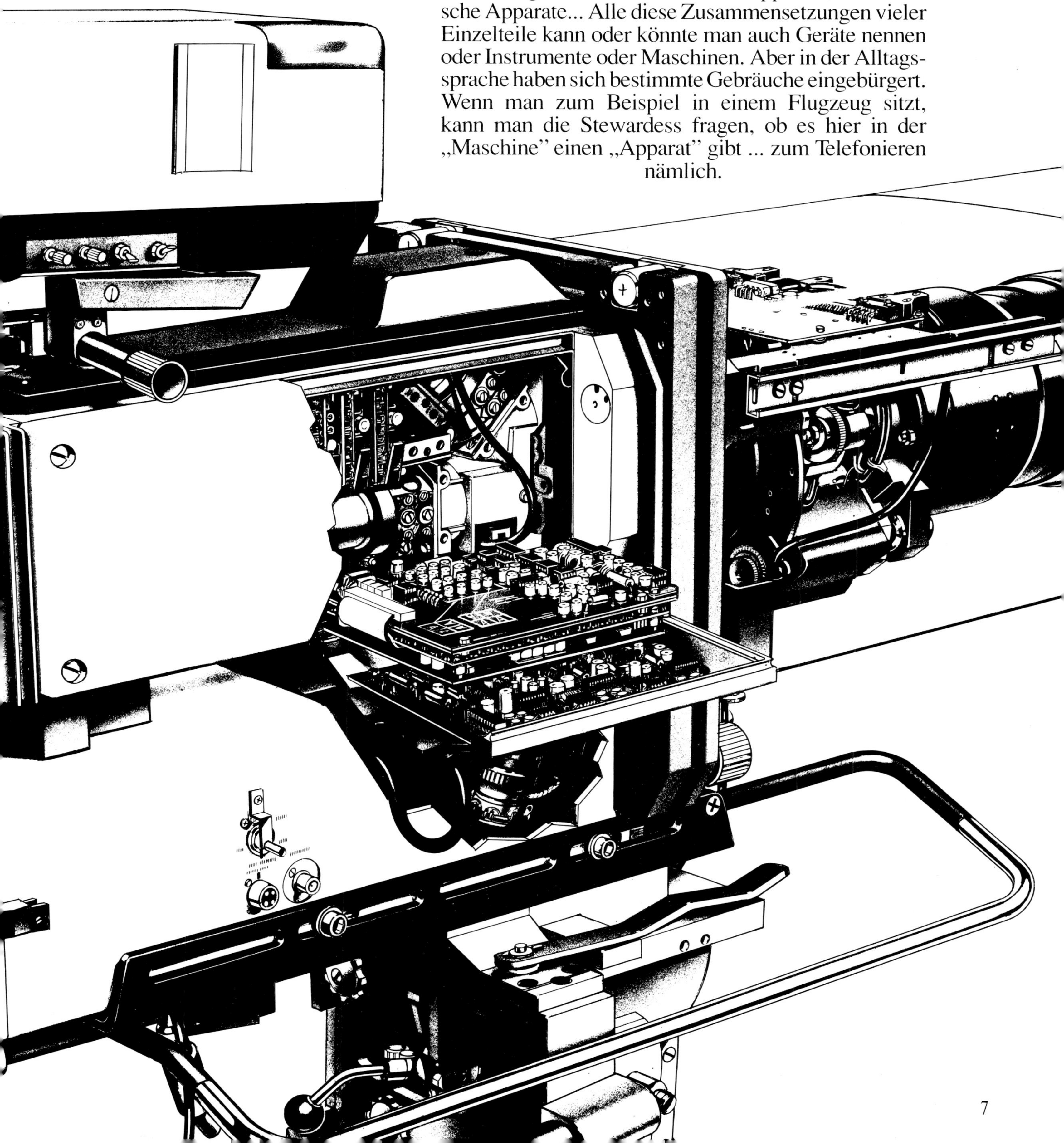

Akkumulatoren

Zum Speichern und Abrufen je nach Bedarf von elektrischer Energie

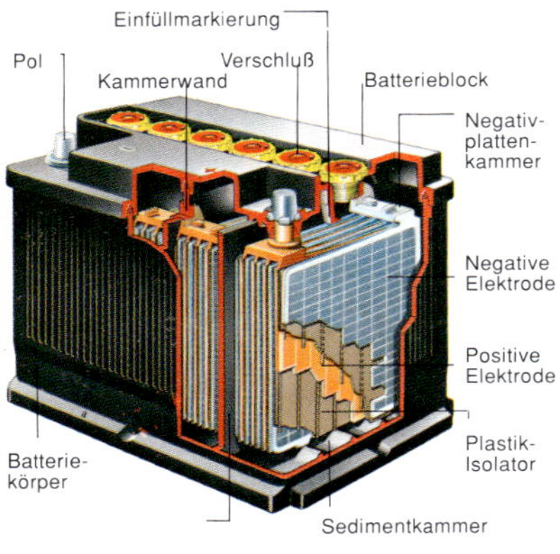

Bleibatterie

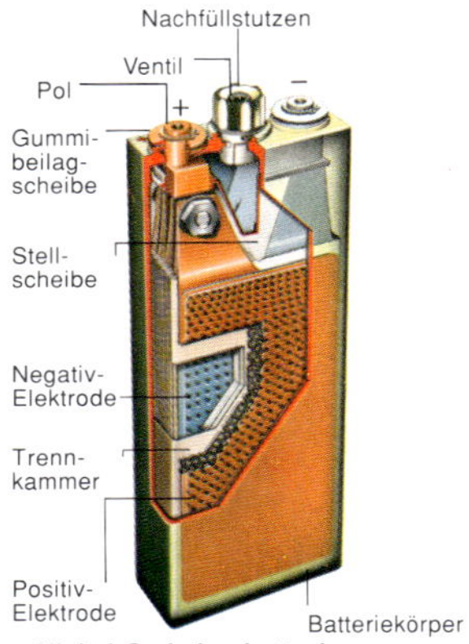

Nickel-Cadmiumbatterie

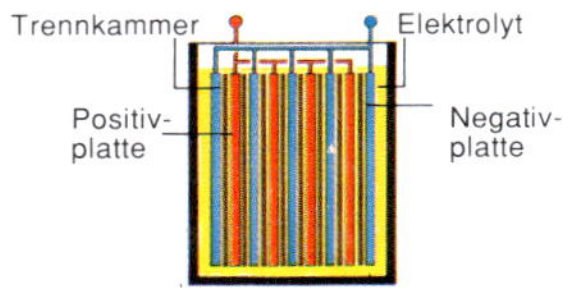

Struktur eines Bleielement

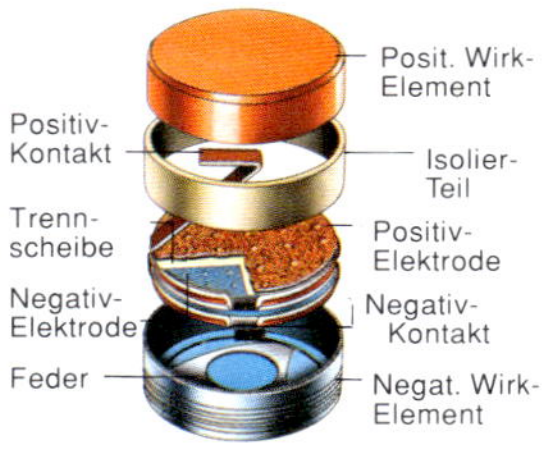

Struktur eines Nickel-Cadmium-Dichtungselement

Wasserenthärter

Zur Wasserenthärtung durch Auswechseln des darin enthaltenen Kalziums durch Natrium

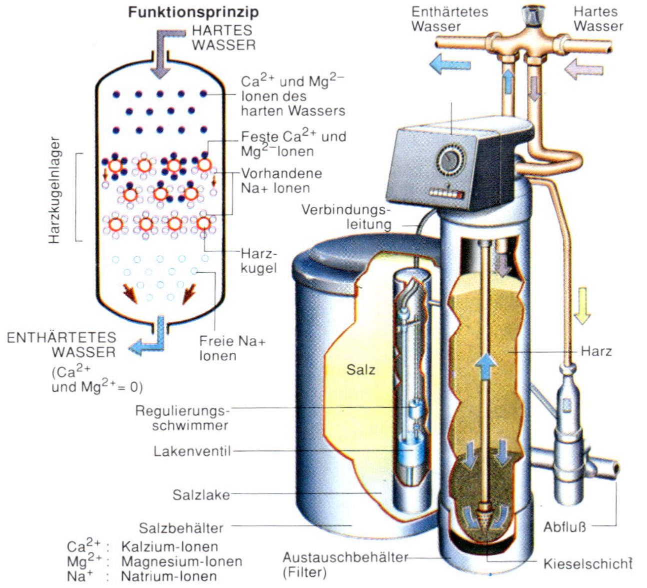

Abb. nach Quelle Permo

Destillierapparat

Zur Destillation von Lösungen, d.h. Trennung ihrer Bestandteile

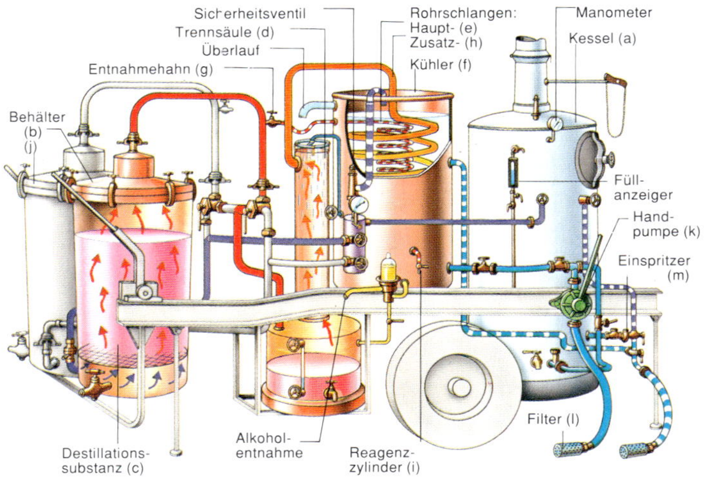

Der Dampf, den der Kessel; (a) produziert und der durch die Substanz (c) in den Behälter (b) eingeleitet wird, wird zu Alkoholdampf;. Dieser gelangt in die Trennsäule (d), durchströmt sie und verdichtet sich durch Abgabe von Wasser. Danach konzentriert er sich weiter in der Rohrschlange (e) des Kühler; (f). Das nun erhaltene Destillat ist reiner Alkohol. Gegen Ende der Destillation wird am Ausgang des Behälters (b) noch einmal Dampf entnommen (g), der in einer zum Reagenzzylinder; (i) führenden Zusatzrohrschlange (h) kondensiert, wo das Destillat dann gewogen und gemessen wird. Wenn der Behälter sich leert, wird der Dampf unten in den zweiten Behälter (j) eingeleitet. Ist der Behälter (b) ganz leer, wird er abgesperrt und neuer Dampf kommt direkt aus dem Generator in den Kreislauf. Nach Leerung und neuer Füllung kann das Ganze von vorne beginnen. Mit der Handpumpe (k) kann kaltes Wasser in den Kühler und auch in den Kessel eingebracht werden; dessen Füllhöhe wird durch das vom Einfüllstutzen (j) mit Dampfdruck eingespeiste Filterwasser (l) auf gleicher Höhe gehalten.

- Dampf
- Alkoholdämpfe
- Angereicherte Alkoholdämpfe
- Kondensierte Dämpfe (reiner Alkohol)
- Wasser für Kondensator und Kessel
- Warmes, aus dem Kondensator austretendes Wasser
- In die Einspritzung einlaufender Dampf
- In die Einspritzung einlaufendes Wasser

Destillation
in einer Anlage in der Charente (Cognac-Herstellung)

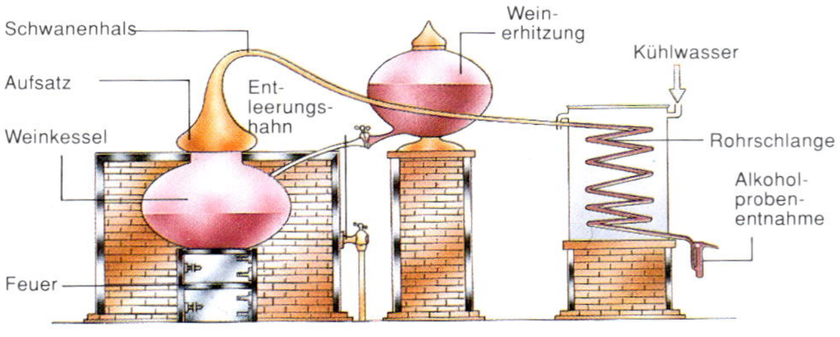

Anemometer

Zur Messung der Wind- und Fließgeschwindigkeit von Flüssiggasen

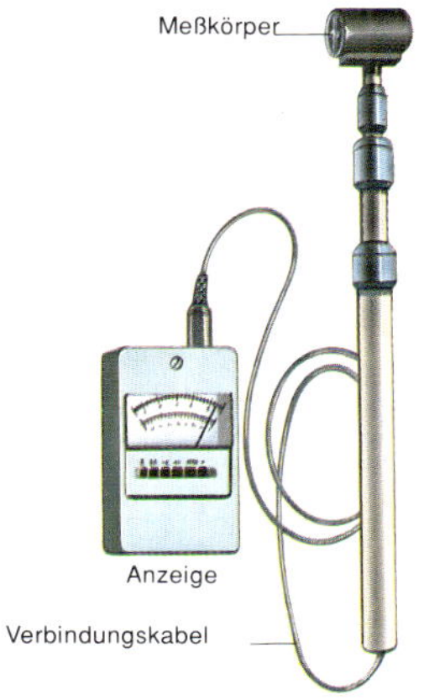

ELEKTROMAGNETISCH (ROTATION)

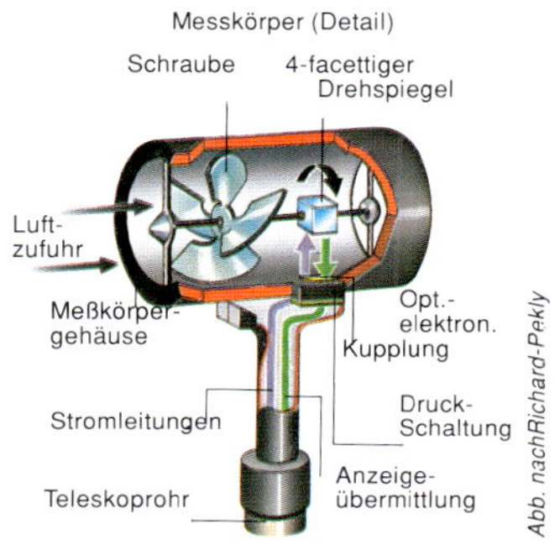

ELEKTRONISCH (SCHRAUBE)

Aufzug

Zum Senkrechttransport von Personen oder Lasten in einer Kabine

Staubsauger

Zum Aufsaugen aller Art von Staub und Schmutz in einen Auffangsack

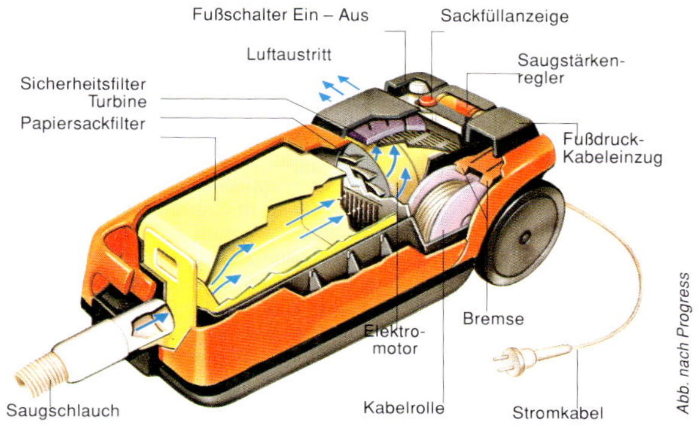

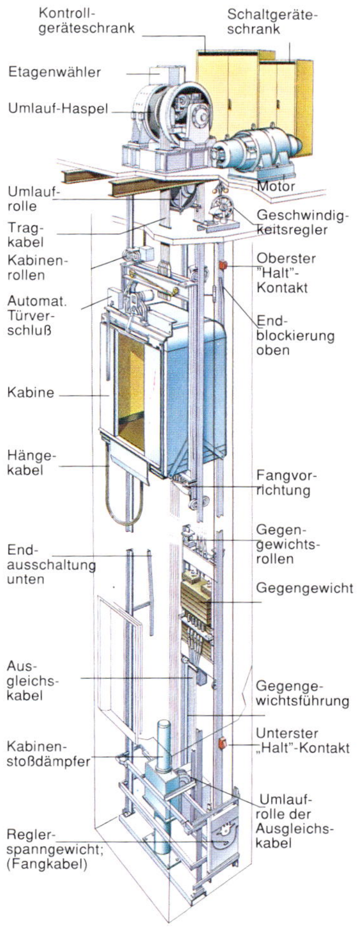

Schema eines elektr. betriebenen Aufzugs

Abb. nach Quelle Otis

Kampfflugzeug

Die „Rafale"

Zur Luft- und Territorialverteidigung

1. Ansaugrohr
2. Radom
3. Radar
4. Gebogene Kanzelscheibe
5. Richtaufsatz
6. Schleudersitz
7. Bremszentrale
8. Oberfläche „Canard"-Flosse r.
9. Flugkontrollrechner
10. Tragflächenklappen
11. Entlüftungsschachtgitter
12. Positionslicht oben
13. Frischlufteinzug
14. Bremsklappen
15. Leitwerk ende mit VHF/UHF-Antenne
16. VOR-Antenne
17. Bremsfallschirm
18. Positionslicht hinten
19. Turbotriebwerk
20. Steigklappen
21. Fahrwerk (l.Rad)
22. Positionslicht links
23. Bordkanone 30 mm
24. Luftauftankschacht
25. Luftansaugteiler
26. Roll- und Landelicht
27. Spornrad
28. Entfernungsmesserantenne

Technische Daten

Länge	: 15,8 m
Spannweite	: 11 m
Oberfläche	: 47 m²
Gesamtgewicht	: 14 t
Maximalgeschwindigkeit	: Mach 2

2 Turbotriebwerke G.E. F 404 von 7,8 t Schub

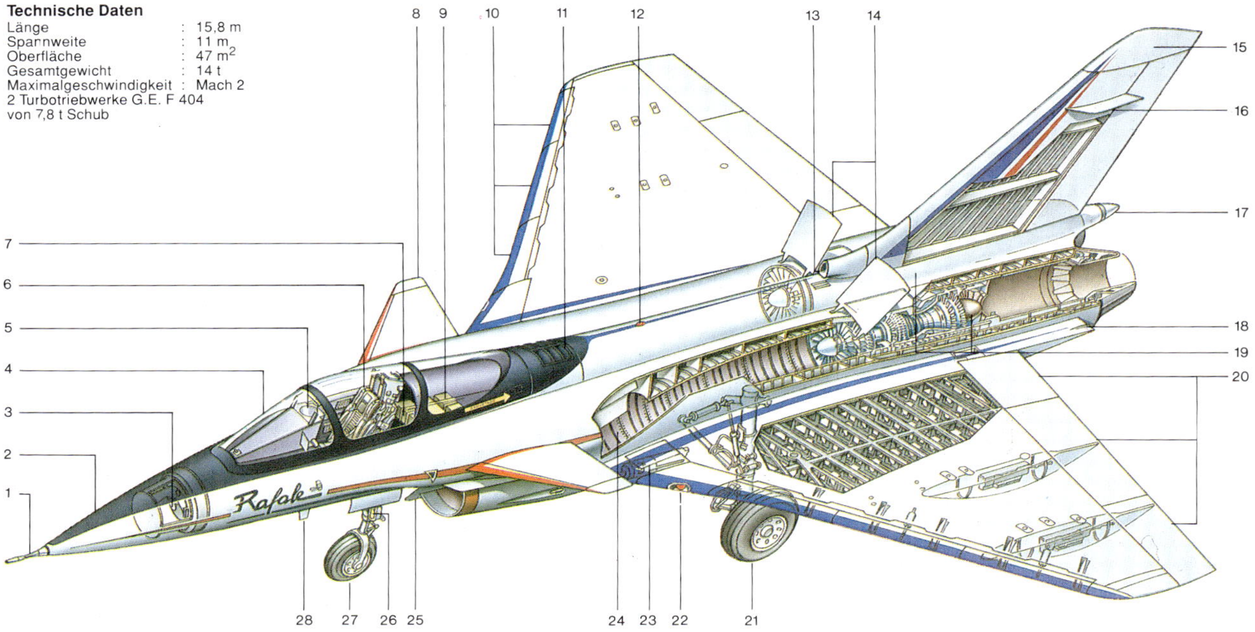

Abb. nach Aviation Magazine International

Zivilflugzeuge

Zum Lufttransport; von Personen und Fracht

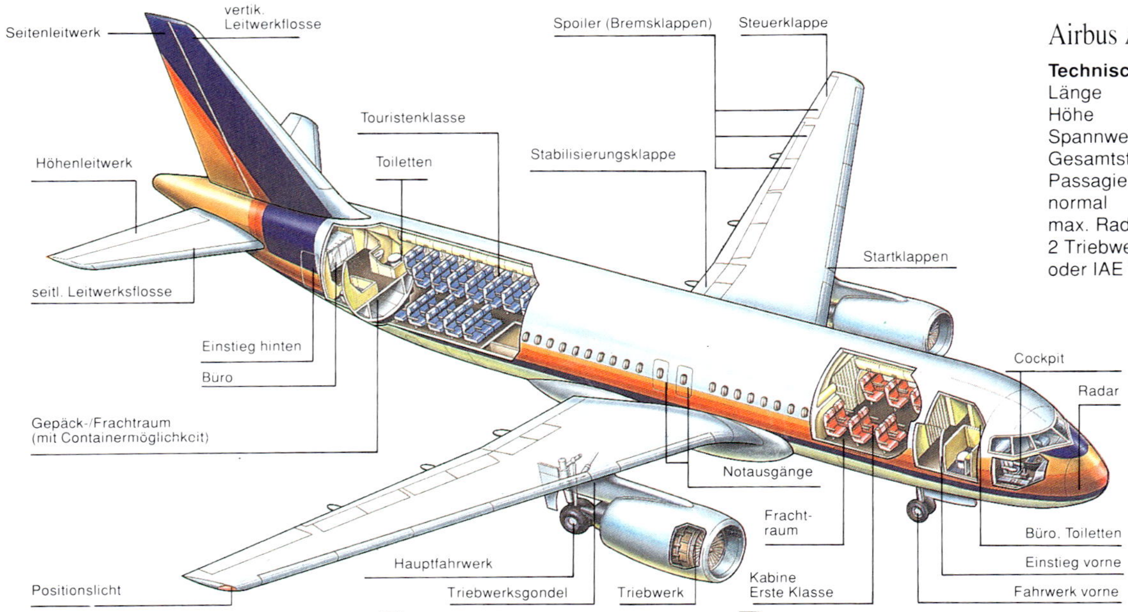

Airbus A-320

Technische Daten

Länge	35,57 m
Höhe	11,76 m
Spannweite	33,91 m
Gesamtstartgewicht	72 t
Passagierplätze	
normal	12 + 138
max. Radius	5900 km

2 Triebwerke CFMI CFM 56-5 oder IAE V 2 500

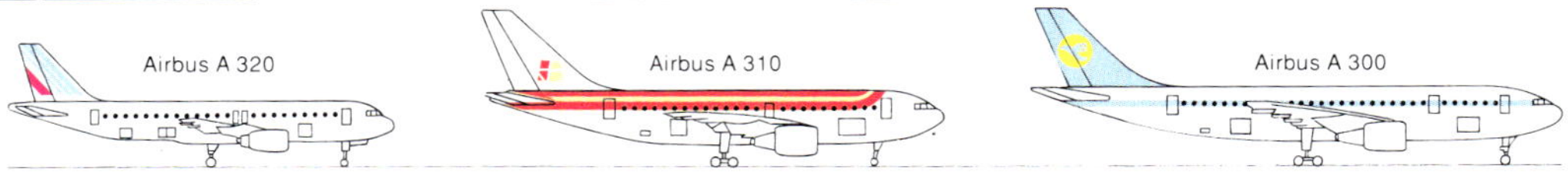

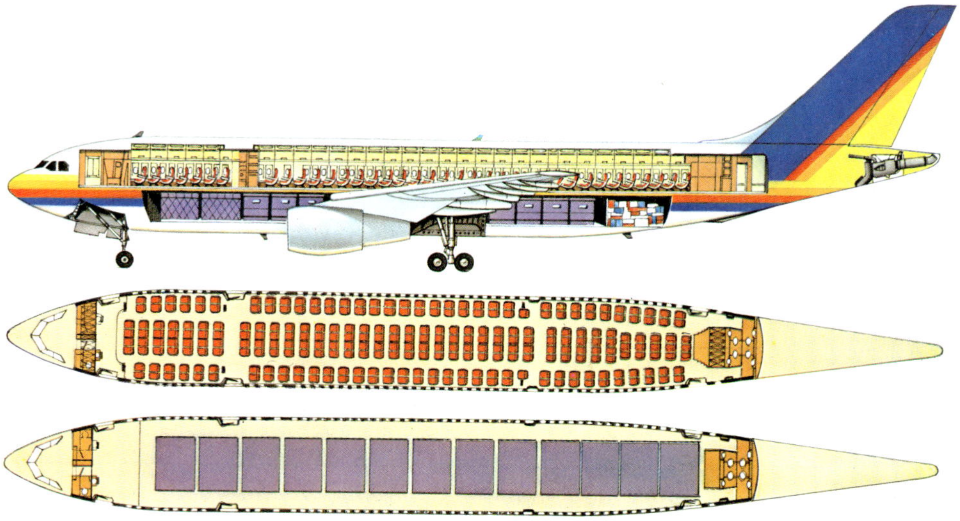

Schnitte durch den Rumpf des Airbus A 310–200 mit Ansicht der Verteilung der Passagiersitze und/oder der Fracht

Boeing 747 Fracht

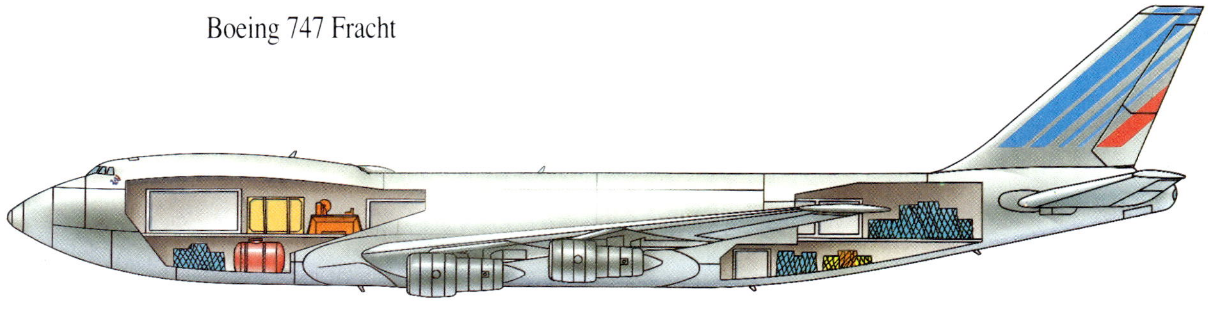

Zivilflugzeuge

(Details)

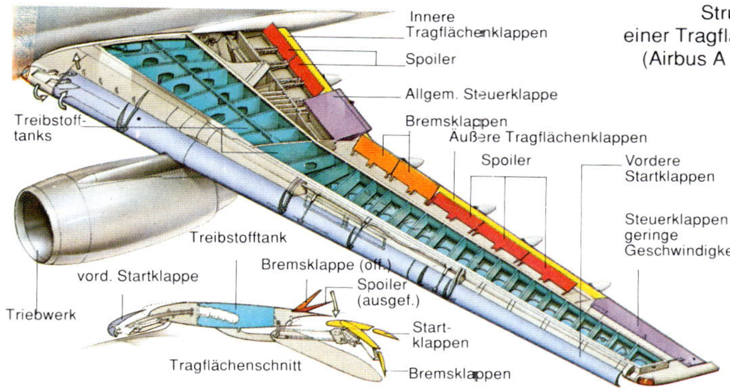

Struktur
einer Tragfläche
(Airbus A 300)

Funktions-
system der
Tragflächenklappen
(Airbus A 310)

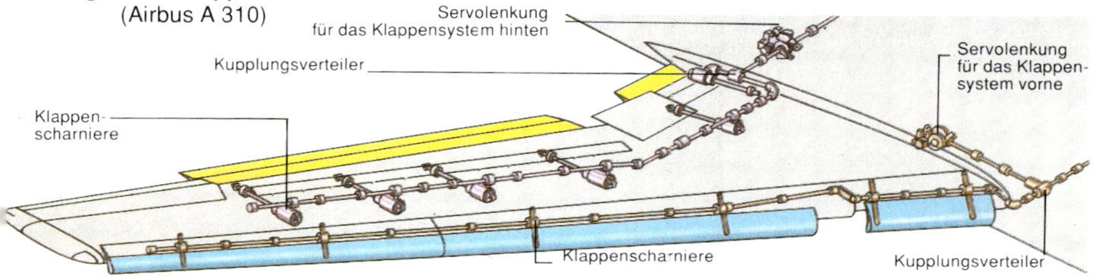

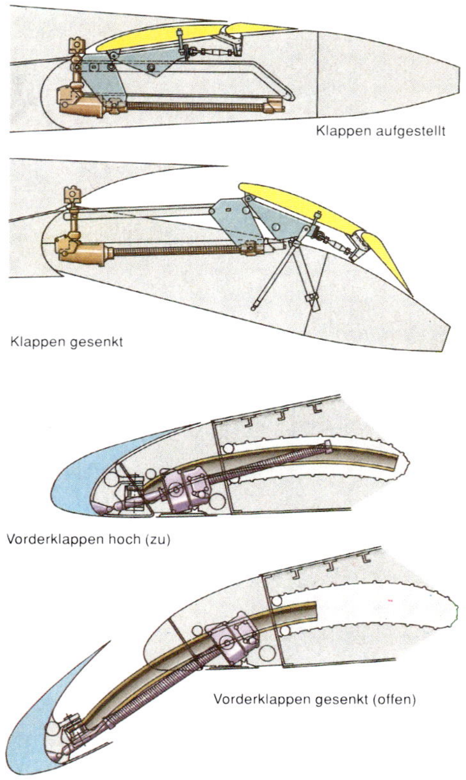

Funktionieren
der vorderen und hinteren
Tragflächenklappen
(Airbus A 310)

Mehrfachscheibenbremse
eines Flugzeugrades

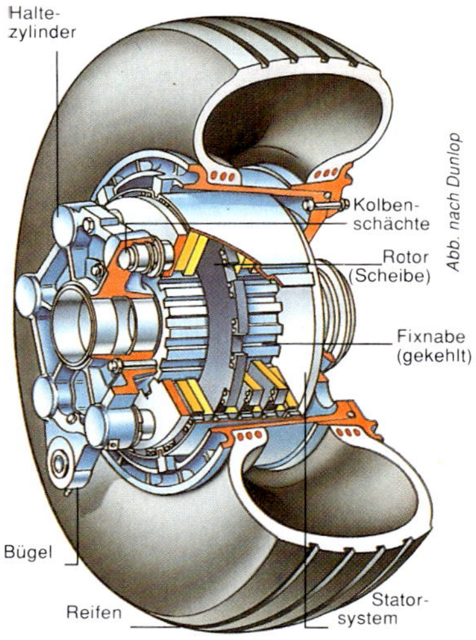

Schnellwaagen

Zum Wiegen eines auf die Platte gelegten Gegenstands

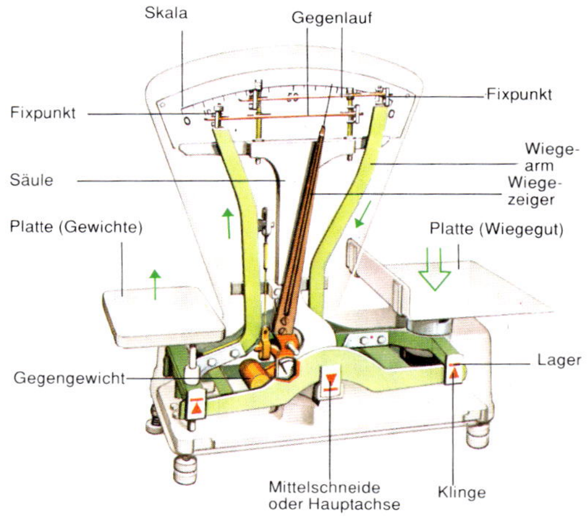

Halbautomatische Waage v. Roberval

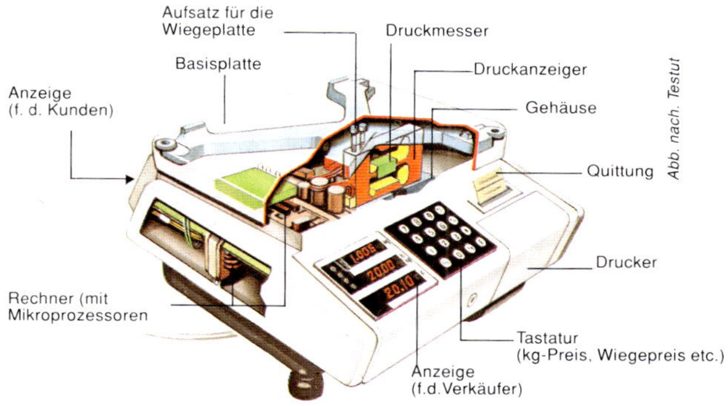

Elektronische Waage

Butterschleuder

Zum Schleudern der Sahne für die Buttergewinnung

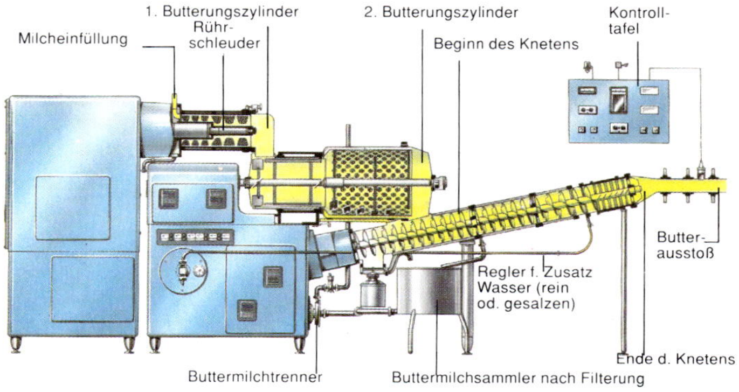

Barometer

Zum Messen des atmosphärischen Drucks

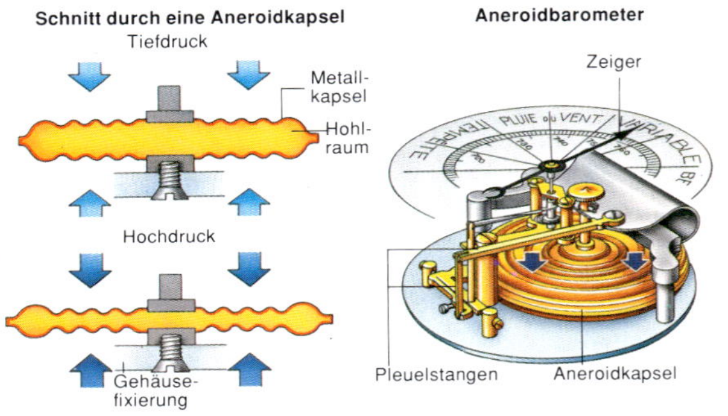

Verändert sich der atmosphärische Druck, so steigt oder sinkt das Kapselzentrum und überträgt dies auf die Anzeigeskala.

Schubwaage

Zum Wiegen von Personen, Gepäck oder Ladungen

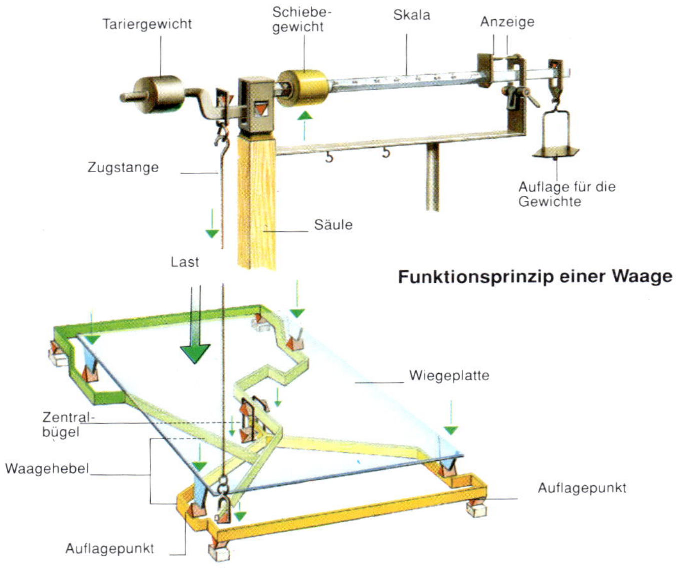

Materialmühle

Zum Zerkleinern von Material bis zu Schottergut und Pulver

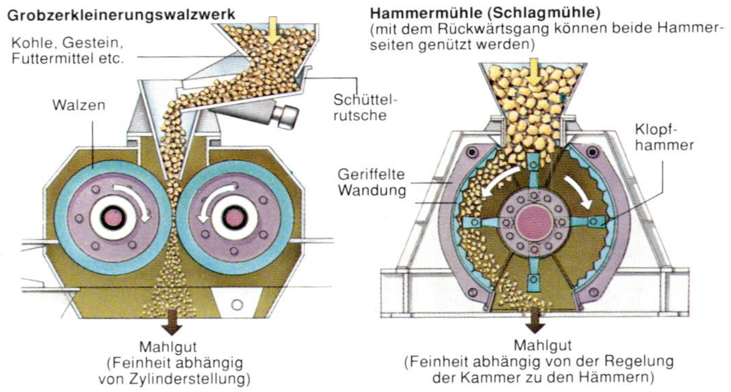

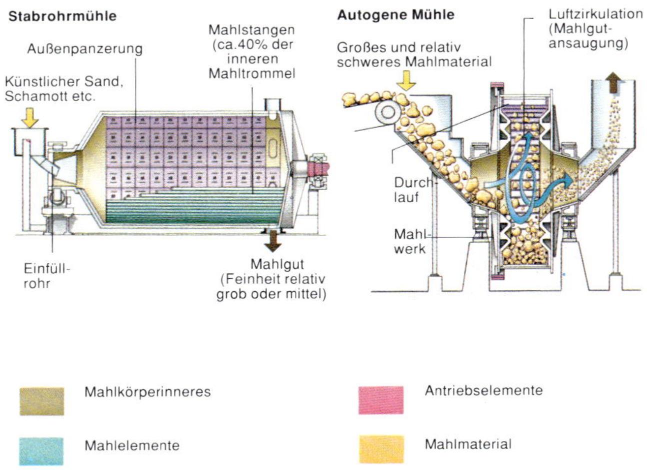

Vortriebsschild

Zum Schutz beim Bau von Tunnel oder Brunnen, Schutzbauten oder Ausmauerungen

Brenner

Zur innigen Verschmelzung eines brennbaren Materials mit einem Brennmaterial und damit zur Erzeugung eines Schmelzmaterials

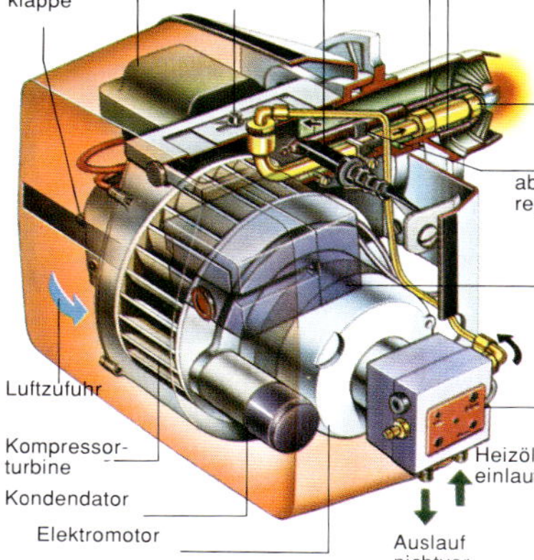

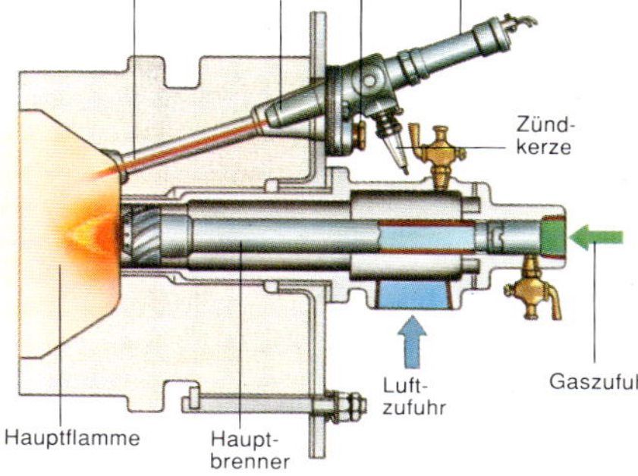

1. **Heizölbrenner**
2. **Industriegasbrenner**
3. **Haushaltsgasbrenner**
4. **Kohlenbrenner**

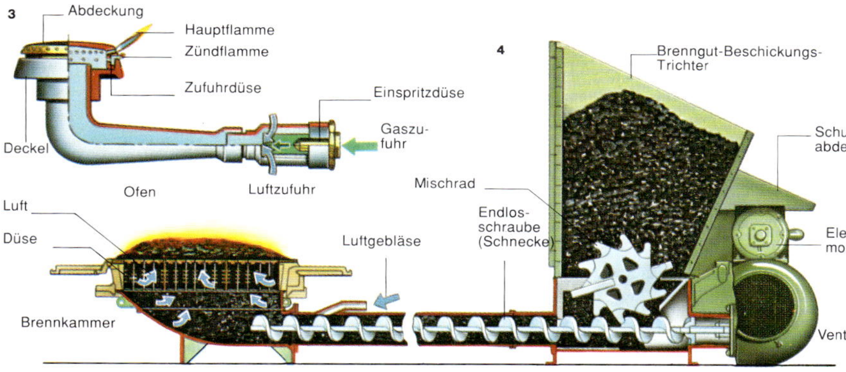

Vorhängeschloß

Zum Verschließen mittels eines gebogenen Eisens durch einen Eisenring

1. Stellung offen

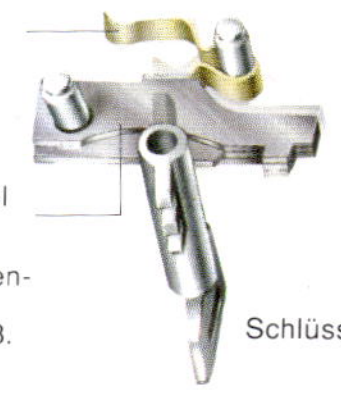

2. Zwischen-position von 1. zu 3.

3. Stellung geschlossen

Kameras

Für Filmaufnahmen oder Fernsehaufnahmen

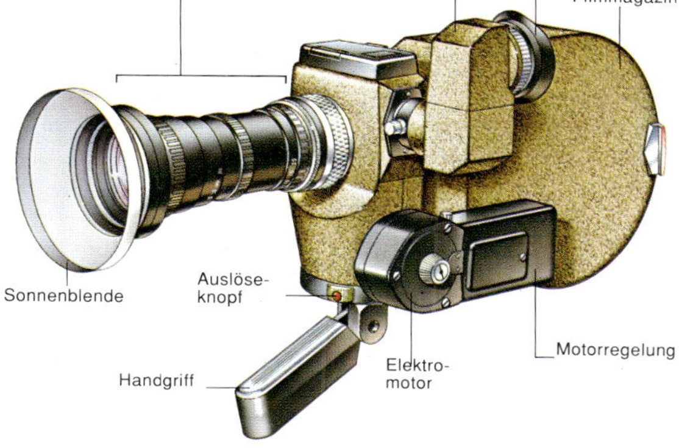

Abb. nach Eclair

Profikamera 16 mm

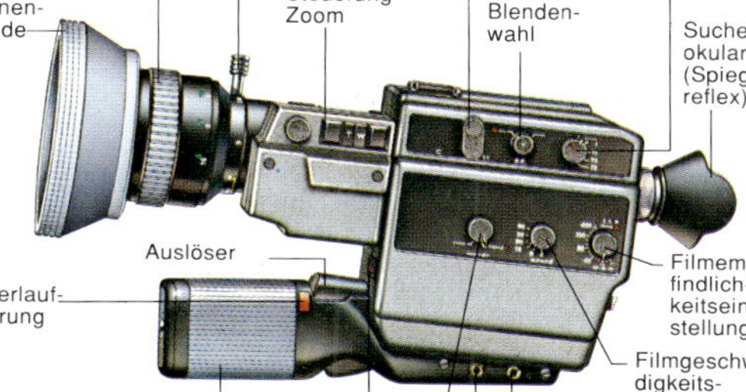

Abb. nach Beaulieu

Amateurkamera 8 mm

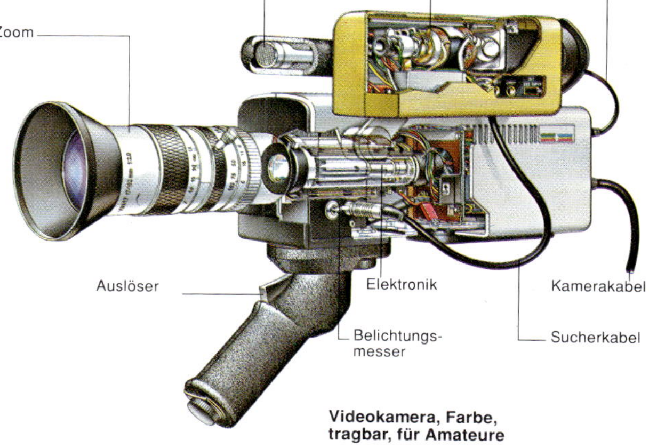

Videokamera, Farbe, tragbar, für Amateure

Abb. nach Hitachi

Kameras

(Fortsetzung)

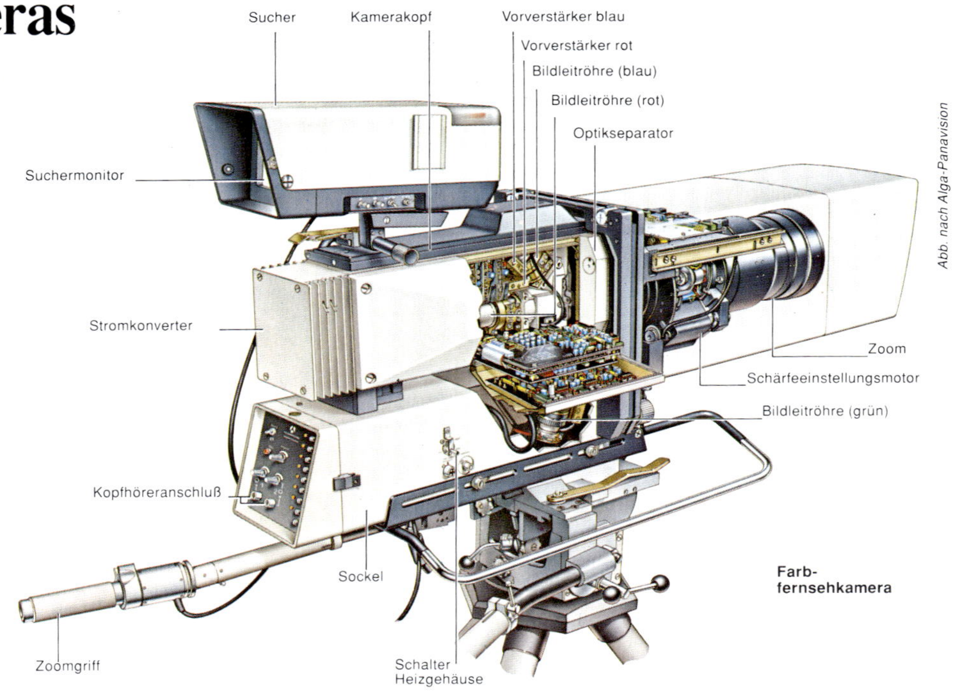

Farbfernsehkamera

Abb. nach Alga-Panavision

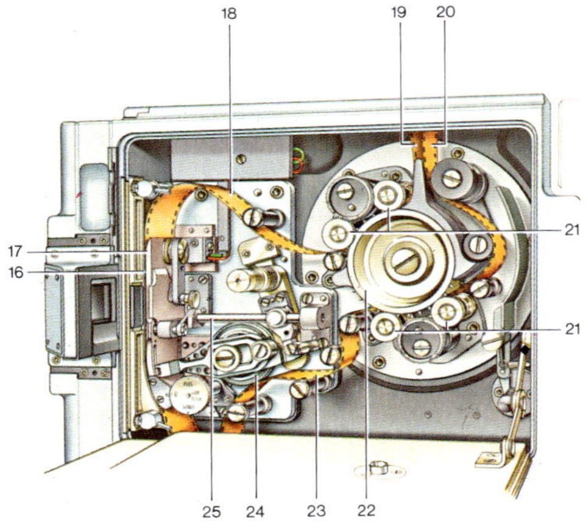

Filmtransport und -belichtung

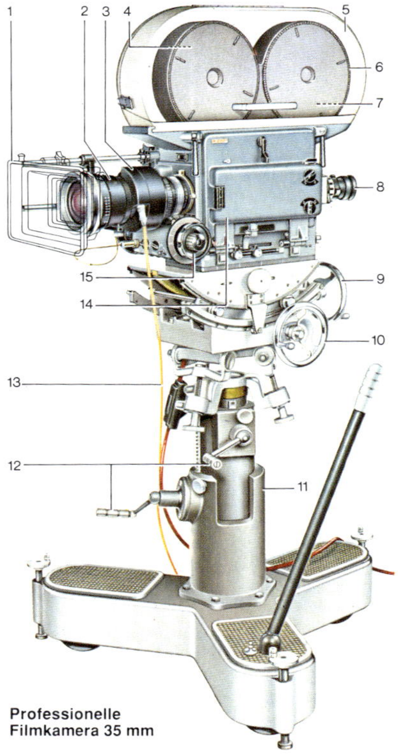

Professionelle Filmkamera 35 mm

Abb. nach Thomson-C.S.F.

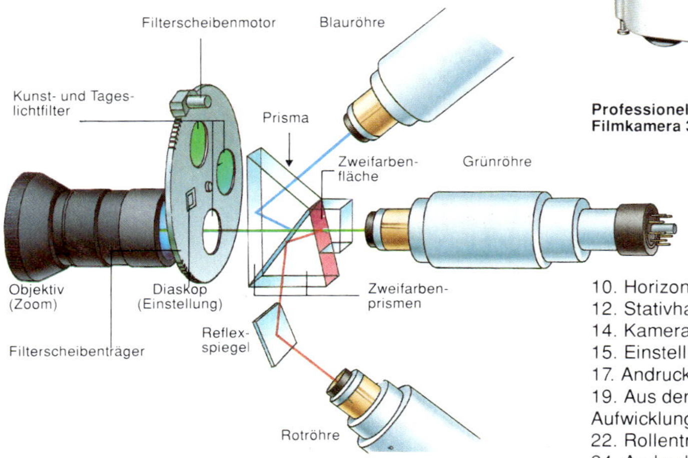

1. Sonnenblende; 2. Zoom; 3. Zoom-Motor; 4. Filmrolle; 5. Magazingehäuse; 6. Magazin; 7. Aufspulrolle; 8. Spiegelreflexsucher; 9. Hochverstellungskurbel; 10. Horizontalverstellungskurbel; 11. Stativfuß; 12. Stativhanddrehkurbel; 13. Zoomkabel; 14. Kameraaufgeräusch-Isoliergehäuse; 15. Einstellungsknopf; 16. Belichtungsfenster; 17. Andruckschiene; 18. Unbelichteter Film; 19. Aus der Rolle kommender Film; 20. In die Aufwicklung laufender Film; 21. Andruckrollen; 22. Rollentransporttrommel; 23. Belichteter Film; 24. Andruckmechanismus; 25. Gegendruckmechanismus.

In der Farbfernsehkamera wandeln drei Farbröhren – eine für jede Grundfarbe, also rot, grün und blau – das zu übertragende Bild in Form elektronischer Signale (s.S.38) auf das Objektiv.

Optischer Separator (einer Fernsehkamera) (Prinzip der Farbentrennung)

Kernbohrer

Zur Entnahme und Förderung von Bohrproben

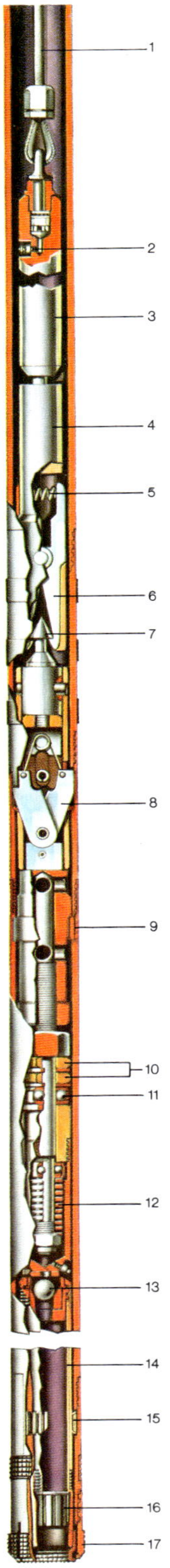

1. Haltekabel; 2. Schmierung; 3. Bohrkörper; 4. Verriegelungstülle; 5. Bohrerfeder; 6. Bohrer; 7. Konische Spitze der Aufhängung; 8. Verriegelungsschere; 9. Bohrrohr außen; 10. Neoprendichtung; 11. Kugellager; 12. Druckfeder; 13. Stahlkugel; 14. Inneres Rohr; 15. Rohrstabilisator; 16. Probenbohrer; 17. Diamant-Bohrkrone

Gabelstapler

Zum Heben und unverändernden Transport von Lasten

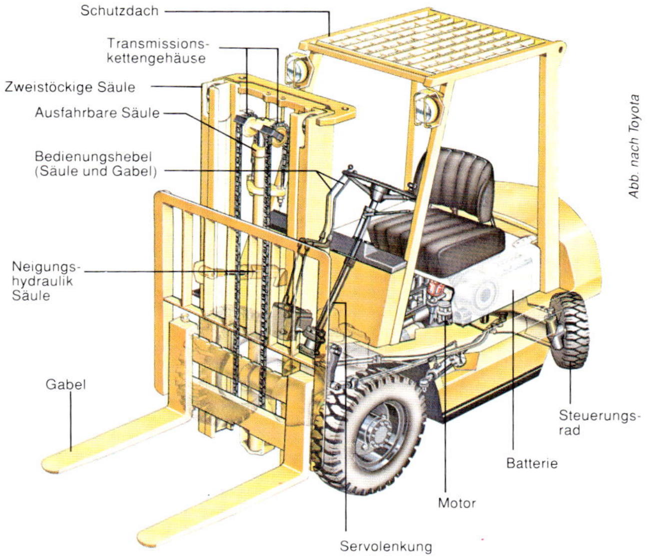

Wasserspülung

Zum Entfernen des Inhalts von WCs und Urinierbecken mittels Wasserdrucks

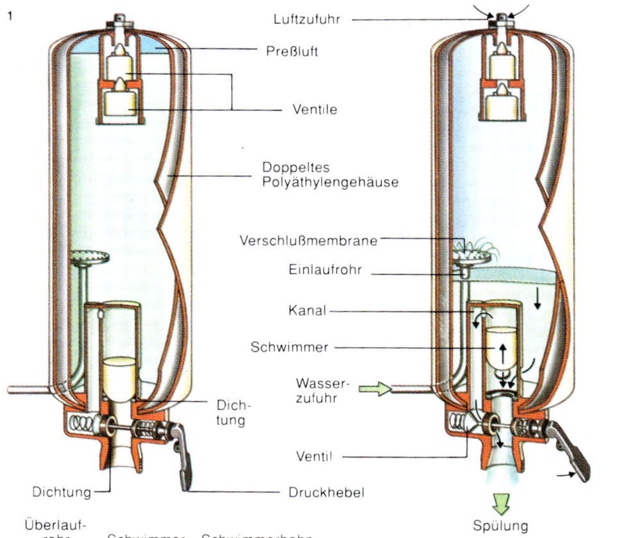

Hypopneumatische Wasserspülung

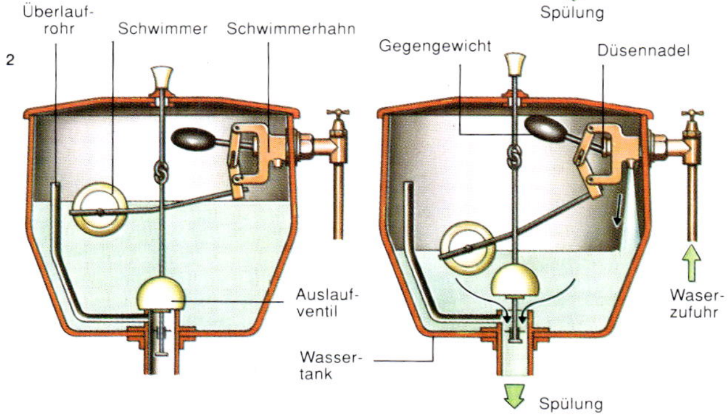

Wasserkasten-Ventil-Spülung

Heizkessel

Zur Wassererhitzung als Dampf für Heizung oder Energieerzeugung

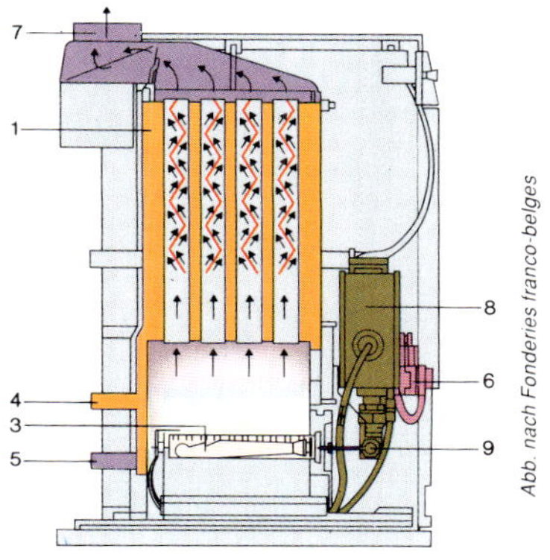

Mit Gas

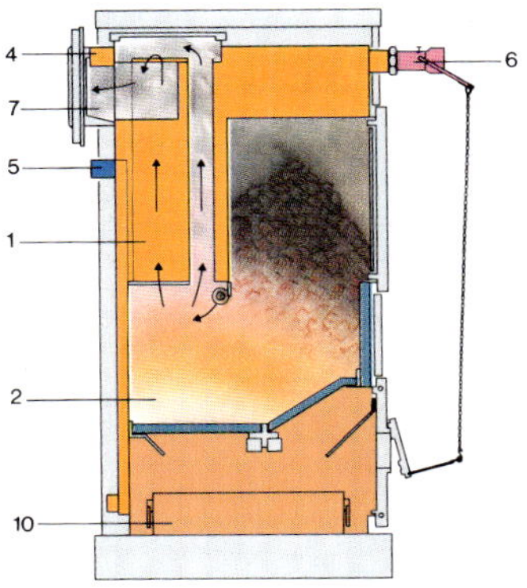

Mit Holz

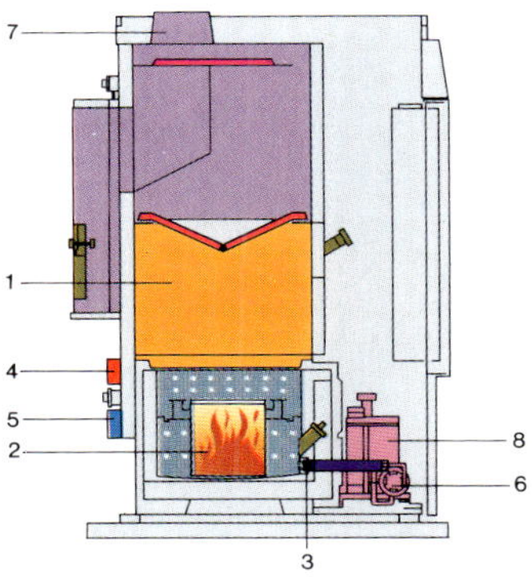

Mit Flüssigbrennstoff

Heizkessel
für Zentralheizung

1. Dampfkammer;
2. Brennkammer;
3. Brenner;
4. Heißwasserabfluß;
5. Kaltwasserrückfluß;
6. Temperaturregler;
7. Rauch- und Gasabzug;
8. Zündblock;
9. Zufuhr; 10. Aschenkammer

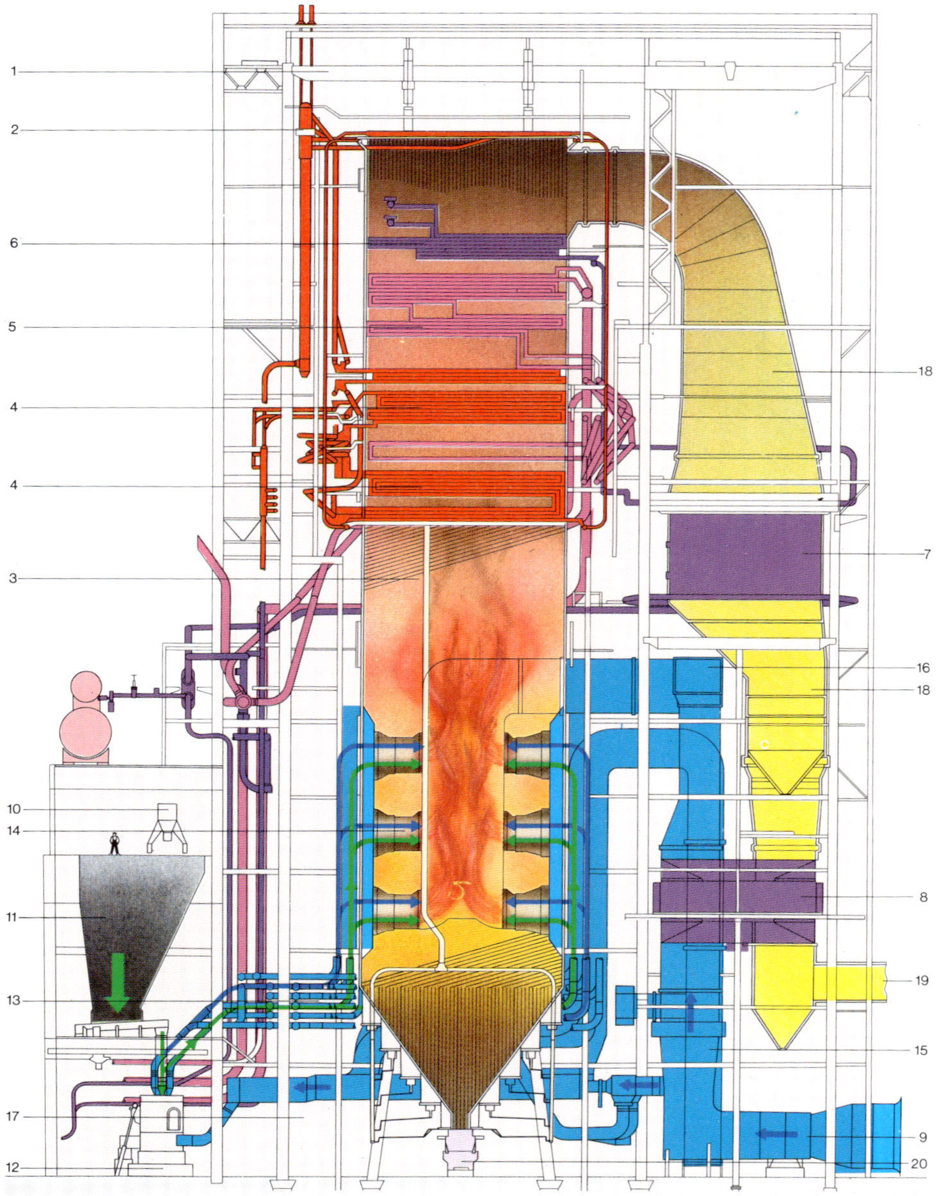

Längsschnitt durch eine Groß-Kohlenbrennanlage (E-Werk Le Havre 4) 1. Brennerhaus; 2. Wasser-Dampf-Separator; 3. Spiralen-Brennkammer; 4. Überhitzer; 5. Zusatzüberhitzer; 6./7. Reglerkammern; 8. Lufterhitzer; 9. Gebläseventilatoren; 10. Kohlezufuhr; 11. Kohleneinfülltrichter; 12. Kohlezerkleinerer; 13. Transportröhren der pulverisierten Kohle; 14. Brenner; 15. Luftkühlung; Warmluftabfluß; Lüftung der Kohlezerkleinerung; 18. Abgasabzug; 19. Rauchabzug über Entstaubungsanlage; 20. Entaschung

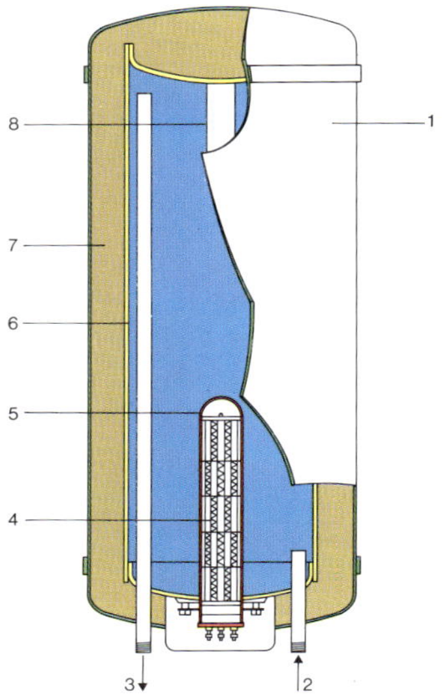

Strom-Wasserboiler
(per Akkumulation)
1. Gehäuse
2. Kaltwasserzufuhr
3. Heißwasserablauf
4. elektr. Heizwiderstand
5. Heizstab
6. Emaille-beschichtete Tankwand innen
7. Festmaterial-isolation
8. Magnesiumanode (elektr. Sicherung)

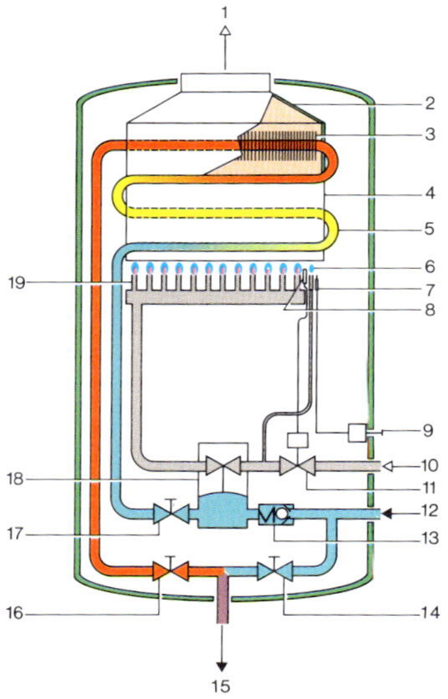

Gas-Sofort-Wasserboiler
1. Abgasabzug
2. Eingebauter Reflektor
3. Lamellen-Umlauf-system
4. Heizkörper
5. Heizschlange
6. Kontrollflämmchen
7. Druckelektr. Zünder
8. Sicherheitsthermo-kupplung
9. Zünddruckknopf
10. Gaszufuhr
11. Elektroventil
12. Kaltwasserzufuhr
13. Rücklaufdichtung
14. Kaltwasserhahn
15. Heiß- oder Kalt-wasserauslauf
16. Heißwasserhahn
17. Temperaturregler
18. Hauptgashahn
19. Gasbrenner

Boiler

Zum Erhitzen von Wasser durch Gas, Sonnenenergie, Strom oder andere Brennstoffe (Holz, Kohle, Heizöl)

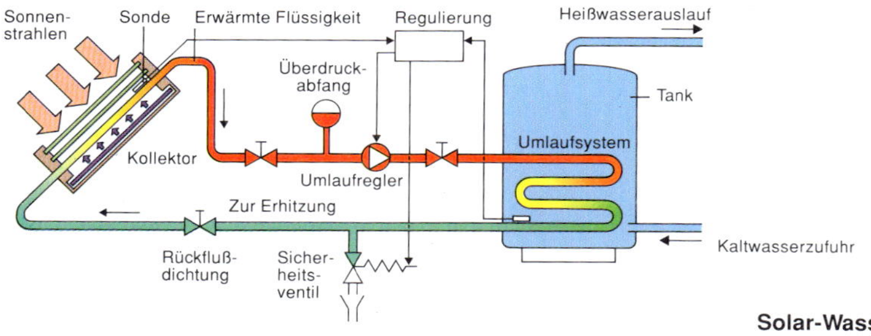

Solar-Wasserboiler

Klimaanlage (Haushalt)

Zur Erzeugung angenehmer Temperaturen für Gesundheit und Arbeit in kleinen Räumen

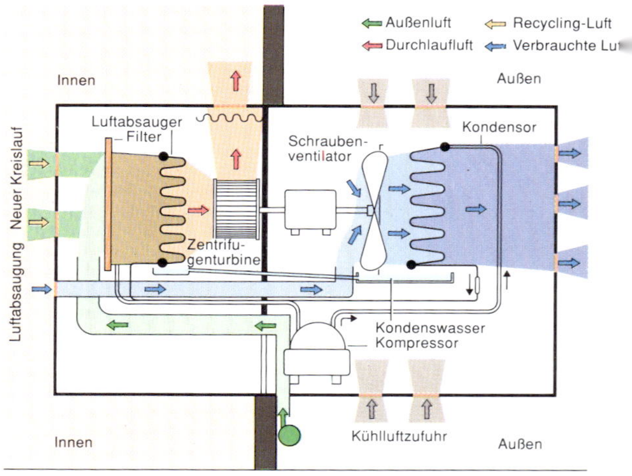

Zähler
(Haushalt)

Zur automatischen Verbrauchsmessung (Strom, Gas, sonst. Energieverbrauch)

Wasserzähler

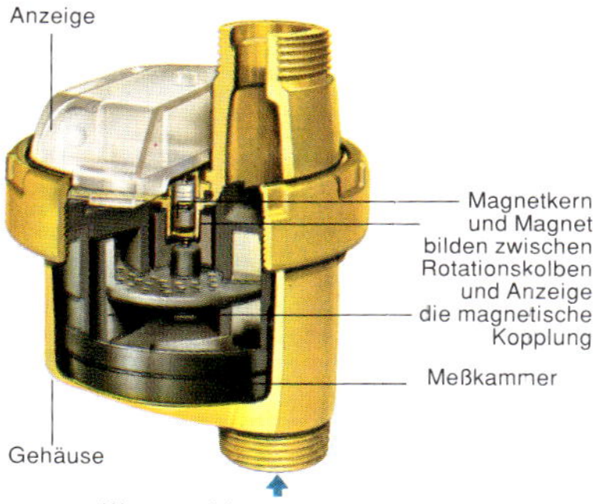

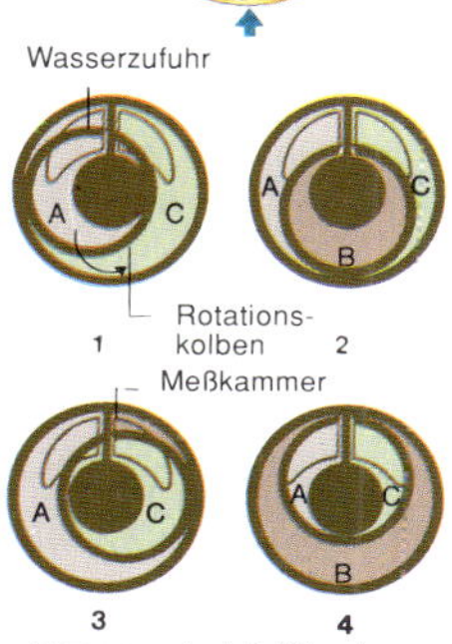

Kammern: A, sich füllend; B voll, C sich leerend

Haushaltswasserzähler

Stromzähler

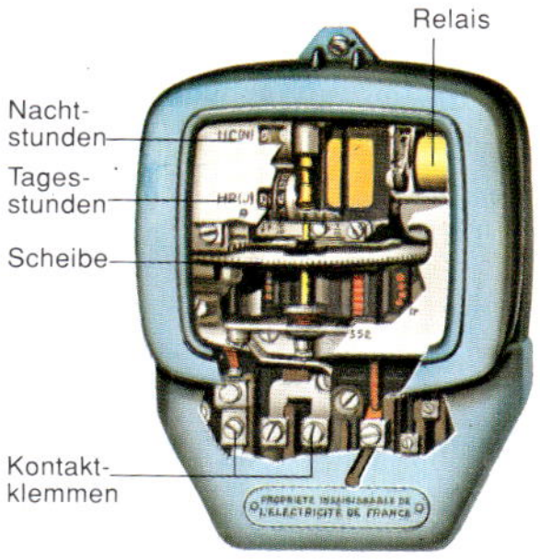

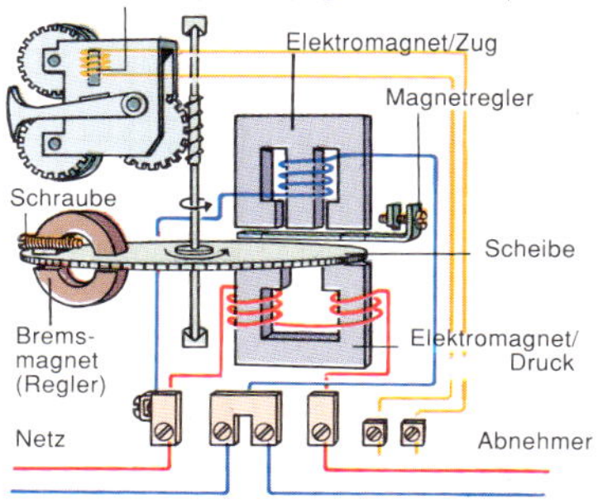

Haushaltsgaszähler

Gaszähler

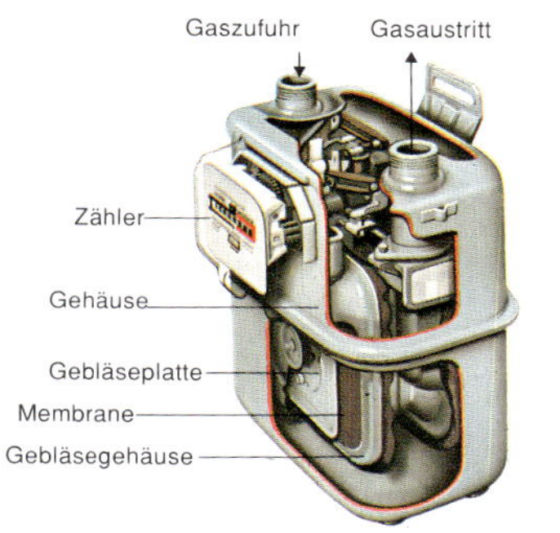

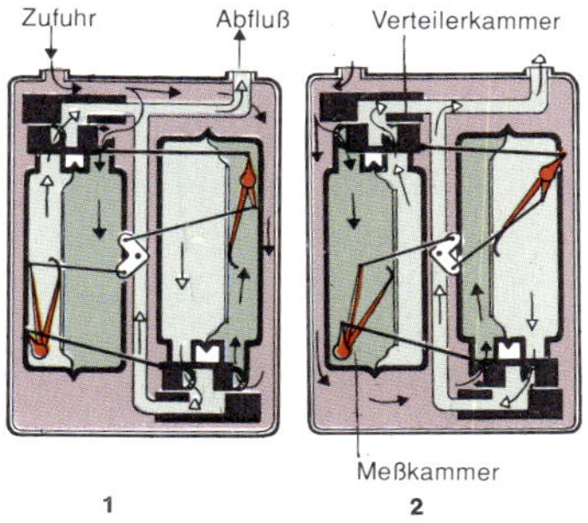

In jedem Gehäuse leert sich eine Kammer, während die andere sich füllt; die Phasenverschiebung verhindert dabei Leerlauf

Kondensatoren

Zum Bündeln schwacher Strommengen

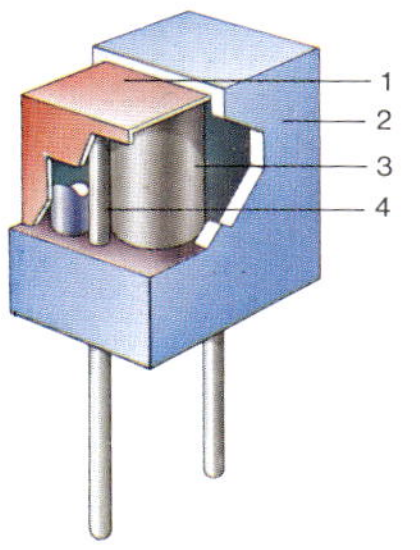

Keramik-Kondensator
(Mehrfachlagen „Kerbel")
1. „Kerbel"-Gehäuse
2. Keramikgehäuse
3. Versilberung
4. Schweißverbindungen

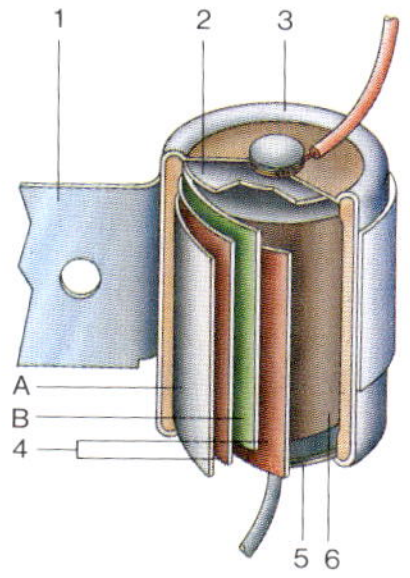

„Papier"-Kondensator
Elemente A und B
1. Befestigung
2. Kontaktstück zu Element A
3. Isolierkörper
4. Isolierpapier
5. Kontaktstück zu Element B
6. Paraffin

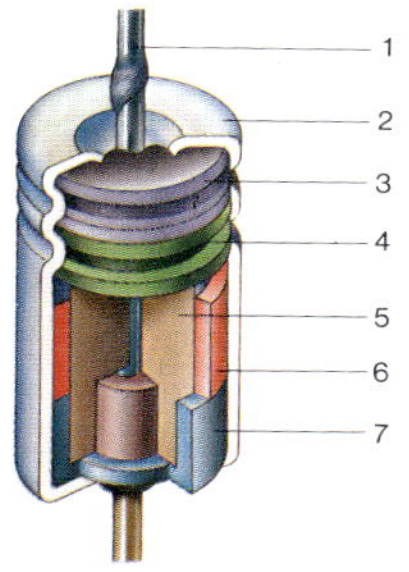

Elektrolyt-Kondensator
1. Nickelelement
2. Massivsilbergehäuse
3. Zweite Kerbe
4. Erste Kerbe
5. Gesinterte Anode
6. Kühl-Elektrolyt
7. Antivibrationszentrierung

Schroter

Zum Zerkleinern von Steinen

Verschiedene Schroter-Typen

Backenschroter

Hartes und sehr hartes Gestein

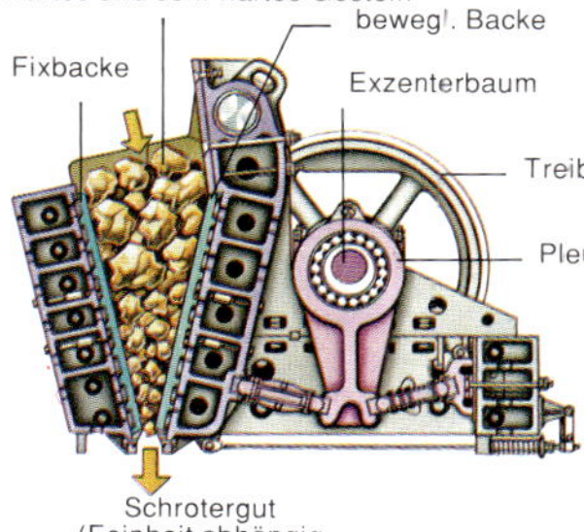

Schrotergut
(Feinheit abhängig vom Abstand der Backen)

Hammerschroter

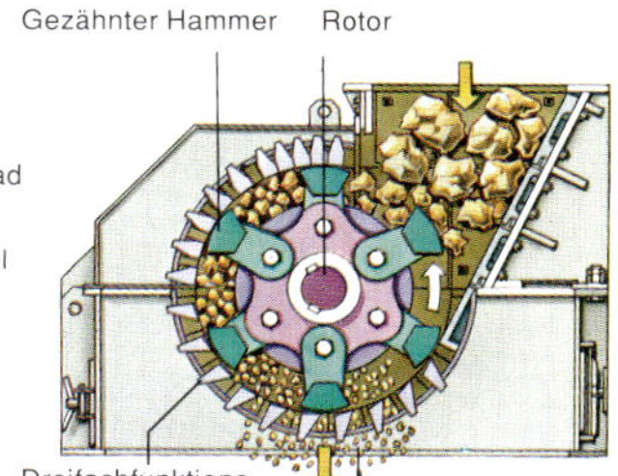

Dreifachfunktions-Schrotersystem: Entleerung des Schrotergut, Nachzerkleinerung und Neueingabe noch zu großer Steine

Zahnradschroter

Koks, halbharter Stein, Mineralien, Kalkstein etc.

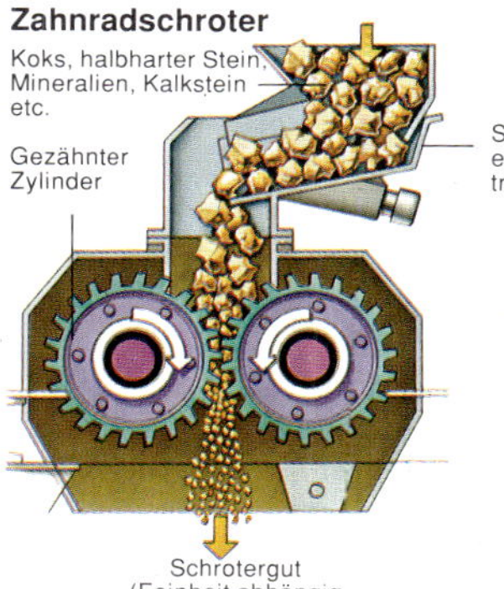

Schrotergut
(Feinheit abhängig vom Zylinderabstand)

Kreiselschroter

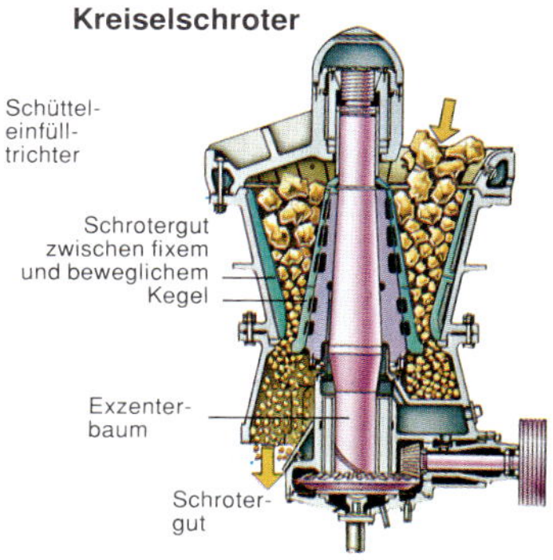

Inneres des Schroters
Mahlteile des Schroters
Antriebsteile
Schrotergut

Gefriertruhe

Zum raschen und langdauernden Einfrieren von Lebensmitteln

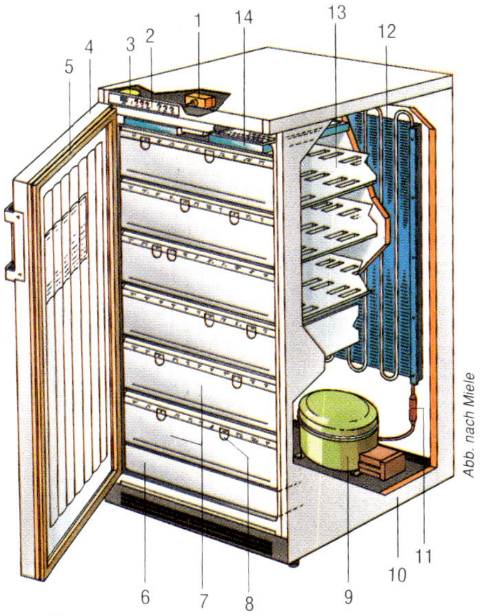

1. Temperaturregler; 2. Bedienungsschalter; 3. Thermometer; 4. Tür; 5. Magnetverschluß; 6. Abtauwasserbehälter; 7. Gefriergutbehälter; 8. Inhaltsanzeiger, 9. Kompressor; 10. Isoliertes Gehäuse; 11. Dehydrator; 12. Kondensor; 3. Verdampfer; 14. Kälteakkumulator

Magnetschütz

Zum Öffnen oder Schließen von Stromkreisen

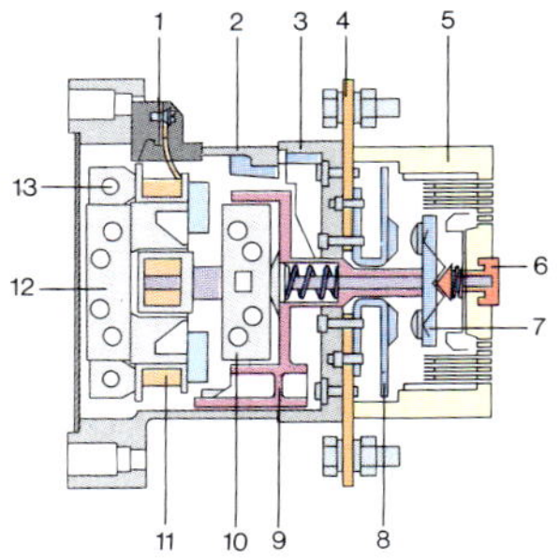

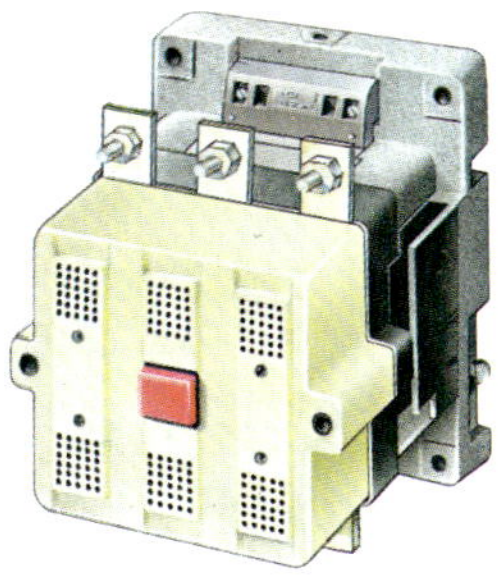

1. Spulenanschlußblock
2. Sockel
3. Isolationshalterung
4. Anschlußplatte
5. Gebläse
6. Positionsindikator
7. Mobile Kontakte
8. Fixkontakte
9. Kontakthalterungen
10. Elektromagnet
11. Erregerspule
12. Magnetzylinderkopf
13. Drehachse

Konverter

Zur Stahlerzeugung

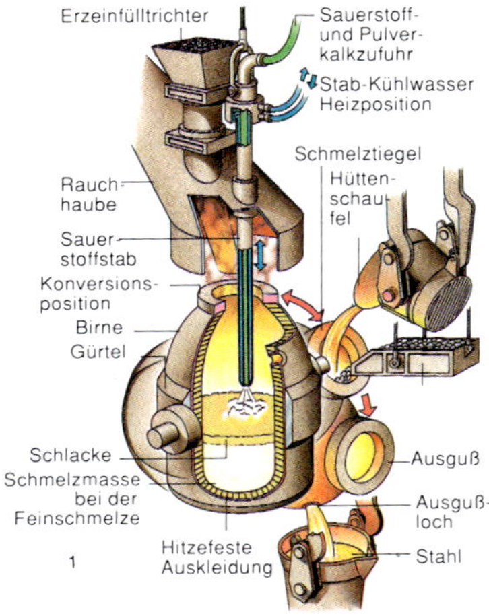

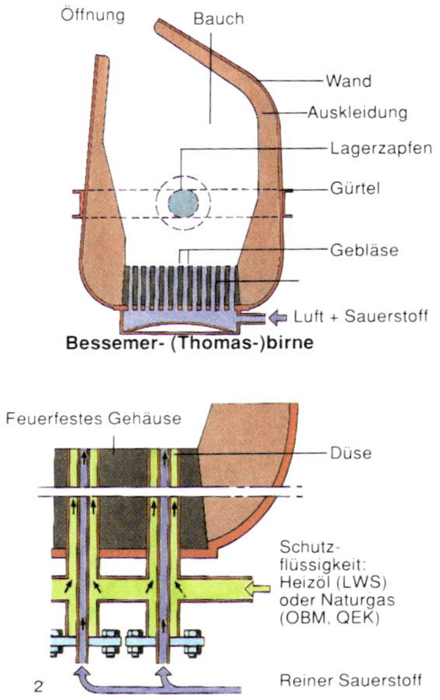

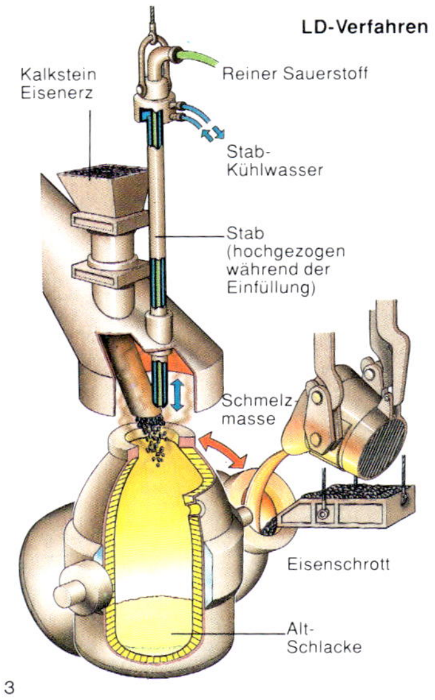

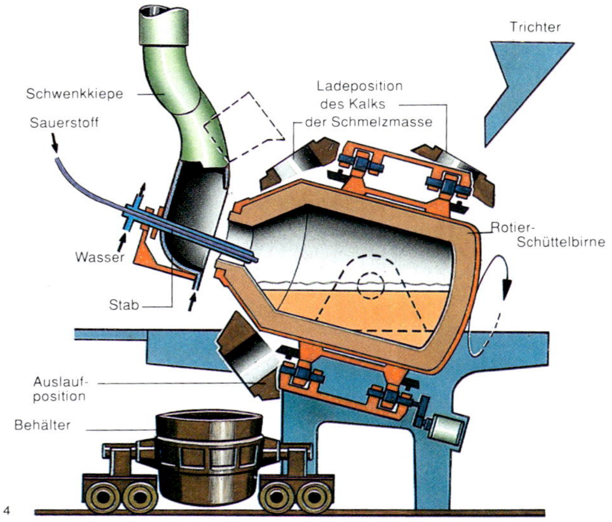

OLP-Konverter;
2. Schemaschnitt durch die Bessemer-(Thomas-)Birne sowie die LWS-Konverter OBM-Konverter und QEK-Konverter;
3. LD-Konverter;
4. Kaldo-Konverter

Cowper *)

(Hochofen-Winderhitzer)

Zum Auffangen der Gaswärme bei Hochöfen und Wiedererhitzen der Luft

*) benannt nach dem engl. Erfinder E.A. Cowper (1813–93)

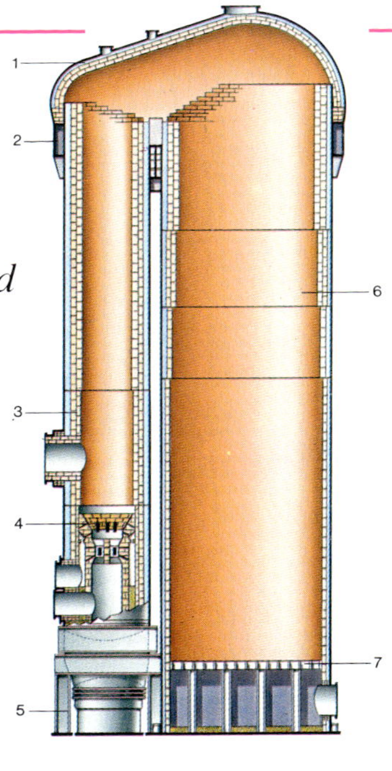

Cowper (Schnitt)
1. Dom;
2. Gürtel des Doms;
3. Brennschacht;
4. Brennerkammer;
5. Ausgleichs-hydraulik;
6. Wabenschacht (Hohlziegelstapel)
7. Wabenschachtsockel

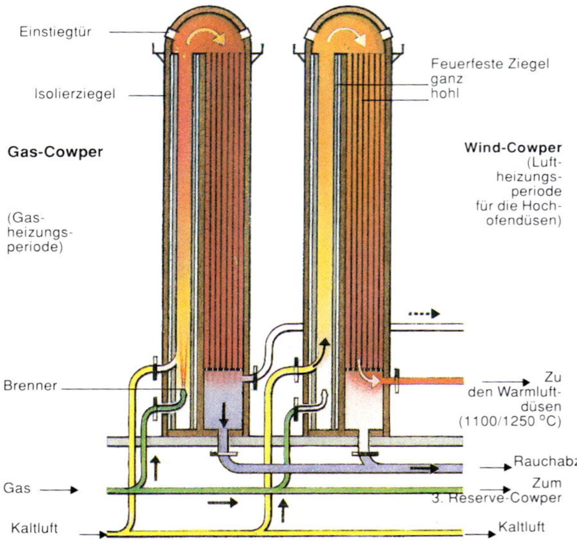

Funktionsschema eines Cowper

Rüttelsieb

Zum Trennen fester Substanzen, je nach Größe

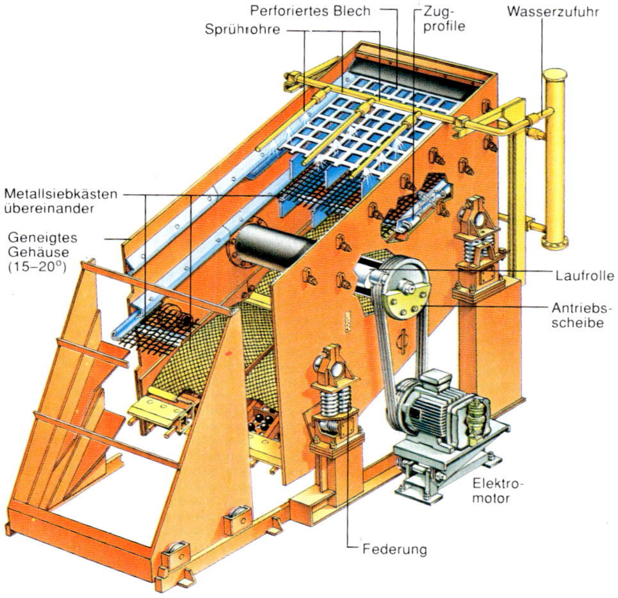

Regelventil

Zum Konstanthalten von Druck in Dampf-, Luft- und Gasleitungen

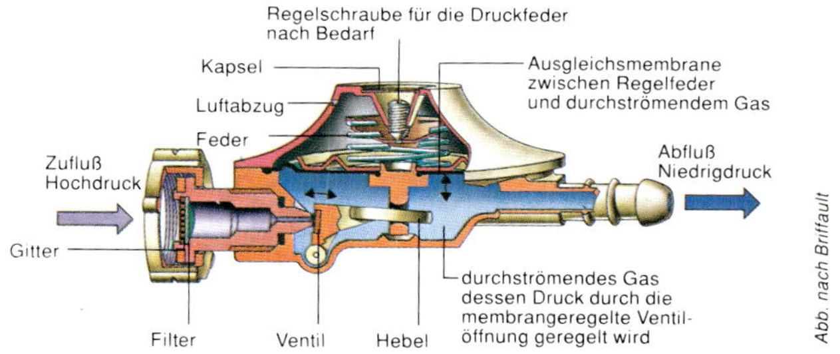

Schlammfaulbehälter

Zum Herausfiltern von Schmutzbestandteilen aus Wasser, Methan und Kohlensäure

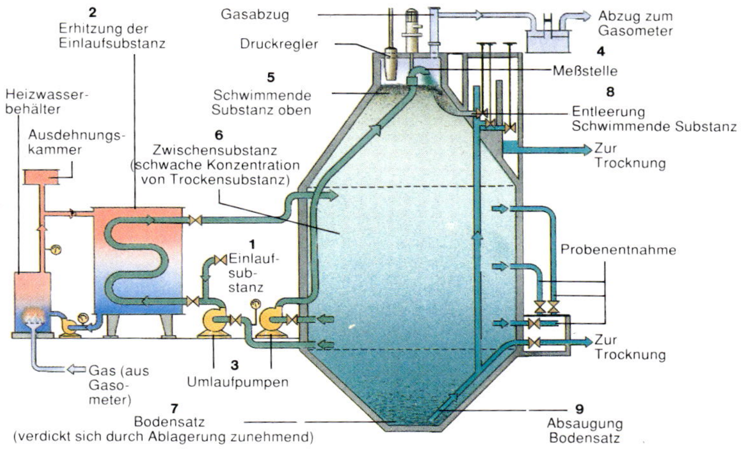

Zyklon

(Fliehkraftabscheider für Staub)

Zur Aussonderung oder Klassifizierung von Substanzen in Flüssigkeiten

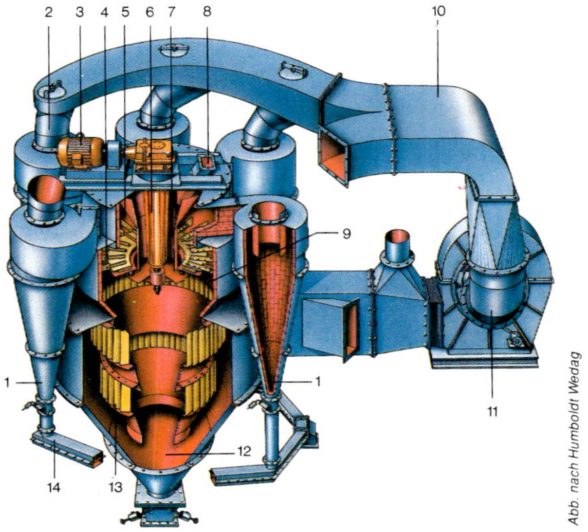

1. Zyklon; 2. Luftsammler; 3. Motor; 4. Zentrifuge; 5. Ansaugweg; 6. Stützung; 7. Einsaugrohr; 8. Eintrittsröhre; 9. Trennkammer; 10. Wiederansaugkanal; 11. Ventilator; 12. Ausschuß-sammeltrichter; 13. Lamellen-ring; 14. Staubableitung

Schalter

Zum Ein- und Ausschalten von Strom (auf verschiedene Weise)

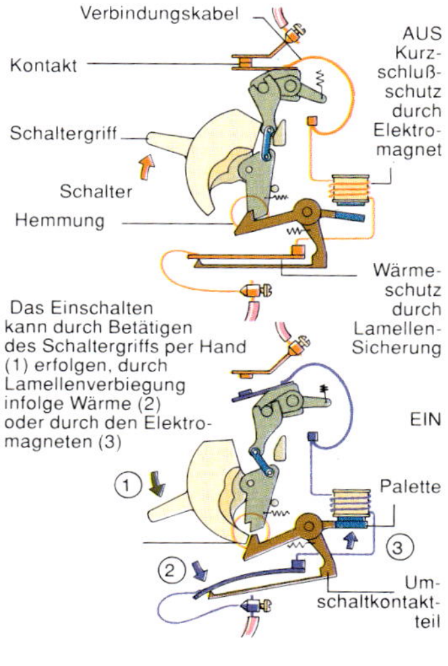

Das Einschalten kann durch Betätigen des Schaltergriffs per Hand (1) erfolgen, durch Lamellenverbiegung infolge Wärme (2) oder durch den Elektromagneten (3)

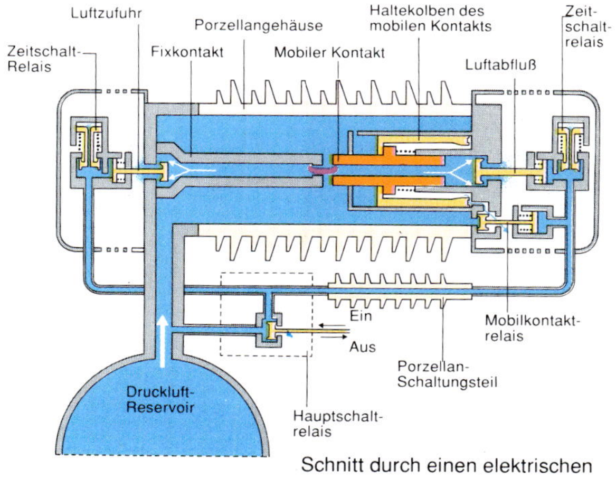

Schnitt durch einen elektrischen **Druckluft-Schalter** (s.a.S.49)

Zug-(Feder-)waage

(Dynamometer)

Zum Messen von Zugkräften

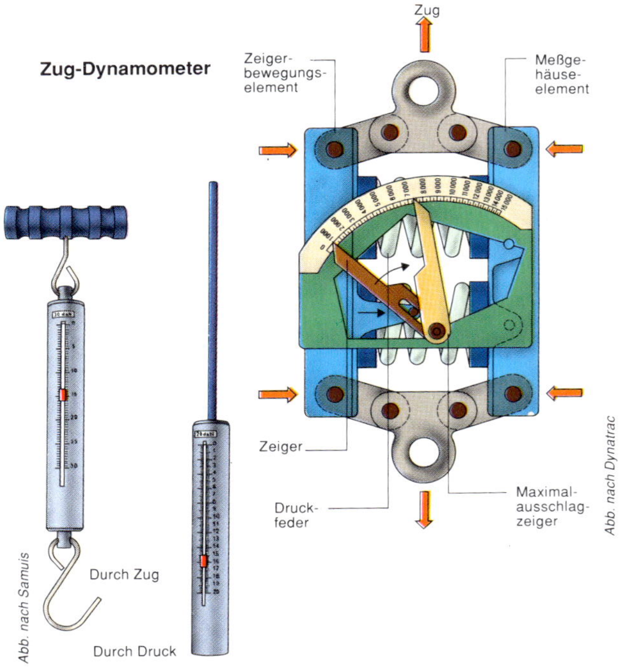

Fotokopierer

Zur Herstellung von Papierkopien auf der Grundlage der Fähigkeit bestimmter Substanzen, sich im Dunkeln elektrisch aufzuladen

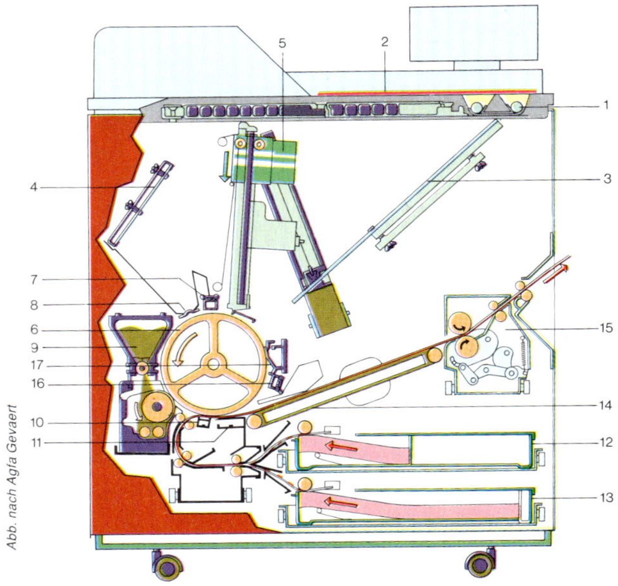

Schnitt durch einen Fotokopierapparat. Die Belichtungslampen (1) tasten das zu reproduzierende Dokument (2) ab, dessen Abbild sie mittels Spiegeln (3, 4) und der beweglichen Linse (5) auf die Trommel (6) projizieren. Der fotoempfindliche Film, mit dem die Trommel überzogen ist, hat am Punkt 7 eine elektrostatische Aufladung in Form der Vorlage erhalten. Das am Punkt 8 einwirkende Licht "neutralisiert" die leeren Stellen der Vorlage. Ein thermoplastisches Pulver (der Toner) wird negativ aufgeladen und setzt sich aus der Tonerkammer (9) auf alle auf der Trommel positiv aufgeladenen Schrift-Stellen fest. An den Punkten 10 und 11 bewerkstelligt ein elektrisches Feld die Übertragung des Toners auf das Papier für die Kopie, das aus den Kassetten 12 und 13 eingezogen wird und über das Band 14 läuft. Am Punkt 15 wird das Kopierbild mit Wärme eingebrannt (fixiert). Am Punkt 16 entlädt sich die Trommel und ist am Punkt 17 bereit für den nächsten Kopiervorgang.

Milchzentrifuge

Zum Entrahmen der Milch und ihrer dadurch praktisch völligen Entfettung (Milch)

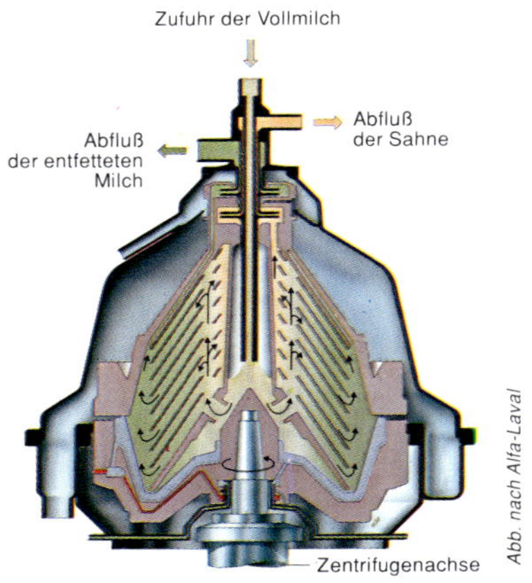

Endoskope

Zum Betrachten des Körperinneren; als Hilfe bei medizinischen Untersuchungen

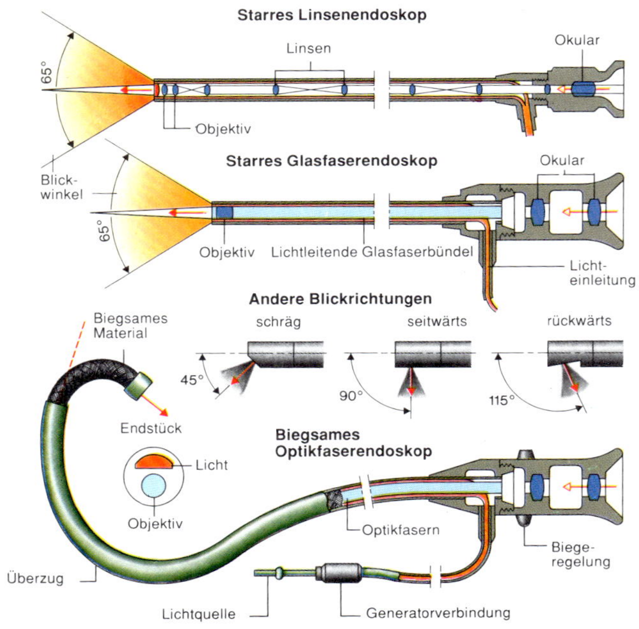

Feuerlöscher

Zum Löschen von Bränden

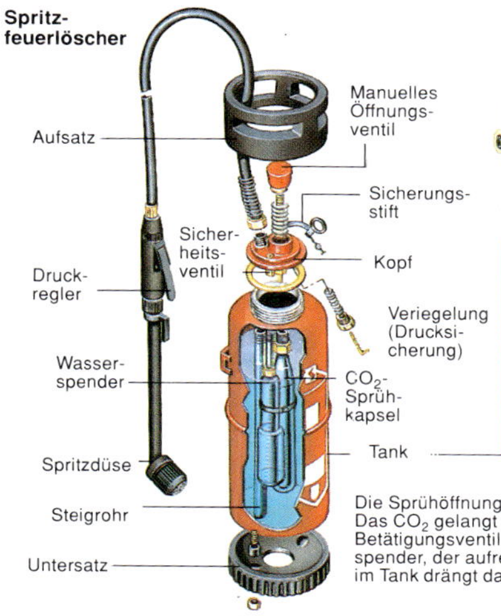

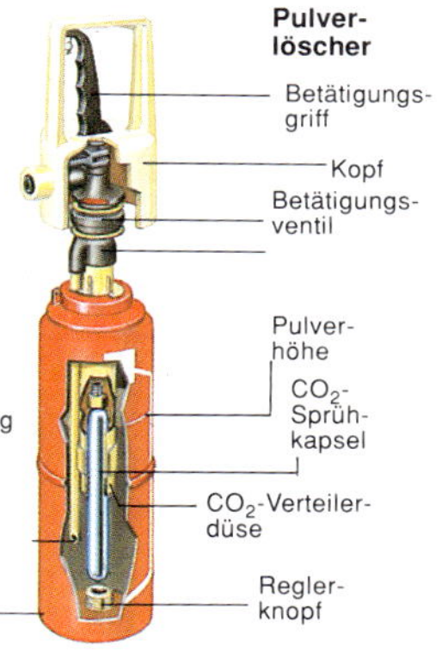

Die Sprühöffnung wird durch Druck perforiert. Das CO_2 gelangt in den Kopf, vorbei am Betätigungsventil, und strömt in den Wasserspender, der aufreißt. Unter dem Druck des CO_2 im Tank drängt das Gemisch zur Spritzdüse.

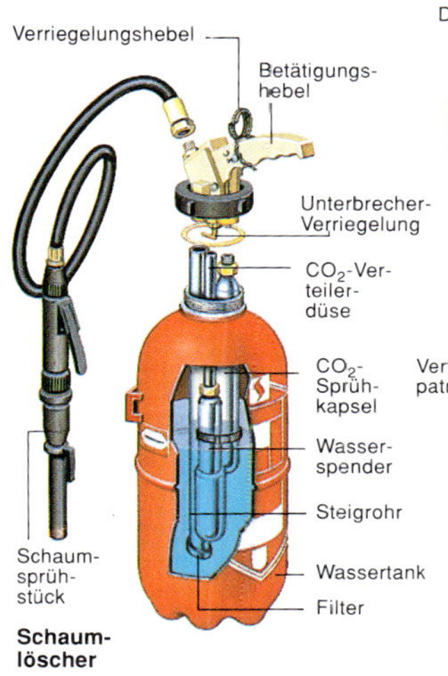

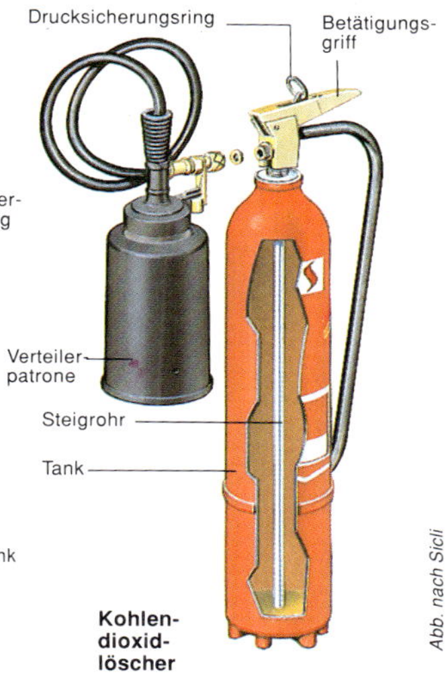

Abb. nach Sicli

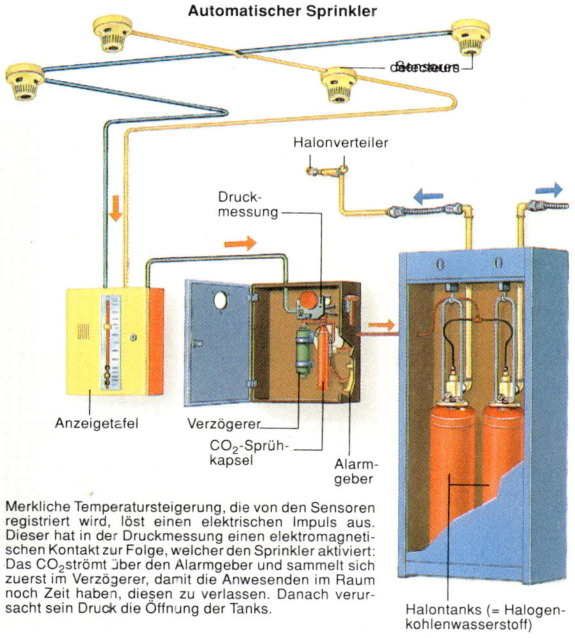

Merkliche Temperatursteigerung, die von den Sensoren registriert wird, löst einen elektrischen Impuls aus. Dieser hat in der Druckmessung einen elektromagnetischen Kontakt zur Folge, welcher den Sprinkler aktiviert: Das CO_2 strömt über den Alarmgeber und sammelt sich zuerst im Verzögerer, damit die Anwesenden im Raum noch Zeit haben, diesen zu verlassen. Danach verursacht sein Druck die Öffnung der Tanks.

Abb. nach Sicli

Türschließer

Zum automatischen Schließen von Türen durch beim Öffnen aktivierten Feder- oder Kolbenzug

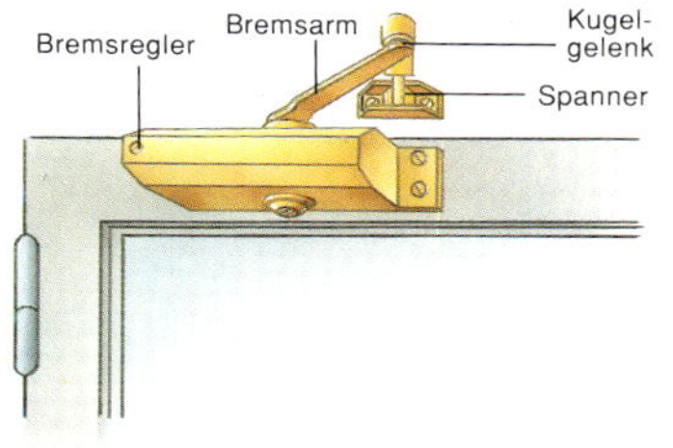

Brems-Türschließer
(Einfachzug)

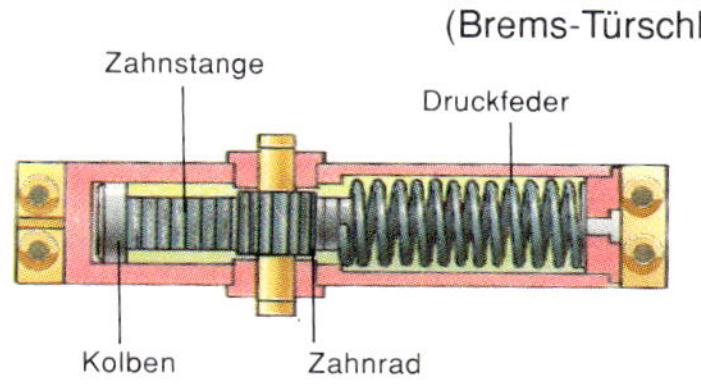

Mechanismus-Detail
(Brems-Türschließer)

Abb. nach Thuillier

Boden-Türschließer
(Doppelzug)

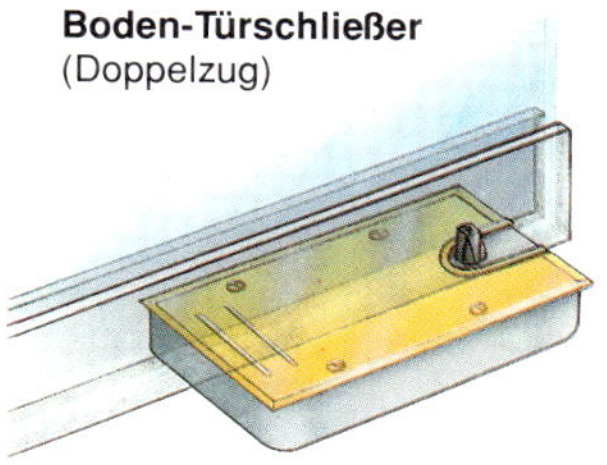

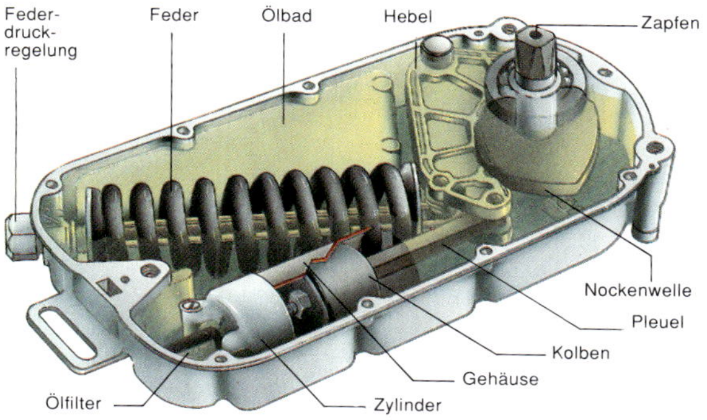

Mechanismus-Detail
(Boden-Türschließer)

Abb. nach Pont-à-Mousson

Elektronisches

Blitzlichtgerät

Zum Fotografieren mit kurzer Belichtungszeit bei Nacht oder schlechten Lichtverhältnissen

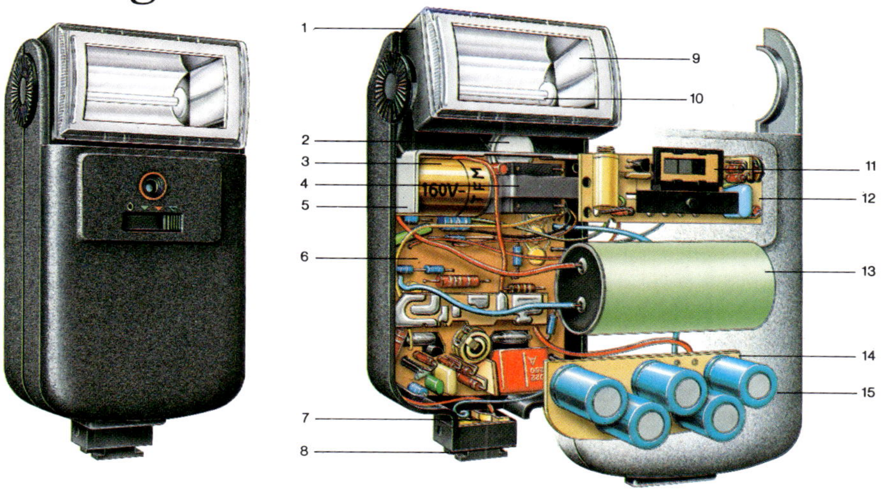

1. Gehäuse des verstellbaren Reflektors; 2. Transistor; 3. Kondensator; 4. Transformator; 5. Kühlungsabdeckung; 6. Druckschaltung; 7. Auslöser; 8. Aufsteckfuß; 9. Spiegelreflektor; 10. Blitzröhre; 11. Helligkeitsregler (je nach Entfernung); 12. Druckschaltung; 13. Hauptkondensator; 14. Isolationsplatte; 15. Batterie.

Brennöfen

Zur Erhitzung von Substanzen zum Zwecke ihrer physikalischen oder chemischen Umwandlung

Kokereiofen

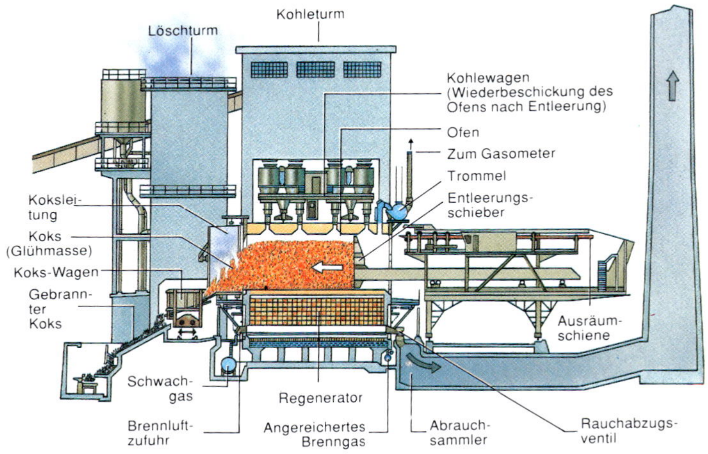

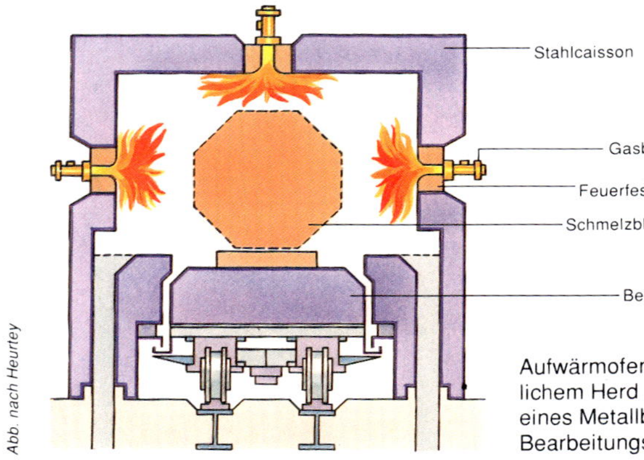

Aufwärmofen mit beweglichem Herd zur Erhitzung eines Metallblocks auf seine Bearbeitungstemperatur

Drehflammofen zum Ausschmelzen von Roherz

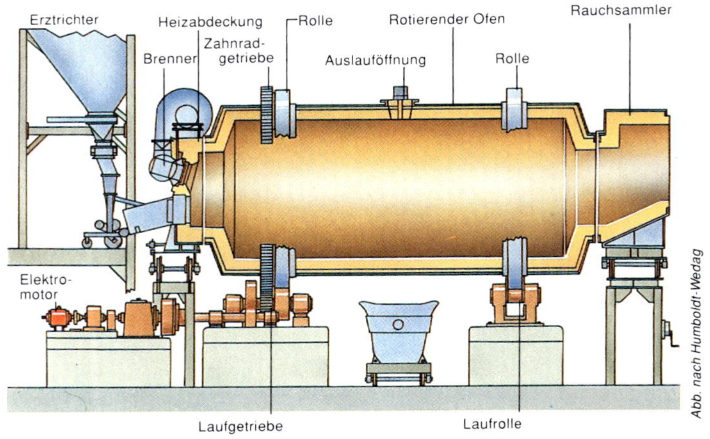

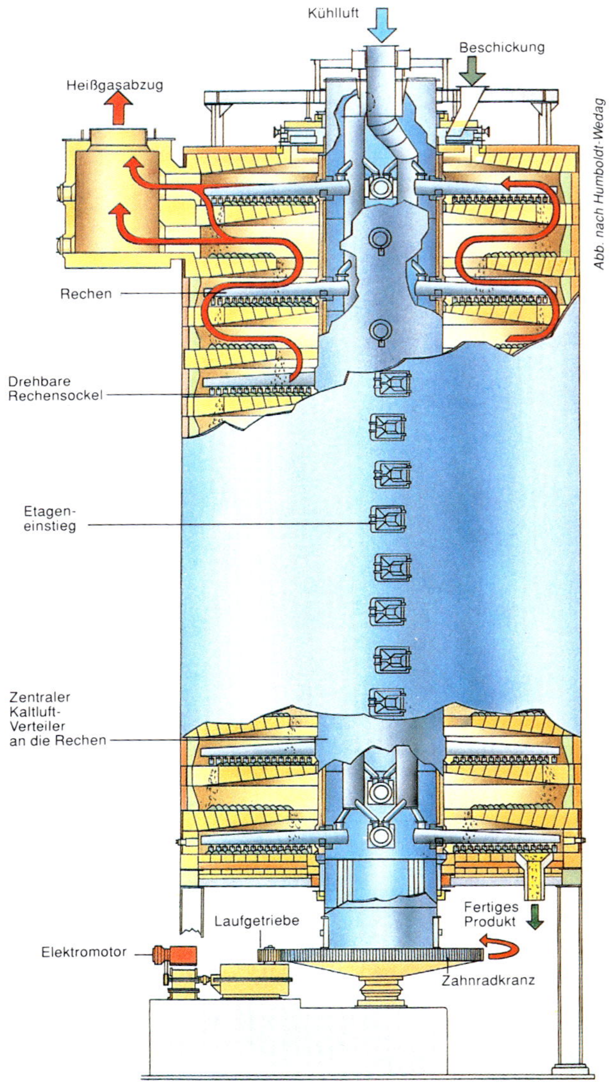

Etagenröstofen zum Ausschmelzen von Roherz mittels Gas

Haubenofen mit beweglicher Haube zum Ausglühen unter Luftabschluß

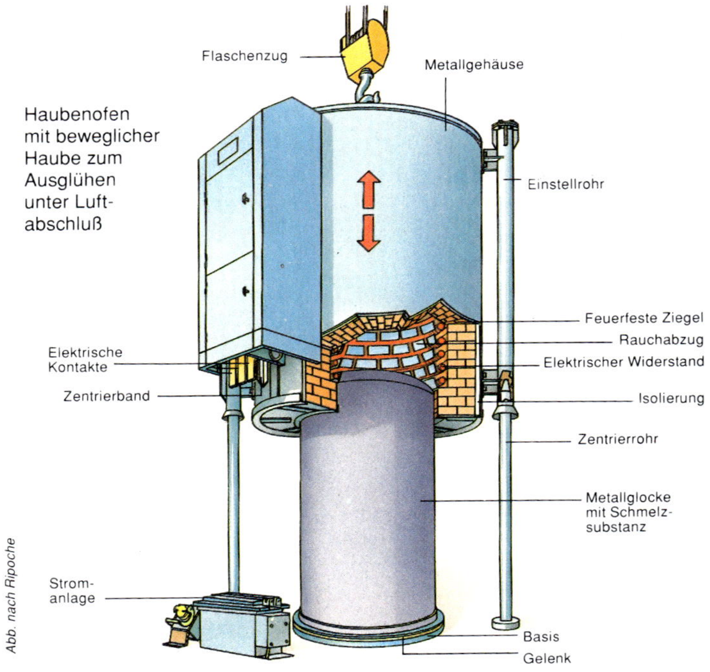

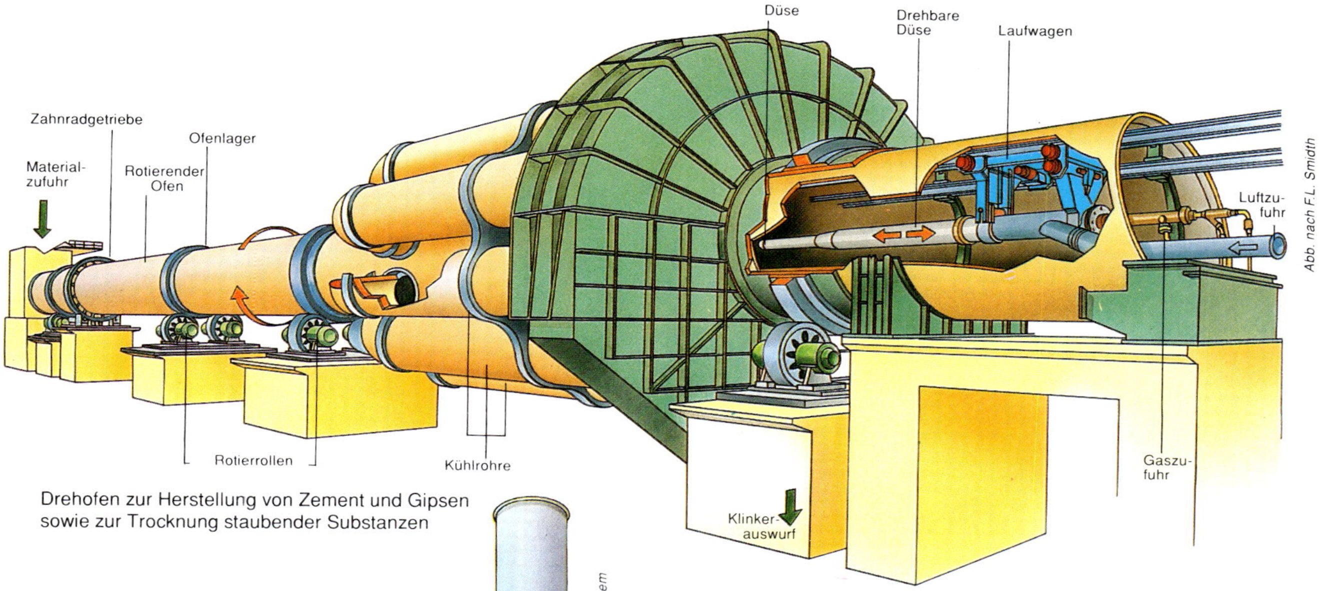

Drehofen zur Herstellung von Zement und Gipsen sowie zur Trocknung staubender Substanzen

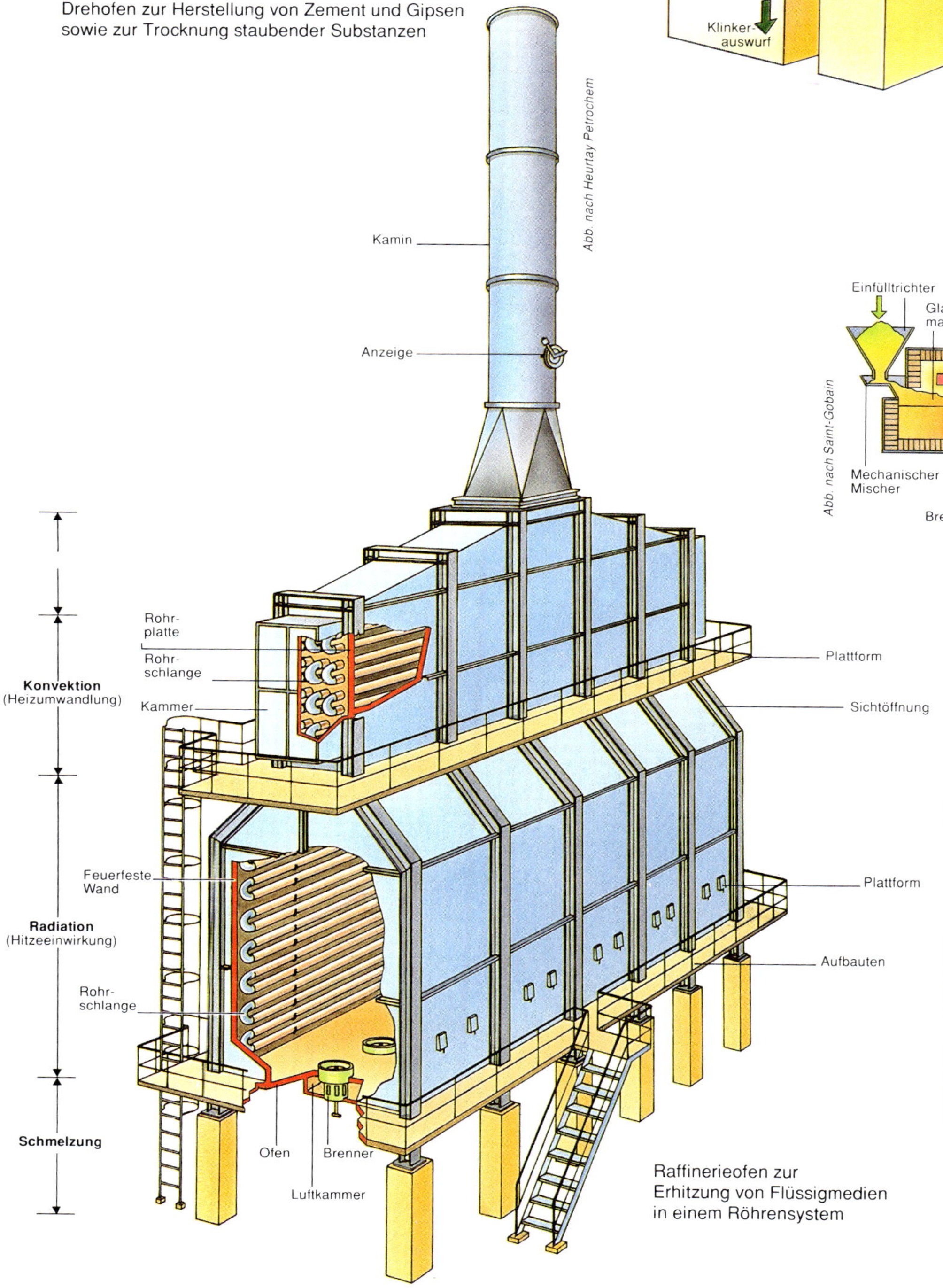

Raffinerieofen zur Erhitzung von Flüssigmedien in einem Röhrensystem

Wannenofen zur Glasscheibenfabrikation

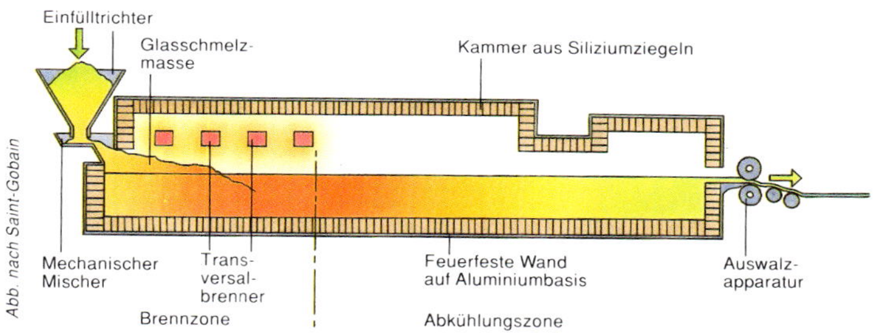

Glasbrennofen

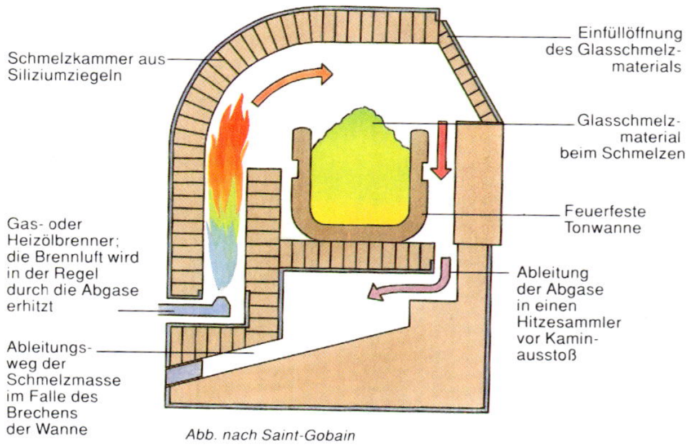

Mikrowellenherd

Zur Tiefkühlkosterwärmung

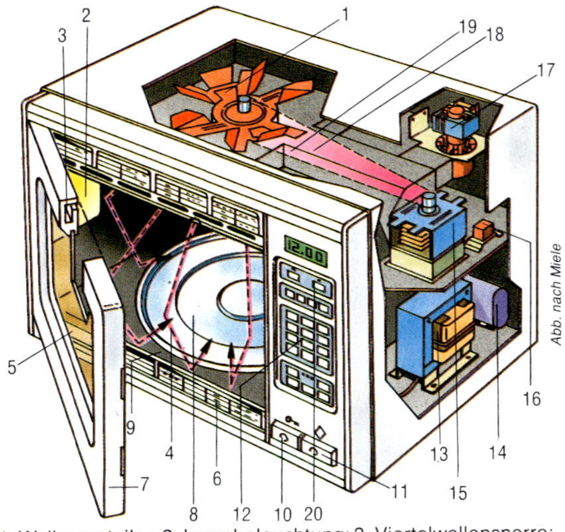

1. Wellenverteiler; 2. Innenbeleuchtung; 3. Viertelwellensperre; 4. Reflektierte Welle; 5. Glasscheibe; 6. Schweißverbindung (plastikverkleidet); 7. Tür; 8. Rotierende Platte; 9. Boden; 10. Türentriegelung; 11. Ein-/Aus; 12. Bedienungskontakte (Zeit, Stärke, Temperatur, etc.); 13. Transformator; 14. Kondensator; 15. Magnetron (s.S.28); 16. Diode; 17. Kühlungsventilator; 18. Wellenleitung; 19. Ventilationsgehäuse; 20. Zeitanzeige.

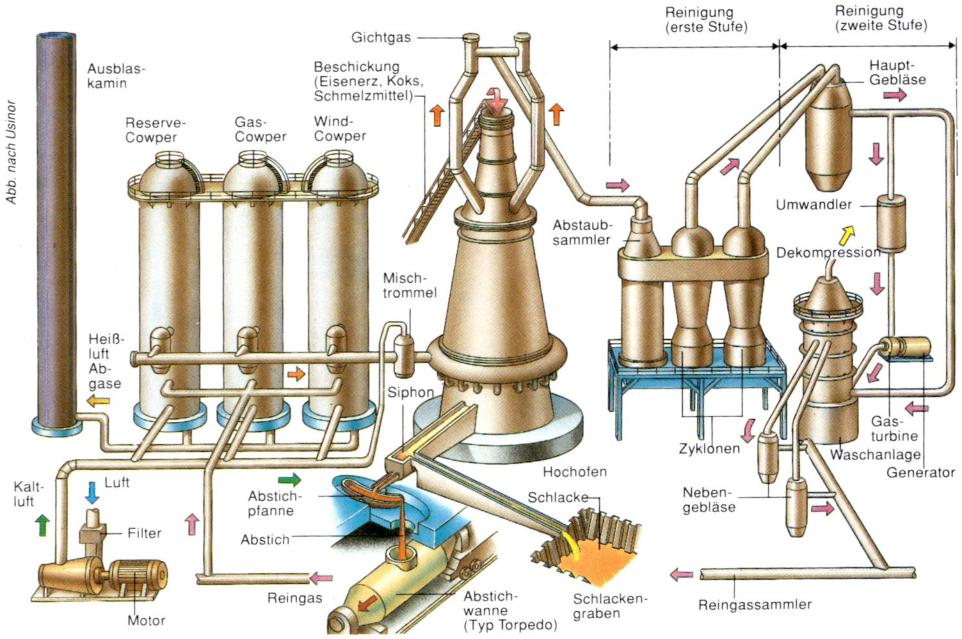

Hochofen
mit Nebeninstallationen (eines Hochofens)

Hochofen

Zum Ausschmelzen von Roheisen aus Eisenerzen mit Schmelzmitteln wie Kalkstein und Flußspat mittels Hitze und Reduktionsgasen unter Verwendung von Koks und Hochtemperaturgebläsen

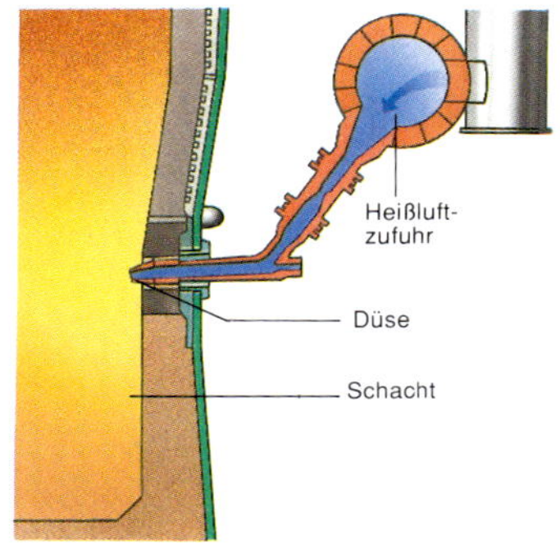

Hochofen-Blasform

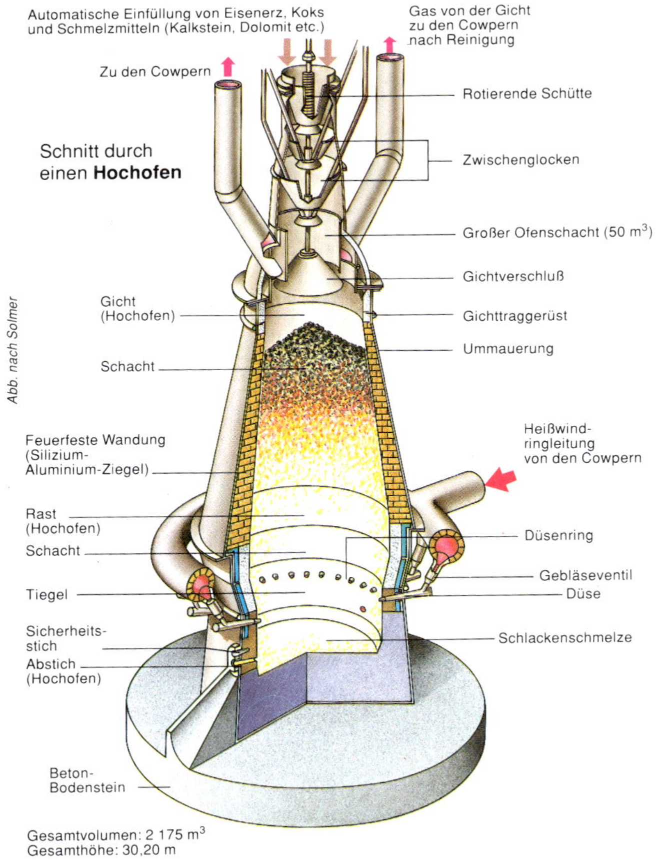

Lautsprecher

Zur Umwandlung elektrischer und verstärkter Schwingungen aus einem Empfänger in hörbare Schallwellen

Elektrodynamischer **Lautsprecher** (Schematischer Schnitt)

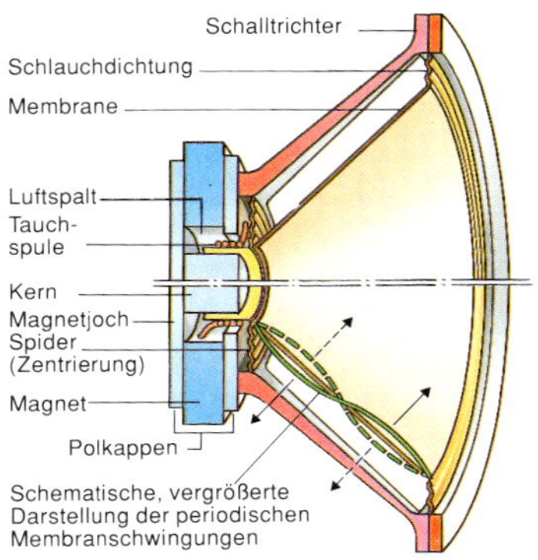

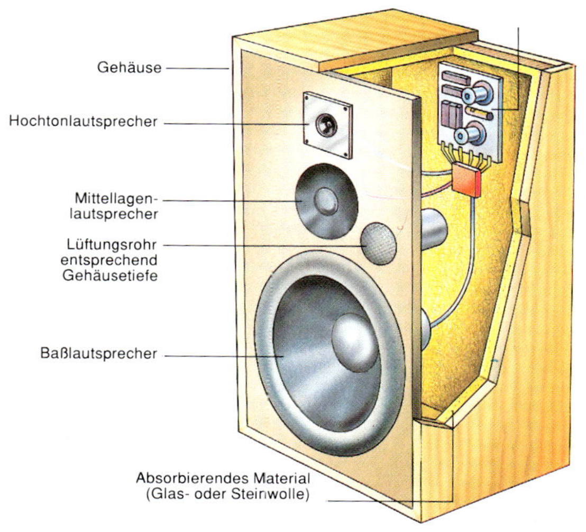

Schematischer Blick in ein **Antiresonanzgehäuse**

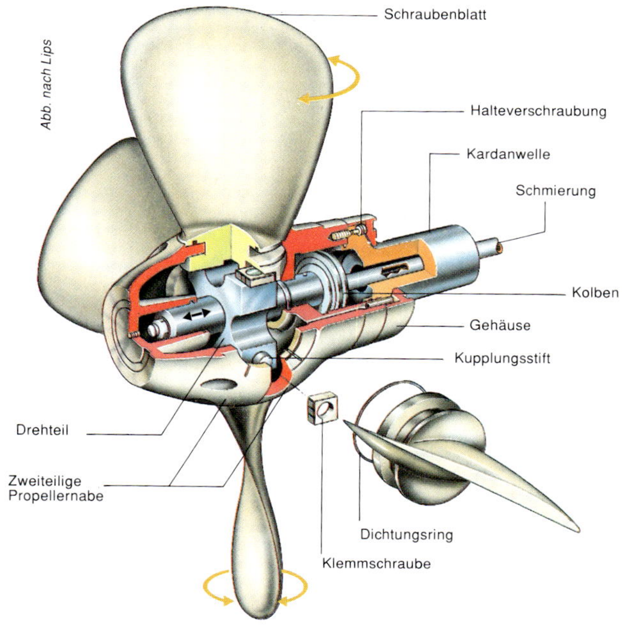

Schiffsschraube mit verstellbaren Blättern

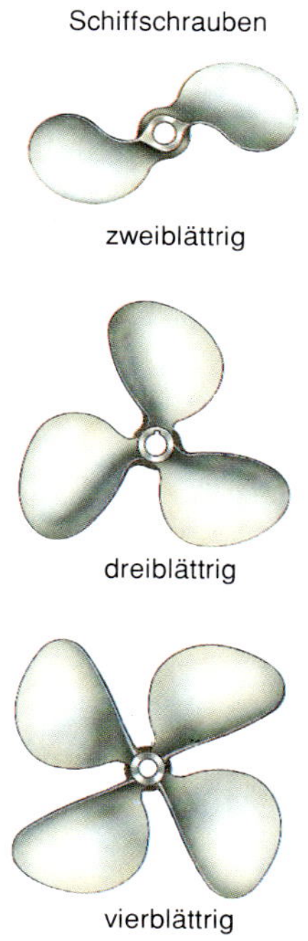

Schraubenantriebe

Zum Propeller- oder Schubantrieb von Flugzeugen und Schiffen

Schiffsschraube montiert in einem Rohr

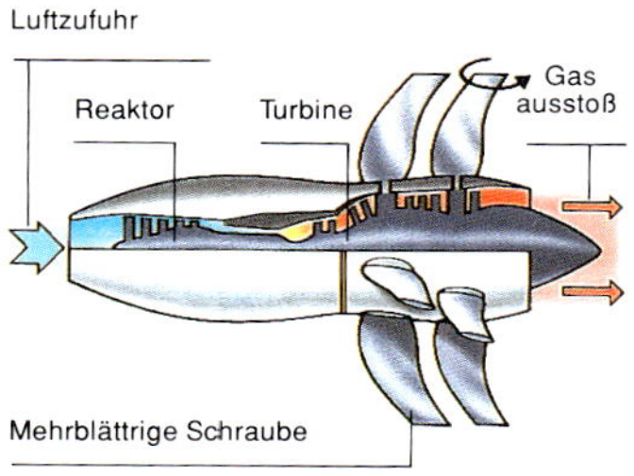

Mehrblättriger **„Turboprop-Schraubenantrieb**

Hubschrauber

Zum Senkrechtaufsteigen, Fliegen und in der Luft, Stehenbleiben in der Luft (unterhalb Schallgeschwindigkeit)

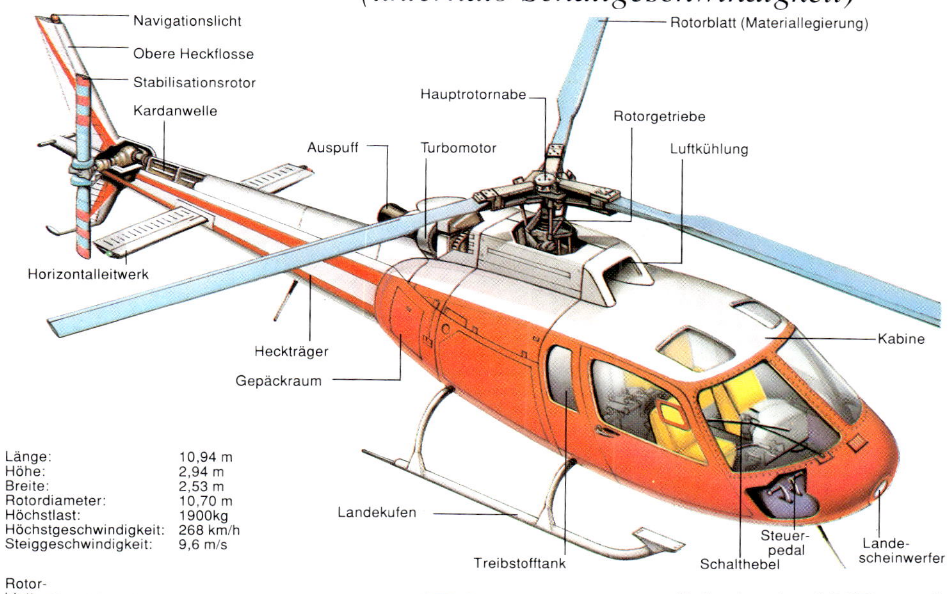

Länge:	10,94 m
Höhe:	2,94 m
Breite:	2,53 m
Rotordiameter:	10,70 m
Höchstlast:	1900kg
Höchstgeschwindigkeit:	268 km/h
Steiggeschwindigkeit:	9,6 m/s

Hubschrauber AS-350 cureuil

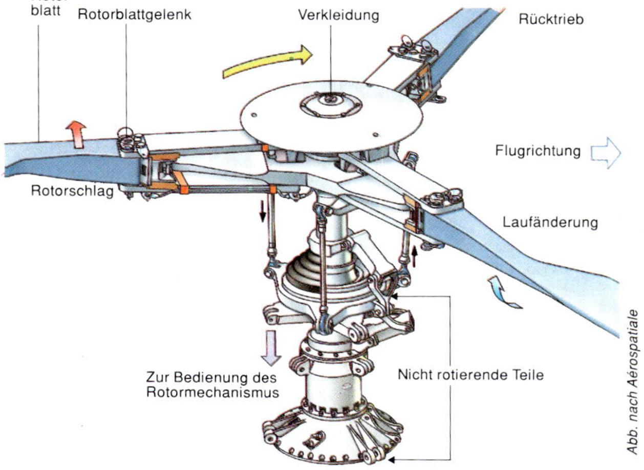

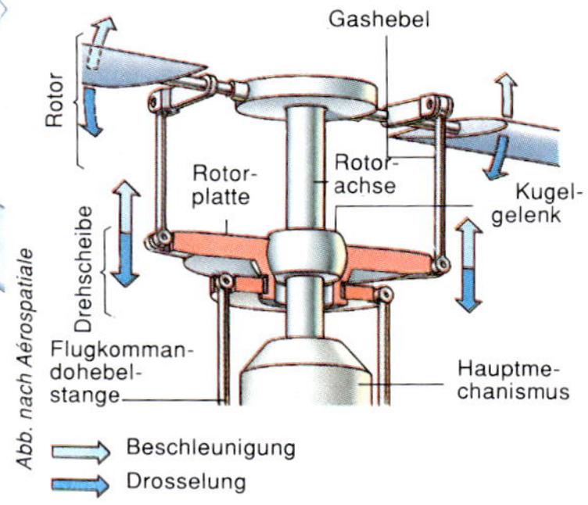

Heliograf

Zur Registrierung der Sonnenscheindauer

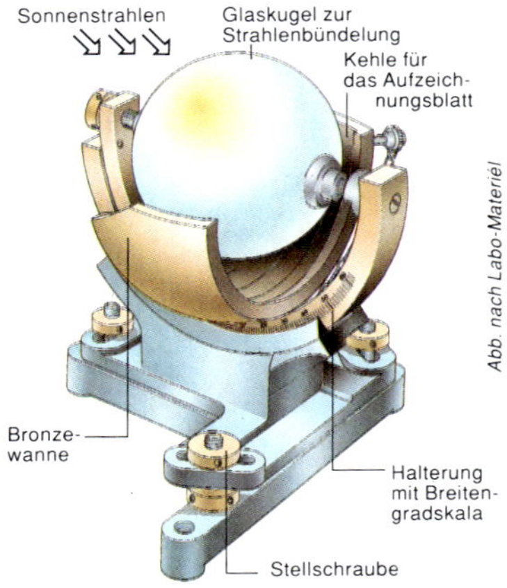

Abb. nach Labo-Materiel

(Gas-) Lötlampe

Zum Zusammenlöten zweier Metallteile mit Hilfe eines Lötmetalls

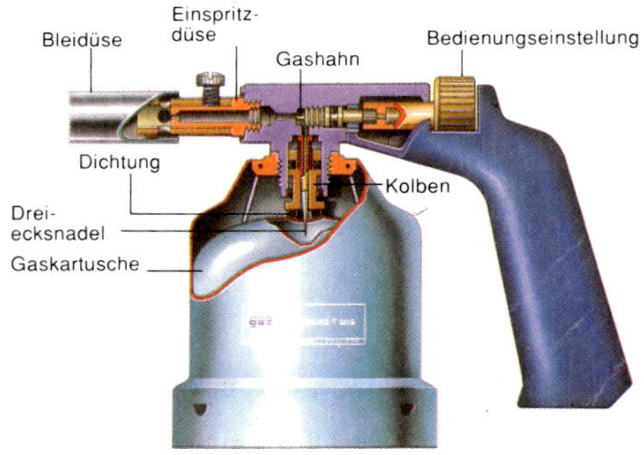

Abb. nach Camping Gaz

Naßklassierer (Stromklassierer)

Zur Körnertrennung im Wasser aufgrund ihrer unterschiedlichen Sinkgeschwindigkeit

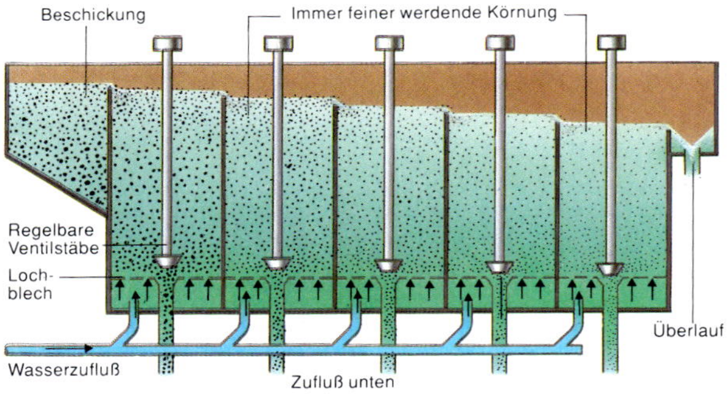

Waschmaschine

Zum automatischen Wäschewaschen in drei Prozessen: mechanisch (Schleudern), thermisch (heißes Wasser) und chemisch (Waschpulver)

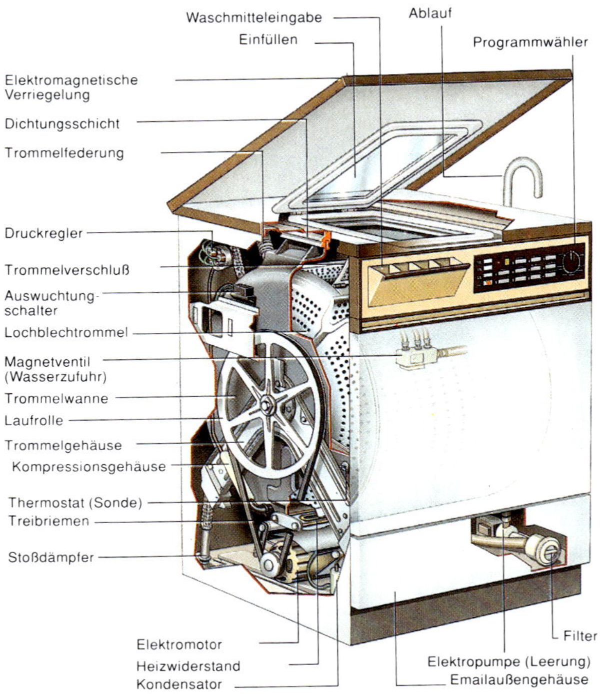

Abb. nach Miele

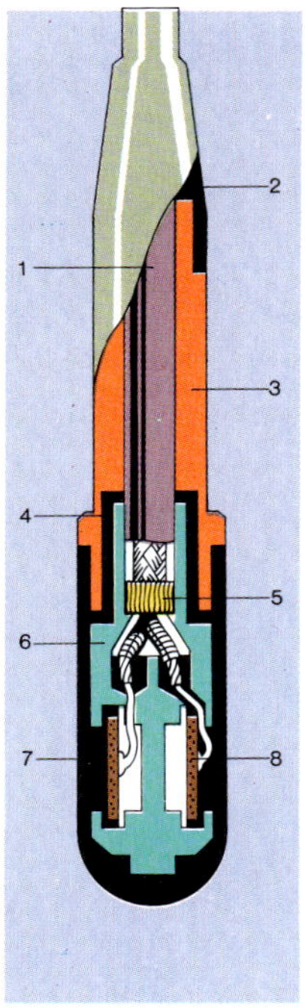

Abb. nach Bruel & Kjaer

Hydrophon

(Unterwasserschallempfänger)

Zur Messung von Erdstößen oder Geräuschen unter Wasser, die von Druckunterschieden herrühren

1. Schwachgeräuschekabel;
2. Neoprendichtung *);
3. Monelverkleidung **);
4. Isoliergehäuse;
5. Abschirmung;
6. Abschirmungssockel;
7. Neoprenpulver;
8. Piezo-(Druck-)elektrische Keramik.

*) Neopren = Chloropren = Plastikmaterial
**) Monel = Nickel/Kupfer-Legierung

(Kassetten-) Tonbandgerät

Zur Aufnahme und Wiedergabe von Geräuschen/Tönen auf einem Magnetband in einer Kassette

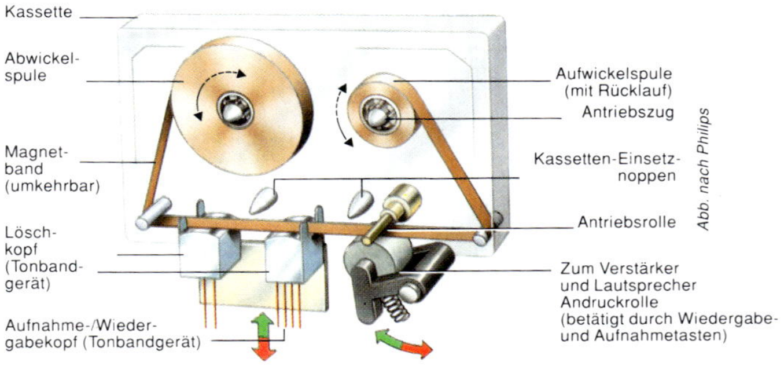

Abb. nach Philips

1. Kassettenfachöffnung;
2. Kassette;
3. Rücklauftaste (rew);
4. Aufnahmetaste (rec);
5. Pausenstop (pause);
6. Nullstellung Zählwerk;
7. Zählwerk;
8. Aufnahmeanzeige;
9. Mikroanschluß (Mono);

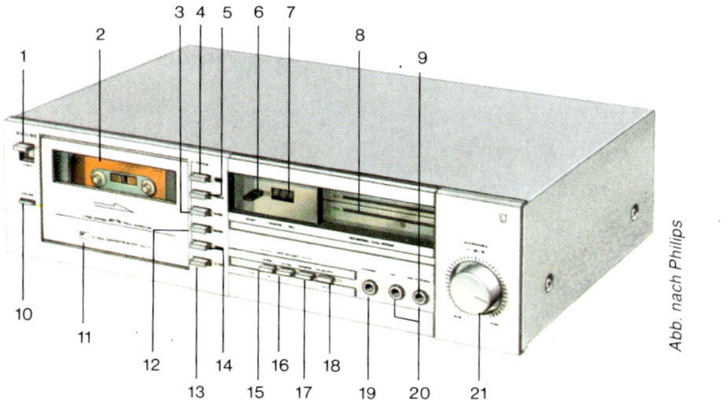

10. Aus-Ein (On-Off);
11. Kassettentür;
12. Vorlauf schnell (wind);
13. Stoptaste (stop)
14. Wiedergabetaste (play);
15., 16., 17. Tonbandtypeinstellung (Metall, CrO_2, Normal);
18. Rauschunterdrückung bei Aufnahme oder Wiedergabe (Dolbysystem)
19. Kopfhöreranschluß;
20. Mikroanschluß Stereo;
21. Aufnahmeregler.

Videorecorder

Zur Aufnahme und Wiedergabe von bewegten Bildern auf elektromagnetischem Wege mit Hilfe eines Magnetbandes

1. Kanalwahl; 2. Kanalsuche; 3. Kanalanzeiger; 4. Uhr; 5. Uhreinstellung; 6. Aufnahmeanzeige; 7. Kanal-(Sender-)Anzeige; 8. Kassetteneinzug; 9. Bandzähler; 10. Automatische Rückspuleinstellung; 11. Programmierungszugang; 12. Weiterer Programmierung; 13. Programmierung; 14. Programmierungsanzeige; 15. Kanal- und Programmierlöschwähler; 16. Aufnahmetaste; 17. Bildsuchlauf (rückwärts); 18. Schnellrücklauf; 19. Standbildeinstellung; 20. Bandlaufstop; 21. Bildsuchlauf (vorwärts); 22. Schnellvorlauf; 23. Verlangsamter Bandlauf; 24. Wiedergabe; 25. Direkter Zugang zu gewählter Bandstelle; 26. Zählwerk auf Null; 27. Wartestellung; 28. Kassettenauswurf.

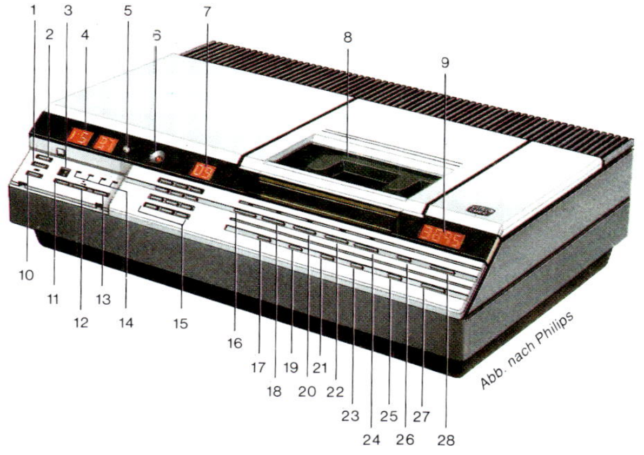

Prinzip der Spurenaufzeichnung (Videoband)

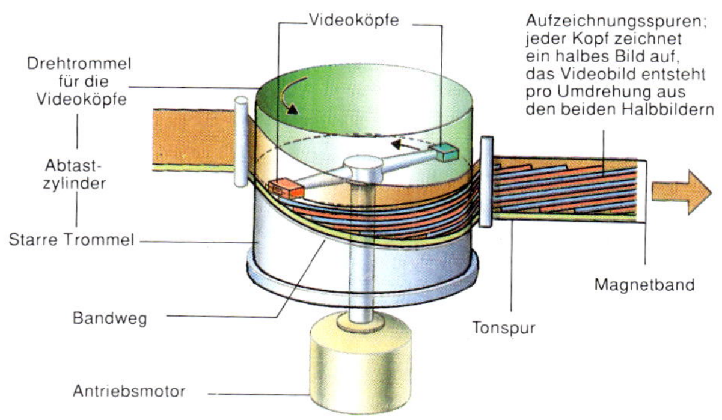

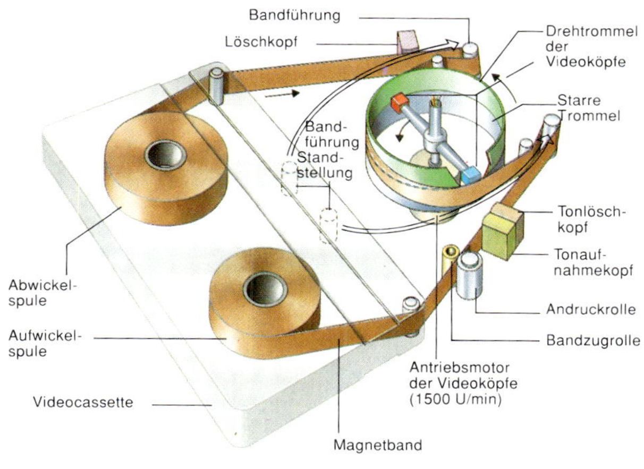

Bandlauf im **Videorecorder**

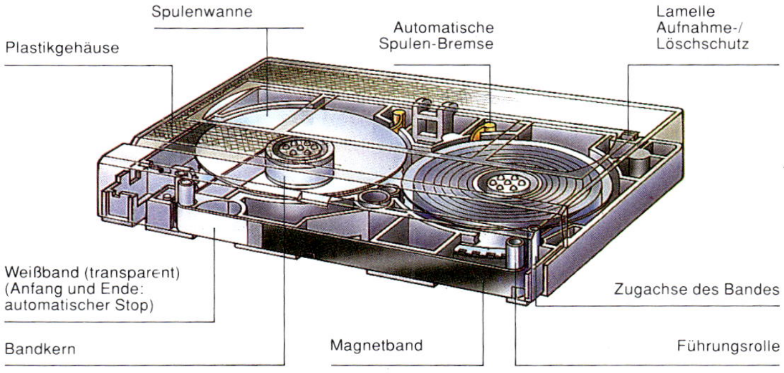

Videocassette

Magnetron

Zur Erzeugung und Verstärkung sehr starker Hochfrequenzströme für die Radartechnik und als Wärmegeneratoren (Hochfrequenzheizung)

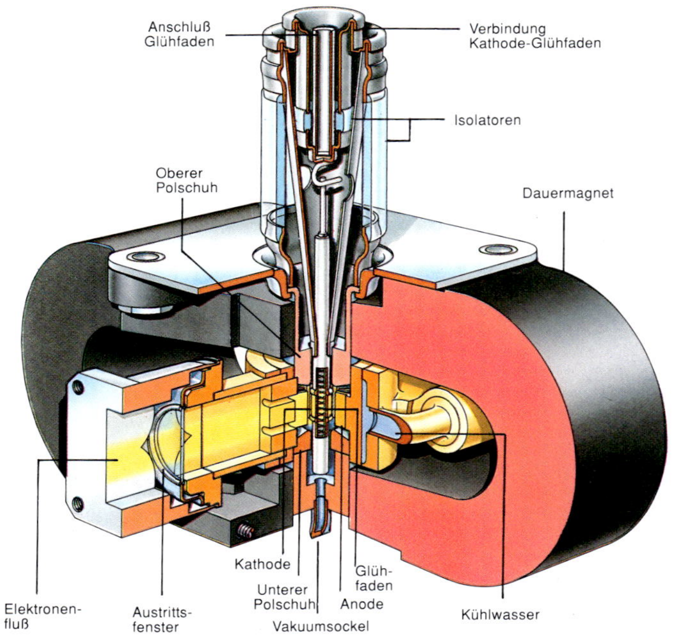

Abb. nach Thomson C.S.F.

Metallspritzmaschine

Zum Überziehen eines Gegenstands mit einer dünnen metallischen Schicht als Rostschutz, für längere Lebensdauer und als Schadensausbesserung

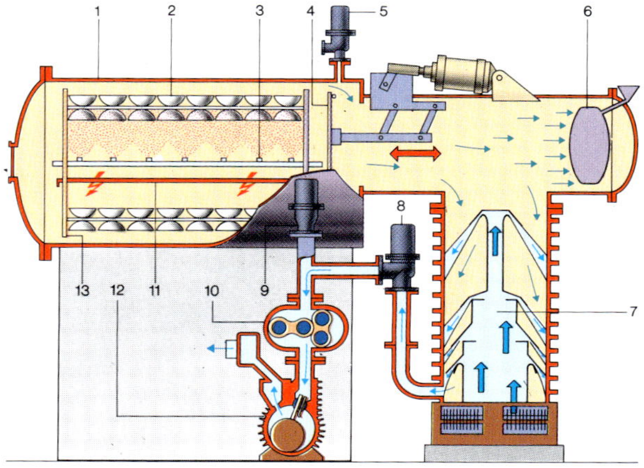

Abb. nach Leybold-Heraeus Sogev S.A.

Vakuum-Metallisierung
Detail der Rotation der Gegenstände im Verdampfer (Die Zahlen der Abb. korrespondieren mit denen in der Beschreibung nebenan)

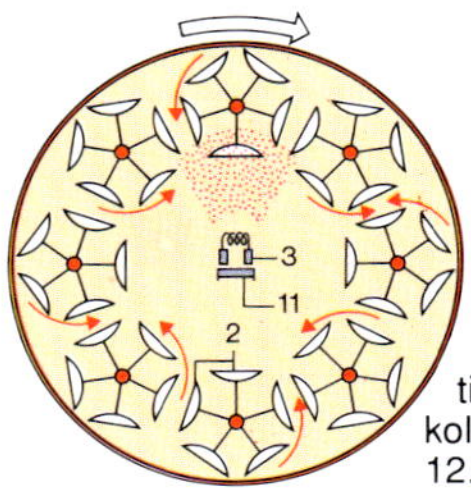

Vakuum-Metallisierung
1. Gehäuse, 2. Zu metallisierende Gegenstände; 3. Verdampfer; 4. Vakuumdruckschieber; 5. Atmosphärendruckventil; 6. Niedrigtemperaturfang; 7. Hochvakuumpumpe; 8. Hauptvakuumventil; 9. Luftventil; 10. Rootspumpe (Wälzkolbenpumpe); 11. Kathode; 12. Hauptpumpe; 13. Objektträgereinsatz.

Stanzdorne/-stempel

Zur Umformung vor allem von Blechen

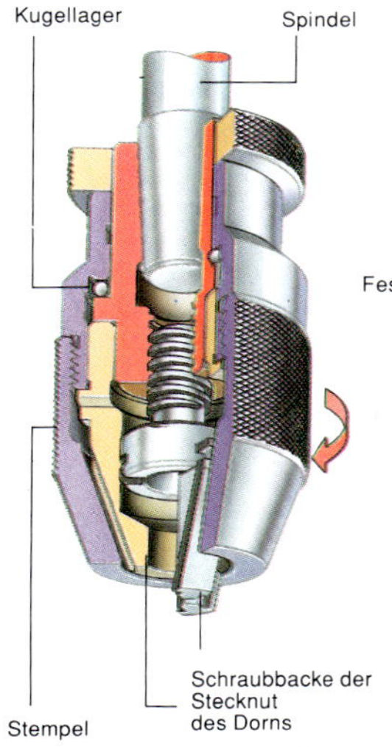

Stech-/Bohrdorn

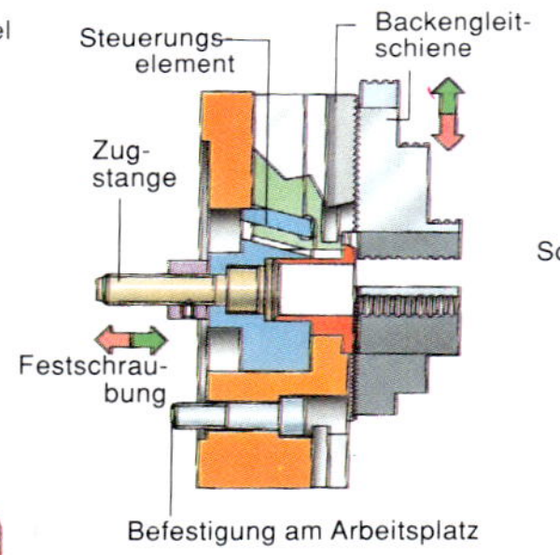

Pneumatischer/hydraulischer **Stempel** oder hydraulischer Stempel

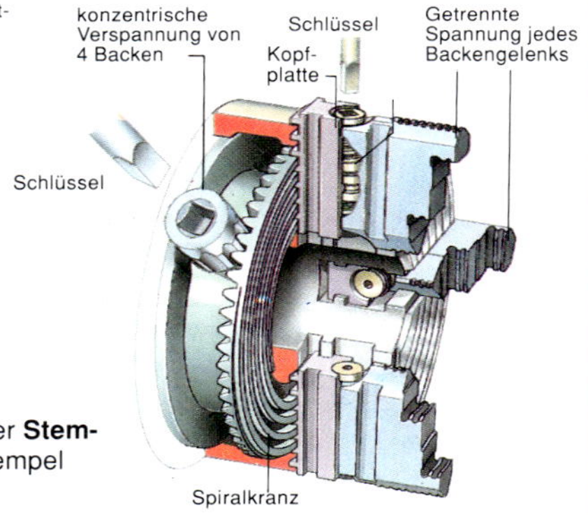

Kombinationsstempel mit konzentrischer Verspannung

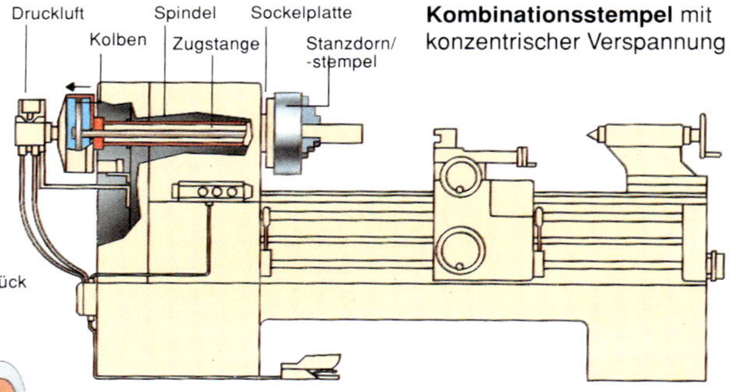

Funktionsschema der pneumatischen oder hydraulischen Öffnung und Schließung eines **Stanzdorns/-stempels**

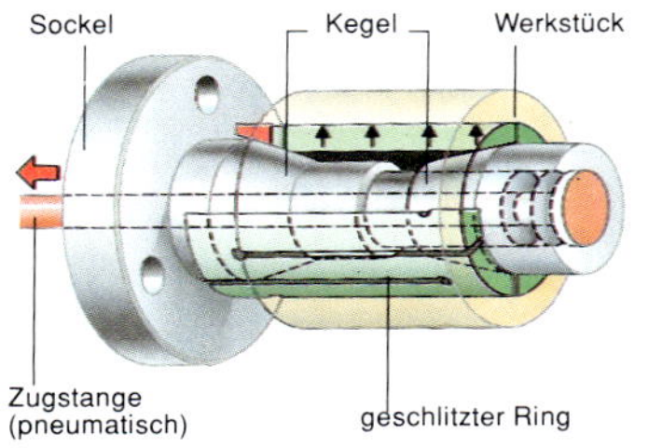

Stempel/Dorn mit ausziehbarer Fassung

Motoren

Zur Energie-Umwandlung nichtmechanischer Energie in Antriebsbewegung für mechanische Geräte; insbesondere Wind, Druckluft, Öl unter Druck, erhitztes Gas, ein Gemisch aus Luft und Verbrennungsstoffen sowie elektrischer Strom.

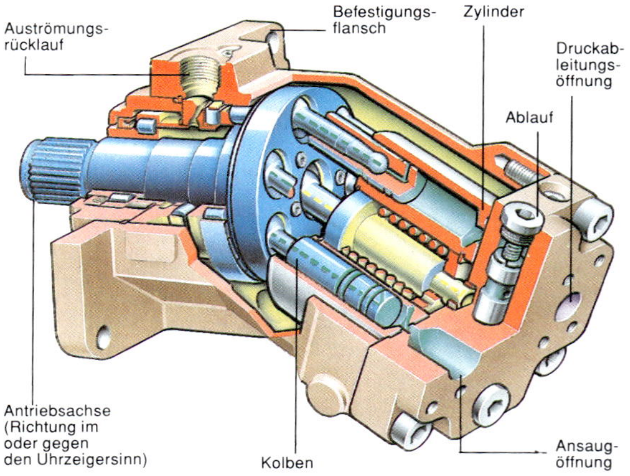

Hydraulischer Motor

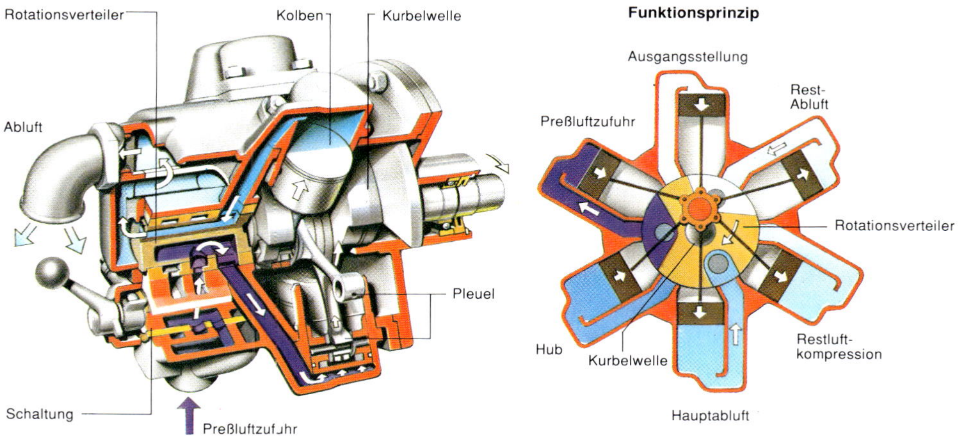

Preßluftmotor
Funktionsprinzip eines volumetrischen Kolbenmotors
Abb. nach Atlas Copco

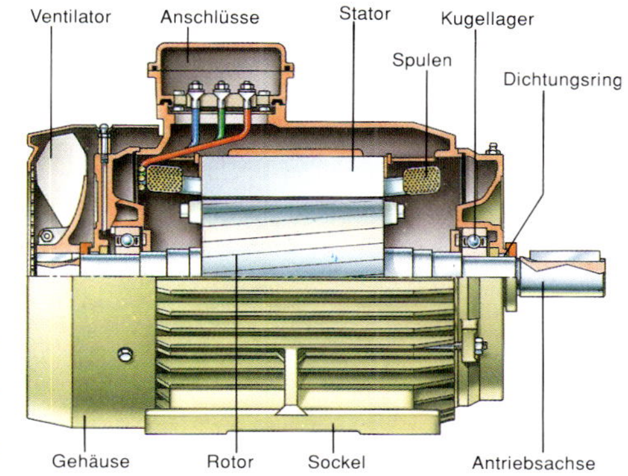

Abb. nach C.E.M.

Asynchroner
Industrie-**Elektromotor**

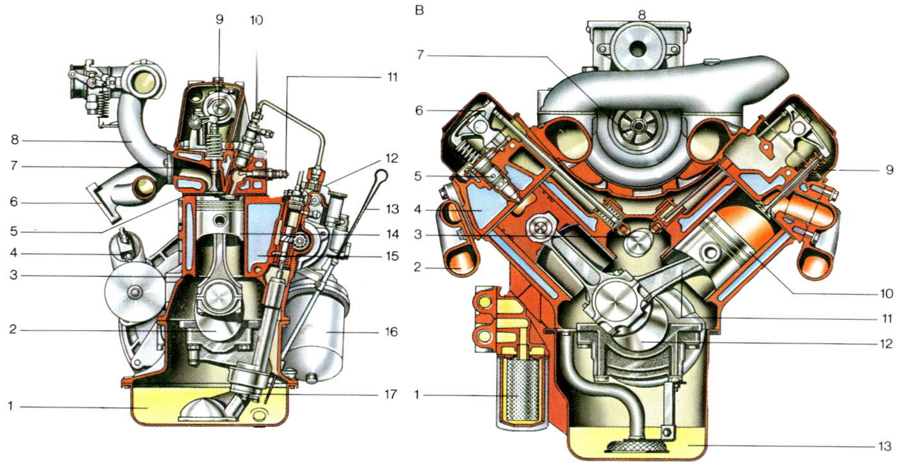

Abb. nach Mercedes

Abb. nach Diesel-Allison

A. Vierzylinder-Reihen-**Dieselmotor** (Vorderansicht)
1. Ölwanne; 2. Kurbelwelle; 3. Pleuel; 4. Starter; 5. Zylinderkopf; 6. Auspufftopf; 7. Ventil; 8. Ansaugstutzen; 9. Nockenwelle; 10. Einspritzdüse; 11. Glühkerze; 12. Einspritzpumpe; 13. Ölmeßstab; 14. Kolben; 15. Kühlwasser; 16. Ölfilter; 17. Ölpumpe.

B. Sechszylinder-V-**Dieselmotor** mit Turbokompressor (Vorderansicht)
1. Ölfilter; 2. Auslaßstutzen; 3. Nockenwelle; 4. Kühlwasser; 5. Einspritzdüse; 6. Injektionsschalter (Kipphebel); 7. Turbokompressor; 8. Ansaugstutzen; 9. Auslaßventil; 10. Kolben; 11. Pleuel; 12. Kurbelwelle; 13. Ölwanne.

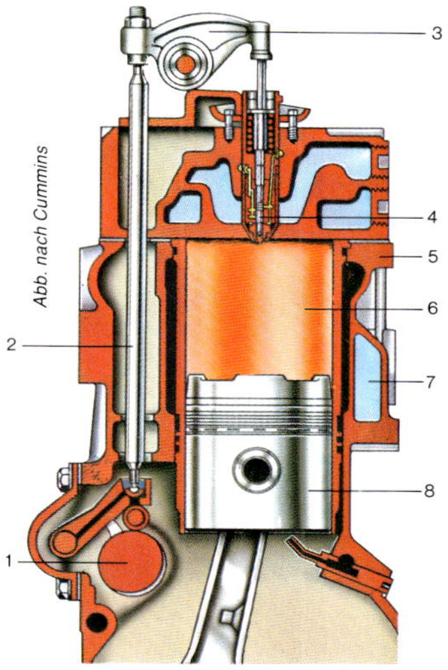

Abb. nach Cummins

Sechszylinder-Reihen-**Dieselmotor,**
Einspritzsystem
1. Nockenwelle;
2. Kipphebelstange;
3. Kipphebel;
4. Einspritzdüse;
5. Zylinderkopf;
6. Verbrennungsraum;
7. Kühlwasser;
8. Kolben.

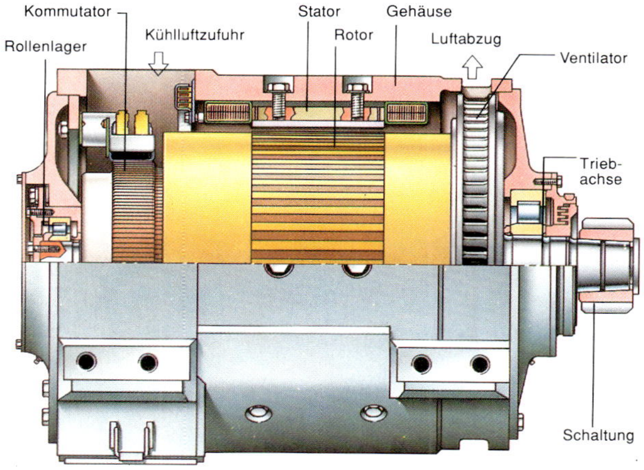

Abb. nach C.E.M.-Oerlikon

Eigenbelüfteter
Gleichstrom-**Elektrofahrmotor**
für Triebwagenzüge

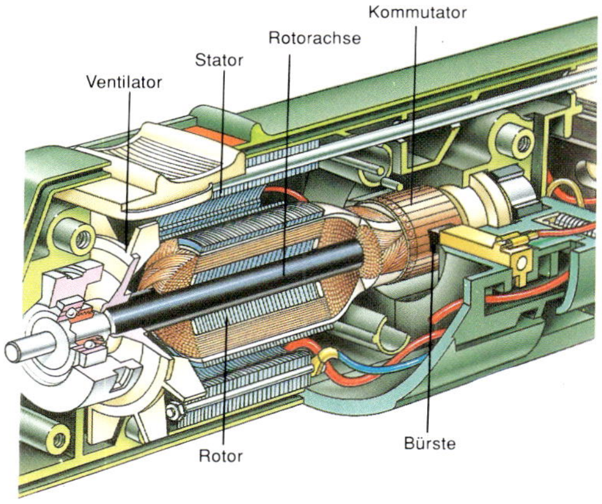

Universal-Wechselstrom-
Elektromotor
einer Schleifmaschine

Verbrennungsmotor

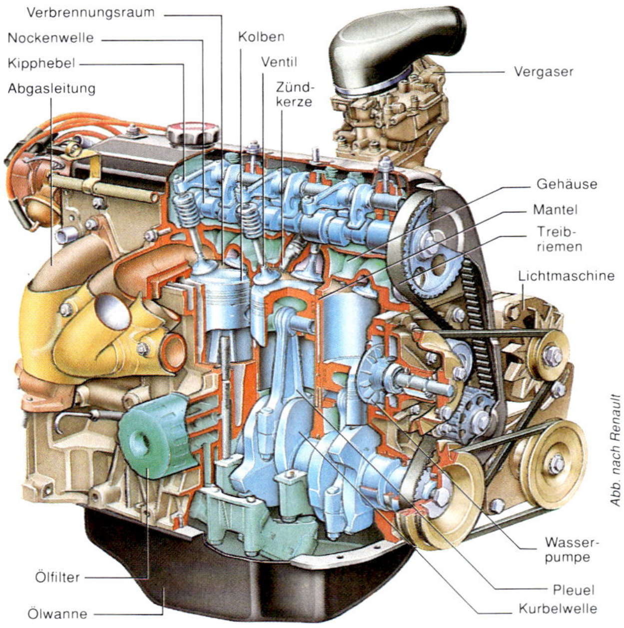

Einspritz-**Verbrennungsmotor,** 16 Ventile

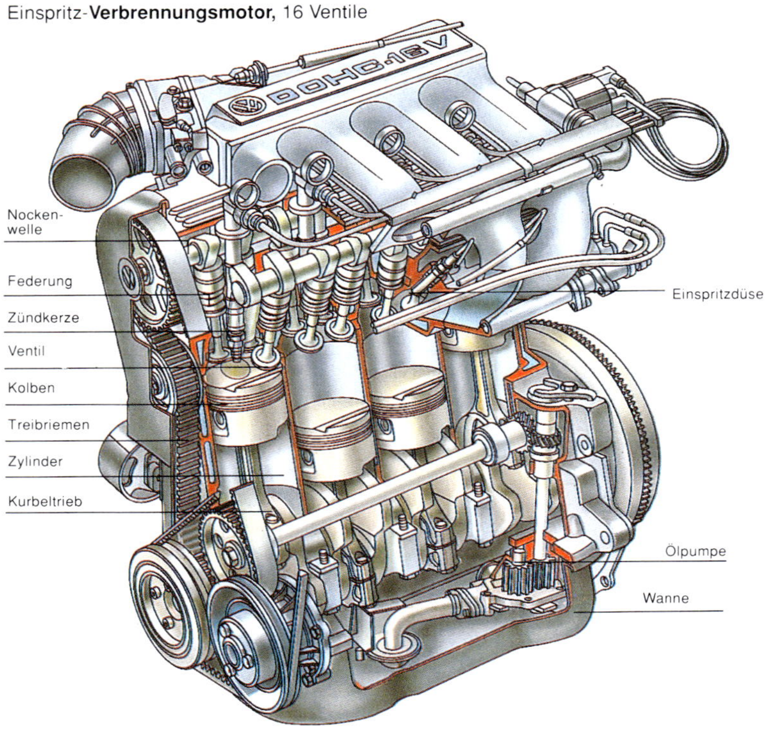

Raketentriebwerke

Zur Entwicklung starker Schubkräfte binnen weniger Minuten mittels des Ausstoßes von Gas, das aus der Verbrennung von Substanzen wie Propergol gewonnen wird (Raketentriebwerke funktionieren auch außerhalb der Atmosphäre, weil sie nicht mit Sauerstoff arbeiten)

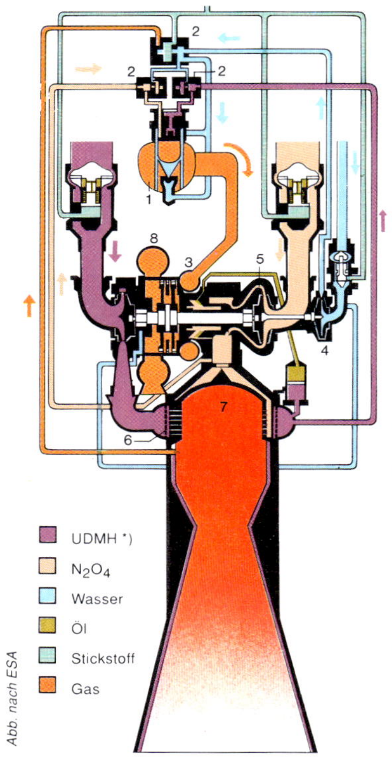

Schematischer Schnitt durch ein **Raketentriebwerk** (Viking 5 mit flüssigem Propergol als Treibstoff; vier Stück davon bilden die 1. Stufe der Rakete Ariane)

1. Gasgenerator;
2. Hauptregler;
3. Turbine;
4. Wasserpumpe;
5. N_2O_4-Pumpe;
6. Einspritzdüse;
7. Schubdüse;
8. Auspuffanlage.

*) Unsymmetrisches Dimethylhydrazin = flüssiger Raketenbrennstoff

Raketentriebwerk RITA 1 mit festem Propergol als Treibstoff bildet die zweite Stufe der M.S.B.S. des Typs M3)

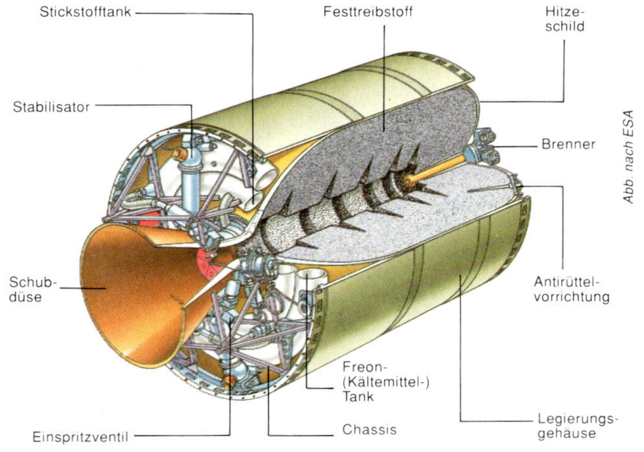

Ozonisator

*Zur Aufbereitung von ozonisiertem Sauerstoff *) für die Ventilation (zum Desinfizieren, Sterilisieren, zur Textilbleichung und Alterung von Wein und Holz)*

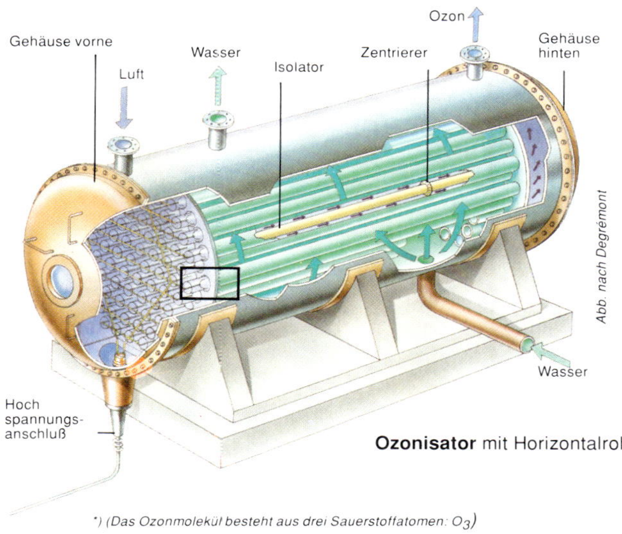

Ozonisator mit Horizontalrohren

*) (Das Ozonmolekül besteht aus drei Sauerstoffatomen: O_3)

Elektrische
Zugwinde

Zum vertikalen Heben von Lasten über begrenzte Entfernung mit einem Haken an einer Zugkette mit Elektromotor

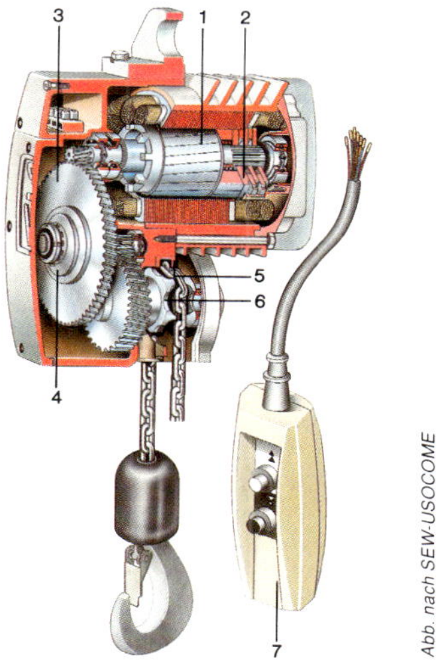

Elektrische
Ketten-Zugwinde
1. Hebemotor;
2. Bremse;
3. Reduktionsgetriebe;
4. Schlupfkupplung;
5. Kettenführung;
6. Kettenrad;
7. Bedienungsschalter.

Fotoapparat

Zum Fixieren von Abbildern aller Art auf Platte oder Film mit Hilfe von Licht und chemischen Substanzen

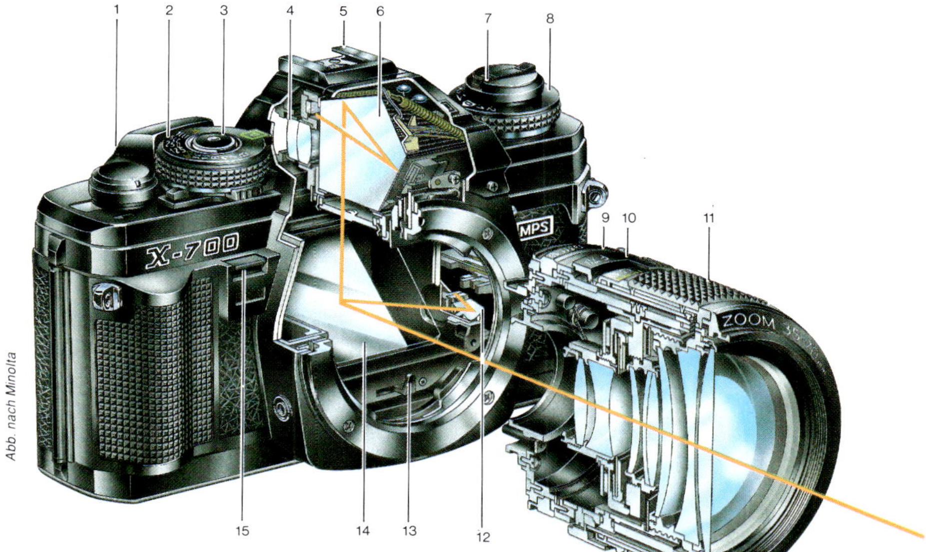

Schnitt durch eine Kleinbild-Spiegelreflex-**Kamera** mit Zoom-Objektiv
1. Filmtransport;
2. Belichtungseinstellung;
3. Auslöser;
4. Sucher;
5. Aufsteckschuh;
6. Pentagonalprisma;
7. Filmrückspulung;
8. Einstellung Filmempfindlichkeit und Belichtung;
9. Blendeneinstellung;
10. Brennweite;
11. Schärfentiefe;
12. Lichtmesser für Blitz;
13. Automatische Blendeneinstellung;
14. Sucher-Reflex-Verschlußspiegel;
15. Sperre und Einstellungsanzeige

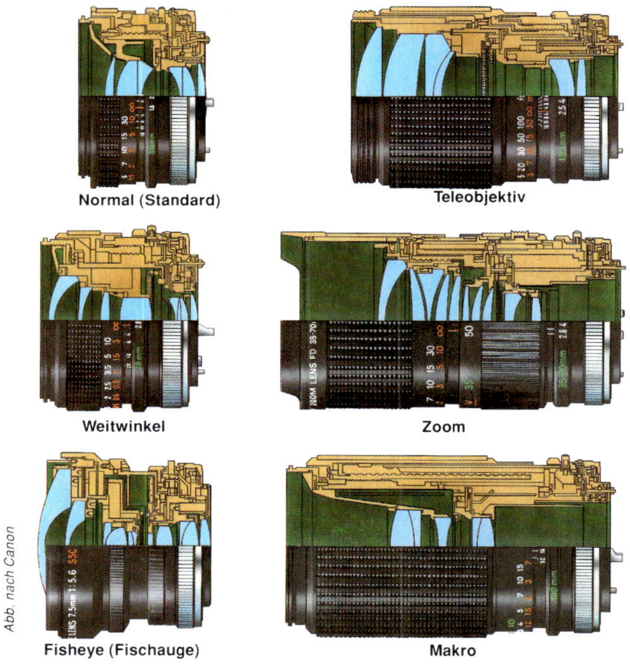

Kamera-Objektive

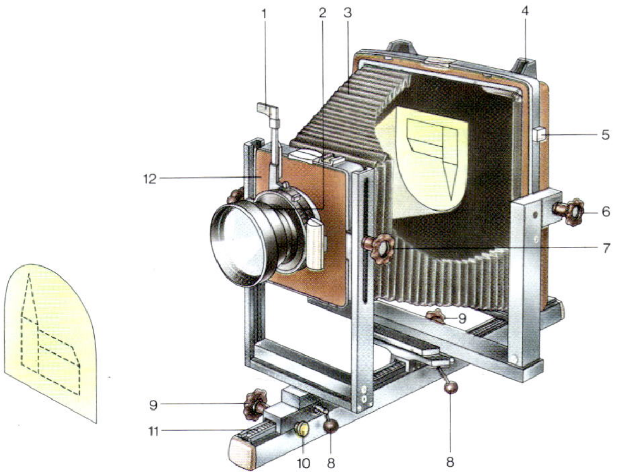

Optisches System einer **Kamera**
1. Schnellschärfeneinstellung; 2. Objektiv; 3. Auszugbalgen; 4. Mattscheibe 18 x 24; 5. Wasserwaage; 6. Feststellschraube hinten; 7. Feststellschraube vorne (vertikale Dezentrierung); 8. Feststellschrauben (laterale Dezentrierung und Achsneigung); 9. Brennweitenauszug; 10. Feststellschraube Brennweitenauszug; 11. Zahnstangenschiene; 12. Deckplatte vorne.

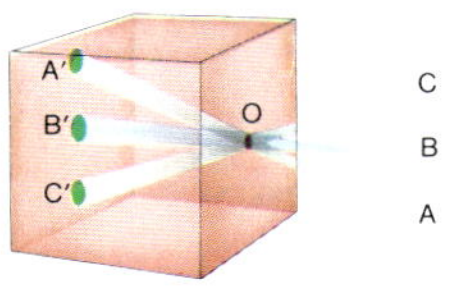

Kamera-Prinzip (Camera obscura) O Lichtloch; die Punkte A, B, C, werden in der Kammer kopfstehend abgebildet (A', B', C')

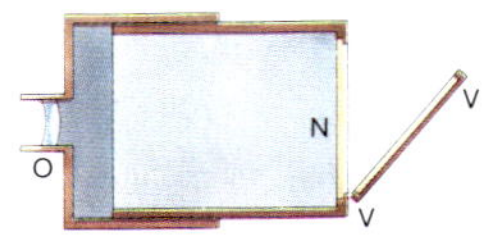

Kamera mit Auszug nach Niepce und Daguerre
O Objektiv
N geschlossene Kammer
V abnehmbare Mattscheibe

Batterien

Zur Umwandlung von in chemischer Reaktion erzeugter Energie in elektrische

Abb. nach Mazda

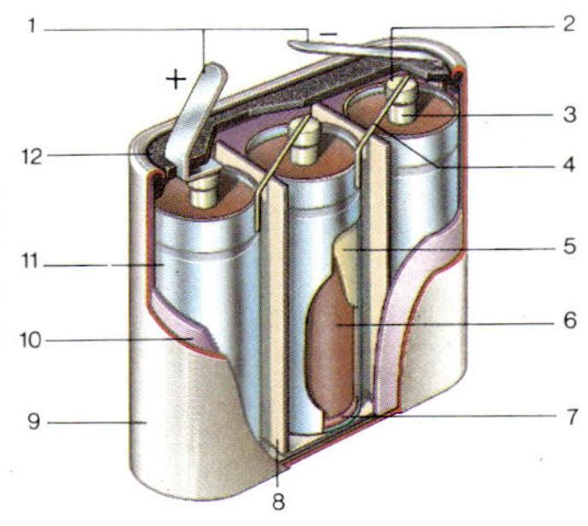

Flachbatterie
1. Verzinnte Messinglamelle;
2. Messingkapsel (+Pol);
3. Mikroporöser Kohlestab
4. Verbindungsdraht;
5. Elektroporöse Papierumhüllung;
6. Stab mit Depolarisierungsmasse;
7. Polisolierung;
8. Dichtungspappe;
9. Säurebehälter;
10. Polystyren-Preßumkleidung
11. Zinkamalgam (-Pol)
12. Abdeckung.

Abb. nach Mazda

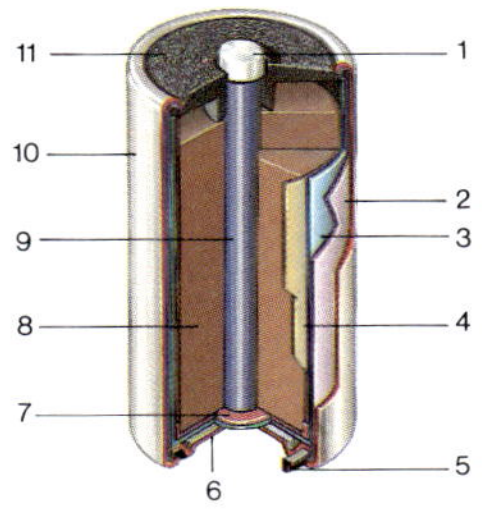

Stabbatterie
1. Vernickelte Messingkapsel (+Pol);
2. Dichtungsmantel;
3. Zinkamalgam (-Pol);
4. Elektroporöse Papierumhüllung;
5. Dichtung;
6. Außenkontaktscheibe;
7. Polisolierung;
8. Depolarisierende Masse;
9. Mikroporöser Kohlestab;
10. Säurebehälter;
11. Obere Abdichtung

Spritzpistolen

Zum gleichmäßigen Feinauftragen von Farben oder Lack auf eine Fläche oder zum Einspritzen von Schmiermitteln unter Druck

Abb. nach Atlas Copco

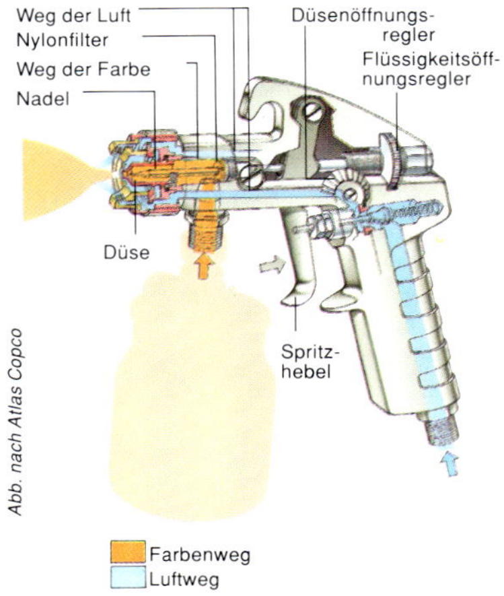

Farbspritzpistole

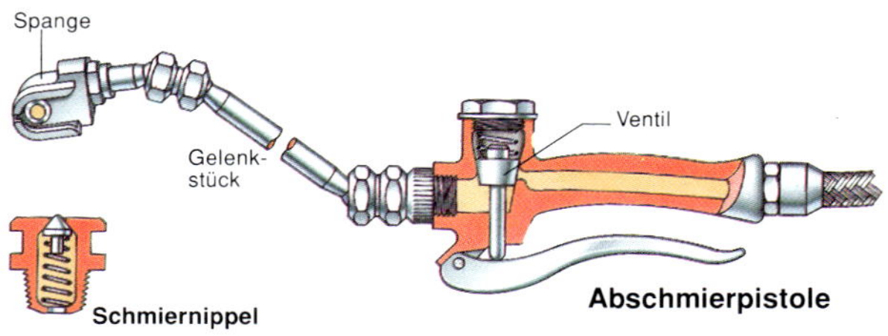

Schmiernippel

Abschmierpistole

Segelflugzeug

Zum motorlosen Fliegen durch Ausnutzung der Luftströmungen (Thermik)

Die Pilatus B4

Abb. nach Pilatus

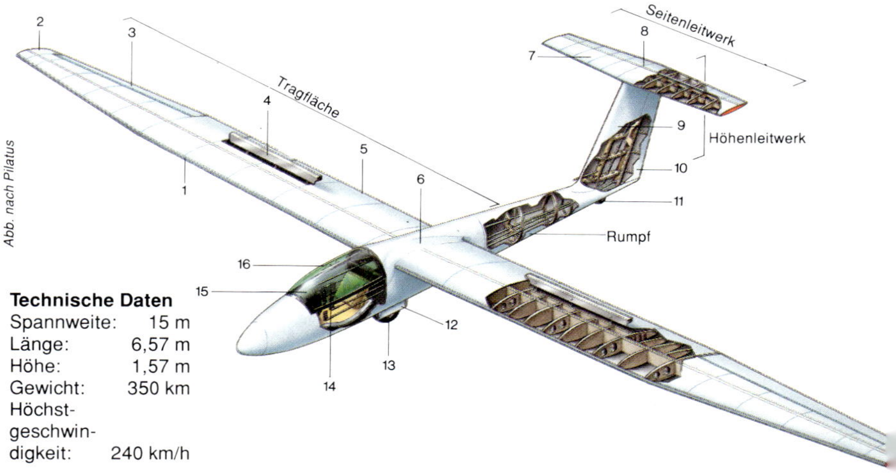

Technische Daten

Spannweite:	15 m
Länge:	6,57 m
Höhe:	1,57 m
Gewicht:	350 km
Höchstgeschwindigkeit:	240 km/h

1. Flügelvorderkante;
2. Tragflächenblock;
3. Querruder;
4. Bremsklappe (offen)
5. Hinterkante;
6. Flügeltülle;
7. Schwanzflosse;
8. Höhenruder;
9. Leitwerk;
10. Seitenruder;
11. Spornrad;
12. Radverkleidung;
13. Einziehbares Fahrwerksrad;
14. Cockpit;
15. Armaturenbrett;
16. Glaskanzel.

Kohleofen

Zur direkten Raumerwärmung durch Verbrennung von Kohle oder Holz

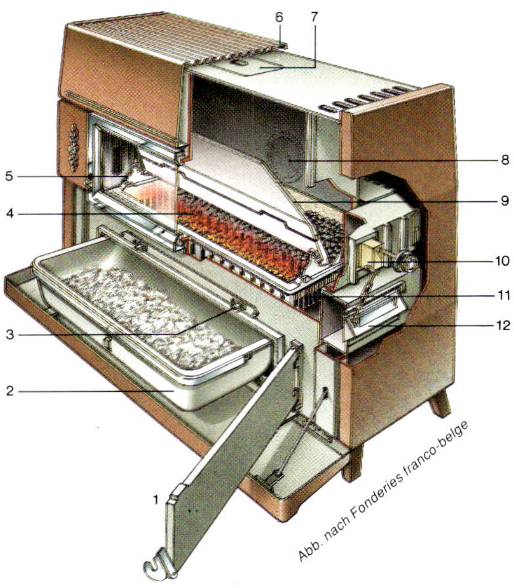

1. Aschenkastentür
2. Aschenkasten;
3. Entriegelung Aschenkasten;
4. Feuerung;
5. Verglaste Feuerungstür
6. Wärmeabstrahlung;
7. Einfüllöffnung;
8. Rauchabzug;
9. Vorratsbehälter;
10. Thermostat;
11. Glutkorb;
12. Thermostatgeregelte Luftzufuhr.

Ablaßhahn/-ventil

Zum Ablassen von Luft oder Gasen aus Kanalisationen oder des Wassers von Gasen

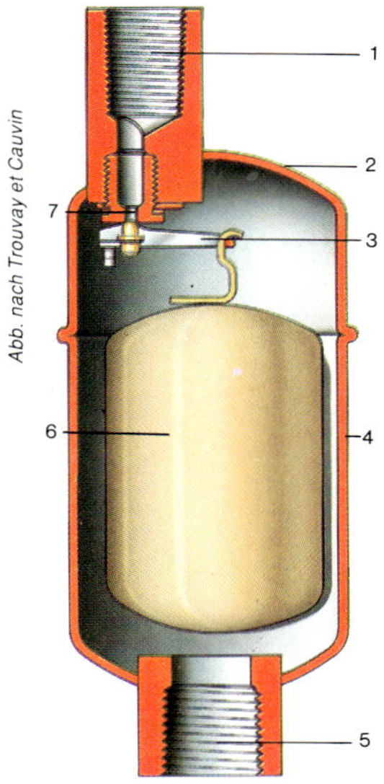

Schnitt durch ein **Ablaßventil** zur Reinigung von Flüssigkeiten von Gasen (Gasablaßhahn)
1. Abzug; 2. Kappe;
3. Ventilhebel; 4. Gehäuse;
5. Zufluß; 6. Schwimmer;
7. Ventil.

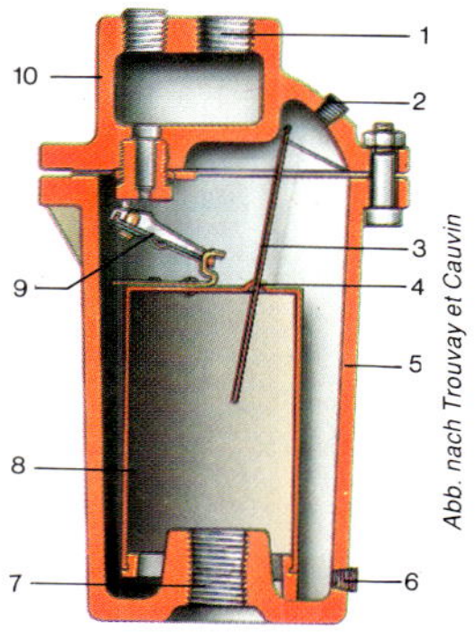

Schnitt durch ein **Ablaßventil** zur Reinigung von Gasen von Flüssigkeiten (Ölablaßhahn)
1. Abzug; 2. Probenentnahme;
3. Entschlackungsnadel;
4. Luftöffnung; 5. Gehäuse;
6. Entleerungsstopfen; 7. Zufluß;
8. Schwimmer; 9. Ventil;
10. Kappe.

Filmprojektor

Zur Vorführung eines Films auf einer Leinwand in einem Kino

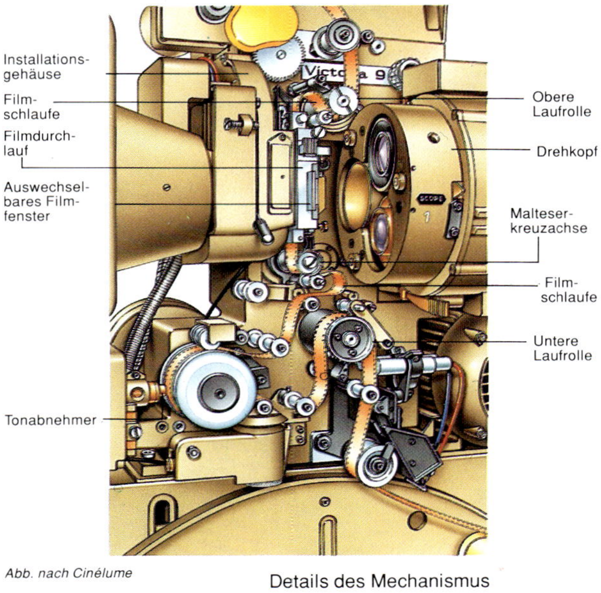

Details des Mechanismus

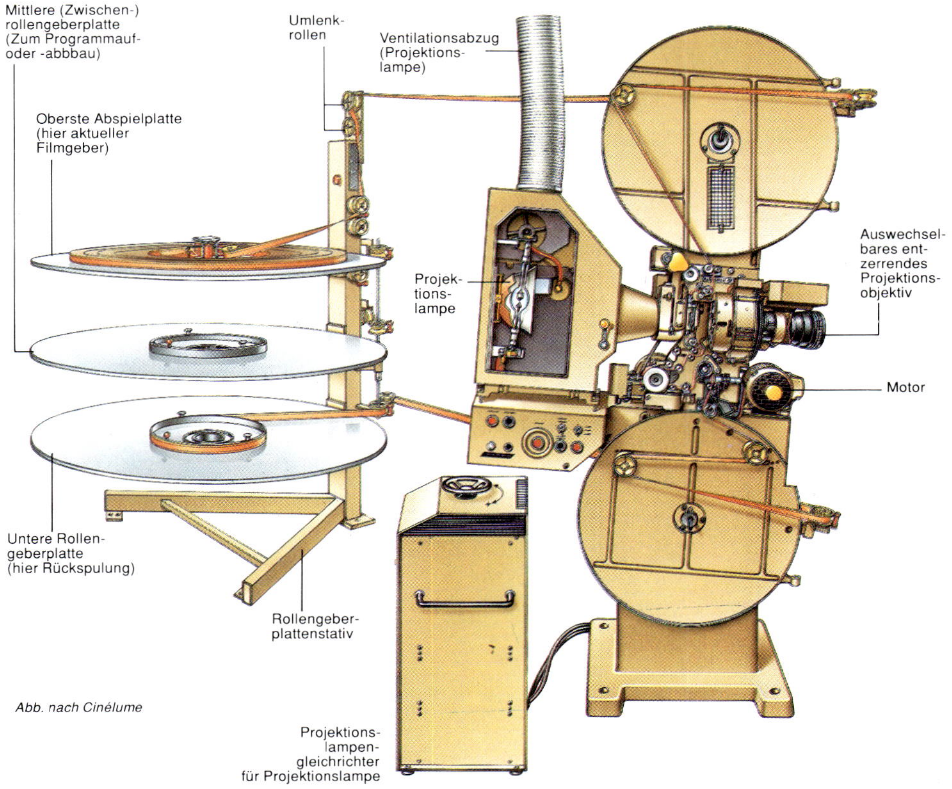

Heizkörper

Zur Ausstrahlung von durch Heißwasser oder Strom erzeugter Wärme

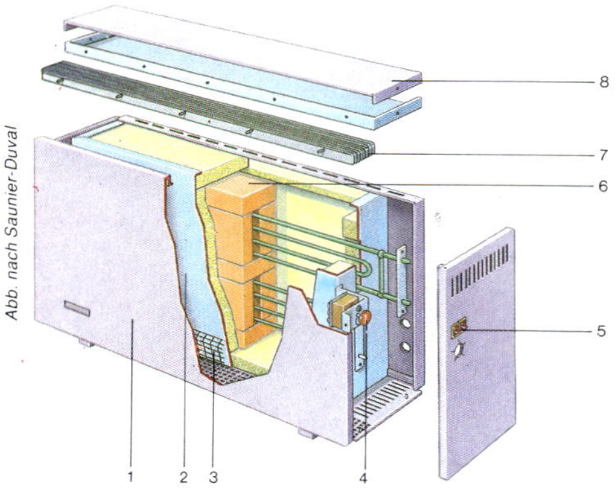

Elektrischer **Wärmeheizstrahler**
1. Vorderseite;
2. Isolierblech;
3. Lochblechverstärkung;
4. Thermostatregler;
5. Schalter;
6. Speicherziegel;
7. Abstrahlgitter;
8. Obere Abdeckung.

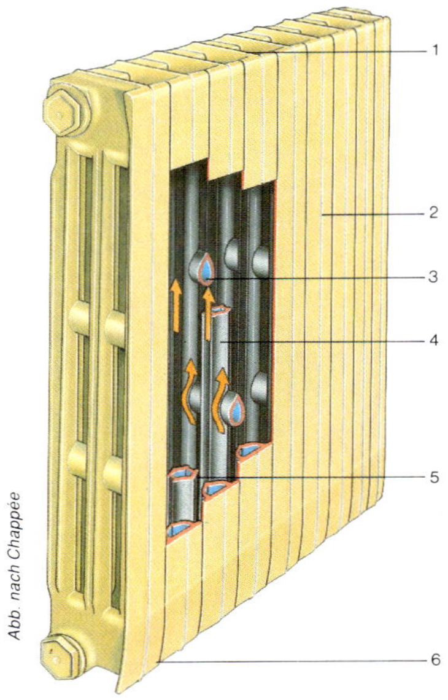

Gußeiserner Zentralheizung-Heißwasser-**Heizkörper**
1. Luftschlitze;
2. Außenseite;
3. „Tragflächen"-Strebe;
4. Abzugsrohr;
5. Rippen;
6. Eingebogenes Bodenprofil.

Atomreaktor

PWR (= Pressurized Water Reactor, Druckwasserreaktor)

Zur Auslösung einer Kettenreaktion der Atomkerne angereicherten Urans mit Intensitätsregelung und Stop nach Bedarf

Damit eine Kernreaktion in Gang kommt, ist es nötig, daß ein Minimum spaltbaren Materials vorhanden ist, die sogenannte kritische Masse. Es gibt verschiedene Prozesse der Kernenergie-Erzeugung. Beim PWR-Verfahren (Druckwasserverfahren) wird das aus dem Reaktor kommende und auf über 300 °C erhitzte Wasser in Dampfgeneratoren eingeleitet, wo es seine Wärme an das Wasser eines zweiten Kreislaufs abgibt, das es verdampft. Dieser Dampf wird in eine Turbine eingeleitet, wie sie auf S. 39 dargestellt ist.

Schnitt durch einen **Atomreaktor** des Typs PWR mit einer Leistung von 1 300 MW unter Verwendung von Uran 235

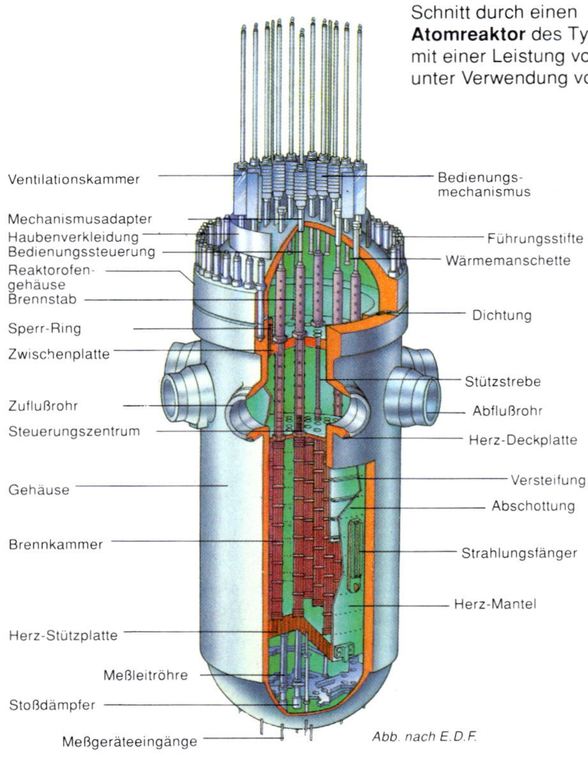

Die drei Schutzbarrieren im System eines PWR-Reaktors

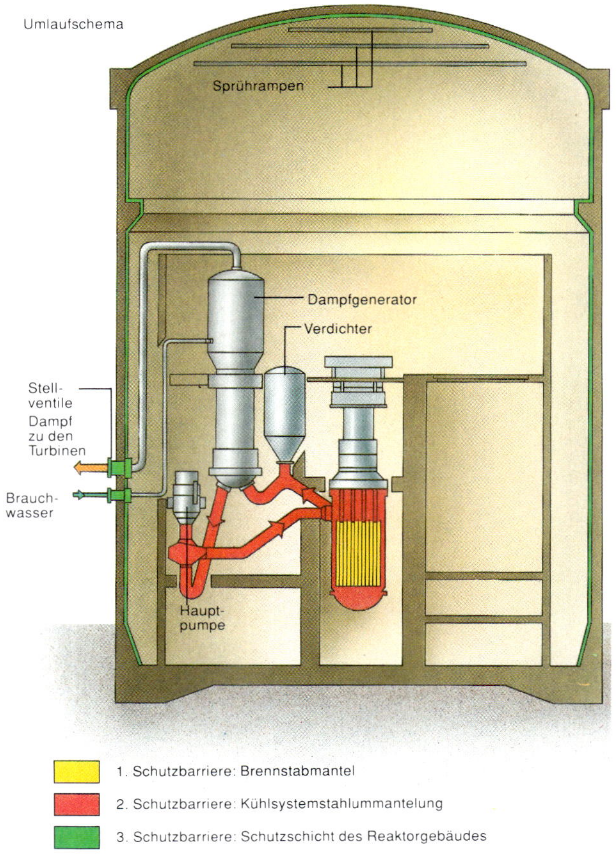

Druckregler

Zur Verminderung und Gleichmäßighaltung des Wasserdrucks

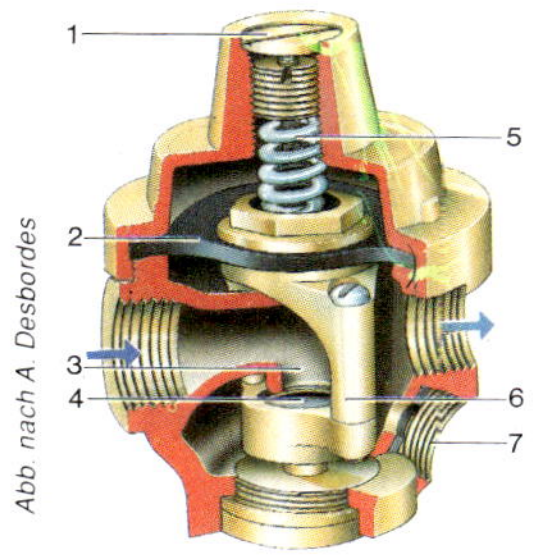

Wasserdruckregler
1. Reglerschraube; 2. Membrane; 3. Ventilsitz; 4. Ventilklappe; 5. Feder; 6. Bügel; 7. Ablaß

Kühlschrank

Zur Kühlung zwecks längerer Haltbarkeit von Speisen und Getränken

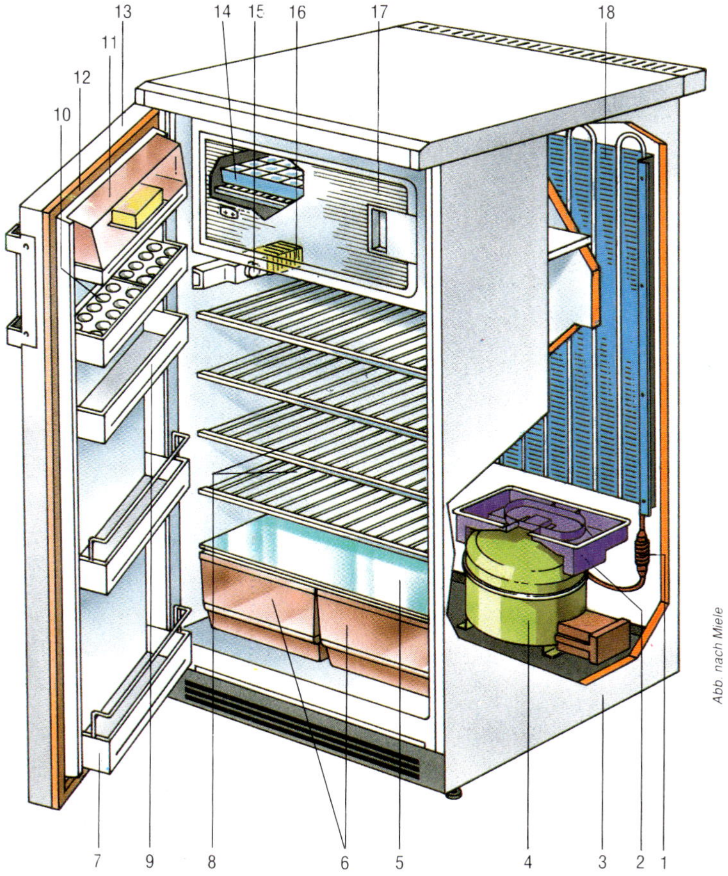

1. Trockner; 2. Verdampfschale (für automatische Enteisung); 3. Isoliertes Gehäuse; 4. Kompressor; 5. Herausnehmbare Glasscheibe; 6. Obst- und Gemüseschale; 7. Flaschenfach; 8. Einsetzrost; 9. Stellfach; 10. Eierfach; 11. Butterfach; 12. Magnettürverschluß; 13. Tür; 14. Eisfach; 15. Temperaturregelung; 16. Licht; 17. Gefrierfach.

Elektromechanische
Relais

Zur abrupten (und zeitlich vorbestimmten) Änderung eines oder mehrerer elektrischer Schaltkreise

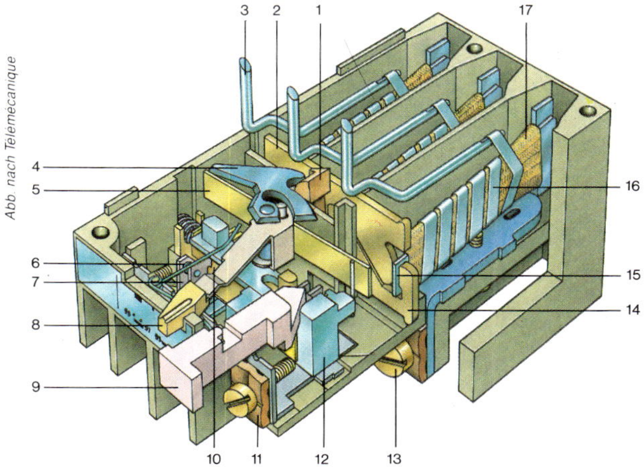

Elektromechanisches
Wärmeschutz-Relais
1. Differentialhebelarm;
2. Obere Differentialeinstellung;
3. Netzanschluß;
4. Nocke;
5. Wärmeausgleichslamelle;
6. Fixkontakt;
7. Beweglicher Kontakt;
8. Regler;
9. Rückstellungstaste;
10. Mobilkontaktlager;
11. Anschluß der Bedienungssteuerung;
12. Ausschaltzange;
13. Stromausgangsanschluß;
14. Untere Differentialeinstellung;
15. Lamelle;
16. Heizelement;
17. Isolator.

Elektromechanisches
Schalt-Relais

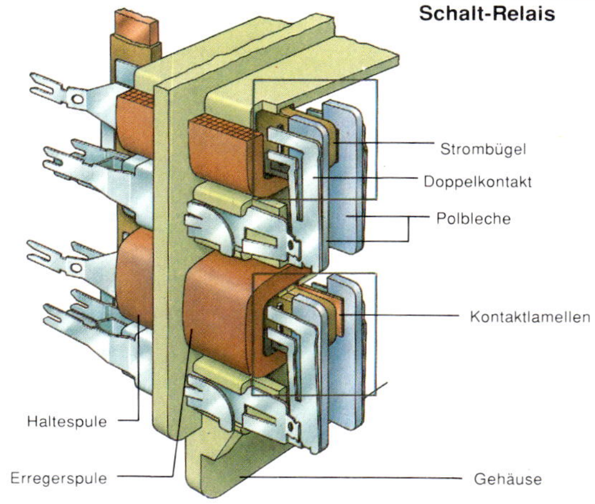

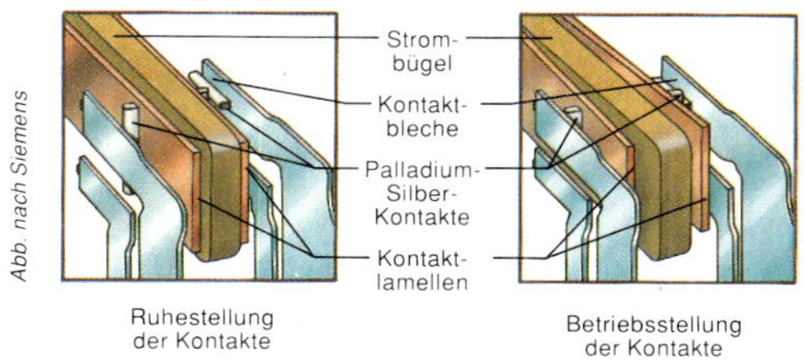

Wasserhähne

Zum Auf- und Zudrehen des Wasserflusses aus Wasserleitungen durch Betätigung von außen

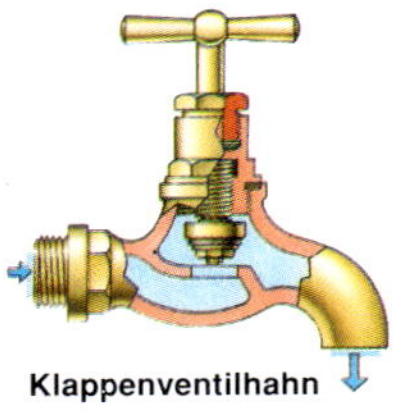

Klappenventilhahn

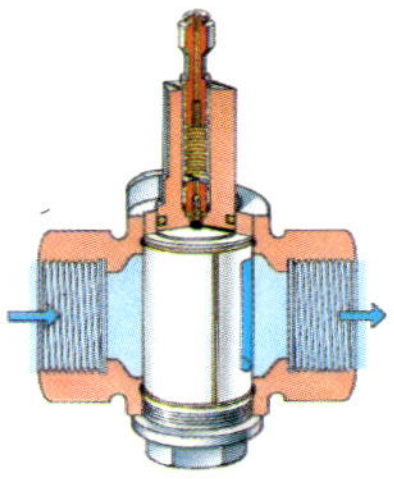

Drehhahn

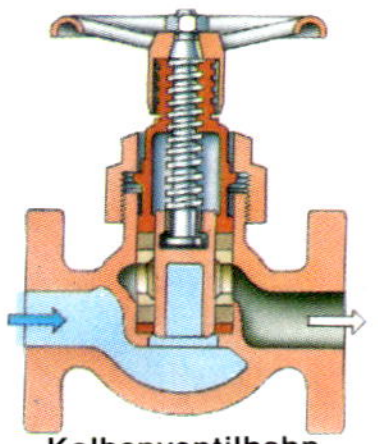

Kolbenventilhahn

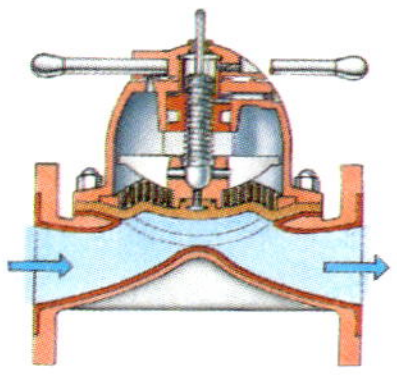

Membranventilhahn

Sperrventilhahn

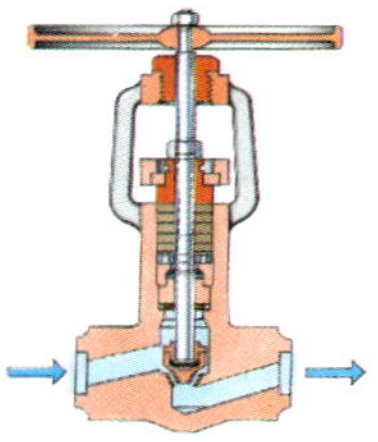

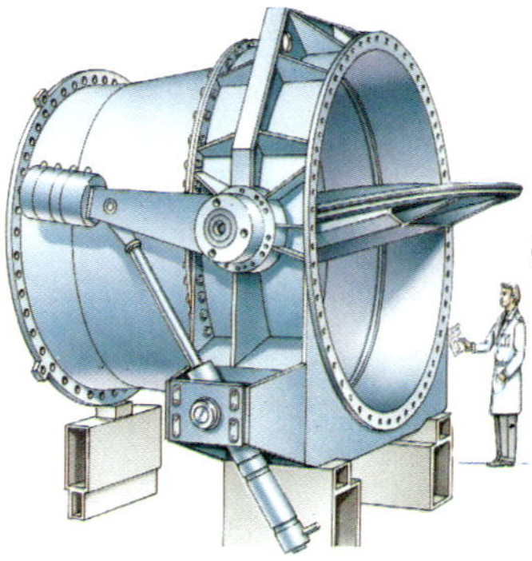

Wasserwerk-Druckleitungs-Drosselklappen**ventilhahn**

Thermostatischer **Heizkörperventilhahn**
1. Mobile Kappe (Temperaturanzeige); 2. Wärmeempfindliches Element (Temperaturmessung); 3. Temperaturregelung; 4. Sicherungsfeder Ventil; 5. Fixanzeige; 6. Licht und Ventilation (die von Heizkörper oder Rohr abgegebene Wärme wird zum Thermoelement geleitet); 7. Mobile Anzeige (ermöglicht Maximaltemperatureinstellung); 8. Dichtung; 9. Ventil; 10. Gehäuse; 11. Warmwasserzufluß; 12. Wasserabfluß zum Heizkörper.

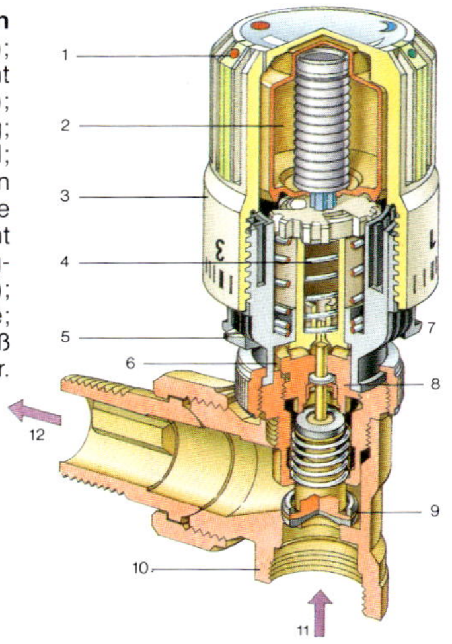

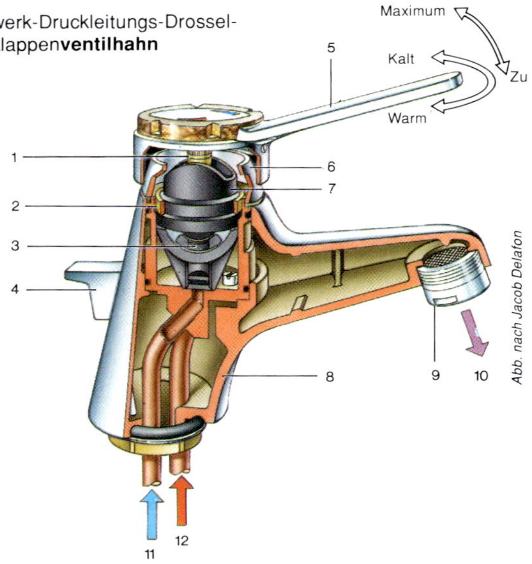

Mischbatterie-Hahn
1. Achse;
2. Dichtungsring innen;
3. Drosselung;
4. Waschbeckenverschluß;
5. Betätigungshebel;
6. Ringkappe;
7. Mischbatterie (Inoxstahl und Teflon)
8. Hahngehäuse;
9. Abschraubbarer Strahllüfter;
10. Wasserausfluß;
11. Kaltwasserzufluß;
12. Warmwasserzufluß.

Scanner

Zum Abtasten eines Farbbildes und dessen Übertragung in elektrische Signale, die ein Computer bearbeiten kann

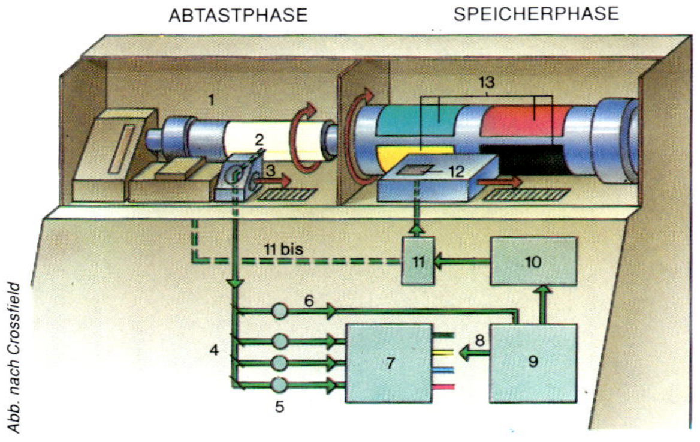

1. Lesezylinder;
2. Undurchsichtige Vorlage, von Xenonlampe beleuchtet (transparente Vorlagen werden im Innern des Zylinders beleuchtet)
3. Leseoptik;
4. Farbwählspiegel;
5. Fotoelektronenvervielfacher;
6. Detailabtastung;
7. Farbenelektronik;
8. Farbwahl;
9. Gradation und Farbauszug;
10. Numerische Größeneinstellung, vertikal;
11. Lichtmodulation;
11 bis. Glasfaserlichtkontrolle;
12. Belichtungslampe für Horizontalvergrößerung;
13. Vierfarbendruckfilm (Zyanblau, Magentarot, Gelb und Schwarz)

Separatoren

(Abscheider)

Zum Trennen (Abscheiden) zweier natürlich vermengter Erze mit Hilfe eines Magnetfeldes oder zum Trennen der Elemente einer Flüssigkeit je nach ihrer Dichte mit Hilfe von Zentrifugalkräften

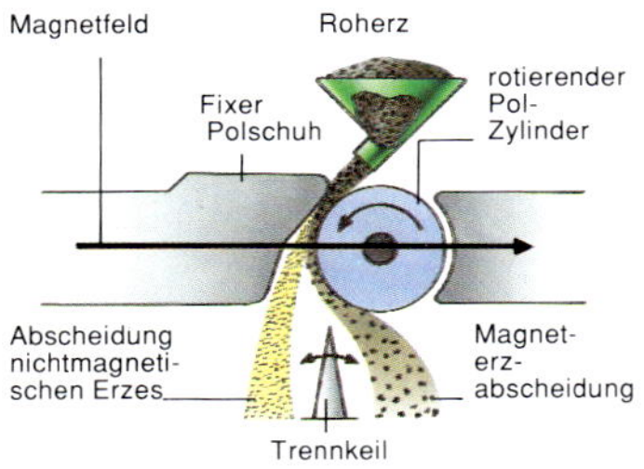

Funktionsschema magnetischer **Separator**

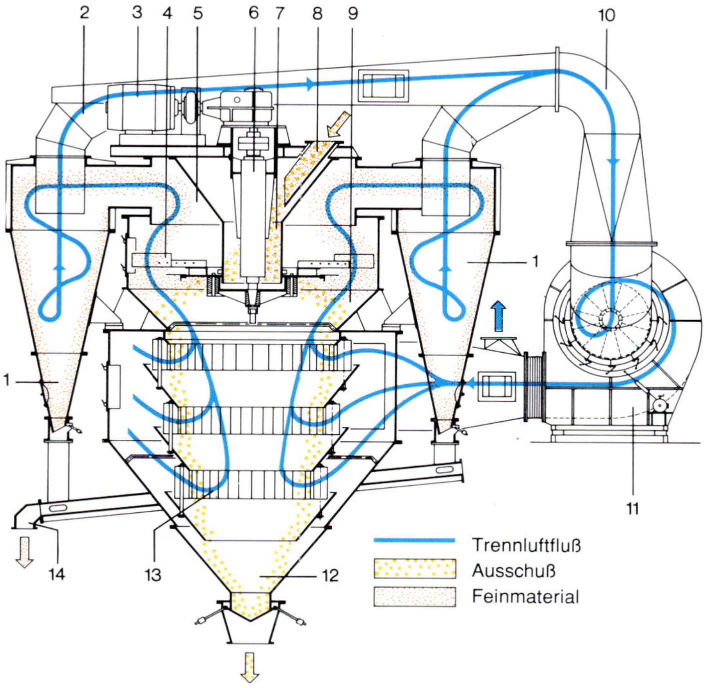

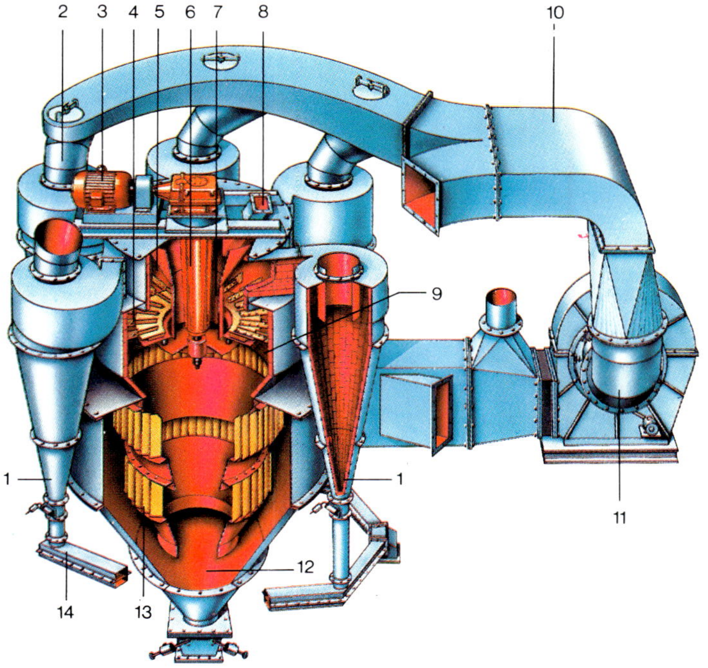

Schnitt und Funktionsschema
Zyklonenseparator (Luftabscheidung, Zementindustrie)
1. Zyklon; 2. Luftsammlergehäuse; 3. Motor; 4. Zentrifuge; 5. Ansaugkanal; 6. Träger; 7. Einlaßstutzen; 8. Zuleitung; 9. Trennkammer; 10. Wiederzulüfter; 11. Ventilator; 12. Rückstandsammelkasten; 13. Lüftungslamellen; 14. Grusausstoß.

Sirene

Zum Signalisieren der Anwesenheit eines Schiffes oder zur Alarmierung der Bevölkerung bei Gefahr

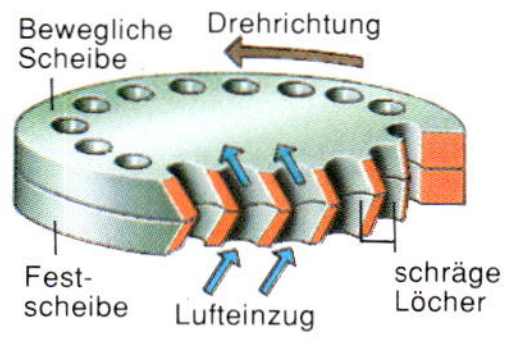

Perforierte Scheibe (Details)

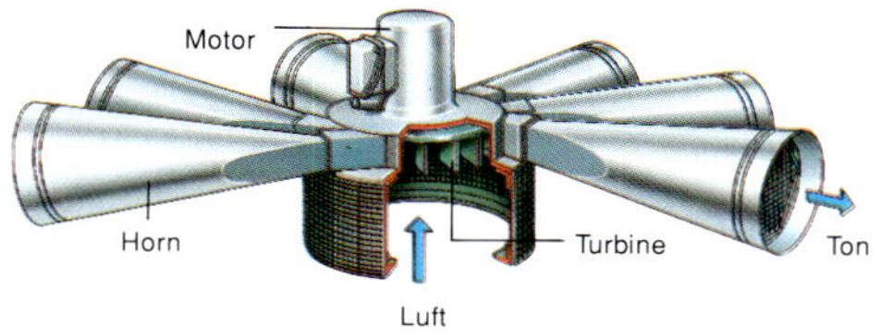

Schleppsonar

Zur Entdeckung, Messung und Meldung an das Trägerschiff aller akustischen Signale im Meer

Typ SOREL

1. Durchlässige Akustikbegrenzung;
2. Kompaß, Roll- und Stampfanzeiger;
3. Schleppkabelbehälter;
4. Drallfreies Kabel und Druckspirale;
5. Akustikantenne.

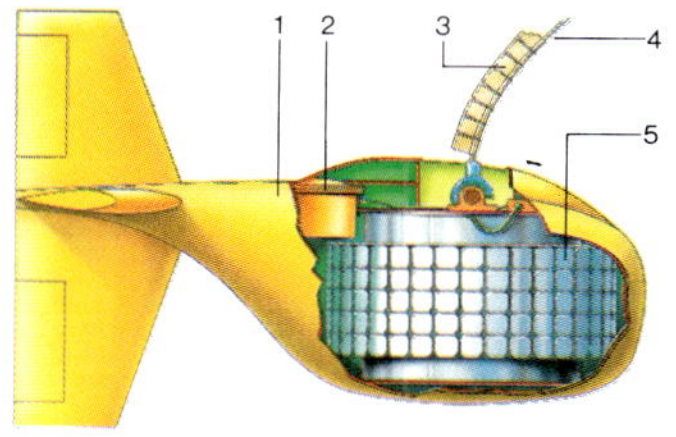

Sicherheitsventil

Zur Begrenzung des Wasserdrucks in einer Heizungsanlage durch Auslassen in einen Überlauf

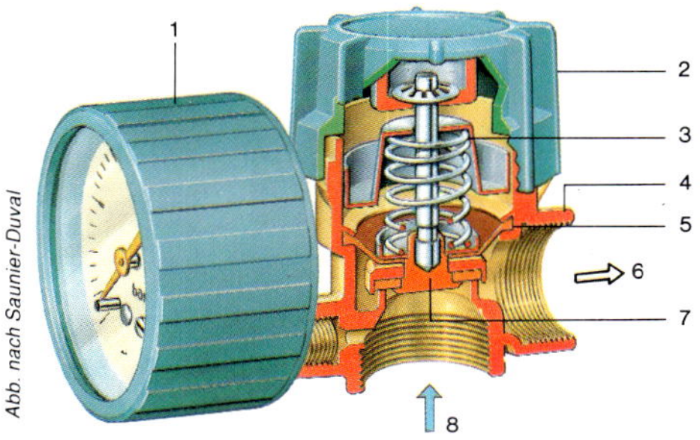

1. Manometer;
2. Drehhahn (Abflußöffnung);
3. Feder; 4. Schaft;
5. Membrane;
6. Abfluß;
7. Ventil;
8. Einlauf

Induktions-
Tachometer

Zur Daueranzeige der Rotationsgeschwindigkeit einer Maschine (hauptsächlich zur Geschwindigkeitsanzeige in Kraftfahrzeugen)

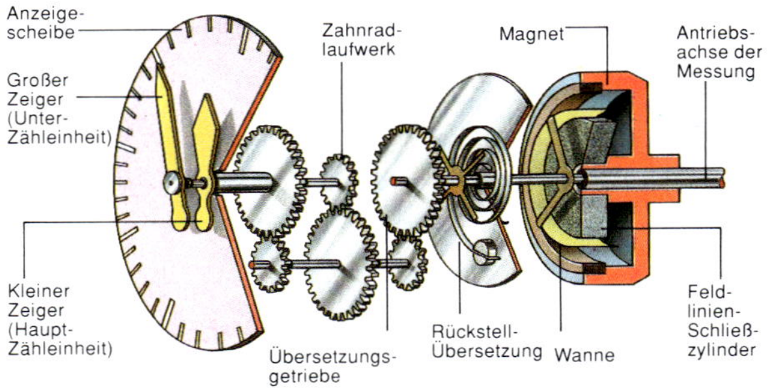

Abb. nach Jaeger

Farbfernseher

Zum Empfang farbiger Fernsehbilder von einem Sender oder von einer Kassettenaufnahme, übertragen in den drei getrennten Grundfarben grün, blau und rot

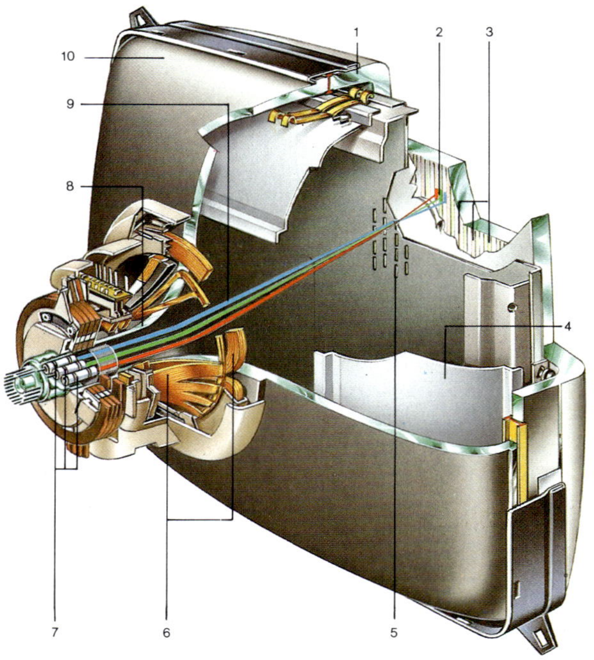

Funktion einer Bildröhre
1. Glasscheibe;
2. Elektronenerregte Luminophoren (Leuchtpunkte);
3. Zeilenabtastung und Projektion auf die Innenseite der Glasscheibe
4. Metallzwischenwand;
5. Lochmaske;
6. Bildstandspulen (Linien und Raster);
7. Drei Elektronenstrahler;
8. Röhrenhals;
9. Elektronenstrahlen (blau, grün, rot);
10. Gehäusekonus.

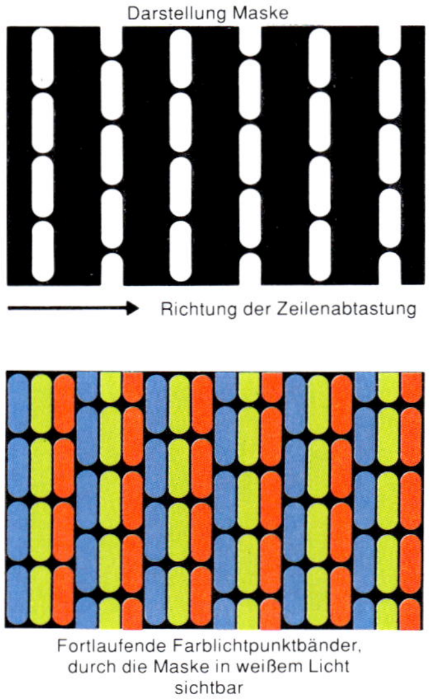

Schematische Darstellung der Maske und Leuchtpunkte

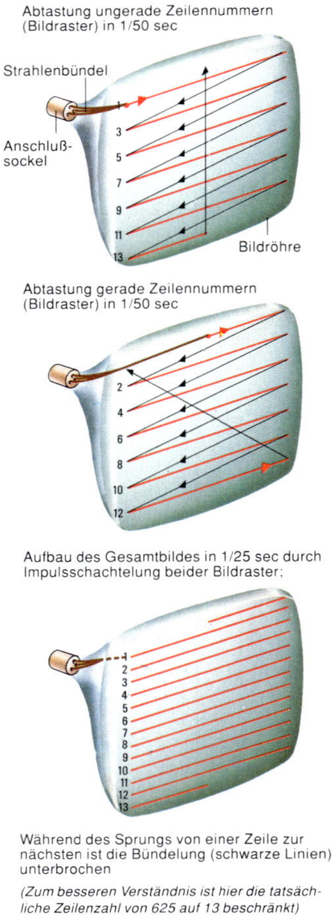

Prinzip der **Zeilenabtastung**

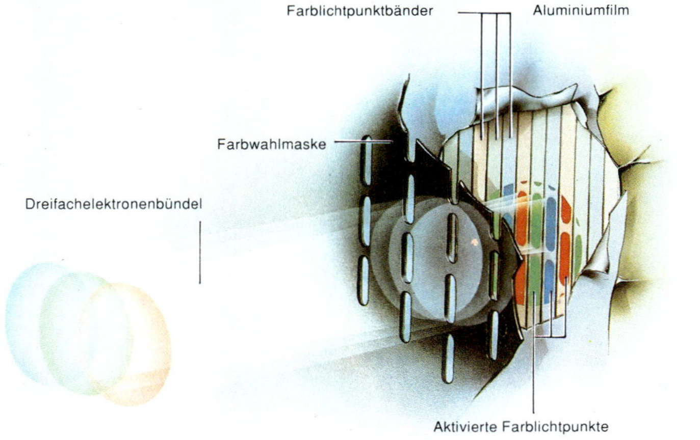

Abb. nach R.T.C.

Farbwahlmaske (die von den Elektronengeneratoren ausgesandten Strahlen werden von der Maske abgetastet und aktivieren die vertikal über den Bildschirm laufenden Farblichtpunkte)

Propellerturbine

Zur Erzeugung des nötigen Schubs für ein Flugzeug mittels Ausstoßes heißen Gases und dessen Ableitung durch die Schaufeln einer Turbine

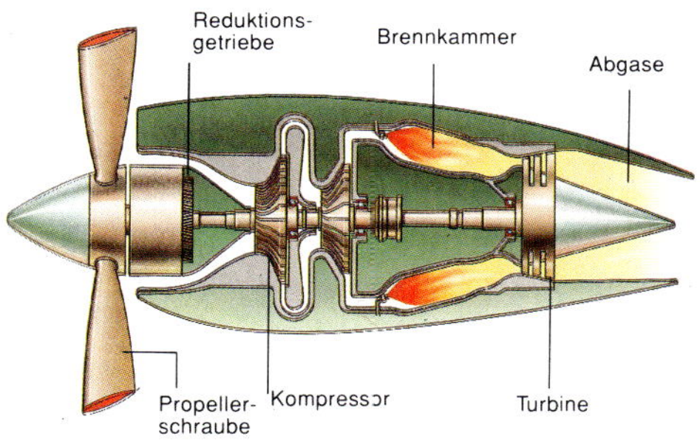

Zweistrahl-

Turbotriebwerk

Zur Erzeugung des nötigen Hochgeschwindigkeitsschubs für ein Flugzeug mittels Ausstoßes heißen Gases

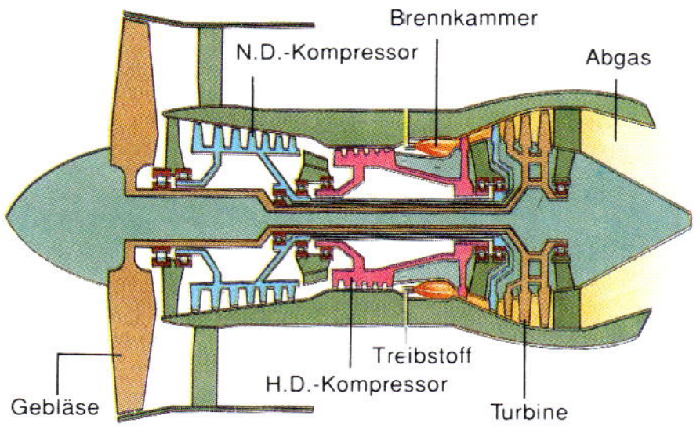

Ventilatoren

Zum Absaugen, Ansaugen oder Mischen von Luft (oder anderem Gas)

Schraubenventilator

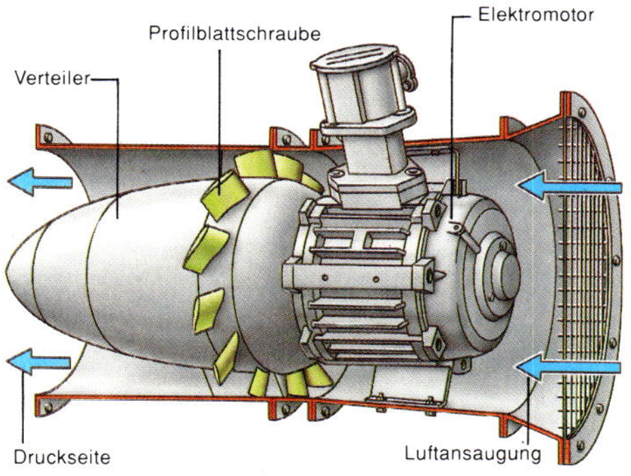

Schleuderlüfter

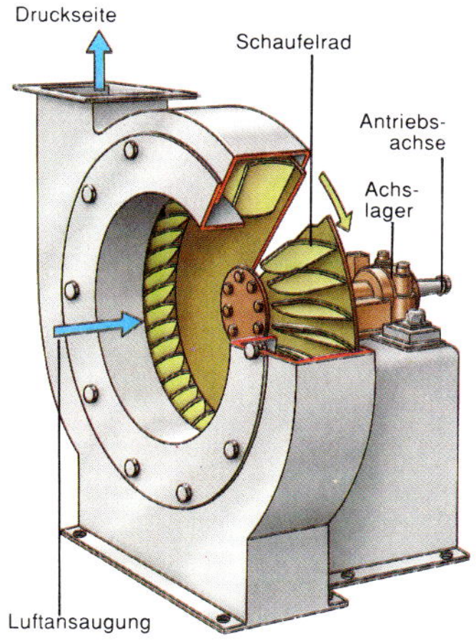

Schraubenwinden

Zum Heben, Stützen, aber auch Drücken oder Ziehen einer Last

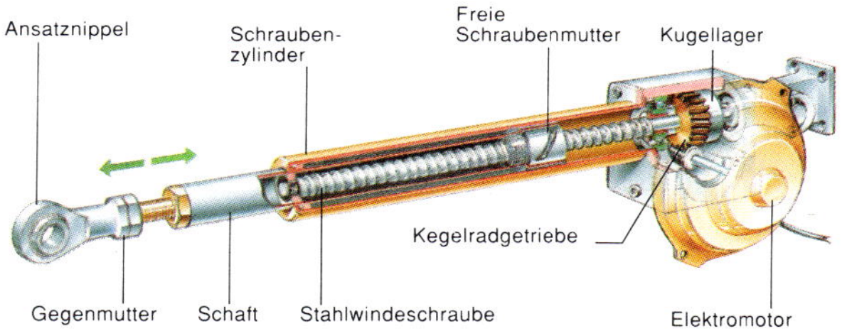

Elektrische **Schraubenwinde**

Pneumatische **Schraubenwinde** mit doppeltwirkendem Zylinder

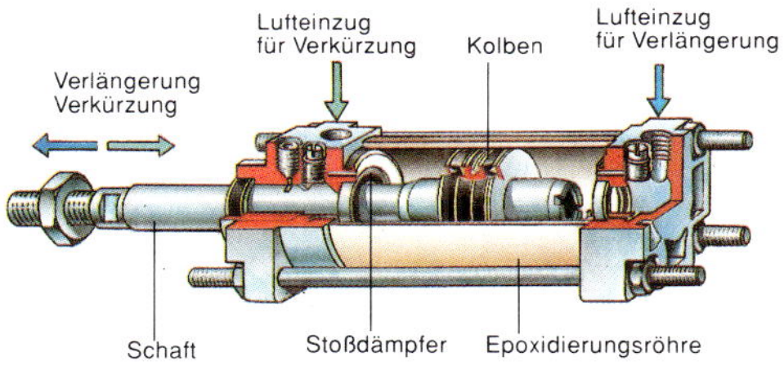

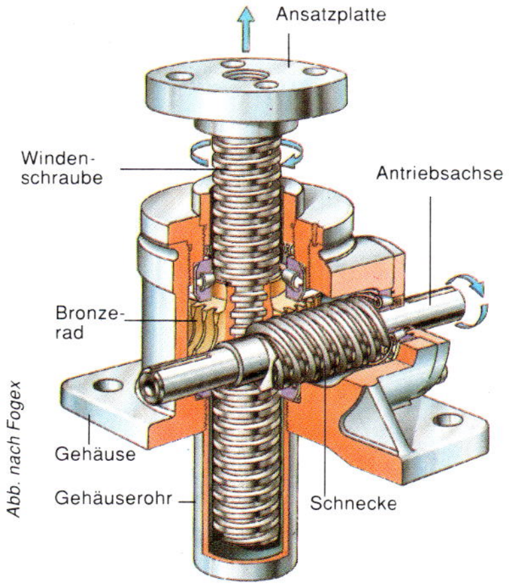

Zweistrahlturbotriebwerk CFM 56

Länge	:	2,43	m
Maximaldurchmesser	:	1,73	m
Gesamtgewicht	:	2 095	kg
Nominalschub	:	10 900	kgp

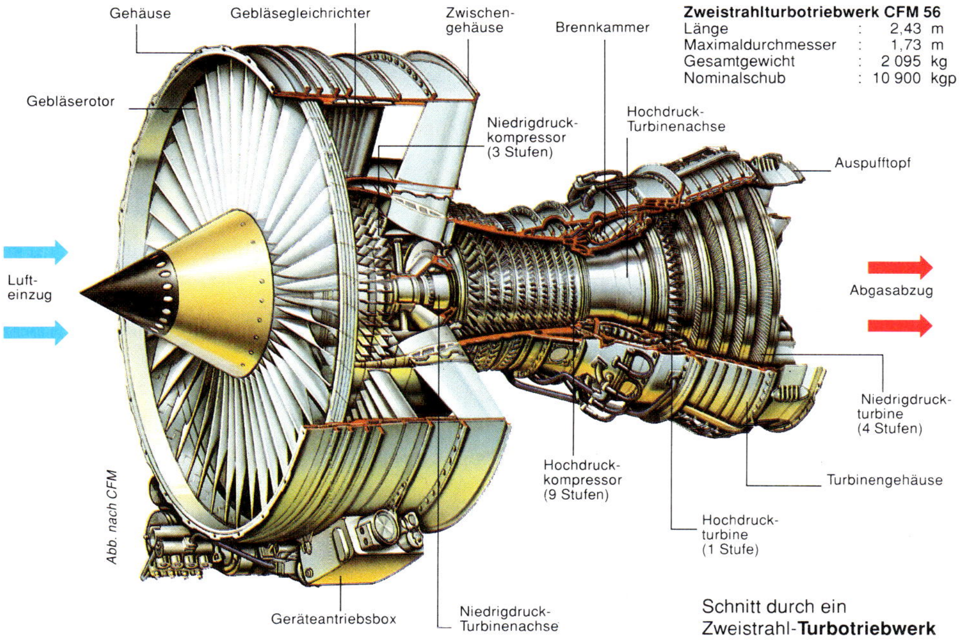

Schnitt durch ein Zweistrahl-**Turbotriebwerk**

BAUWERKE

Wer von seinem „Wohnsitz" spricht, muß schon über eine etwas bemerkenswertere Behausung verfügen, um das Wort zu rechtfertigen. Galt und gilt es doch ebenso für ein päpstliches Palais oder das Haus eines Regierungschefs wie für eine prächtige Privatvilla oder selbst für eine Pyramide. Tatsächlich waren für die alten Ägypter, als sie ihre Pyramiden bauten, diese als „Wohnsitze für die Ewigkeit" gedacht.

Schlösser

Schloß Coucy

Dieser prächtige Wohnsitz in der Nähe von Laon in Nordfrankreich gehörte einst, vom 11. Jahrhundert bis 1400, den Grafen von Coucy. In diesem Jahr verkaufte es dann Tie Tochter Marie von Enguerrand de Coucy, Schwiegersohn des Königs Edward II. von England, an Louis d'Orleans. Der letzte Herr von Coucy war Philippe d'Orleans, genannt Philippe Egalité, der Vater von Louis-Philippe I., welcher es 1829 als Ruine zurückkaufte. Heute gehört es dem Staat; es verdankt seine Weiterexistenz jedoch ausschließlich dem originalgetreuen Wiederaufbau 1856 durch Viollet-le-Duc, dem berühmten Architekten und Restaurator, im Auftrag Kaiser Napoleons III.

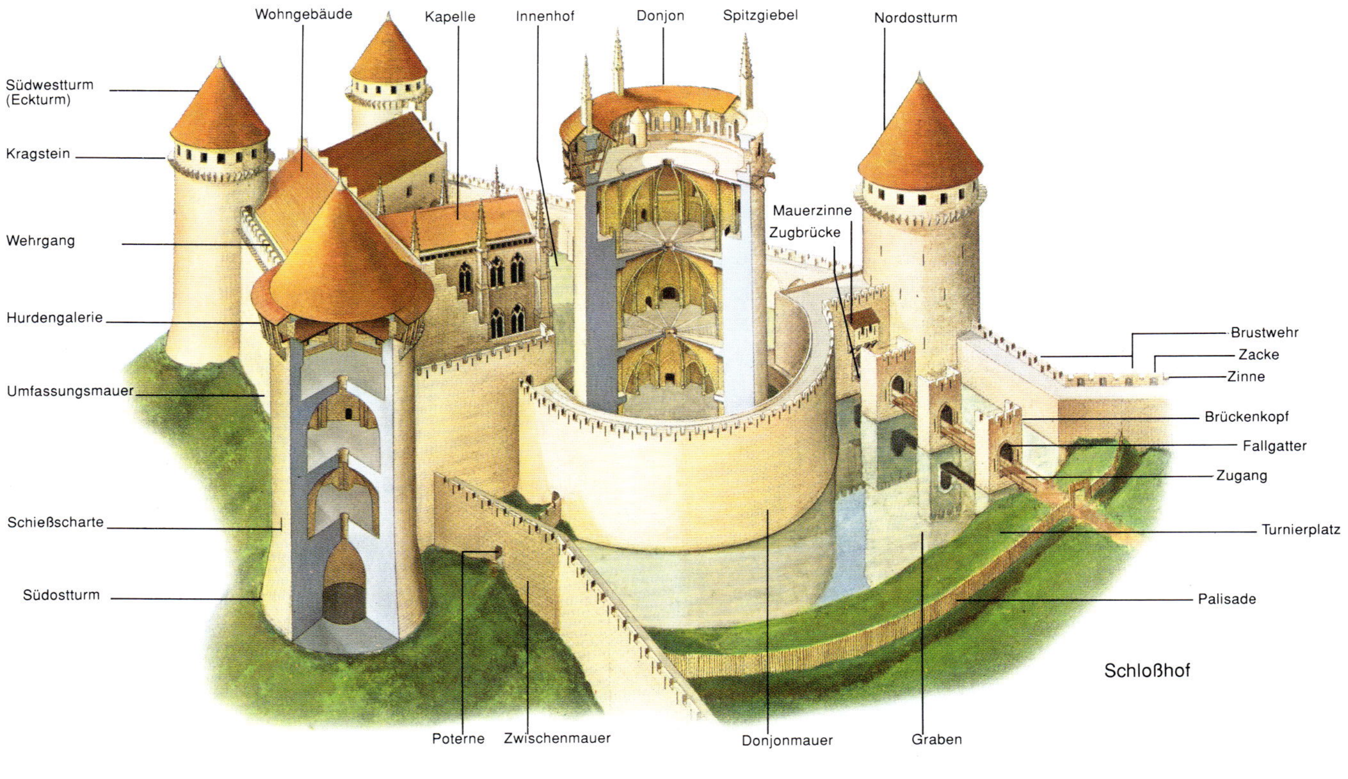

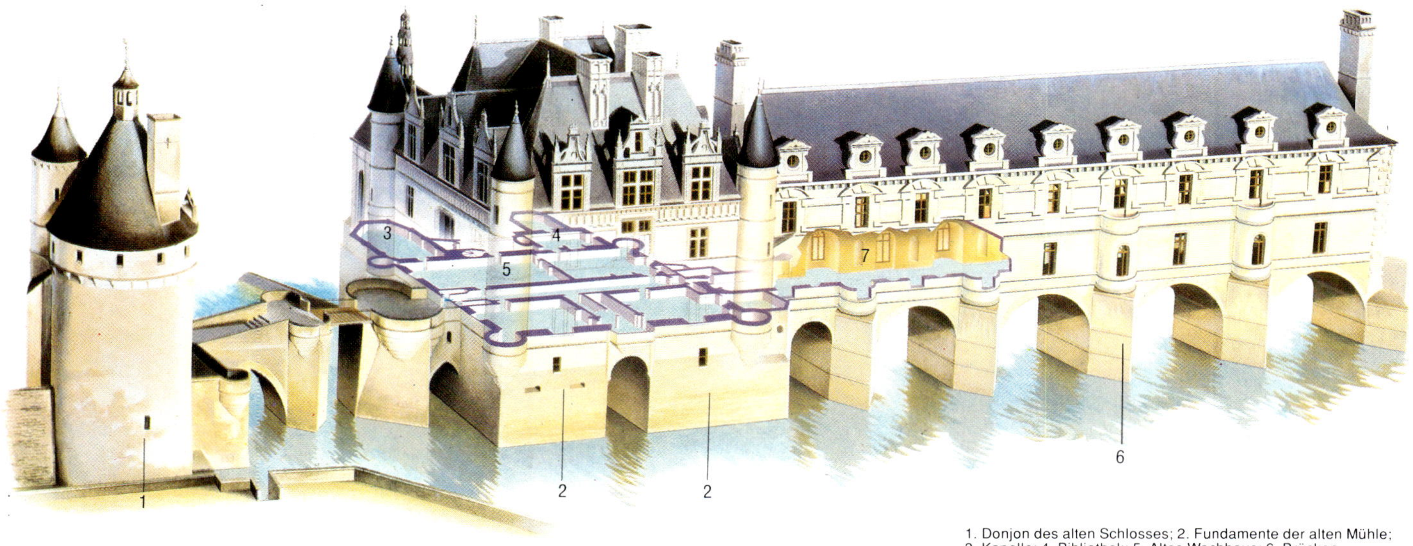

1. Donjon des alten Schlosses; 2. Fundamente der alten Mühle; 3. Kapelle; 4. Bibliothek; 5. Altes Wachhaus; 6. Brückenpfeiler über den Fluß Cher; 7. 60 m lange zweistöckige Galerie.

Schloß Chenonceaux

Dieses Schloß, eines der berühmten Loire-Schlösser, zählt zu den bemerkenswerten französischen Bauten der Renaissance in der Touraine. Erbaut 1515 bis 1522 für Thomas Bohier, den Generalsteuereinnehmer, an der Stelle einer alten Mühle, fiel es nach dessen Tod an die Krone. König Henri II. schenkte es Diane de Poitiers, die das Haupthaus mit seinen vielen Spitzgiebeln als Brückenbau bis an das andere Ufer des Flusses Cher erweitern ließ. Nach Henris II. Tod nahm es Königin Katharina von Medici für sich in Besitz und lebte darin noch dreißig Jahre. Sie ließ den Brückenbau noch um zwei Etagen aufstocken.

Paläste

Papstpalast
Avignon

Von 1309 bis 1417 war Avignon Papstresidenz. Königin Johanna I. von Sizilien verkaufte 1348 sogar die ganze Stadt an Clemens VI. Das Schisma von 1378 verlieh den Päpsten von Avignon und damit ihrer Stadt besonderes Gewicht ▶

1. Glockenturm;
2. Kapelle Benedikts XII.;
3. Klosterturm;
4. Trouillas-Turm;
5. Latrinenturm und Eiskeller;
6. Küchenturm;
7. Konsistoriumsflügel a) Erdgeschoß: Saal, b) 1. Stock, Festsaal „Grand Tinel";
8. Turm St.Jean, a) Erdgeschoß: Betkapelle St.Jean, b) 1.Stock: Betkapelle St. Martial;
9. Gärten Urbans V.;
10. Konklaveflügel;
11. Angehörigenflügel;
12. Privaträume;
13. Garderobe;
14. Papst- oder Engelsturm;
15. Champeaux-Tor (Haupteingang);
16. Flügel der Großen Würdenträger;
17. Notre-Dame-Tor;
18. Großer Hof;
19. Turm Garde-Robe, im 1.Stock Zimmer Clemens' VI. oder „Hirschzimmer"
20. Peyrolerie-Tor;
21. St.Lorenz-Turm;
22a. Großer Audienzsaal;
22b. Clemens-Kapelle;
23. Schließ-Turm ;
24. Kirche Notre-Dame-des-Doms.

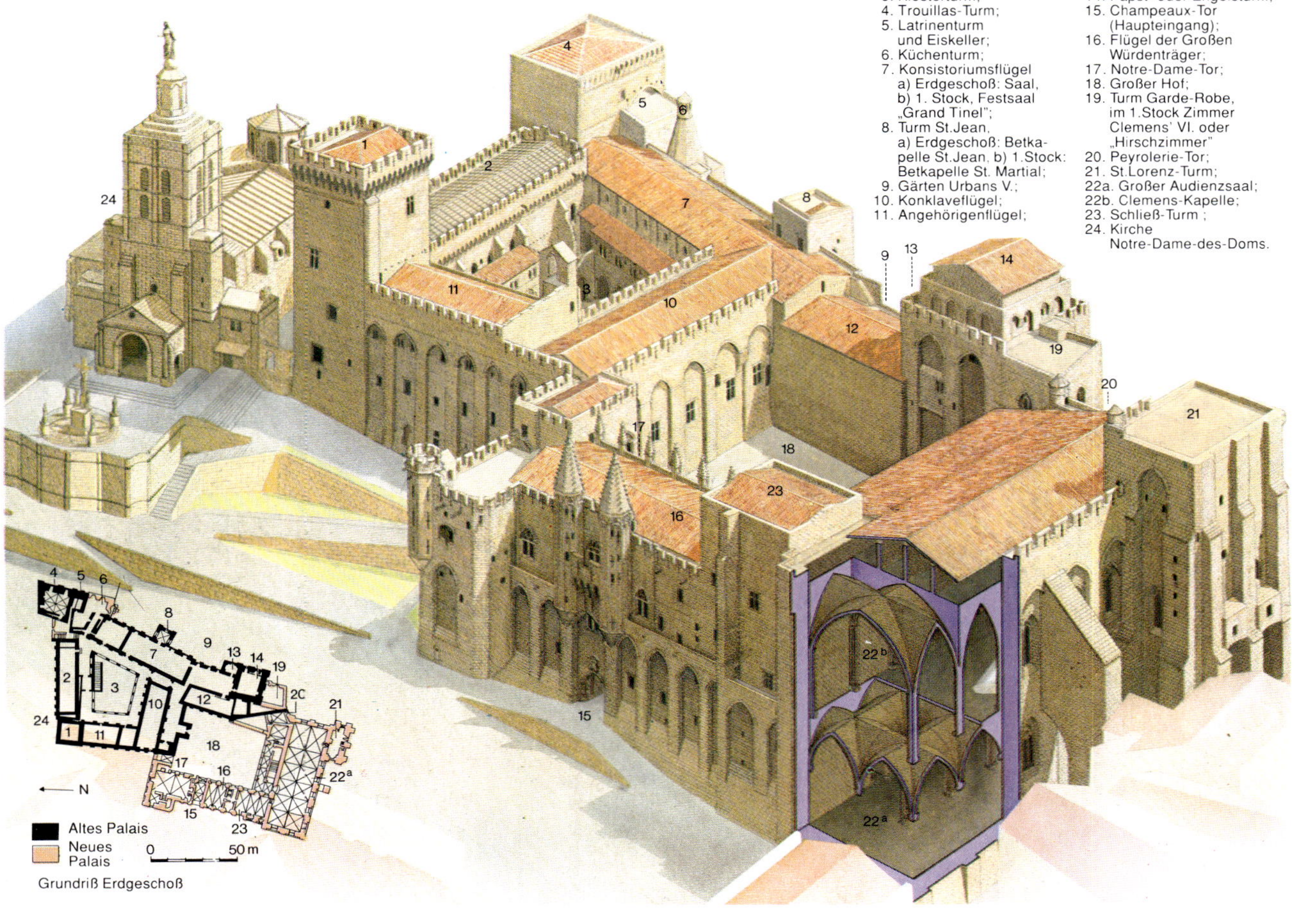

Der Palast ist aus den beiden Residenzen Benedikts XII. (1333 – 1342) und Clemens' VI. (1342 – 1352) entstanden, erstere von der Strenge eines Zisterzienserklosters, während Clemens seine Amts- und Herrscherwürde durchaus mit würdiger Architektur und wertvollen Malereien demonstrierte.

Grabmäler
Cheops-Pyramide und eine Mastaba

Den Hieroglyphentexten zufolge war in Ägypten die Pyramide „der Wohnsitz für die Ewigkeit" eines Pharao. Zugleich gehörten zu dieser Grabmalsarchitektur aber auch Kultstätten und die Gräber der Königinnen und hohen Beamten aus der unmittelbaren Umgebung der Pharaonen am Hofe, die sog. Mastabas. Die Cheops-Pyramide (nach dem Pharao dieses Namens, des zweiten der 4. Dynastie, um 2500 v.Chr.) erhebt sich auf dem Plateau von Giseh nahe Kairo. Die Pyramiden des Chephren und Mykerinos entstanden nach ihr. Eine Mastaba, ein Beamtengrab, enthält eine Kapelle und eine Grabkammer.

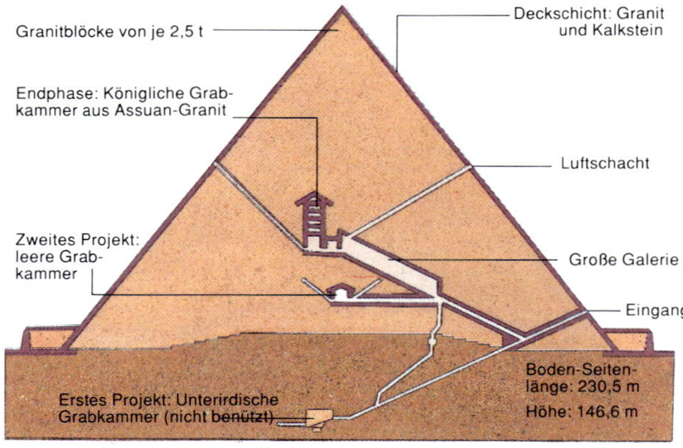

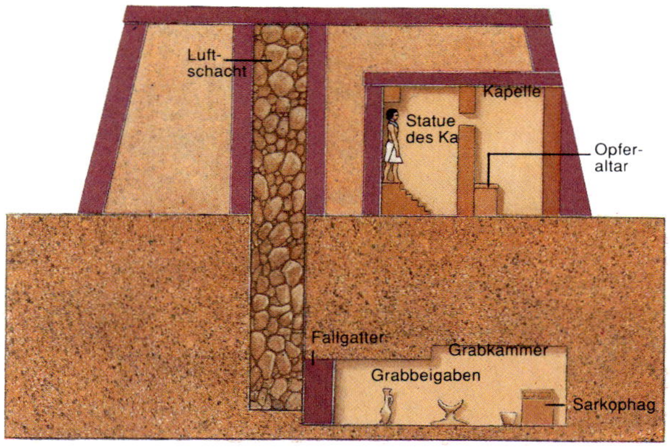

Schnitt durch eine **Mastaba** (Altes Reich)

Villen
Villa Rotonda

Der italienische Architekt Andrea Palladio, (1508 – 1580) erwarb sich Ruhm durch an die dreißig Paläste und Villen für den Adel der Stadt Vicenza und des sie umgebenden Venetiens. Von ihm ist gesagt worden, er habe sich von den antiken Tempeln inspirieren lassen und so aus Gottes-Häusern solche für Menschen gemacht. Berühmt besonders die Villa Capra, die ihres runden Salons wegen auch den Namen „Rotonda" bekam.

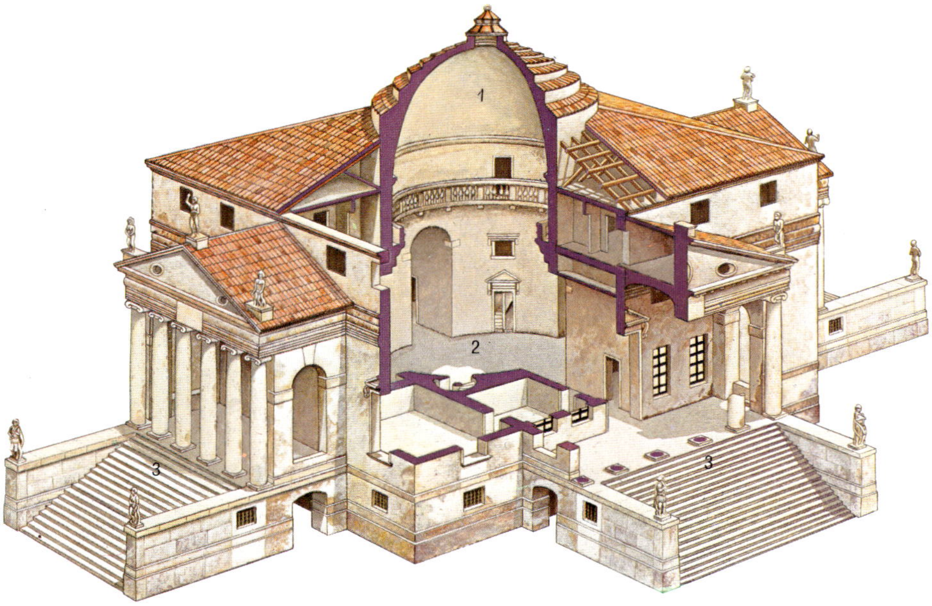

1. Kuppel; 2. Großer runder Salon; 3. Treppenaufgang mit Säulen (Peristyl) im ionischen Stil auf allen vier Seiten.

Wohnhaus

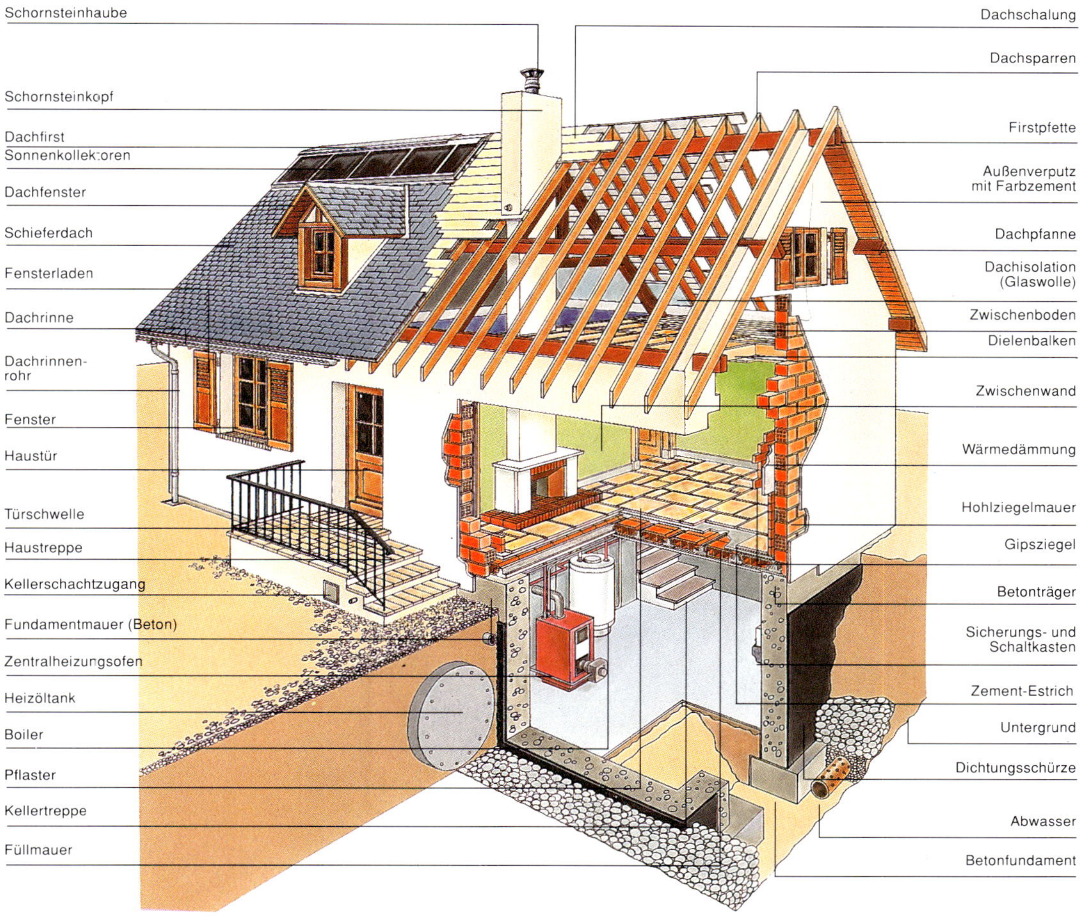

Bezeichnungen der einzelnen Haus- bzw. Bauteile

Details

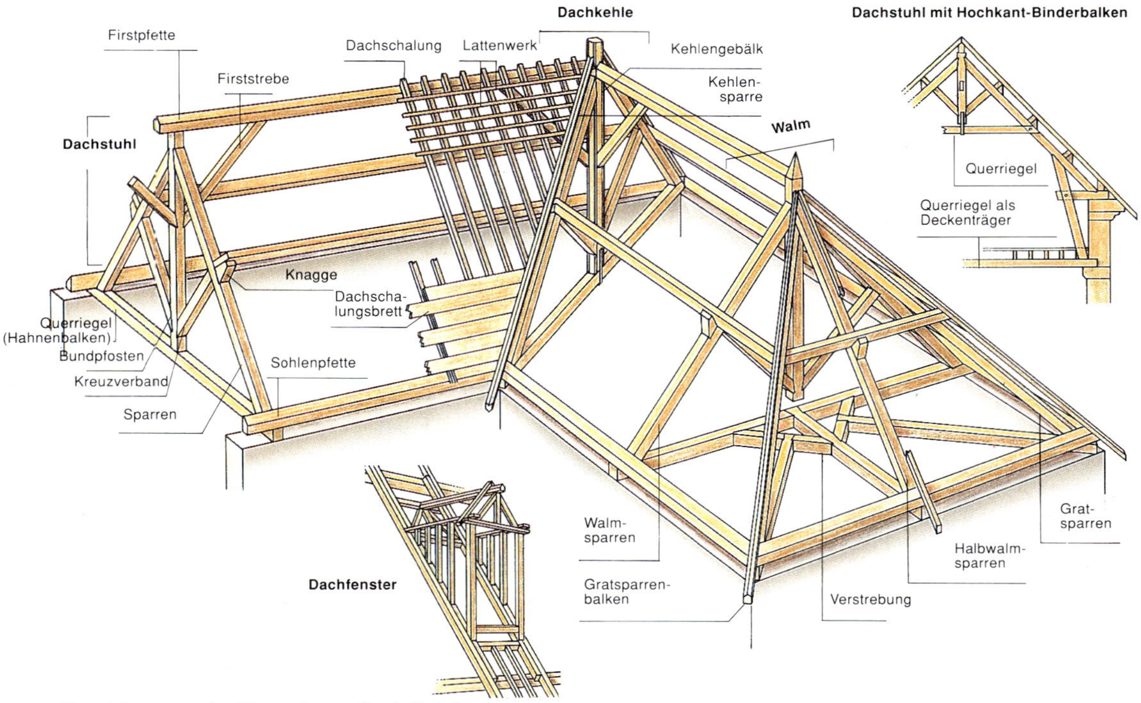

Bezeichnungen der Elemente von Dach-Gebälken

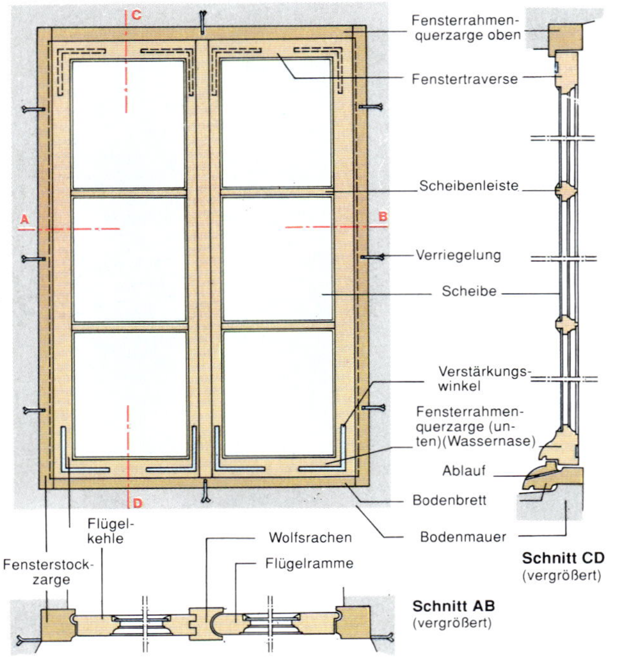

Traditionelles zweiflügeliges Holz-**Fenster**

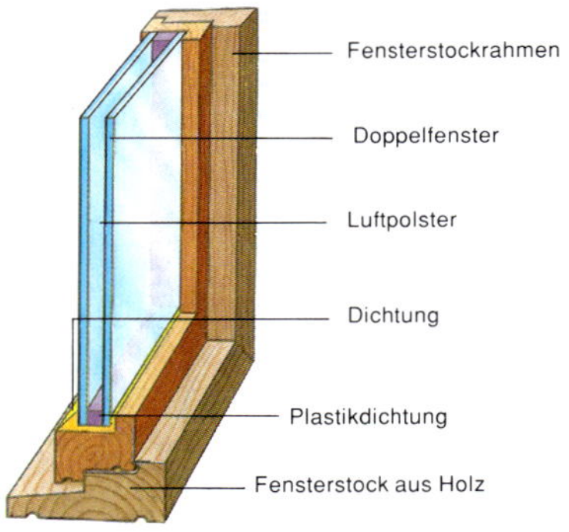

Doppelfenster (Detail)

Verschiedene Dacharten

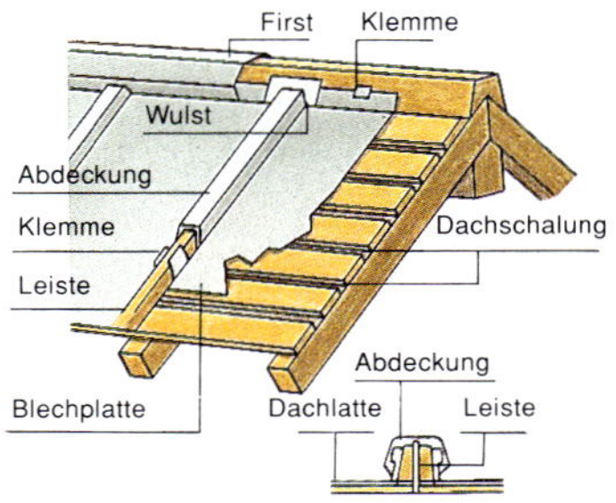

Blechdach

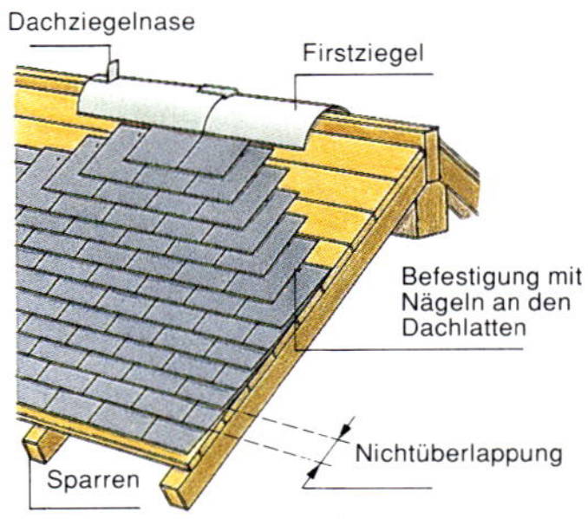

Schieferdach

Englische Dachrinne

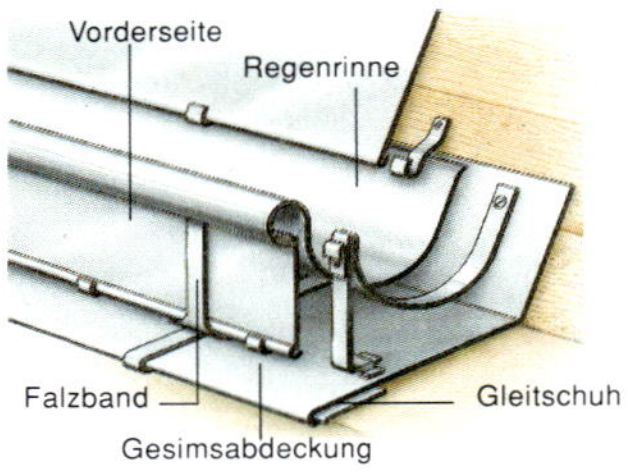

Dachrinne Typ Le Havre

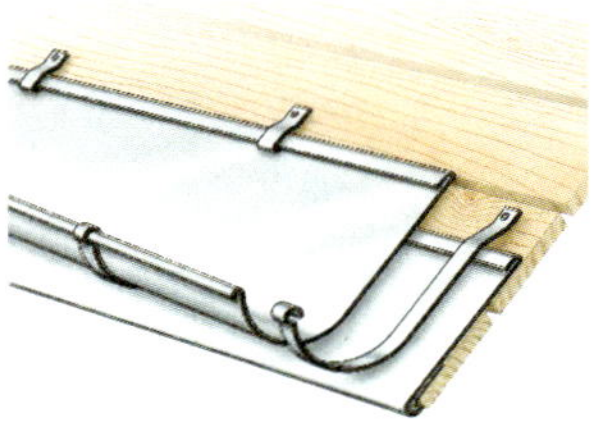

Hänge-Dachrinne

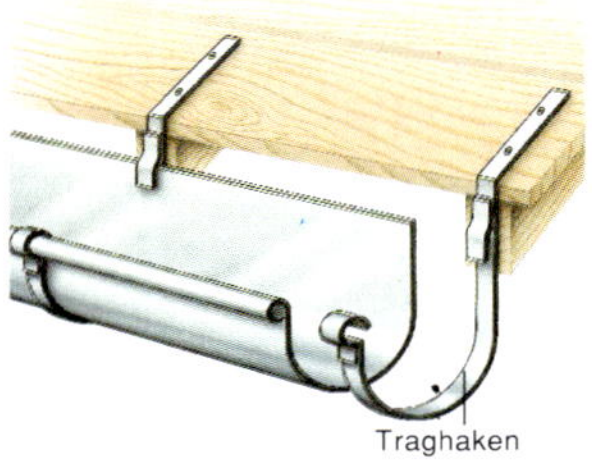

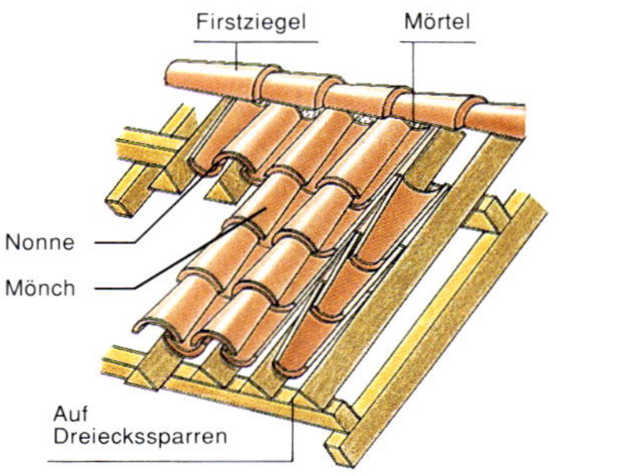

Klosterdachziegel („Mönch-Nonnen-Dach")

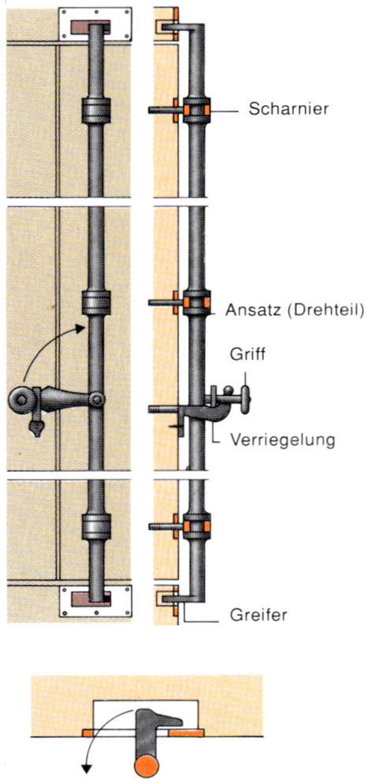

Detail des Riegelhakens

Drehstangenverschluß (Fenster)

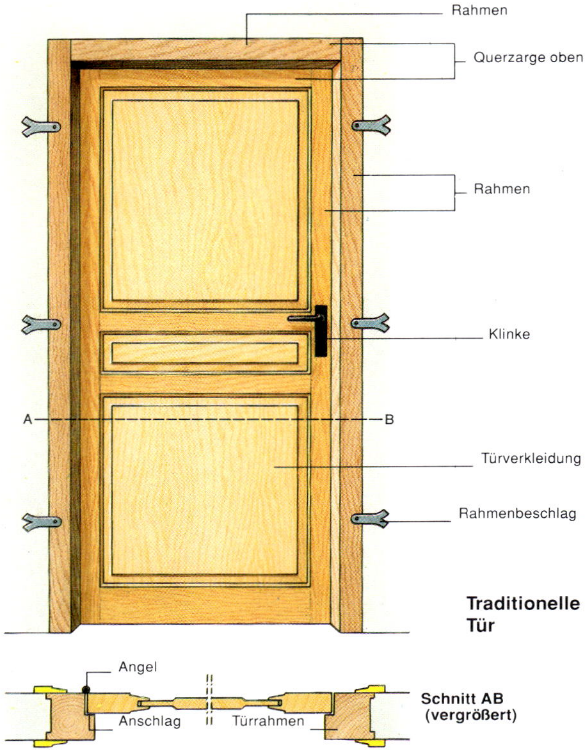

Traditionelle Tür

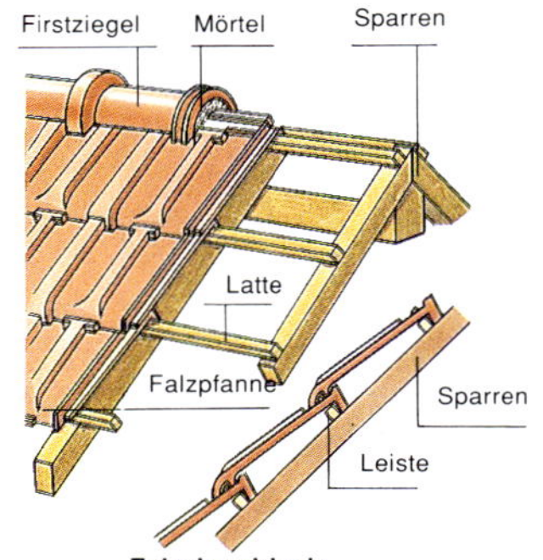

Falzziegeldach

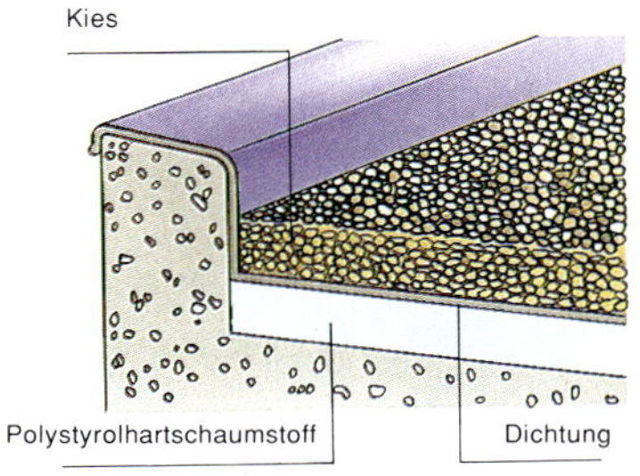

Flachdachabdeckung

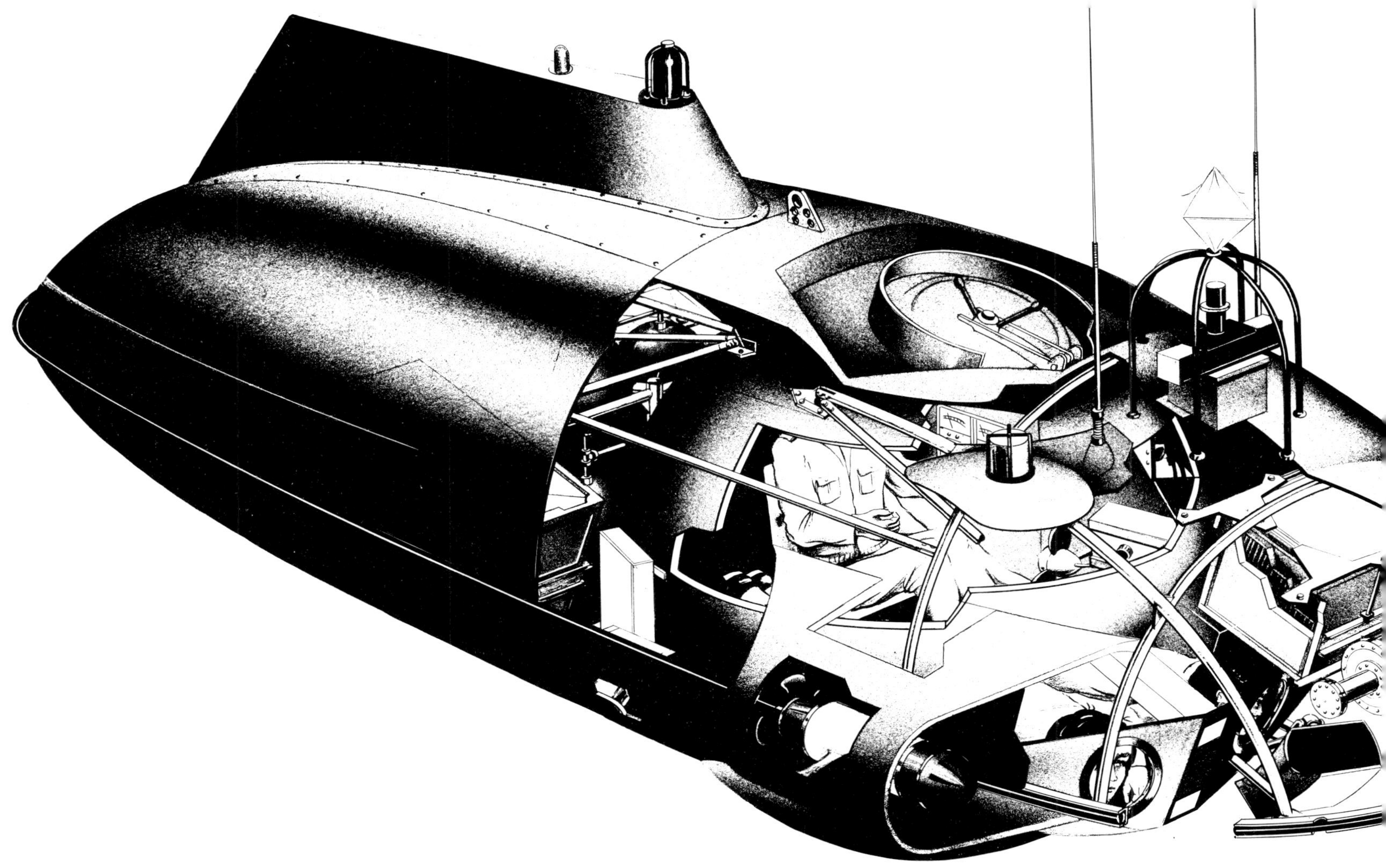

GERÄTE

Militärisches Gerät dient der Verteidigung oder dem Angriff, technisches wendet Erfindungen an und ist Hilfmittel der Sicherheit, Steuerung, oder sonstigen Manövrierens.

Druckstoßdämpfer

Zur Neutralisierung von Druckwellen in Kanalisationen infolge abrupter Druckveränderungen

Druckstoßdämpfer (1), Schema und Funktionsprinzip (2,3,4): Das Schieberventil ist offen, das Wasser läuft in die Kanalisation ein, der Druck an A und B ist ausgeglichen, die Rückflußsperre ist geschlossen (2). Das Schieberventil schließt sich und erzeugt einen Unterdruck in B. Der Druck in A drängt das Wasser der Schwimmblase in die Kanalisation zurück, die Rückflußsperre öffnet sich (3), die Rückflußdruckwelle schließt die Sperre und drückt in den Shunt (Nebenschlußwiderstand) des Reservoirs, bis der Druckausgleich zwischen A und B wiederhergestellt ist.

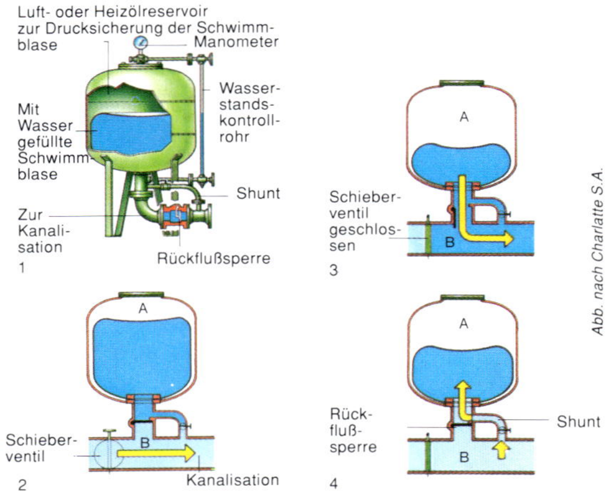

Kamine

Zur Erzeugung des für ein offenes Feuer nötigen Zugs für Gas und Luft sowie den Abzug von Rauch und Asche

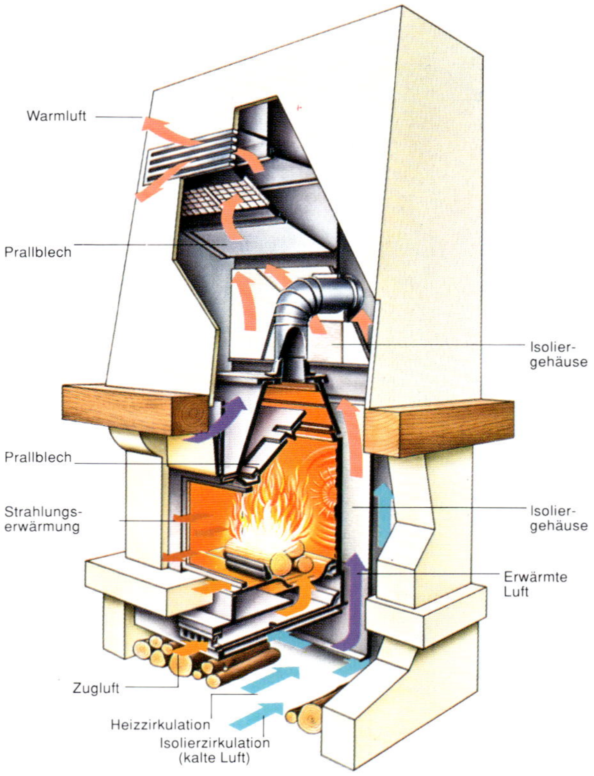

Offener **Heizkamin,** Schema

Dampf- **Katapult**

Zum Katapultstart von Flugzeugen von Flugzeugträgern aus

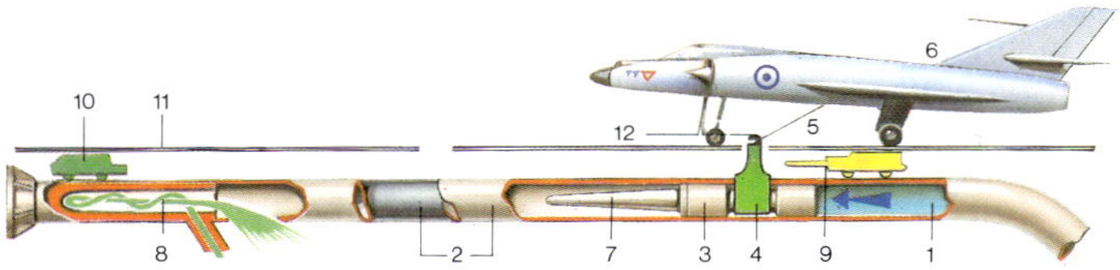

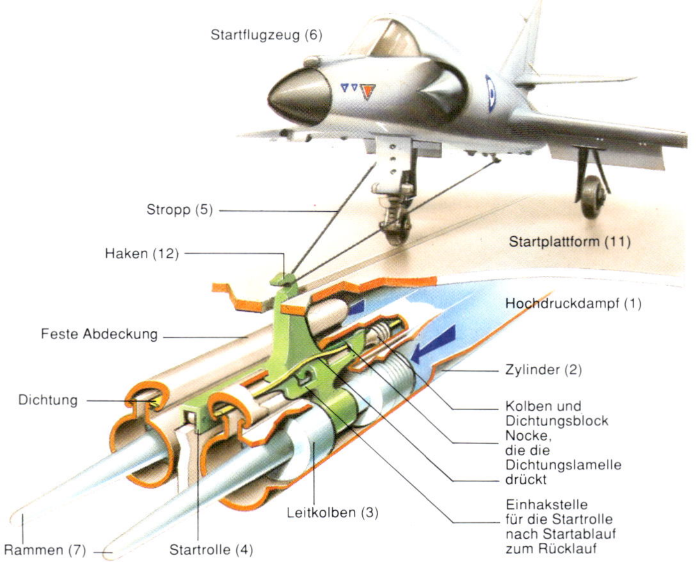

Hochdruckdampf (1) wird in die Zwillingszylinder (2) gepreßt. Diese treiben die mit der Startrolle (4) verbundenen Kolben (3) an dem mit einem ausziehbaren Stropp (5) mit Haken (12) hängenden Flugzeug (6). Am Ende der Startbahn wird nach dem Start die Startrolle abrupt gebremst, indem ihre beiden Rammen (7) mit Hilfe von Druckluft in die mit Luft gefüllten Zylinder (8) eindringen. Die Startrolle wird von der batteriegetriebenen Rückholrolle (9) zu ihrem Ausgangspunkt zurückgefahren und von der Spannrolle (10) wieder für den nächsten Startvorgang von der Startplattform (11) aus präpariert

Industrieller **Mehrwegkamin,** Schnitt

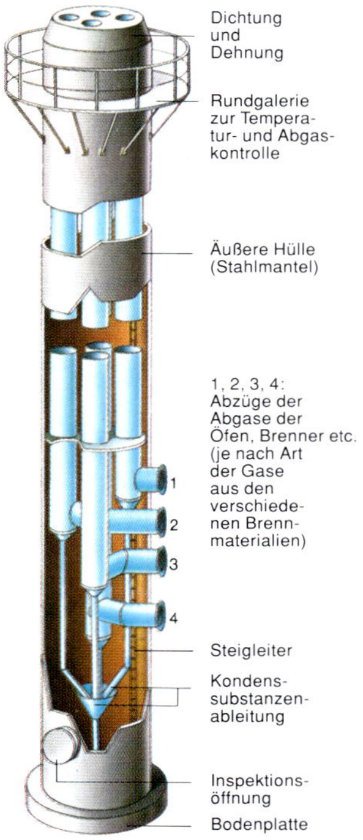

Zünder

Zum Auslösen einer Detonation eines Sprengstoffs

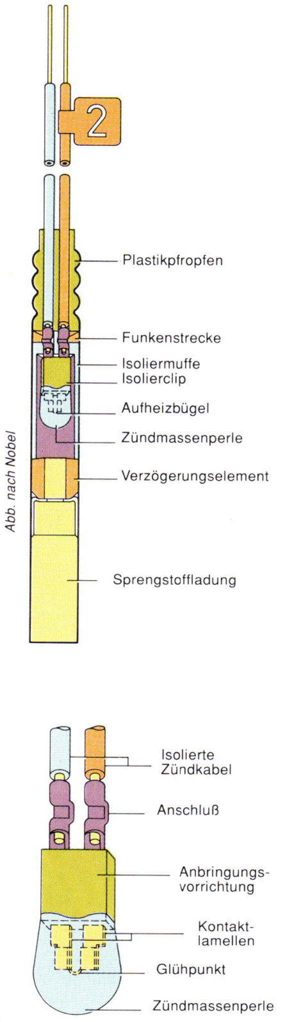

elektr. Zünder, Detail

Hemmanker

Zur Verteilung der zum Lauf des Pendels oder Perpendikels von Turm- oder Taschenuhren erforderlichen Energie

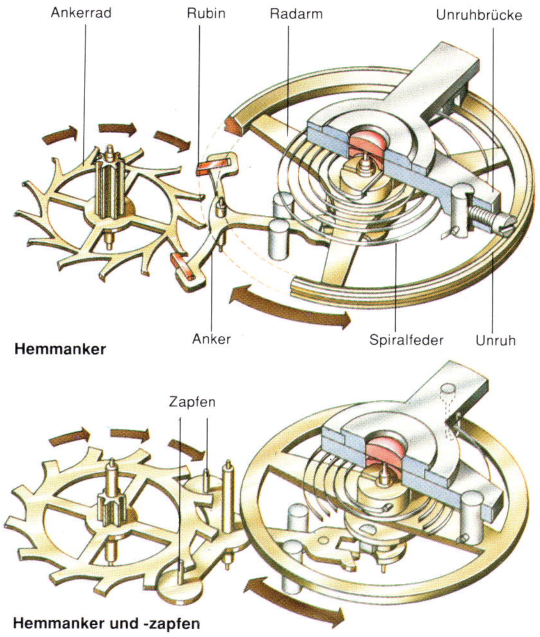

Hemmanker

Hemmanker und -zapfen

Elektromagnet

Zur Erzeugung eines Magnetfeldes zum Heben von Lasten mit Magneten

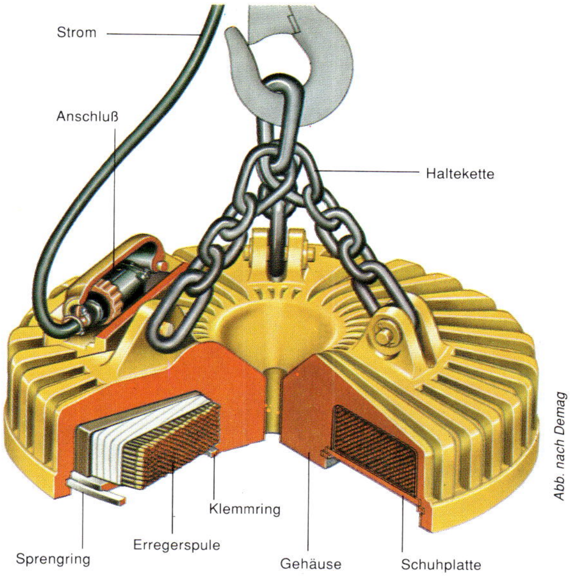

Rolltreppe

Zum Auf- und Abtransport von Menschen ohne Treppensteigen

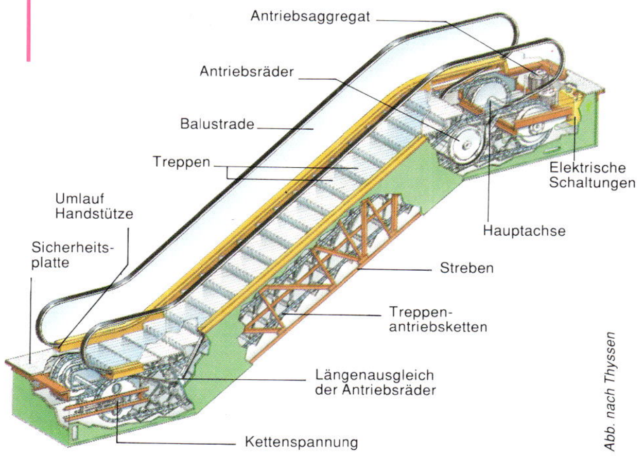

Wasser-/Gas-Filter-Anlagen

Zum Abscheiden von Substanzen aus Flüssigkeiten eingelagerter oder eingemischter Fremdsubstanzen aus Flüssigkeiten

Trommel-Drehfilter

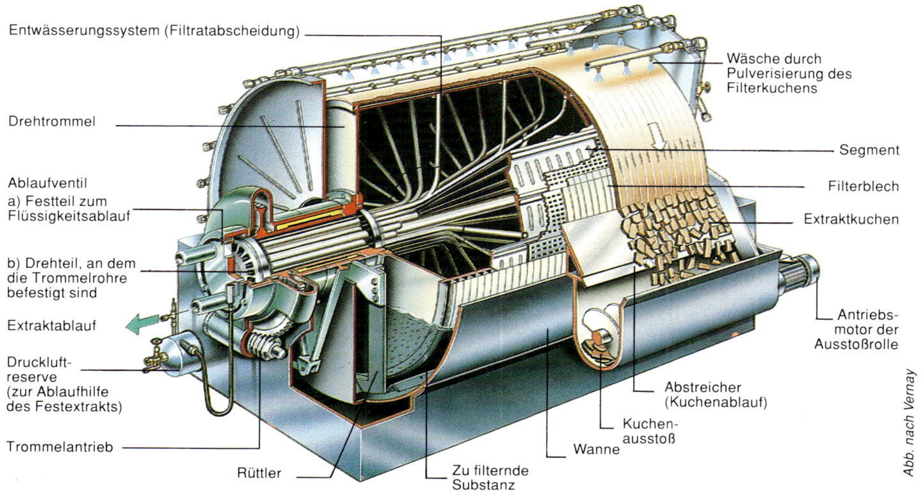

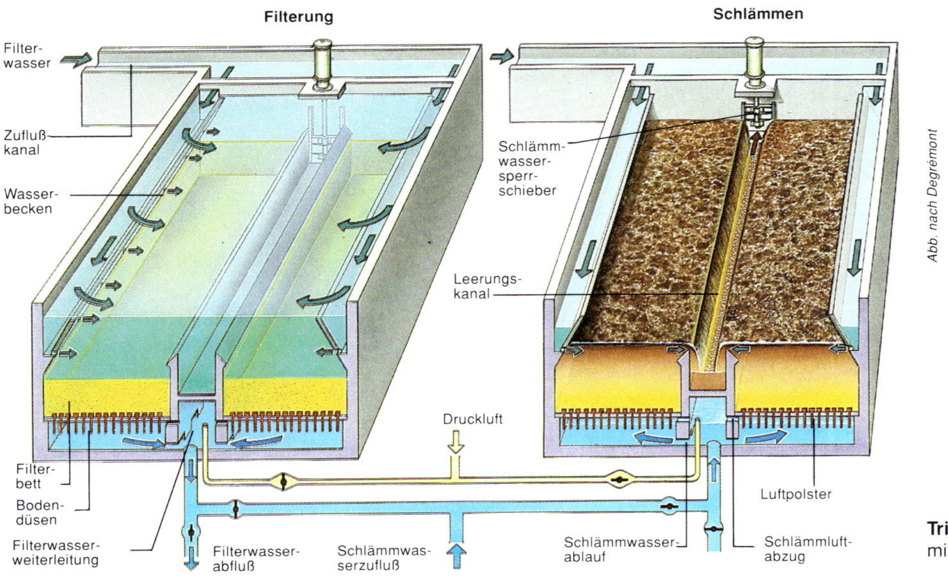

Trinkwasseraufbereitungsfilter mit Sand

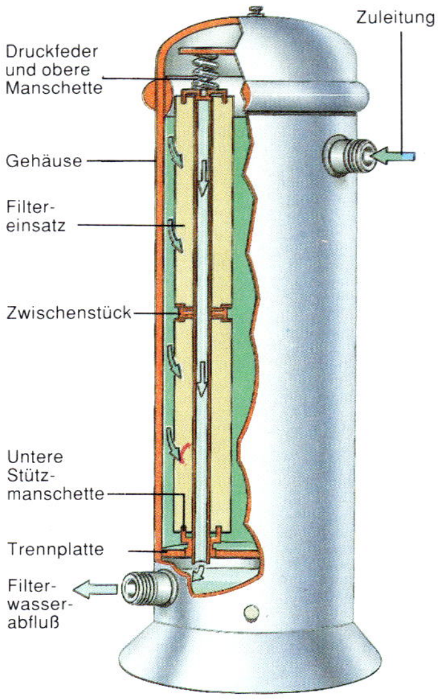

Einsatzfilter

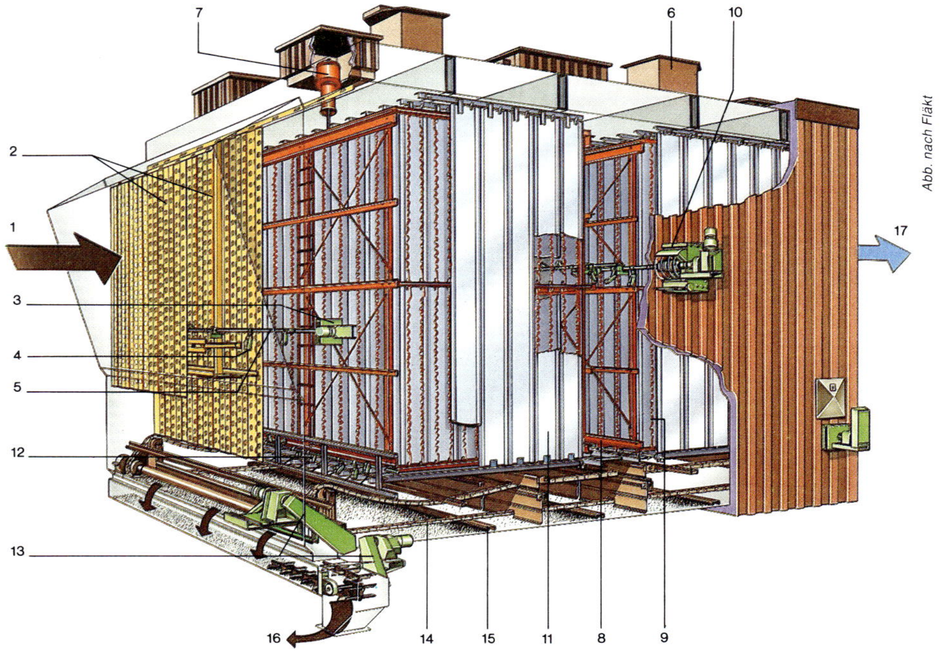

Elektrostatisches Filter
1. Gaseinleitung zur Staubabscheidung;
2. Doppelverteiler (Abscheidung besonders verschlickter Stäube);
3. Wandtrocknung;
4. Stößel;
5. Trockenrüttelbarre zur Stäubeabsonderung;
6. Transformator;
7. Isolator;
8. Abscheiderahmen;
9. Abscheideelektrode;
10. Elektrodentrocknung;
11. Sammelplatte;
12. Plattentrocknung;
13. Stäubetransportsteuerung;
14. Antriebskette;
15. Rüttelbarre;
16. Stäubeableitung;
17. Gefiltertes Gas.

Skibindungen

Zur festen Verbindung von Skistiefel und Ski und deren Lösung bei Schlag oder Sturz

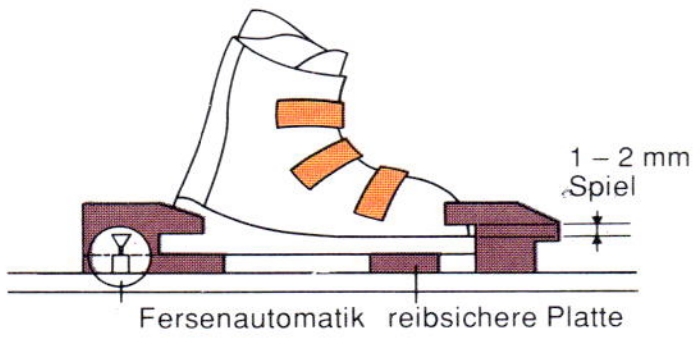

Bindung
Abfahrtsski (vorne und hinten), Schema

Alpinski Fersenautomatik, **Skibindung:**
1. Einstellungsanzeige; 2. Regler; 3. Gleitschiene; 4. Gehäuse; 5. Längsregler; 6. Spornhebel; 7. Rückdruckfeder; 8. Ausklinker; 9. Ausklinkpedal; 10. Fußraste; 11. Kolben; 12. Backe 13. Schuh-Einrastung; 14. Einrasterolle; 15. Blockierung;

Alpinski, Backenautomatik, **Skibindung** (vorne):
1. Backenführung; 2. Hauptlager; 3. Höheneinstellung; 4. Hauptdrehachse; 5. Hauptkipper; 6. Kolben; 7. Einstellungsanzeige; 8. Gehäuse; 9. Einstellung; 10. Fußraste; 11. Backe; 12. Längenregler; 13. Basis; 14. Feder.

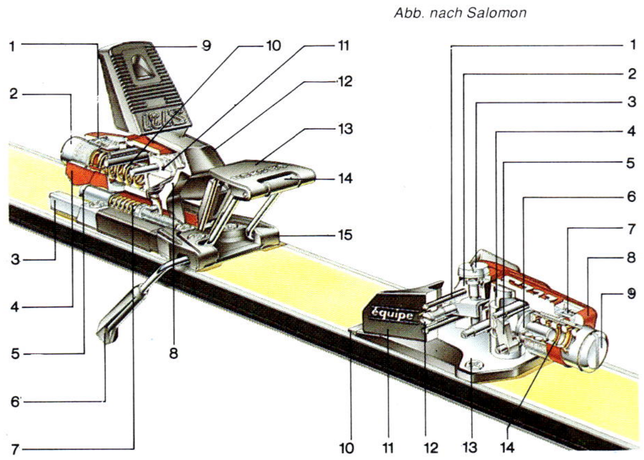

Computerdrucker *Zum Ausdrucken der Datenverarbeitung eines Computers auf Papier*

Nadeldrucker (Detail)

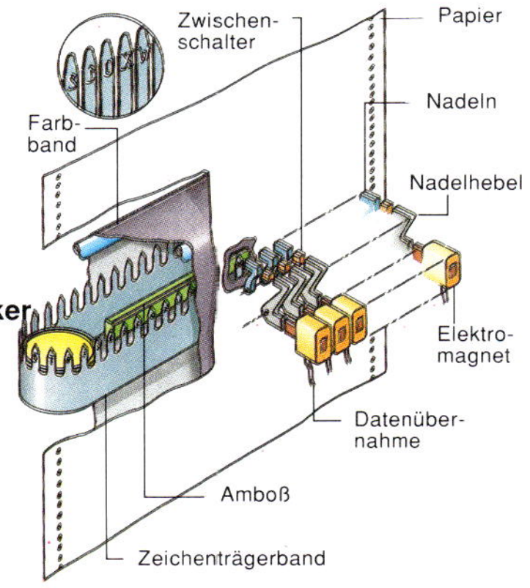

Laserdrucker

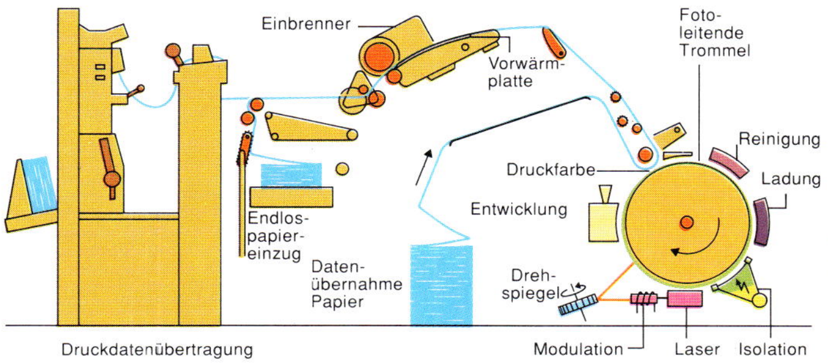

Abb. nach IBM

Nadeldrucker (Längsschnitt)

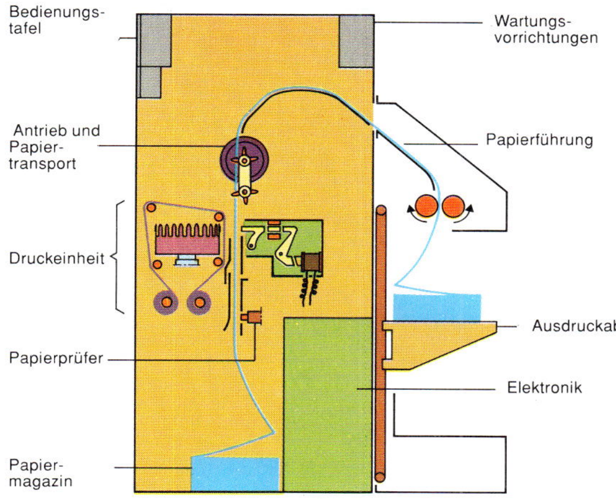

Abb. nach C.I.I.-H.B.

Schaltanlagen

Zum Herstellen, Aufrechterhalten und Unterbrechen elektrischer Ströme unter normalen Bedingungen (und bei nicht ordnungsgemäßen bis zum Kurzschluß)

Täglicher **Zeitschalter**

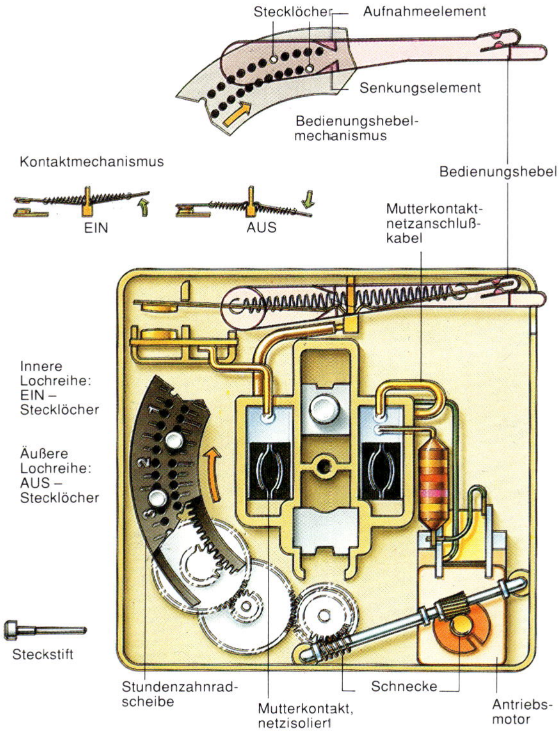

Abb. nach Theben-Werke

End-Schalter

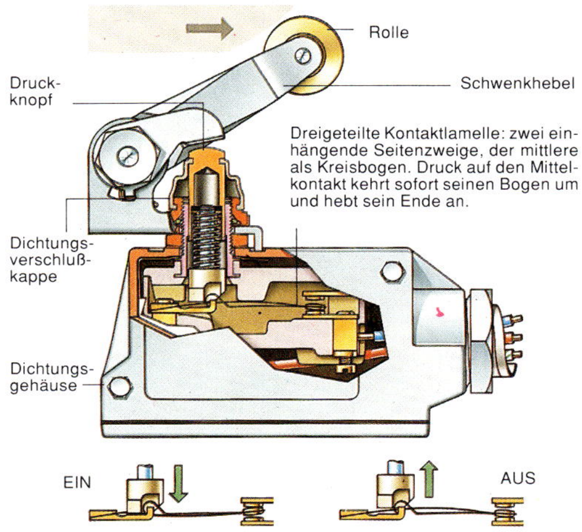

Abb. nach Acir-Zivy

Autopneumatischer Schalter (Mittelspannung)

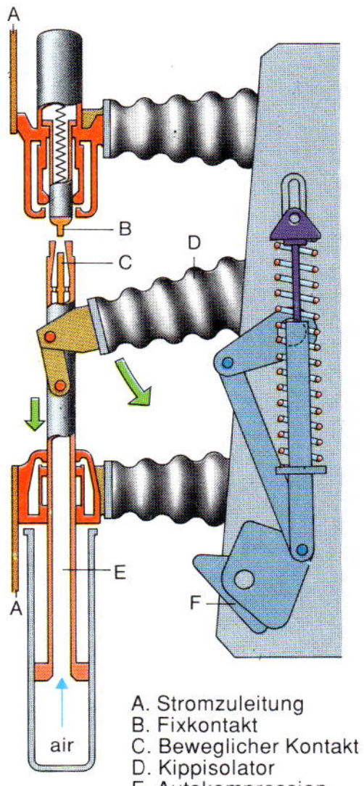

A. Stromzuleitung
B. Fixkontakt
C. Beweglicher Kontakt
D. Kippisolator
E. Autokompression
F. Mechanismus.

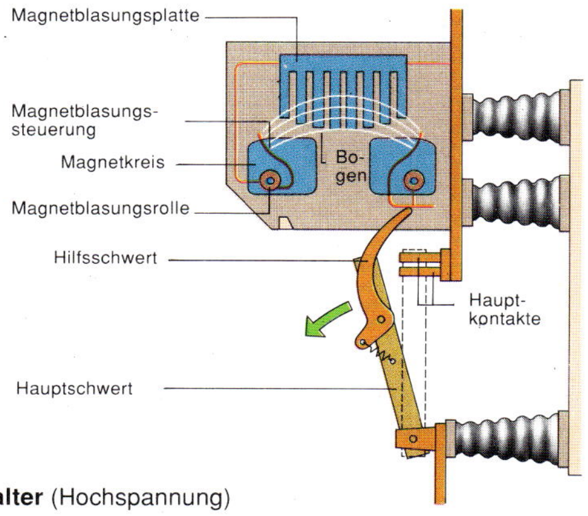

Magnetschalter (Hochspannung)

(s.a.S. 19)

Isolatoren

Zum Isolieren von spannungstragenden Freileitungen an ihren Stützmasten

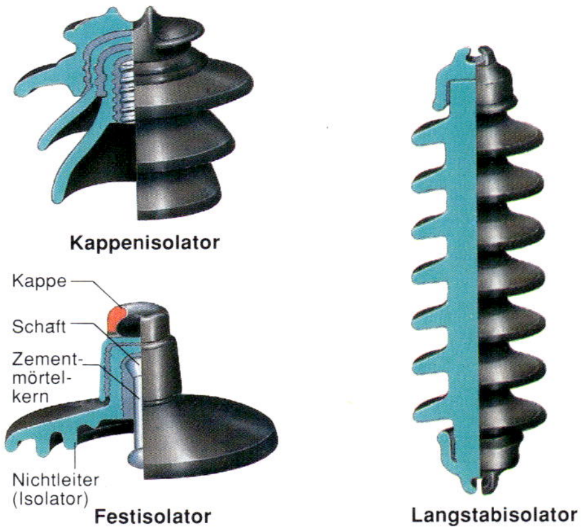

Freileitungsisolatoren

Gelenke

Zum Übertragen einer Bewegung mechanischer Maschinenteile von einer Richtung in eine andere

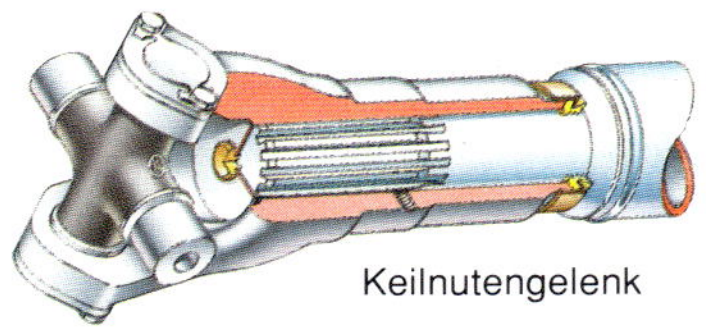

Keilnutengelenk

Dreifachgleichlaufgelenk

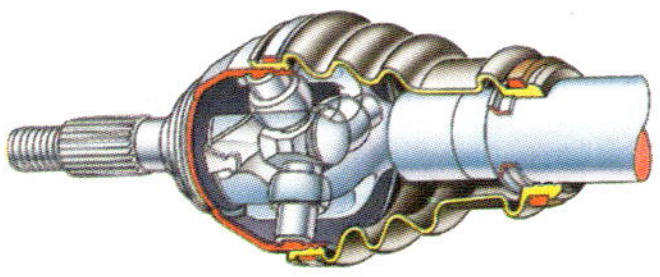

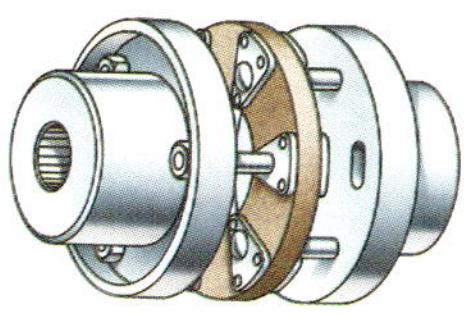

Trockengelenk

Hooke-Gleichlaufgelenk (bestehend aus zwei Kardangelenken hintereinander)

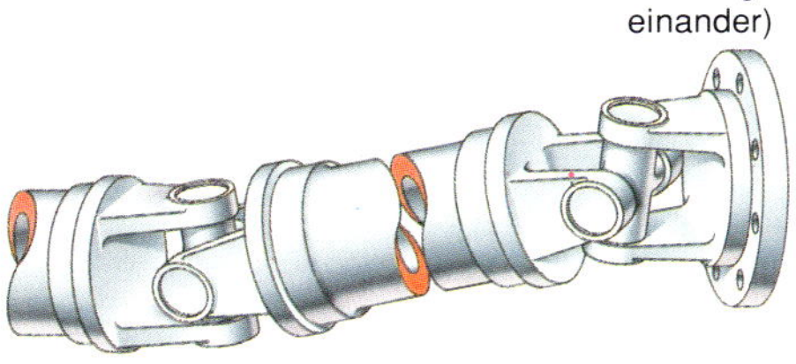

Klystron (Laufzeitröhre)

Zum Erzeugen oder Verstärken von Hyper-Frequenzströmen in einem Hertz-Relais (Sender/Empfänger radioelektrischer Wellen) (= Steuerung des Elektronenstroms durch räumlich stehende Wechselfelder)

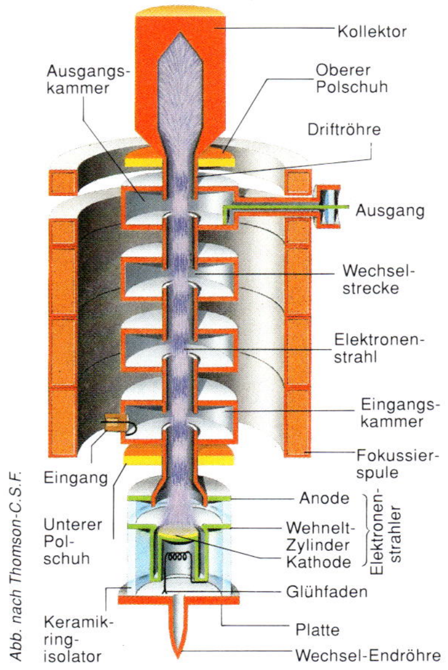

Lesegeräte

Zum automatischen optisch-elektronischen Lesen/Abtasten von Texten oder Graphik oder von CD-Platten oder Bildplatten vermittels Laser

Optisches **Lesegerät**/Abtastsystem

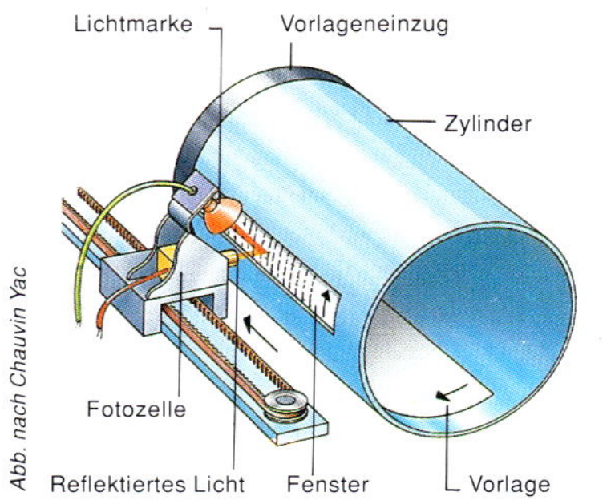

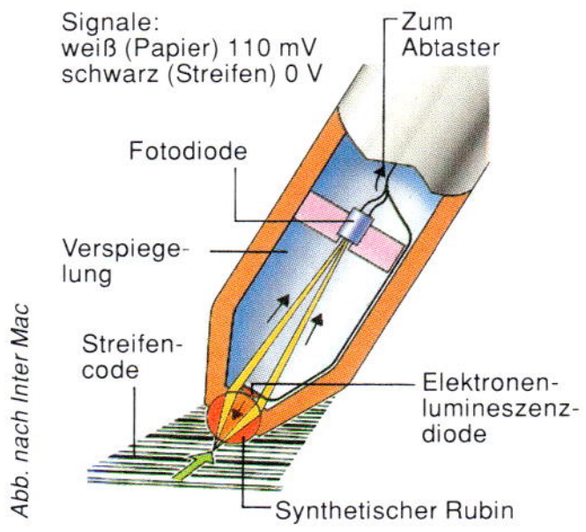

Optischer Streifencode-**Lesestift**

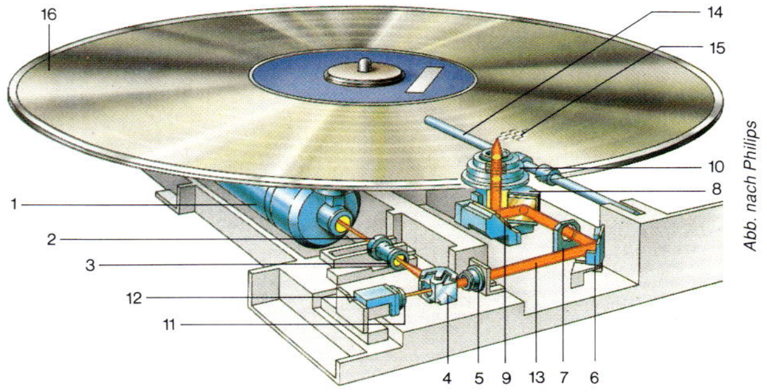

Bildplatten-Abtastsystem; 1. Laser; 2. Beugungsgitter; 3. Sammellinse; 4. Polarisationsfilter (Elektronenstrahltrenner); 5. Polarisationsmodifizierung; 6. Eckspiegel; 7. Linse (Visier, Kollimator); 8. Radialer Spurspiegel; 9. Tangentialer Spurspiegel; 10. Objektiv (Abtastung); 11. Astigmat; 12. Fotodioden (zur Decodierung und Videoumwandlung); 13. Laserstrahl; 14. Abtastführungsstab; 15. Mikrozellen; 16. Bildplatte (Standard 1500 U/min, LP 1700 U/min).

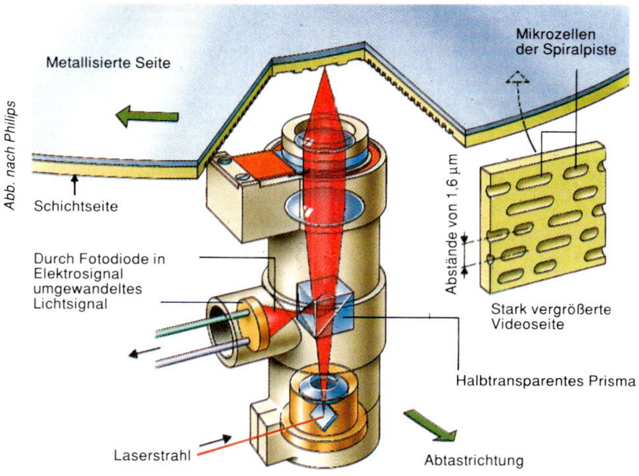

Digitalplatten-
Laser-Abtaster

Getreidetrockner

Zur Verringerung der Feuchtigkeitsanteile von Getreide oder sonstigen Ernten und damit längerer Konservierung

1. Ventilatormotor;
2. Ventilator;
3. Ölheizung;
4. Antriebsrolle;
5. Transportband;
6. Reglerschieber;
7. Warmluftzirkulation.

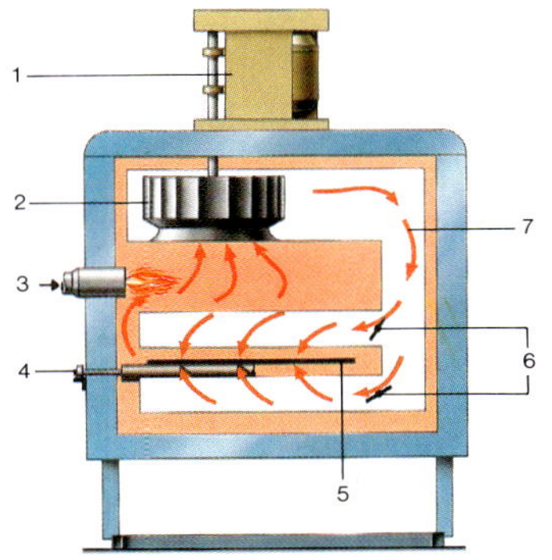

Türschlösser

Zum Versperren von Türen mit einem Schlüssel und Schutz gegen gewaltsame Öffnung

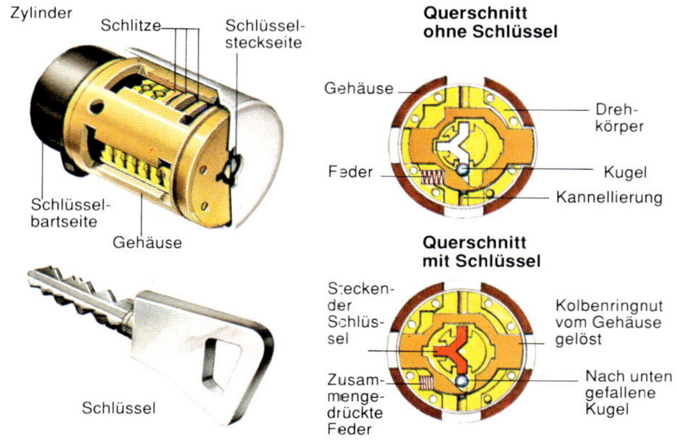

Sicherheitsschloß
(Bau und Funktion)

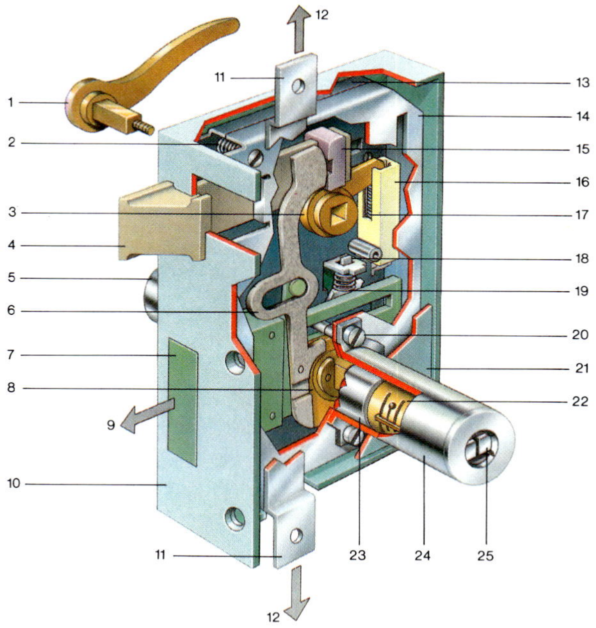

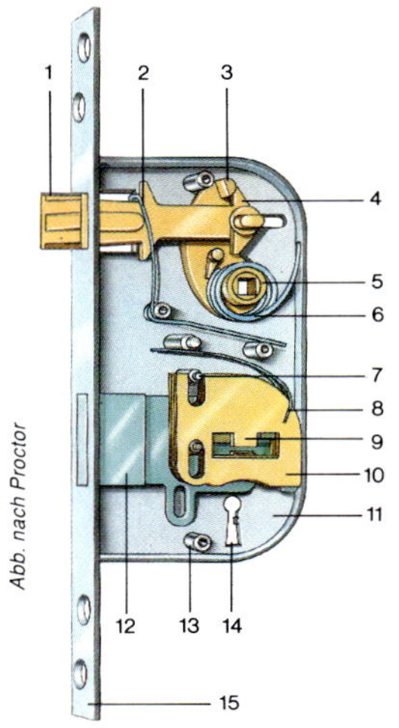

Türschloß mit Mehrfachverriegelung:
1. Türklinke; 2. Schnappfeder; 3. Nuß/Vierkantloch; 4. Schnappschloßriegel; 5. Gehäuse des Innenzylinders; 6. Winkeleisen; 7. Rechteckriegel; 8. Kernspindel; 9. Zum Schließbügel; 10. Riegelplatte; 11. Verbindungsgestänge zu Zusatzschlössern; 12. Zu den Zusatzschlössern; 13. Schloßkasten; 14. Innengehäuse; 15. Schnappanschlag; 16. Federkasten; 17. Nuß-Feder; 18. Schlag; 19. Schlagfeder; 20. Sicherheitsfixierung; 21. Außengehäuse; 22. Außenzylinder; 23. Außenzylindergehäuse; 24. Außenzylindermantel; 25. Schlüsselsteckköffnung.

Vertikales **Einbauschloß**
1. Schnappschloßriegel;
2. Schnappriegelfeder;
3. Schnappanschlag;
4. Schnappriegelsperre;
5. Nuß/Vierkantloch;
6. Nuß-Feder;
7. Einrastestift;
8. Einrastfeder;
9. Flansch; 10. Arretierung;
11. Schloßkasten;
12. Rechteckriegel;
13. Schraubzylinder;
14. Schlüsseloch;
15. Riegelplatte.

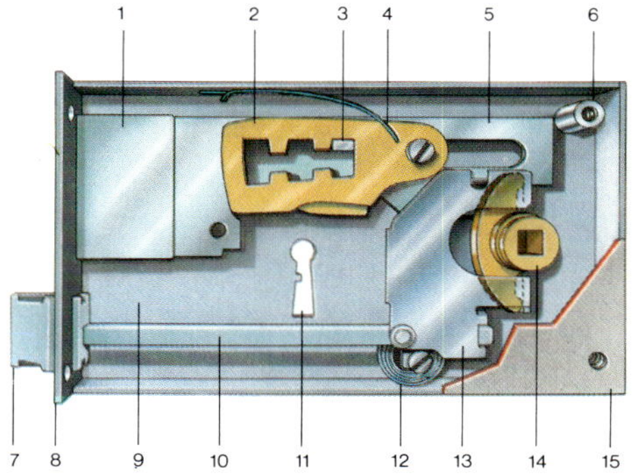

Horizontales **Türschloß**
1. Rechteckriegel;
2. Arretierung;
3. Arretierungsstück;
4. Arretierungsfeder;
5. Endstück Rechteckriegel;
6. Schraubzylinder;
7. Schnappschloßriegel;
8. Riegelplatte;
9. Schloßkasten;
10. Schnappriegelsperre;
11. Schlüsselloch;
12. Schnappfeder;
13. Winkeleisen;
14. Nuß/Vierkantloch;
15. Gehäuse.

Siphon

Zum Geruchsverschluß in Abwasserleitungen durch U-förmige Rohrknicke, in denen eine Senkung des Wasserstands durch vorherige Steigerung über den höchsten Stand erreicht wird

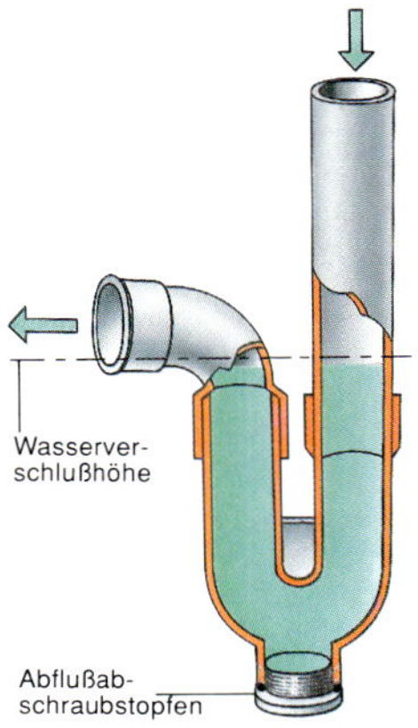

Abwassersiphon

Sperrschieber

Zum Absperren oder Öffnen des Wasserdurchflusses in Schleusen, an Dämmen und Wasserkraftwerken

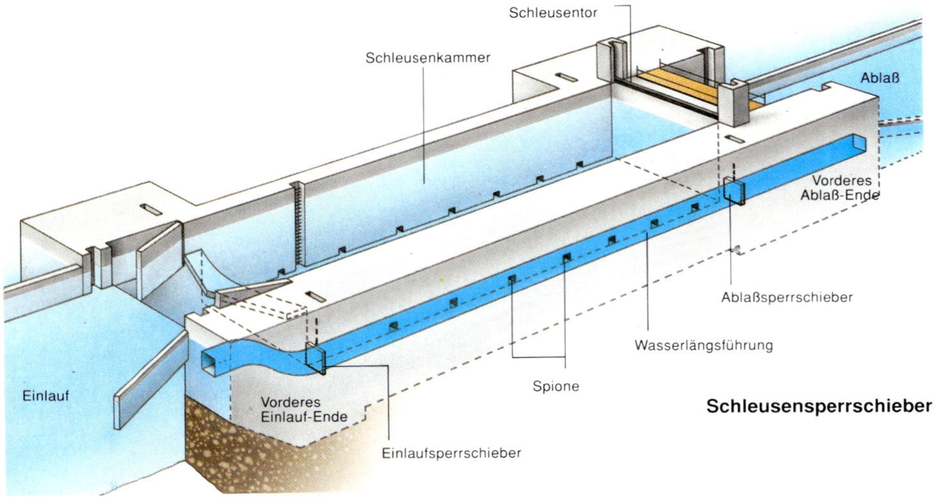

Schleusensperrschieber

Staudamm-Sperrschieber

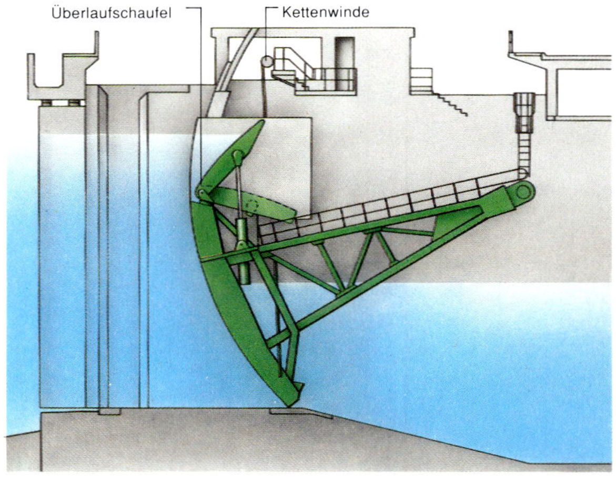

SPEZIALTRANSPORT-GERÄTE

„Spezialtransportgeräte" – mehr ein Kunstwort, doch noch am ehesten geeignet, den Oberbegriff für so unterschiedliche „Maschinen" wie Panzer, Spezialschiffe, Satelliten, Raketen und Torpedos abzugeben. *)

*) Die Gruppierung hier ergibt sich aus dem französischen, für alle in diesem Abschnitt aufgeführten „Geräte" passenden Oberbegriff „Engins", für den es – als Oberbegriff – keine deutsche Entsprechung gibt.

Panzerwagen

Zum Ordnungseinsatz, zur Aufklärung, vor allem auf Straßen, zur Attacke gegen feindliche Truppen mit Panzergeschützen und zur Zerstörung von Panzern oder Panzerabwehrkanonen

Technische Daten:

Länge (ohne Rohr):	6,24 m
Breite:	2,78 m
Gesamtgewicht:	15 t
Besatzung:	4 Mann

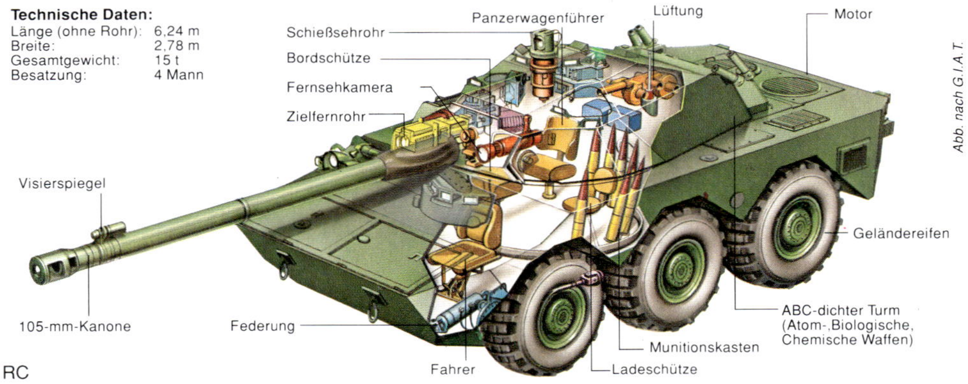

Französischer **Panzerwagen** AMX 10 RC

Schwimmbagger

Zum Fördern von Sand, Kies oder Schlick vom Boden des Meeres; oder eines Wasserlaufs zur Säuberung oder Vertiefung von Fahrrinnen und Hafenzufahrten

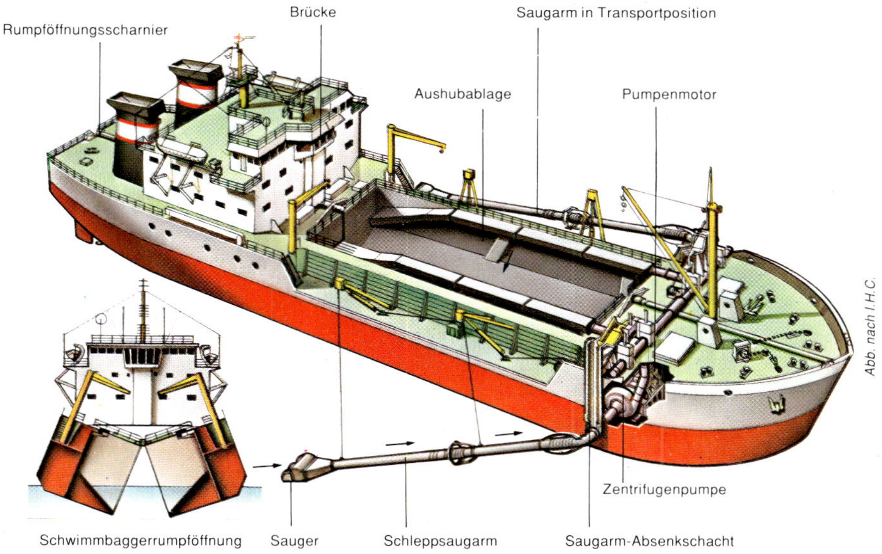

Sedimentmassenbagger

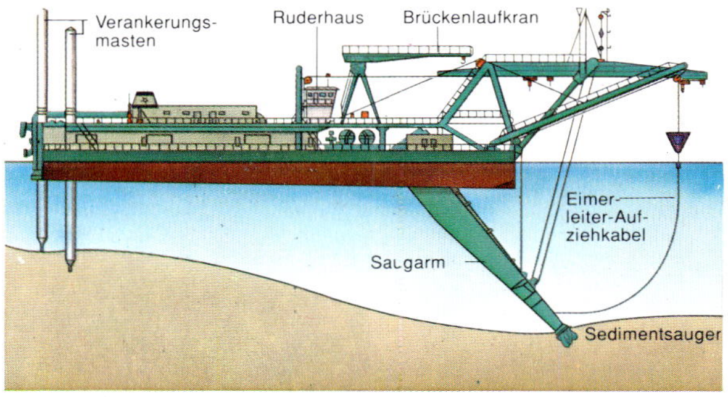

Löffelschwimmbagger

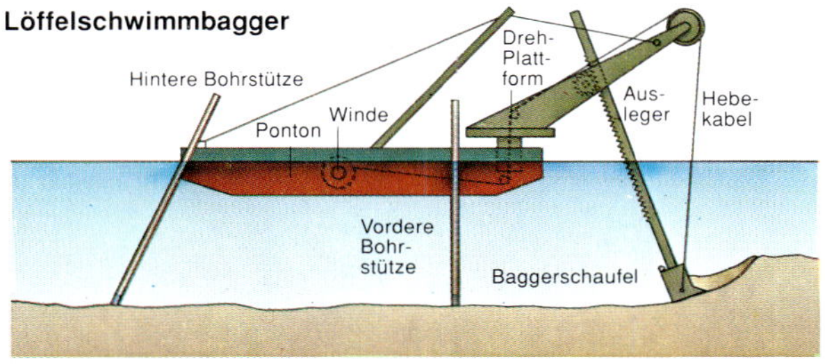

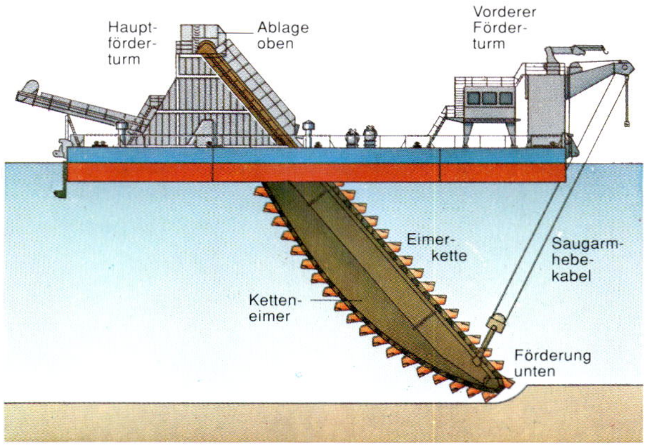

Eimerkettenschwimmbagger (Eimernaßbagger)

Asphaltierraupe

Zum Trassieren, Planieren, Fundamentieren und Asphaltieren einer Straße bis zur fertigen Fahrbahn

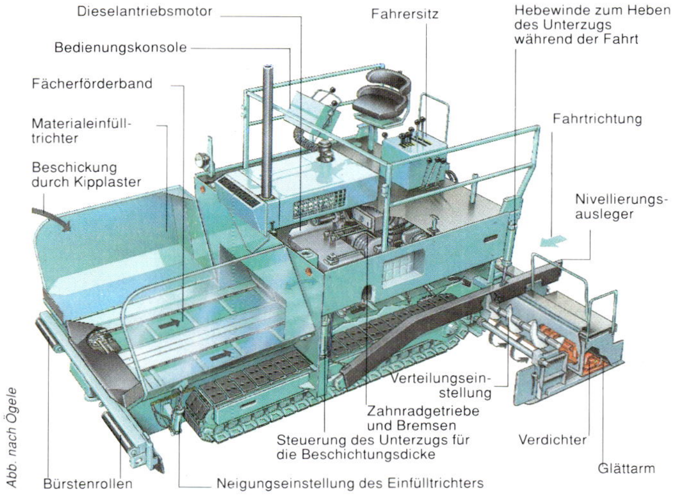

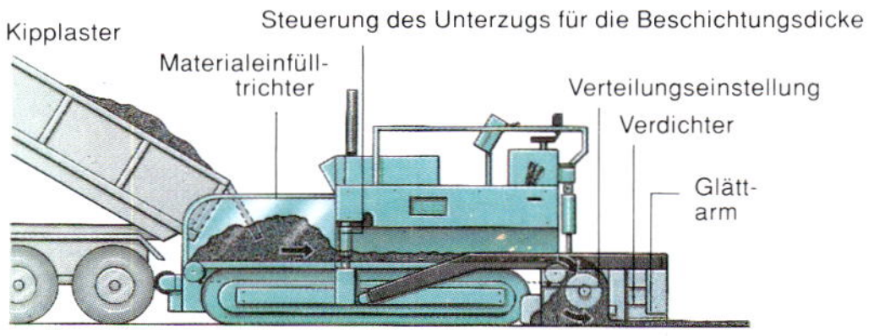

Trägerraketen

Zum Start von Satelliten in den Weltraum und deren Plazierung auf einer geostationären Umlaufbahn (= gleiche Umlaufgeschwindigkeit wie die Erde)

Schnitt durch die europäische Trägerrakete Ariane 4, Version 44 LP (d.h. mit 2 Festtreibstoff-Triebwerken – und 2 Flüssigtreibstoff-Triebwerken)

Technische Daten:

Gesamthöhe:	58,70 m
Durchmesser 1. Stufe:	3,80 m

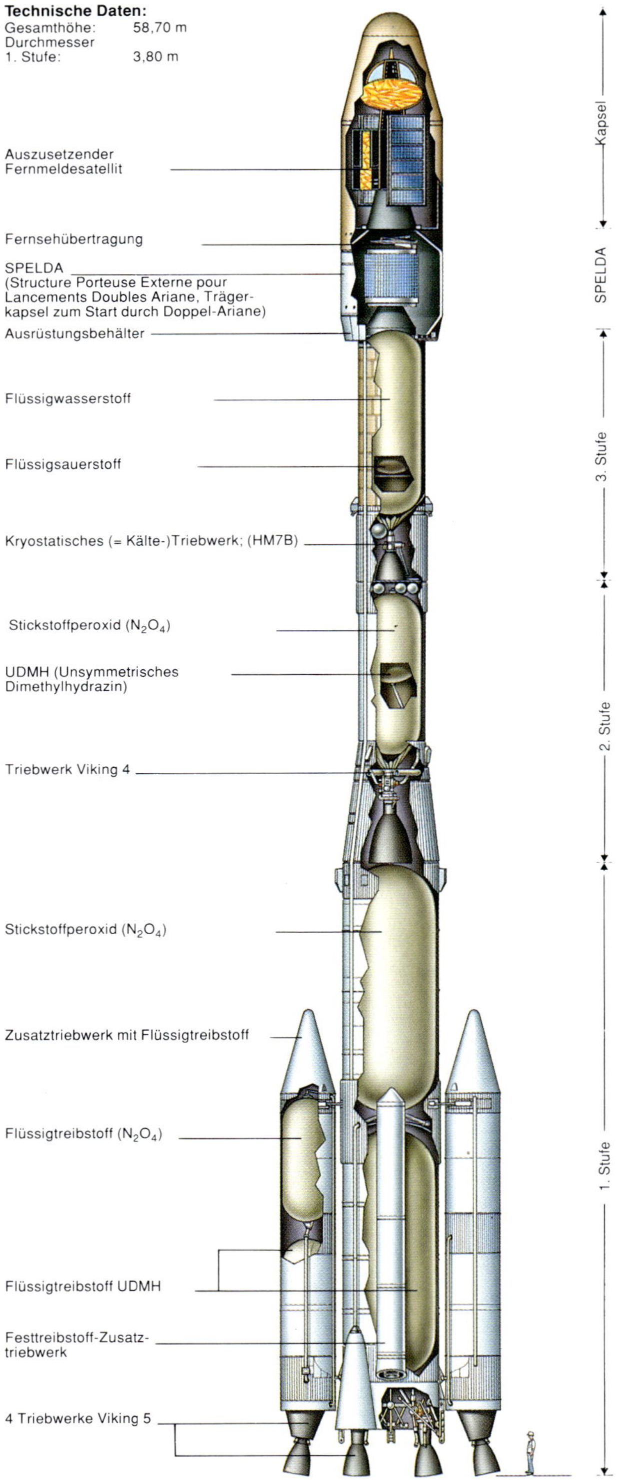

Abb. nach Arianespace

Tauchboote

Zum Erforschen großer Meerestiefen und Einholen von Bodenproben von dort

Technische Daten:

Gesamtgewicht:	8,5 t
Gesamtbreite:	3,04 m
Gesamtlänge:	5,70 m
Max. Tauchtiefe:	3000 m

Schnitt durch die „Cyana 3000"

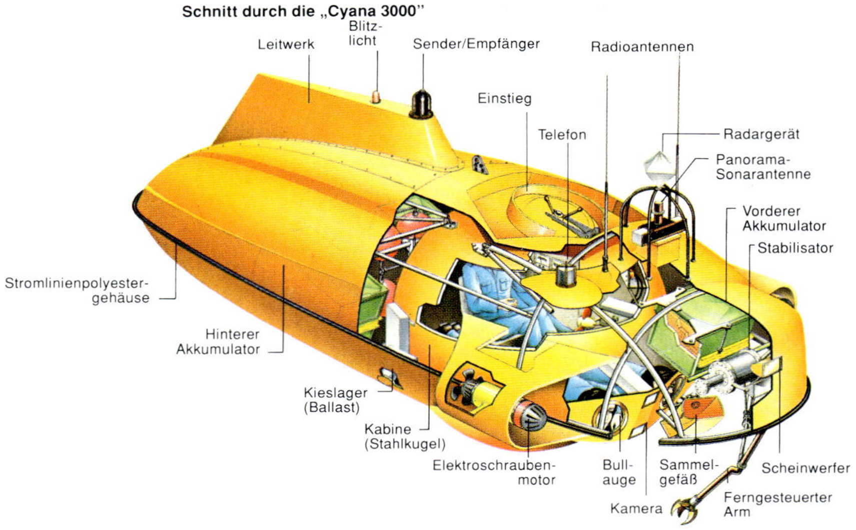

Verbesserte Versionen der Trägerrakete Ariane

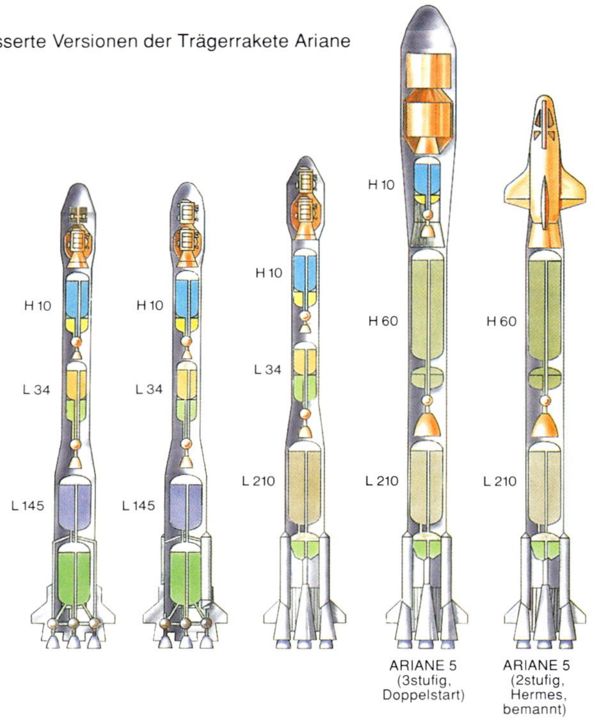

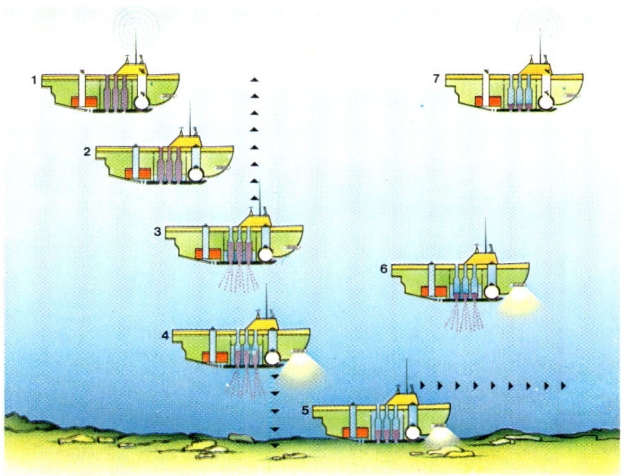

Funktionsschema Bathyskap „Archimède": 1. An der Oberfläche erbittet die „Archimède" mit leeren Schleusenkammern die Taucherlaubnis; 2. Mit gefluteten Tanks taucht der Bathyskap ab; 3. Das den Treibstoffverlust ausgleichende einströmende Wasser in den Gleichgewichtstanks steigt; die „Archimède" steht über Ultraschall mit dem Schiff oben in Verbindung; 4. Bei der Annäherung an den Meeresboden wirft der Bathyskap Ballast ab, um das Absinken zu bremsen; die Scheinwerfer werden eingeschaltet; 5. Am Meeresboden sucht das Panoramasonar nach Hindernissen und navigiert; 6. Nach dem Ende der Tauchfahrt steigt das Tauchboot unter weiterem Ballastwurf wieder nach oben; 7. An der Wasseroberfläche nimmt es Kontakt mit dem Mutterschiff auf; die Schleusentanks werden leergepumpt; die Besatzung kann aussteigen.

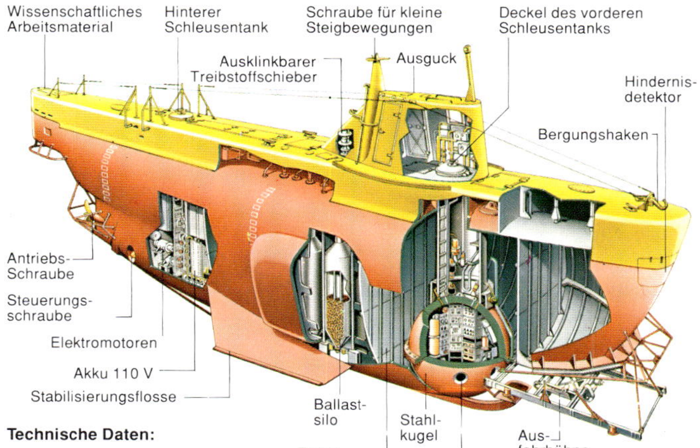

Bathyskap „Archimède"

Technische Daten:

Länge über alles:	22,10 m
Breite über alles:	5 m
Höhe über alles:	9,10 m
Wasserverdrängung:	208,9 t

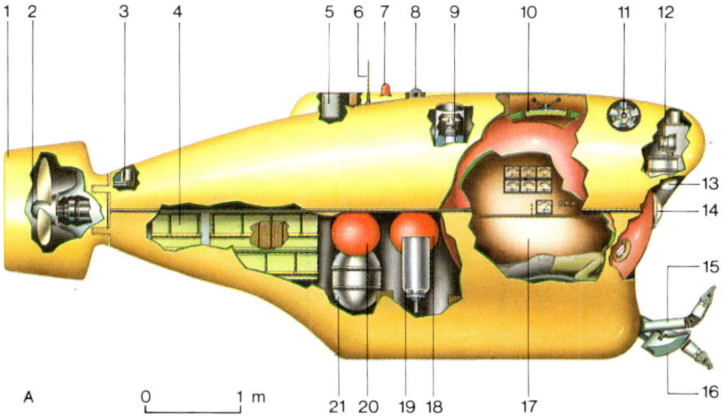

A. Unterseeboot S.M.97.
1. Düse; 2. Hauptantriebsschraube; 3. Düsenlenkmotor; 4. Batterien; 5. Unterwassertelefon; 6. Radiosender; 7. Signallicht; 8. Wasserablaßhaken; 9. Vertikalruder; 10. Einstieg; 11. Querstrahlruder; 12. Rundumsonar; 13. Kamera; 14. Bullauge; 15. Greifarm; 16. Greifhand; 17. Kabine (Titankugel); 18. Regler; 19. Gesteinsprobenablage; 20. Sauerstoffreserve; 21. Elektronik.

Beobachtungssatellit

Zur vertikalen optischen Erdbeobachtung und Bildübertragung mit einer Auflösung bis zu 10 m aus einer Höhe von 830 km

Details der optischen VHR-Instrumente (Visual High Resolution, visuell hochauflösend) zur Bildübertragung:
1. Eingangschächte der beiden Teleskope; 2. Verstellbare Eingangsspiegel für vertikale oder Schrägsicht; 3. Blickwinkeleinstellung; 4. Eingangskorrekturlinsen; 5. Ebener Relaisspiegel; 6. Konkavspiegel; 7. Licht-Elektrosignal-Umwandler; 8. Feldkorrekturlinsen; 9. Besonders starke Isolierung; 10. Vertikalsicht; 11. Schrägsicht.

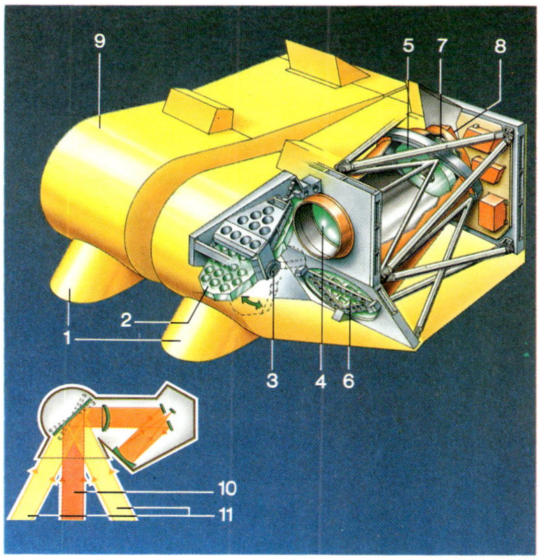

Torpedos

Zum unbemannten, gesteuerten Transport von Sprengstoff unter Wasser zu einem Schiff

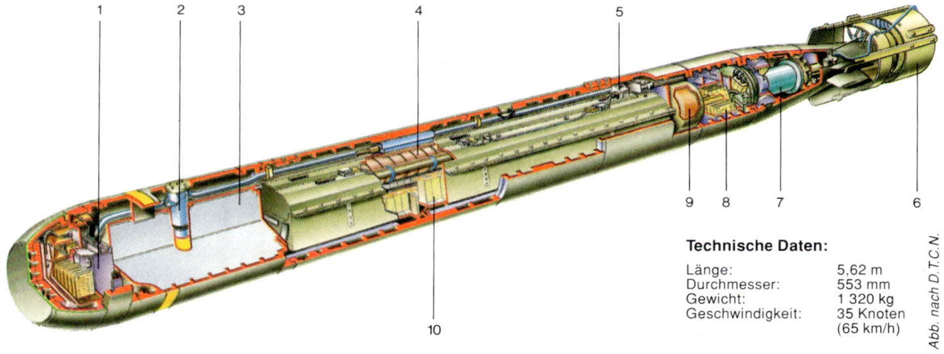

Technische Daten:

Länge:	5,62 m
Durchmesser:	553 mm
Gewicht:	1 320 kg
Geschwindigkeit:	35 Knoten (65 km/h)

Abb. nach D.T.C.N.

Drahtgelenkter Mehrzweck-**Torpedo** F 17.
1. Gyroskop;
2. Zeit-/Einstellzünder;
3. Sprengladung;
4. Elektrolyt (Kalisalz);
5. Sicherheitsschieber;
6. Schraube;
7. Schraubenmotor;
8. Elektronik;
9. Steuerung;
10. Elektrochemische Elemente.

Flughäfen und Bahnhöfe

Bahnhöfe waren einst sehr viel mehr „romantikumweht" als nach ihnen jemals die nüchternen und sachlichen modernen Flughäfen, deren Struktur und Organisation sie heute mehr und mehr nachzueifern beginnen.

Frachtflughafen

Zur besseren, weil getrennten Abfertigung von Frachtgütern in einem Flughafen. Die Abbildung zeigt den Frachtbereich der AIR FRANCE auf dem modernen Flughafen Paris-Charles de Gaulle in Roissy-en-France – zusammen mit dem von Paris-Orly der größte Europas

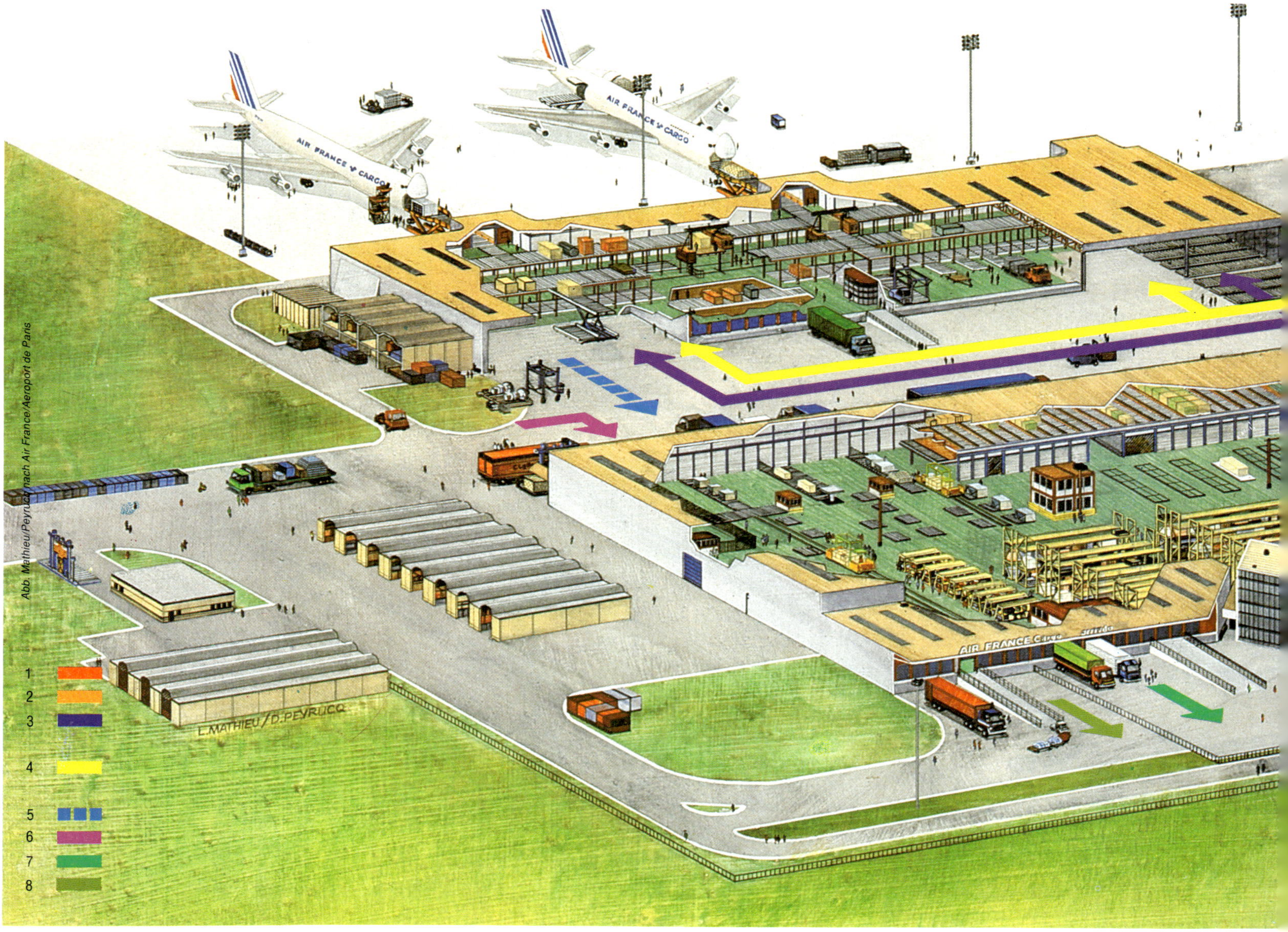

Abb. Mathieu/Peyrucq nach Air France/Aeroport de Paris

Flughafen-Terminal

Paris/Charles de Gaulle/Roissy 2

Zum Empfang von Besuchern und Passagieren vor dem Start und nach der Landung von Flugzeugen auf einem Flugfeld. Nach Roissy 1, eröffnet 1971 (10 Millionen Passagiere jährlich), wurde im Pariser Großflughafen Charles de Gaulle 1981 auch Roissy 2 mit zwei neuen Terminals eingeweiht, dem 1987 noch ein dritter folgte. Bis zum Jahr 2000 dürfte sich die Jahreskapazität (20 Millionen Passagiere) noch verdoppeln.

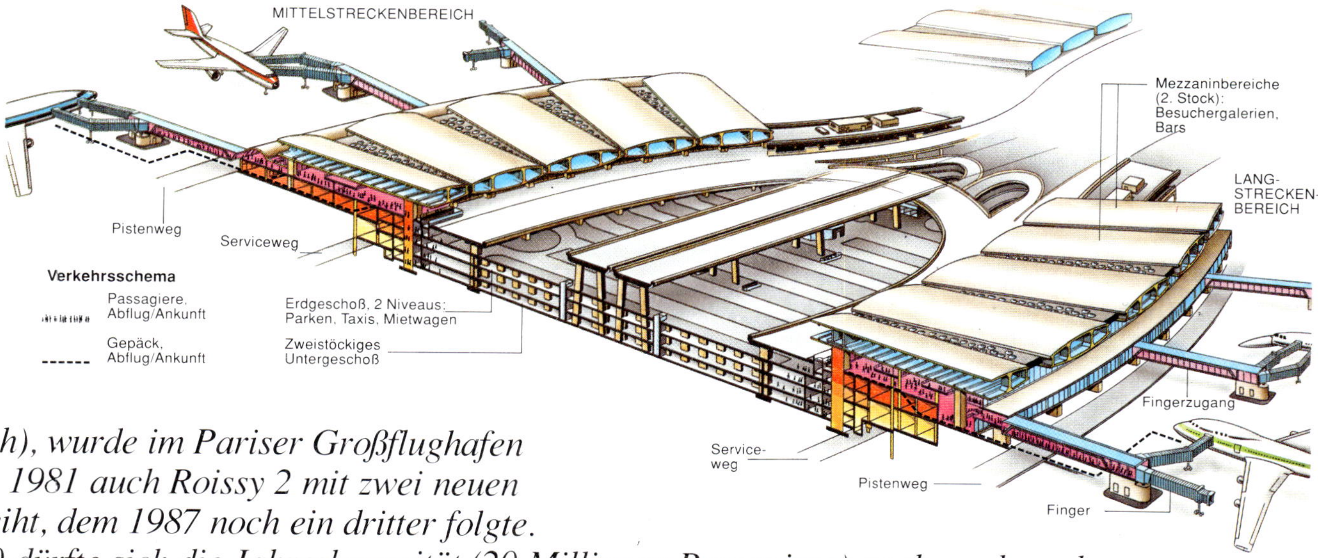

Die Abfertigung von Luftfracht geschieht über zahlreiche Stationen: Annahme, Sortieren, Verladen, Transfer, Einladen (Export) oder Ausladen, Zwischenlagerung, Weiterbeförderung, Auslieferung (Import).
Der Frachtflughafen mit seinem jährlichen Umschlag von Millionen Tonnen wurde so geplant und angelegt, daß er ein Minimum an Transportwegen bei deren möglichst großen Vereinfachung nötig macht und so neben der Wege- auch eine Zeitersparnis vor allem bei der Zollabfertigung gewährleistet. Dazu trägt vor allem das eigens dafür entwickelte Computerprogramm SOFI bei. (Système Ordinateur pour le Fret International, Computersystem für internationale Fracht).

1. Annahme zollfreier Fracht
2. Annahme von Zollfracht
3. Beladen der Zubringer zu den Frachtflugzeugen
4. Annahme abgefertigter Luftfracht von außerhalb
5. Transfer der Importfracht aus Normalflügen
6. Transfer der Importfracht aus reinen Frachtflügen
7. Auslieferung zollfreier Fracht
8. Auslieferung verzollter Fracht.

Flughafen

Montréal-Mirabel

Eröffnet im Oktober 1975, war dieser Flughafen der flächenmäßig größte der Welt. Um die Anrainer vor zu großer Belästigung zu schützen, ist er in einen „Schutzkorridor" von 3600 Hektar eingebettet. Alles ist auf kurze Wege und rasches Verlassen nach der Ankunft (30 Minuten) eingerichtet. Der endgültige Ausbau sieht sechs Start-/Landebahnen und mehrere Terminals vor.

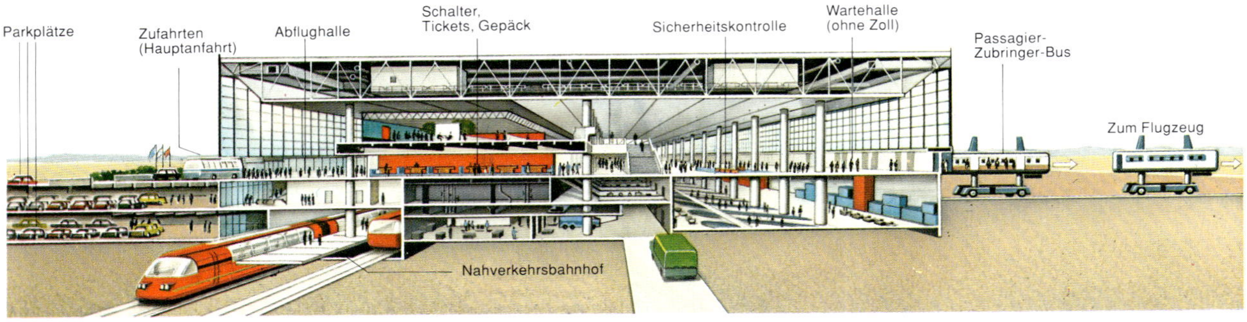

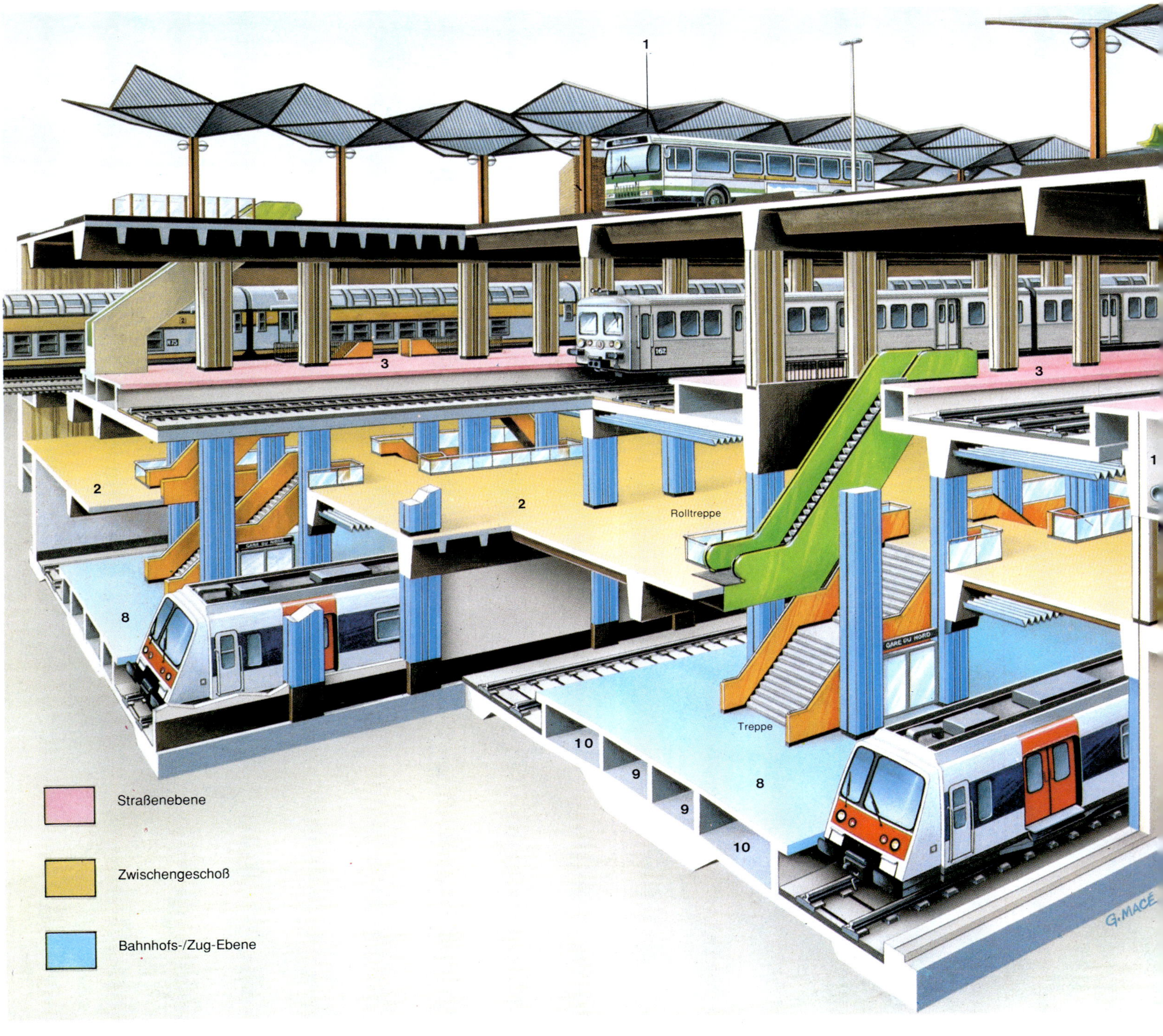

Nahverkehrs- (Vororts-)Bahnhof Paris-Nord

Erbaut von 1861 bis 1865, erreichte der Gare du Nord, in Paris mit der starken Steigerung der im Vorortsbereich („Banlieue") wohnenden und täglich zur Arbeit in die Stadt zur Arbeit einpendelnden Bevölkerungszahlen bald seine Kapazitätsgrenze. 1981 wurde dort deshalb ein ganz neuer, nur dem Vorortsverkehr dienender Bahnhof eröffnet. Er erstreckt sich über 320 m Länge und 50 m Breite über vier Geschosse. Im untersten befindet sich der unterirdische Bahnhof selbst, 13 m unter der Erde. Es folgt das Zwischengeschoß als „Verteiler" für die Fahrgäste, die Straßenebene und die Autoverkehrsebene als Terminal für sechs Autobuslinien. Der Bahnhof kann jährlich 100 Millionen Fahrgastbeförderungen bewältigen und dies setzt ihn, hinter dem Pariser Gare St.Lazare, an die zweite Stelle in ganz Frankreich.

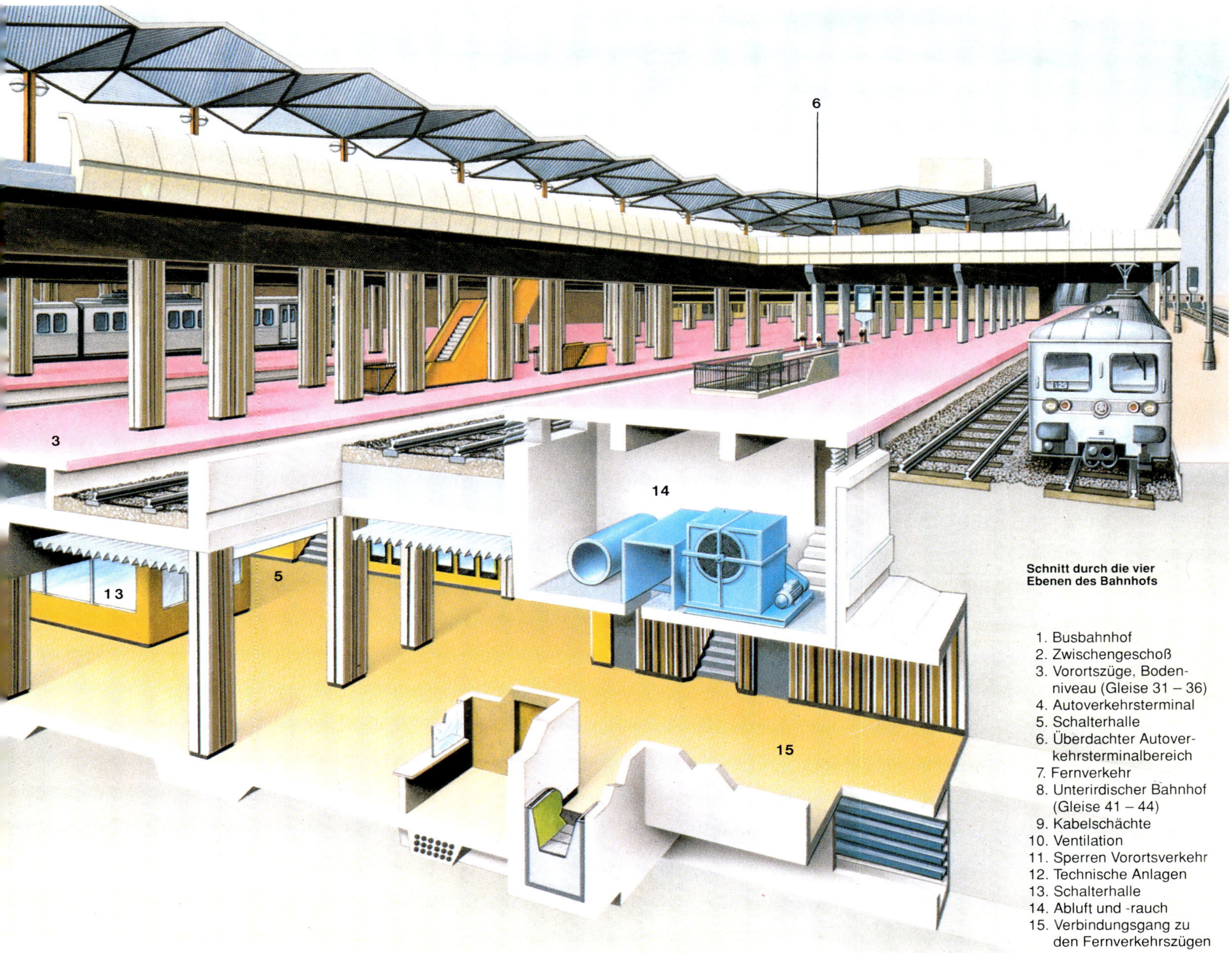

U-Bahn-Station

Paris RER Châtelet/Les Halles

Die Untergrundbahn, in Paris „Metro" genannt, dient dem schnellen innerstädtischen Verkehr. Die starke Zunahme der Bevölkerungszahlen und auch von Firmensitzen und sonstigen Büros im Vorortbereich erforderten den Bau auch einer Metro-Expreßlinie, mit der man möglichst rasch die Stadt von Vorort zu Vorort durchqueren oder auch von draußen ins Stadtzentrum gelangen konnte, mit Anschluß auch an die

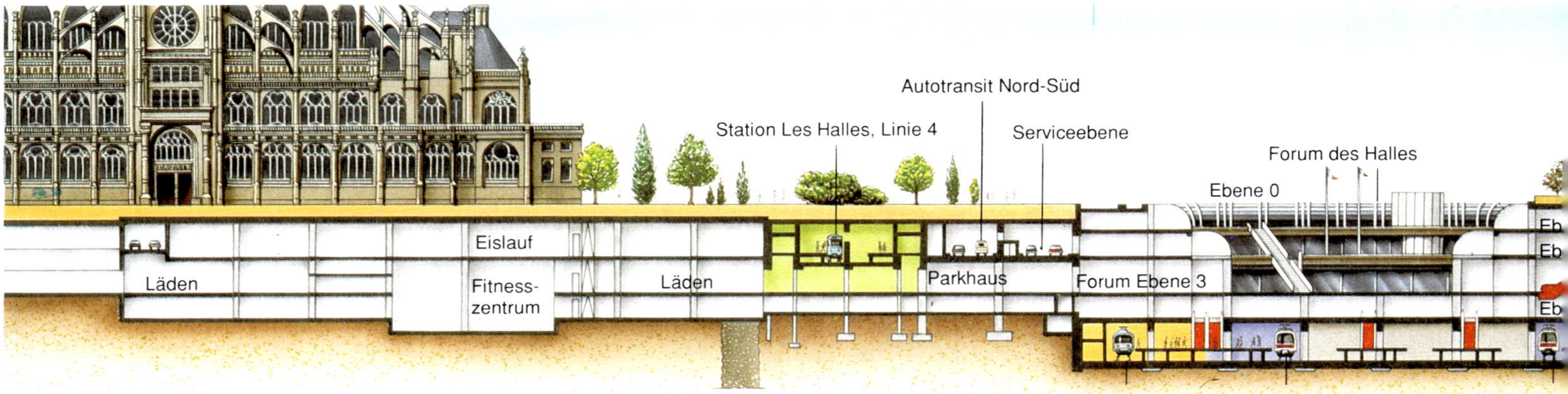

Längsschnitt in der Linie A-B (s.S. 61)

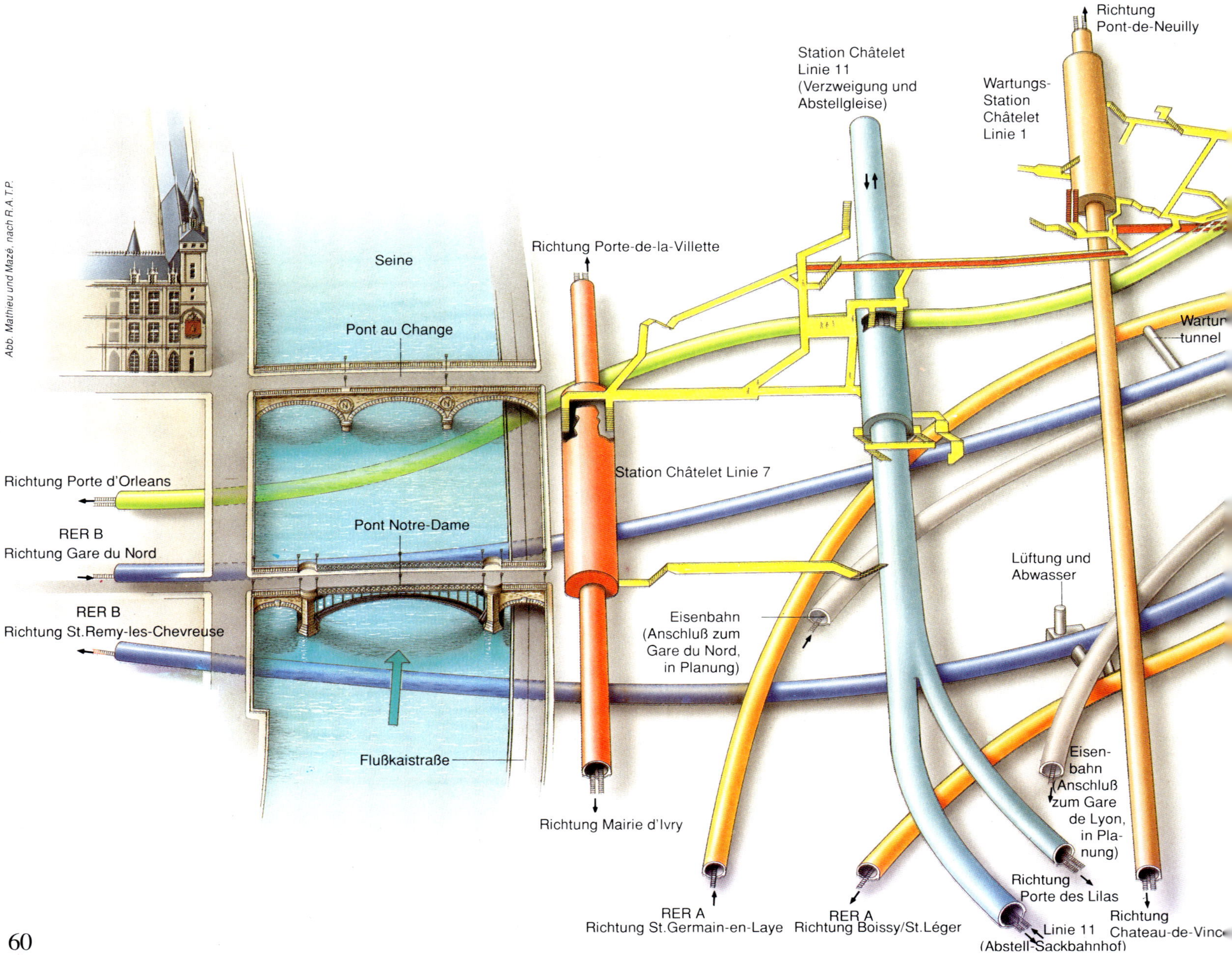

Abb. Mathieu und Mazé, nach R.A.T.P.

Bahnhöfe der Eisenbahn-Vorortzüge. Ein solches Expreß-System, genannt RER (Réseau Express Régional), entstand von 1969 bis 1977. In Betrieb sind gegenwärtig drei Linien, die täglich von einer sehr großen Anzahl Menschen bis an die Kapazitätsgrenze benützt werden, wobei zu den sogenannten

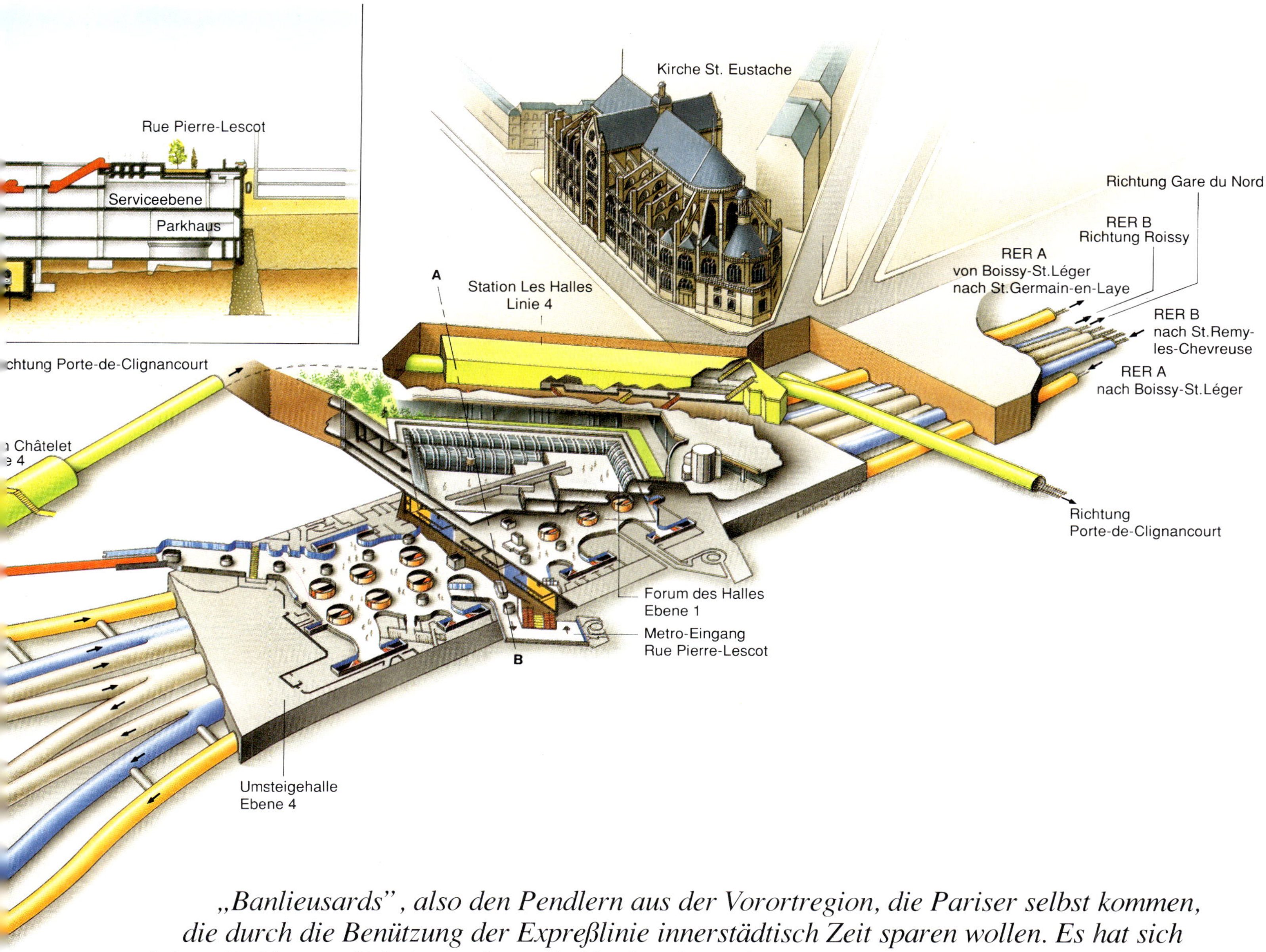

„Banlieusards", also den Pendlern aus der Vorortregion, die Pariser selbst kommen, die durch die Benützung der Expreßlinie innerstädtisch Zeit sparen wollen. Es hat sich daher die Notwendigkeit ergeben, die Verdopplung der jetzigen RER–Kapazität zu planen und auch neue Strecken zu bauen, die das Netz mit dem der staatlichen Eisenbahn verbinden. Die Station Châtelet/Les Halles ist der zentrale Kreuzungspunkt von vier Metro- und drei RER-Linien, was sie zum größten innerstädtischen Nahverkehrsbahnhof von Paris macht.

INSTALLATIONEN UND ANLAGEN

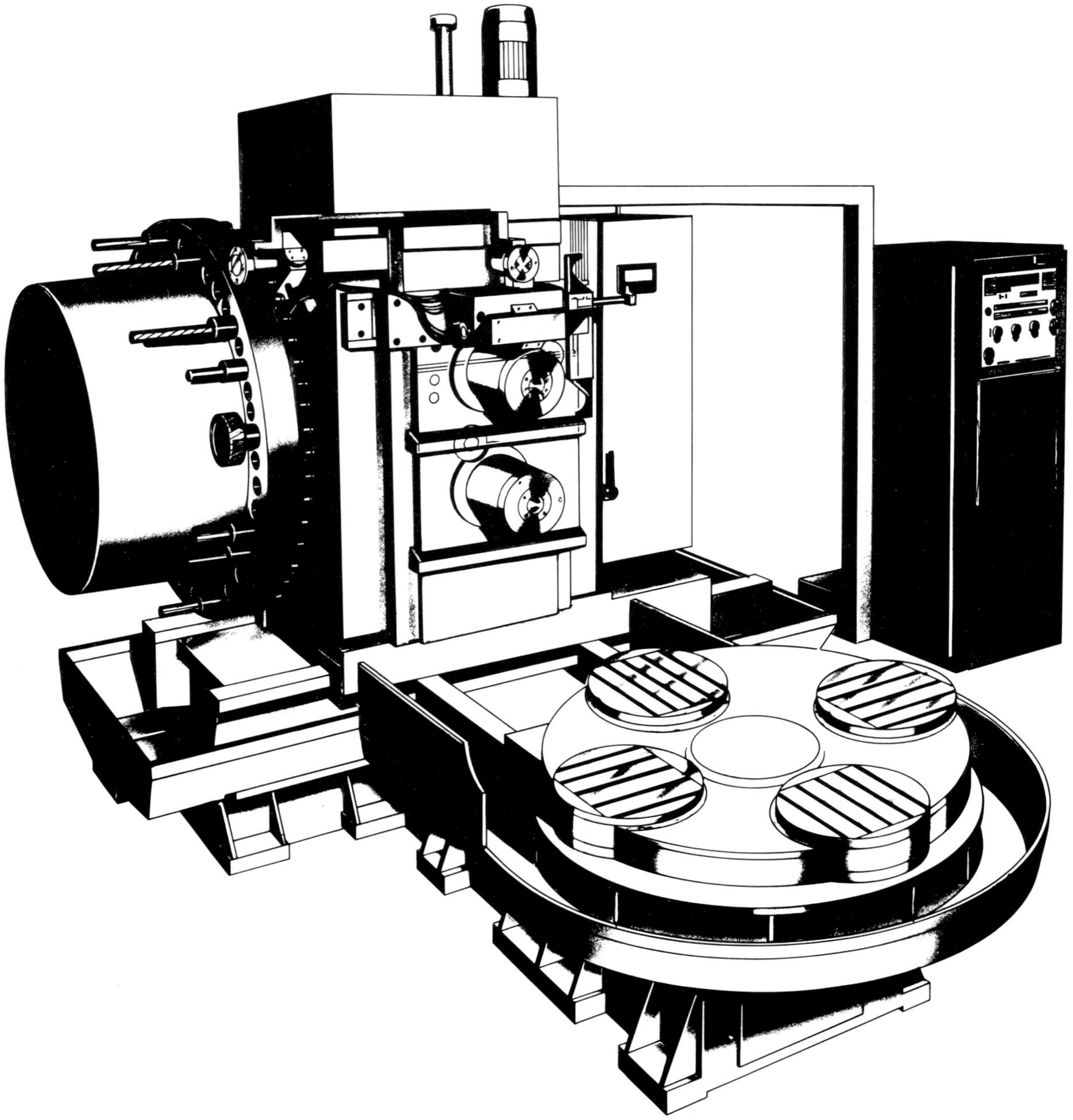

Wenn „Installationen" oder „Anlagen" nicht provisorischer Natur sind oder sich irgendwie „ergeben" haben, kann man sie „E-Werk" nennen oder „Scanner" oder „Radiostation". Dabei handelt es sich um ein Ensemble von Einrichtungen, Geräten oder auch Gebäuden für einen bestimmten Zweck.

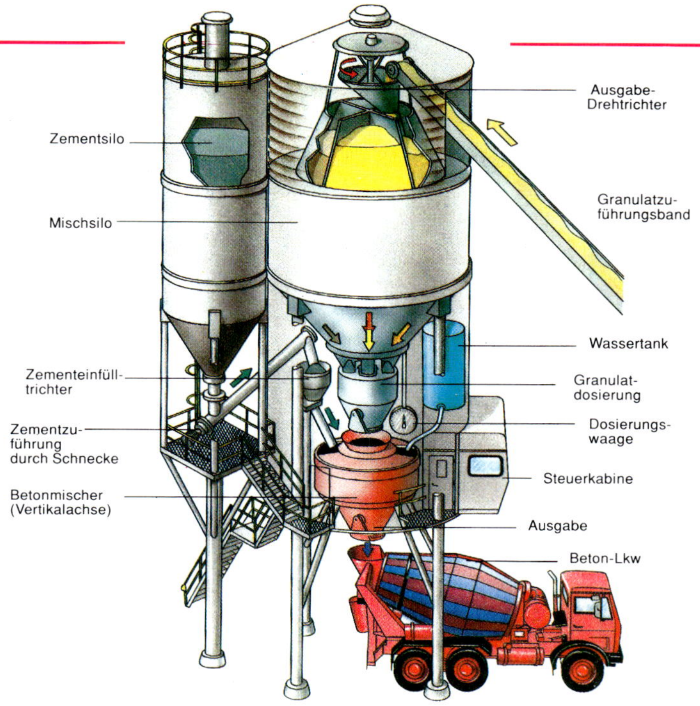

Beton-mischmaschine

Zum Mischen trockener Materialien für die Herstellung von Beton

Kraftwerke

Zur Stromerzeugung durch Umwandlung anderer Energieformen: Wind (äolische Energie), unterirdische warme Quellen (geothermische Energie), Wasserkraft (hydraulische oder hydroelektrische Energie), Ausnützung des Gezeitenhubs (Tidenenergie) Ausnützung der Kernfusion bestimmter schwerer radioaktiver Elemente (nukleare/atomare Energie), Sonnenenergie (solare Energie), Verbrennung fossiler Brennstoffe (thermische Energie oder Müllverbrennung)

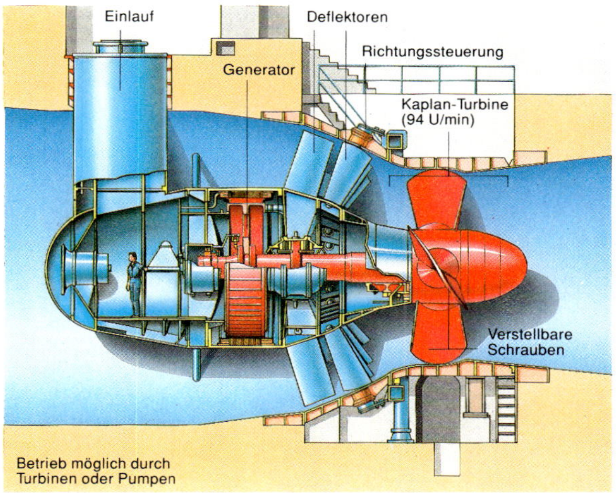

Gezeitenkraftwerk. *Nur an einigen Punkten der Erde übersteigt der Gezeitenhub 10 m und nur dort sind Gezeitenkraftwerke möglich oder jedenfalls sinnvoll. Das Gezeitenkraftwerk St. Malo in der Bretagne an der Rance-Flußmündung wurde von 1962 – 1967 erbaut und ist das einzige Europas. Es hat eine Kapazität von 240 Megawatt (MW).*

Thermische Kraftwerke

Sie erzeugen Strom aus thermischer Energie, nämlich der Verbrennung eines fossilen Brennstoffs. Darunter gibt es die Kraftwerke, die geringwertige Kohle (direkt bei den Minen) oder die Gase der Hochöfen oder Erdgas verbrennen. Die großen Kohlekraftwerke verwenden Kohle besserer Qualität (Industriekohle) oder Schweröl. In dem hier dargestellten Kraftwerk treibt 565 ° C heißer Dampf unter Druck eine Turbine, die ihrerseits einen Generator antreibt.

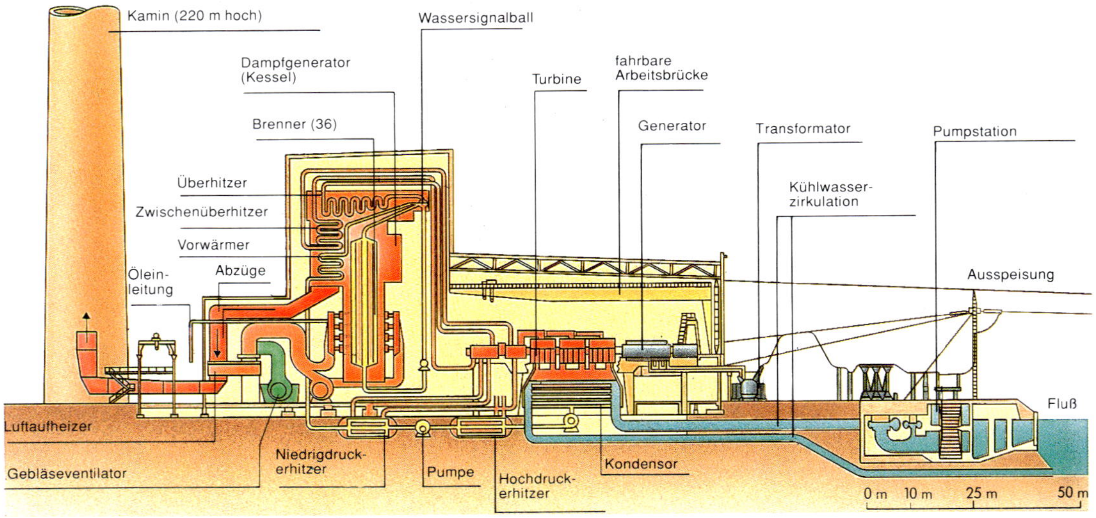

Thermisches Heizölkraftwerk

Wasserkraftwerke

Sie verwenden die kinetische Energie von Wasser zum Antrieb von Turbinen. Man unterscheidet Wasserkraftwerke an Wasserläufen (das hier dargestellte Modell), die keinen Speicher besitzen und ihre erzeugte Energie direkt abgeben, Staudammkraftwerke, die durch Wasserstau angetrieben werden, und Schleusenkraftwerke, die Staummdammwerke mit Speicherkapazität sind.

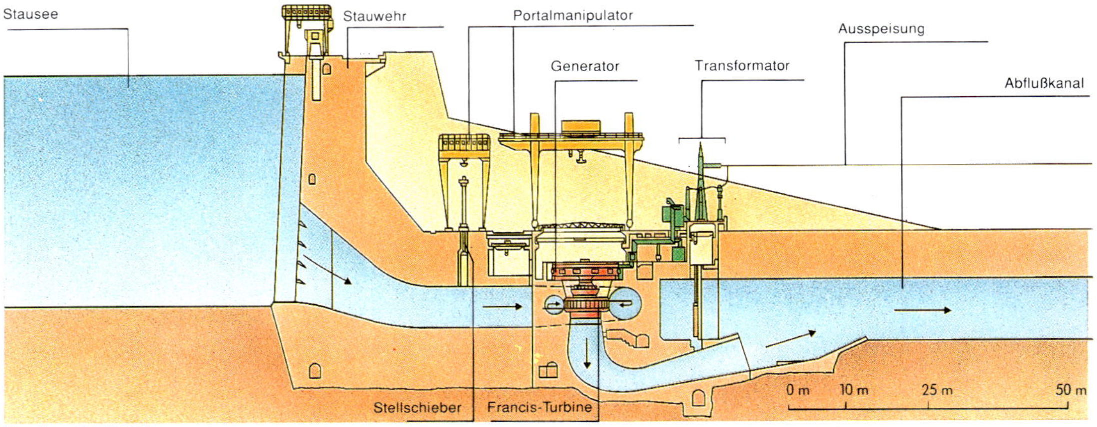

Staudammkraftwerk

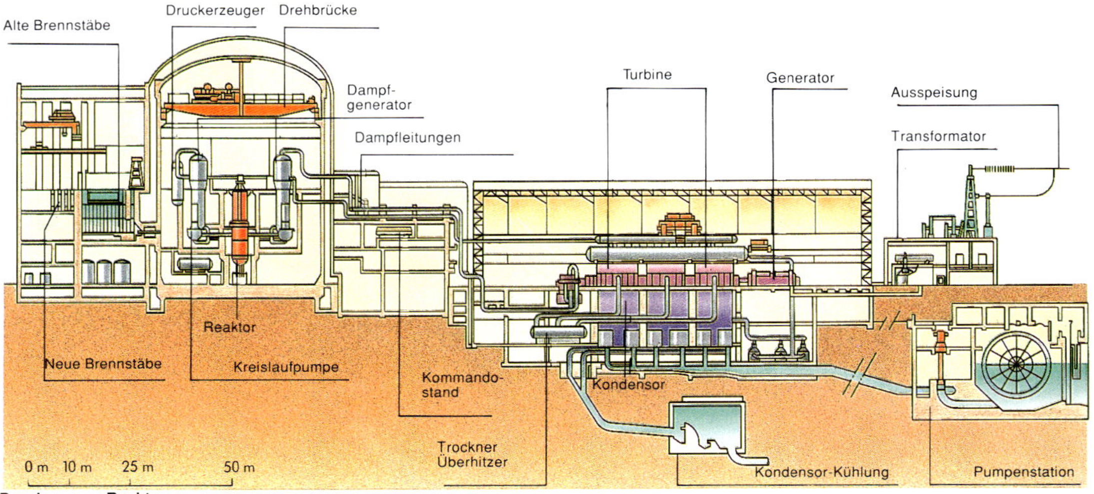

Druckwasser-Reaktor

Kernkraftwerke

Ein Kernkraftwerk kann aus mehreren Reaktoren verschiedenen Typs bestehen. In einem Druckwasserreaktor (s.S.34) wird die Kernfusion eines schweren Elements wie Uran in einem mit einem Umwandler versehenen geschlossenen Kreislauf, einem sogenannten Dampfgenerator, bewerkstelligt. Die von der Flüssigkeit transportierte Wärme wird in diesem an das Wasser im Turbinenkreislauf abgegeben, es verdampft und gibt dabei die mechanische Energie ab. Der Kondensor, in dem sich dies abspielte, wird durch Fluß- oder Meerwasser wieder abgekühlt. Wo dies nicht möglich ist, geschieht es durch atmosphärische Kühlungen (Betontürme) mit natürlichem Durchzug oder künstlicher Ventilation.

Fabrikationsautomat

Zur automatisierten industriellen Herstellung eines programmierten Werkstücks mit Hilfe einer digitalgesteuerten Fräse

Das programmierte und zugerichtete (2) Werkstück (1) wird auf der Vorderseite der Maschine zugeleitet (3,4). Der Spindelkern (5) hält nach Beendigung eines Vorgangs an und wechselt in seine Ausgangsposition (6). Der Transferarm (7) dreht sich um 90°, faßt das programmierte Werkstück und das des vorigen Vorgangs, das vom Spindelkern freigegeben wurde, und transportiert sie (8) durch Drehung um 180° (9) an ihren neuen Platz. Bei der Rückkehr (10) des Transferarms wird das programmierte Werkstück in den Spindelkern eingeführt und dort festgehalten und der Vorgang wiederholt sich mit dem Teil aus dem letzten Vorgang, wobei der Mechanismus in sein Magazin zurückkehrt. (Zum besseren Verständnis ist hier nur der Weg des Werkstücks selbst beschrieben.)

Abb. nach K.T.M.

Wohnhausheizung

Zur Verteilung von Heizwärme in einem Haus

Verschiedene Systeme der **Haus-Heizung**

Gas-, Öl- oder Kohleheizung

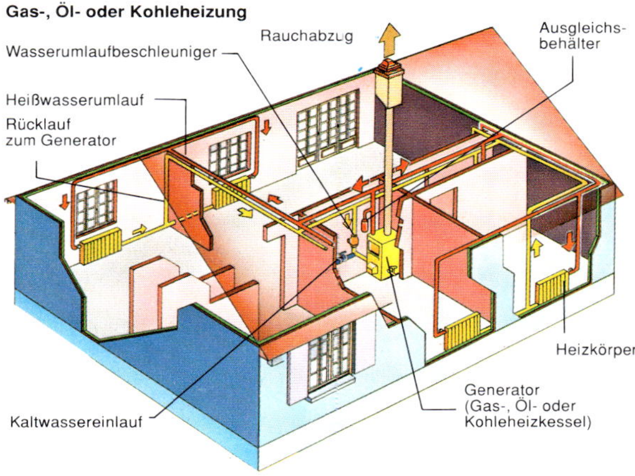

Elektrische Gebläse-Warmluft-Zentralheizung

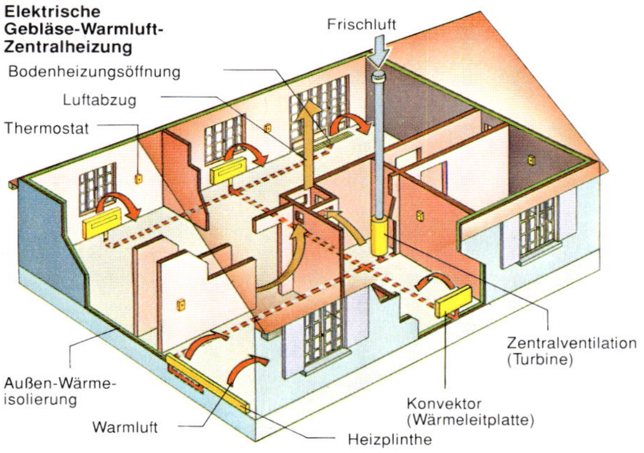

Solarwarmluftheizung unterstützt von Gasheizung

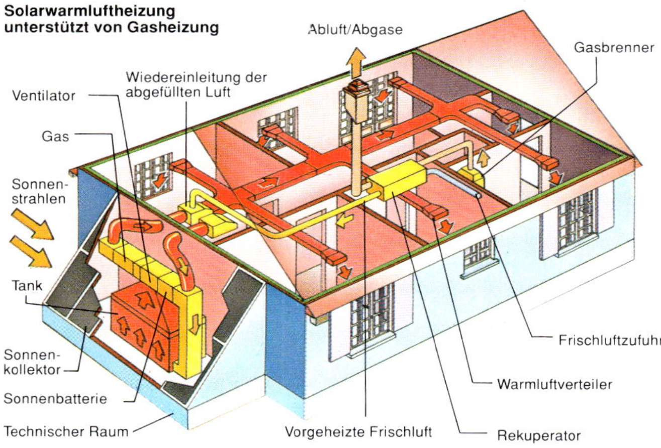

Wärmepumpenheizung

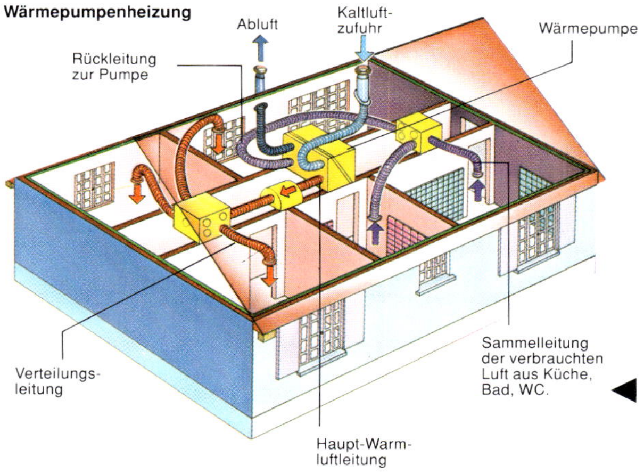

Die Wärmepumpenheizung erwärmt die kalte Außenluft, indem sie ihr die Umweltwärme entzieht und ihr vor dem Wiederausstoß die verbrauchte Warmluft aus den Leitungen wieder zuführt

Müllverbrennungsanlage

Zum Verbrennen des Hausmülls und der Verwendung eines Teils der dabei entstehenden Heizenergie zur Fernheizung

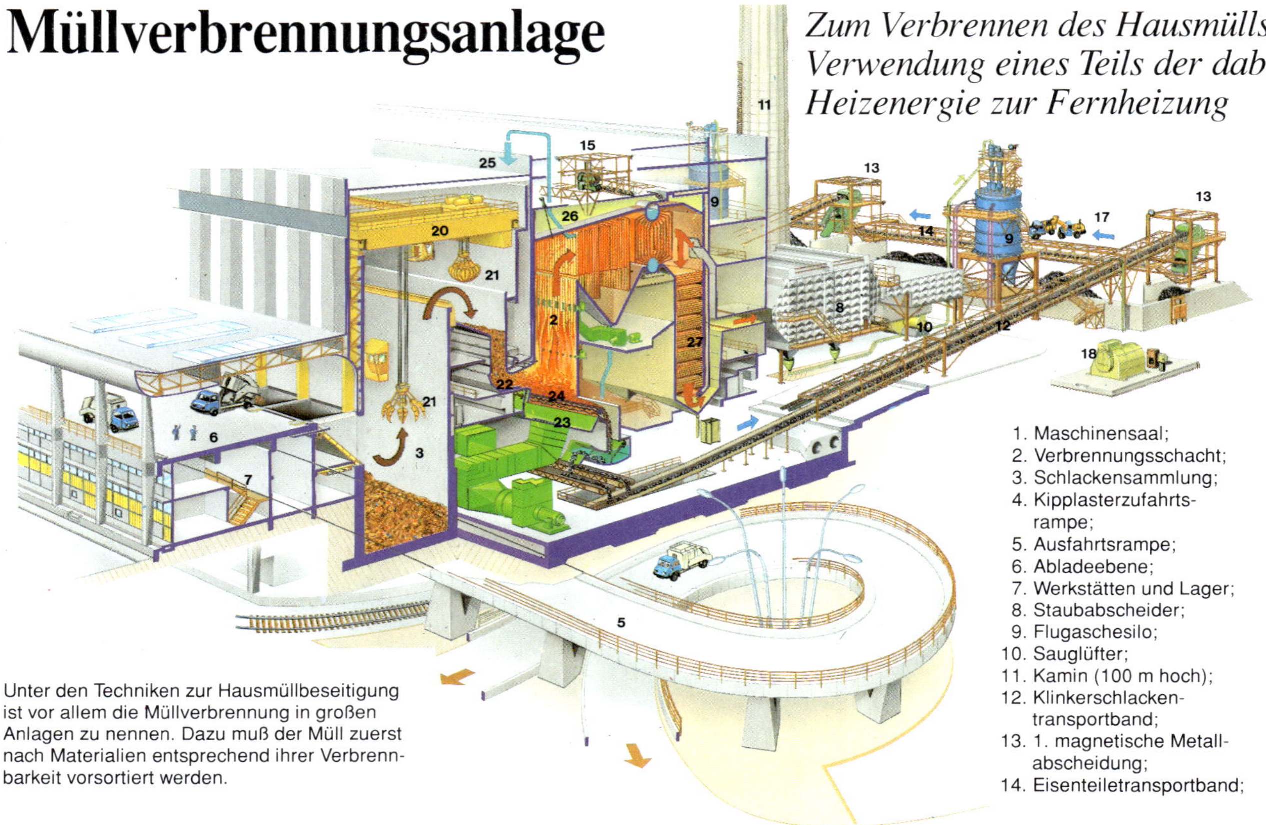

1. Maschinensaal;
2. Verbrennungsschacht;
3. Schlackensammlung;
4. Kipplasterzufahrtsrampe;
5. Ausfahrtsrampe;
6. Abladeebene;
7. Werkstätten und Lager;
8. Staubabscheider;
9. Flugaschesilo;
10. Sauglüfter;
11. Kamin (100 m hoch);
12. Klinkerschlackentransportband;
13. 1. magnetische Metallabscheidung;
14. Eisenteiletransportband;
15. 2. magnetische Metallabscheidung;
16. Metallhalde;
17. Klinkerschlackenhalde;
18. Filtrierstation;
19 Heizöllager;
20. Laufkran;
21. Klinkersammler;
22. Beschickung;
23. Wanderrost;
24. Brennofen;
25. Dampf (zum Turbogenerator und danach in die Fernwärmeeinleitung);
26. Wärmedämmung;
27. Vorwärmer.

Unter den Techniken zur Hausmüllbeseitigung ist vor allem die Müllverbrennung in großen Anlagen zu nennen. Dazu muß der Müll zuerst nach Materialien entsprechend ihrer Verbrennbarkeit vorsortiert werden.

Kanalisation

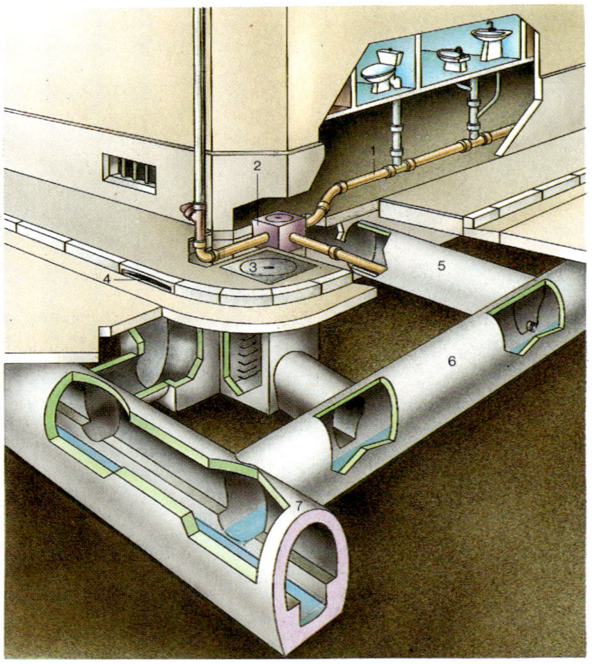

In den Rohren und Regensammelbecken der Kanalisation sammelt sich alles aus den Städten oder Gemeinden abzuleitende Wasser, wird über die unterirdischen Rohrsysteme den Kläranlagen zugeleitet, dort mechanisch – mit Rechen und Gittern – oder automatisch – mit Druckwasser – vorgereinigt. Zur Verringerung der Giftanteile verbrauchten Wassers sind heute die „Verursacher" gehalten, bereits eine Vorklärung vor der Einleitung in das allgemeine Abwassersystem vorzunehmen.

1. Abwasser;
2. Hermetischer Verschluß;
3. Einstieg;
4. Straßenabfluß;
5. Hausabfluß;
6. Kanalisation;
7. Sammler.

Elektronenstrahlbearbeitungsanlage

Zur Herstellung eines Werkstücks unter Luftabschluß mit Hilfe von Elektronenstrahlen aus einer Kathode unter Beschleunigung durch ein Magnetfeld und Bündelung durch ein Linsenystem

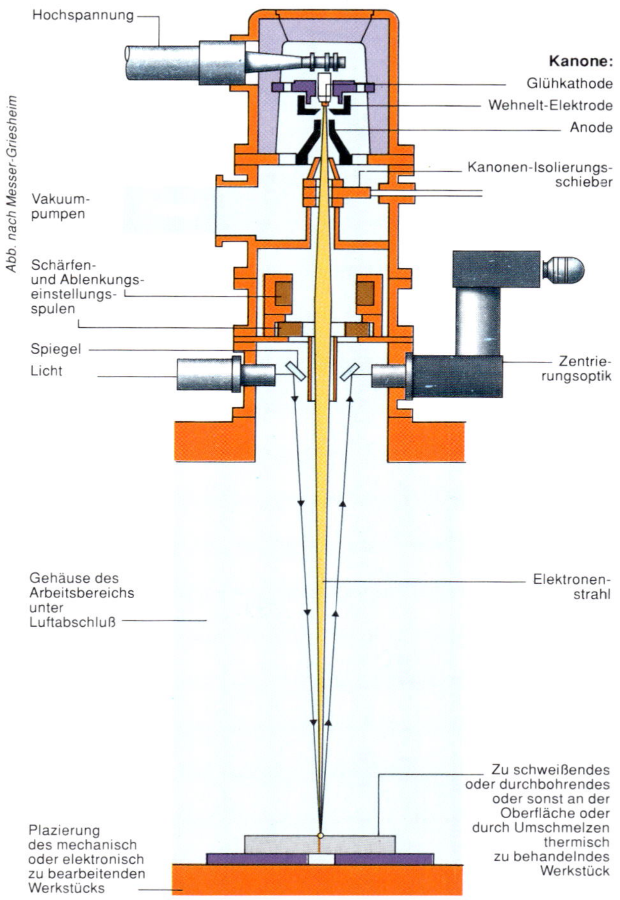

Der Elektronenstrahl bewirkt die örtliche Materialverdampfung und erlaubt damit sehr feine Arbeit von großer Präzision, hauptsächlich bei den mikroskopisch miniaturisierten elektronischen Bauteilen.

Bohrinsel (Plattform)

Zur Ölbohrung im Meer von einer halb versenkbaren, transportierbaren und stabilen Plattform aus

Die Caissons sind ballastbeschwert, damit die Plattform den Kräften der Dünung und der Strömung standhält. Ketten oder Kabel an den Pfeilern zur Verankerung verringern die horizontale Bewegung.

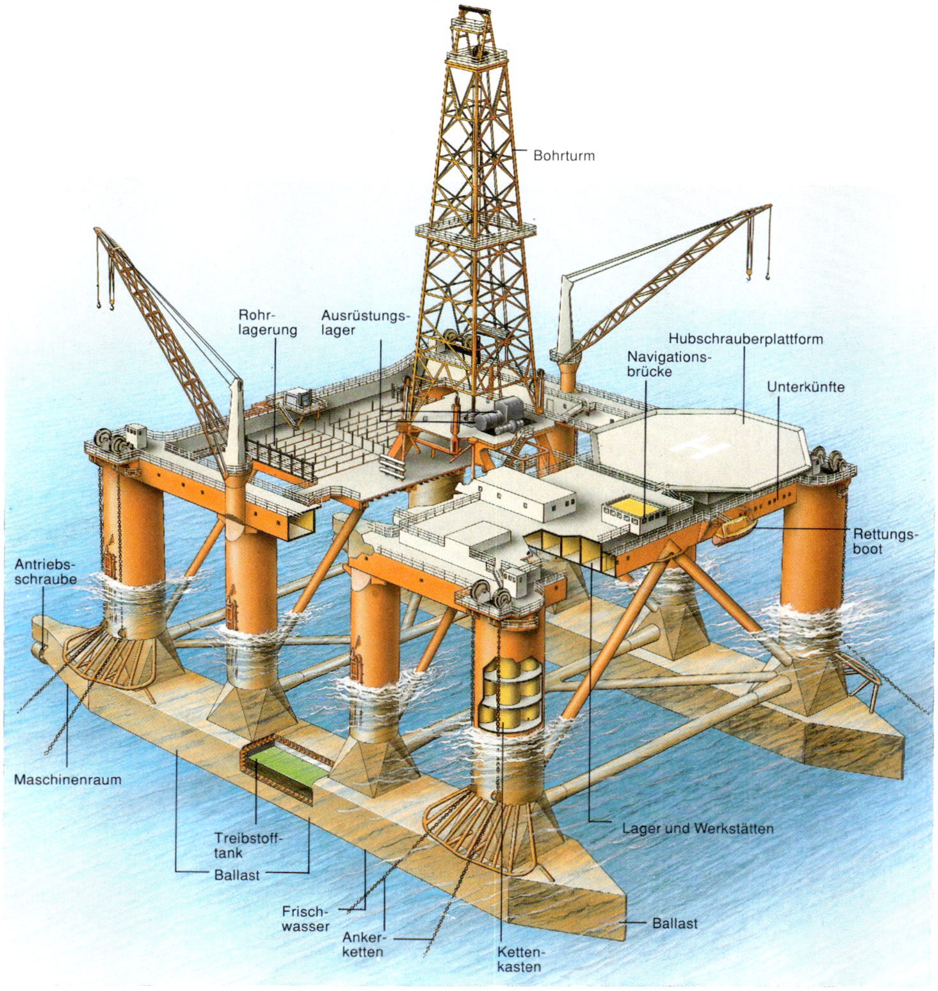

Abb. nach AKER

Bohrinsel (Einrichtungen auf dem Meeresboden)

Zur Förderung von Öl unter dem Meeresboden (wo sich ein Viertel des Weltölreserven befinden)

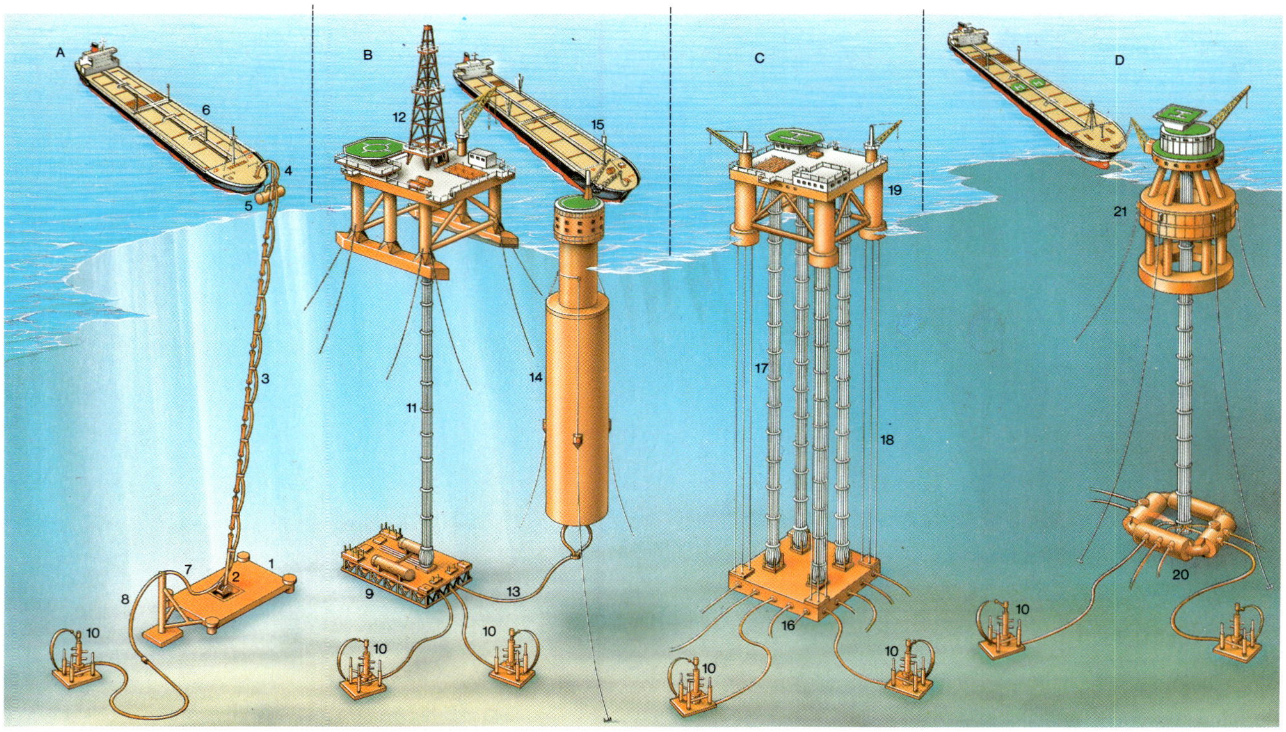

Die verschiedenen Methoden unterseeischer Ölförderung.
A. Einfache Verankerung. B. Bohrlochsystem mit Schwimmerplattform und Kollektor sowie Unterwasser-Bohrlochköpfen.
C. Schwebeplattform mit Verankerung durch vertikale Spannungskabel mit automatischer Spannungsregelung je nach Seegang. D. Förderboje mit Bohrlochsystem und Förderung. 1. Mit Verankerungspfählen fixierte Bodenplatte; 2. Bewegung durch Universalgelenk; 3. Verbindungssäule von der Bodenplatte unten zum Förderschiff oben; 4. Drehbarer Wellenzapfen (Gelenk); 5. Starrer zweiarmiger Schwimmer; 6. Verankertes Bohr-/Förderschiff; 7. Biegsame Ölleitung nach oben; 8. Stahlrohrleitung als Verbindung von der unterseeischen Bohrquelle zur biegsamen Steigleitung; 9. Sechsfachleitungssammler; 10. Einzelbohrstellen mit Leitungen zu den Sammlern; 11. Verlängerungssteigleitungsrohr (Riser); 12. Bohrinsel/Plattform; 13. Verbindungsleitung Bohrloch-Sammler/Tank; 14. Sammeltank; 15. Tankerfähre; 16. Bodenplatte; 17. Verlängerbares Rohrleitungssystem für andere Rohre, Ausrüstung und Kabel; 18. Spannkabel; 19. Schwimmplattform mit Produktionsanlagen; 20. Überdruck-Sammelkammern; 21. Schwimm-Bojen-Arbeitseinheit.

1947 begann man erstmals mit unterseeischen Ölbohrungen in 10 m Tiefe. Seitdem ist die Erforschung ruhiger und nicht tiefer Meere stetig weitergetrieben worden (Arabisch-Persischer Golf, Kaspisches Meer, Afrikanische Küstengebiete), aber dann auch in der Nordsee und vor Labrador. Heute sind bereits Öllager in 2000 m Meerestiefe erreichbar. Die verschiedenen Systeme werden entsprechend den jeweiligen geologischen und ozeanographischen Gegebenheiten angewendet.

Lärm- und Wärmedämmung

Zur Lärm-Isolierung und Wärmedämmung von Häusern

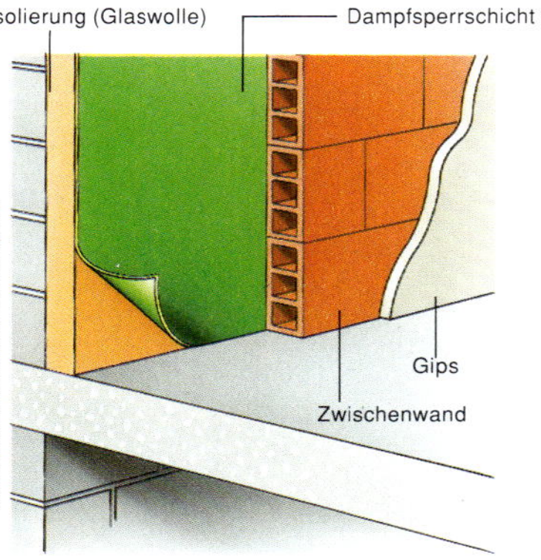

Alle Abb. nach Isover-Saint-Gobin

Wärmedämmung der Mauer durch Isolierschicht innen und Zwischenwand

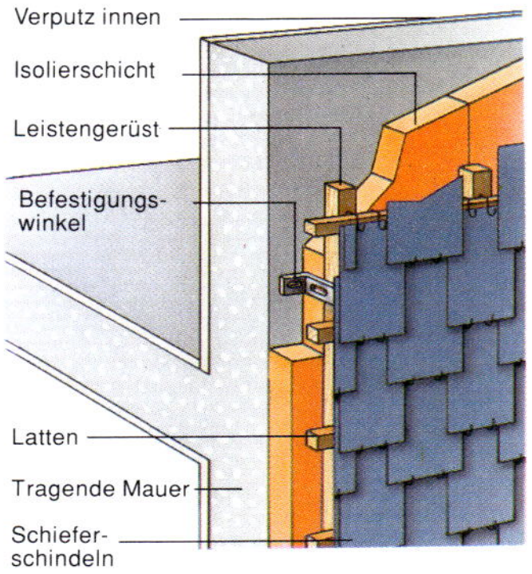

Wärmedämmung der Mauer durch Isolierschicht außen und durch Schieferschindeln

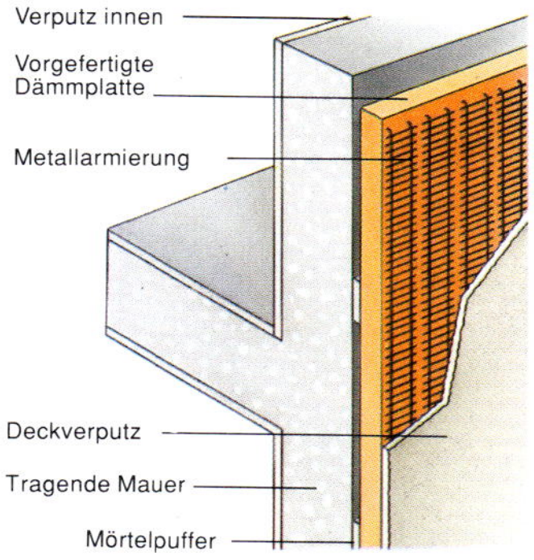

Wärmedämmung der Mauer durch Isolierschicht außen mit Verputz

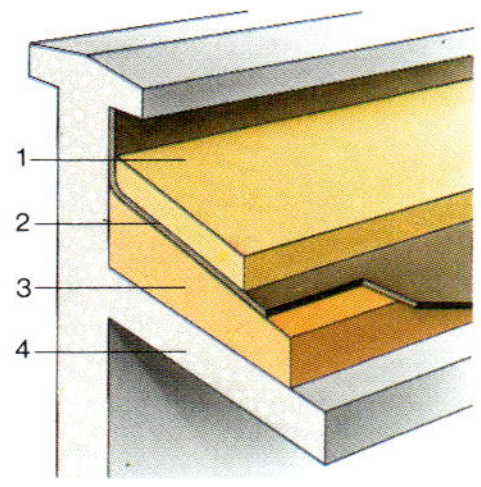

Wärmedämmung durch Terrassenabdeckung
1. Dichtungsschutz;
2. Dichtung;
3. Isolierschicht
4. Tragkonstruktion.

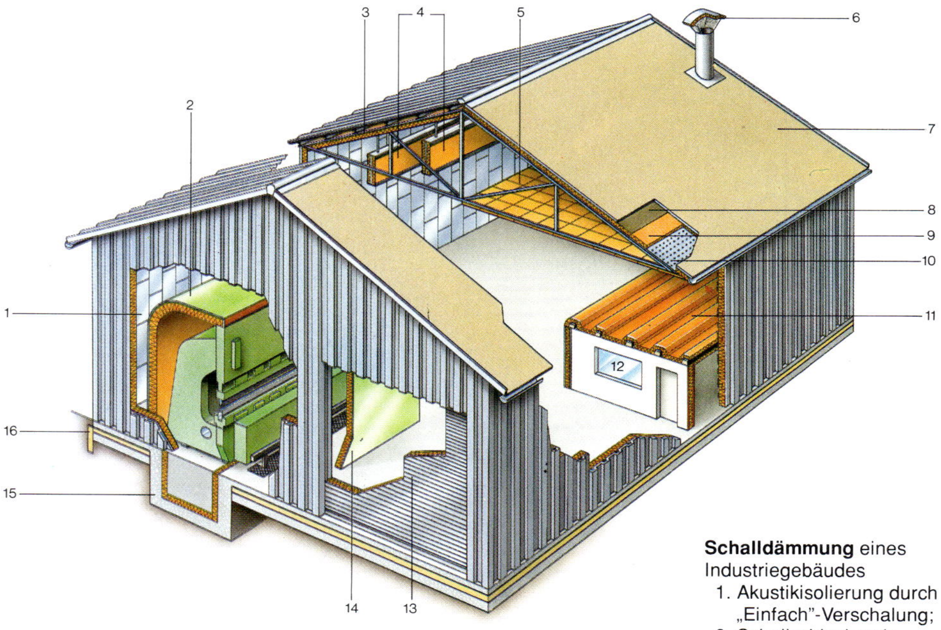

Schalldämmung eines Industriegebäudes
1. Akustikisolierung durch „Einfach"-Verschalung;
2. Schallschluckende Maschinenabdeckung;
3. Dach-Schallisolierung durch kunstharzverklebte Glaswolleschicht;
4. Schallschutzplatten aus zwei Lagen Glaswolle zwischen Holzfurnieren oder Bitumenfilz;
5. Hängedecke (Pflanzenfaserplatten);
6. Schalldämpferkamin zur Lärmisolierung des Abzugsventilators;
7. Dichtung (Mineraliengranulat);
8. Dichtung (Mehrfachschicht-Bitumenfilz);
9. Glaswolldecke;
10. Schalldämmung durch eine Lage Lochblech;
11. Büro mit Glaswollschichtabdeckung;
12. Doppel- oder Tripelfenster;
13. Werkstattrolleau: Akustikisolierung durch zwei Lagen Glaswolle zwischen den Rolloblechen;
14. Stell-/Teilwand mit Lärmschutzzwischenschicht (Glaswolle);
15. Maschinenlärmschutz durch Antivibrationslager;
16. Wärmedämmung des Fußbodens.

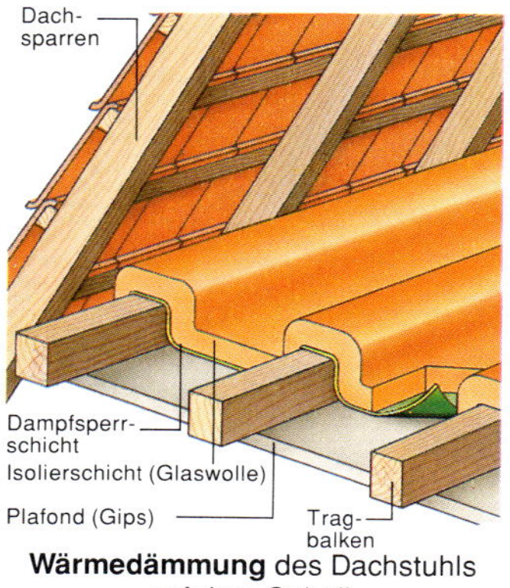

Wärmedämmung des Dachstuhls auf dem Gebälk

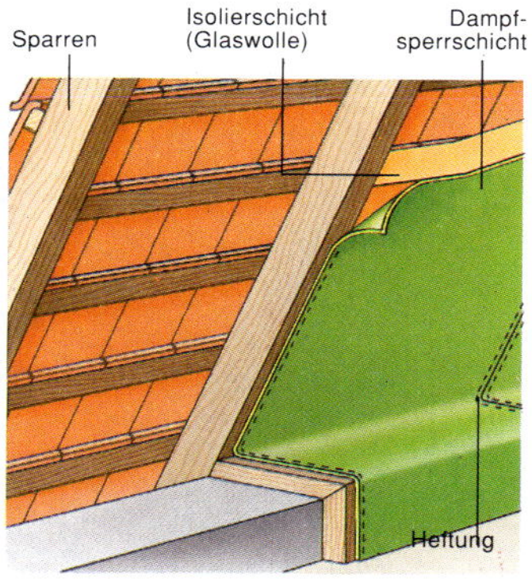

Wärmedämmung eines Dachs zwischen den Sparren

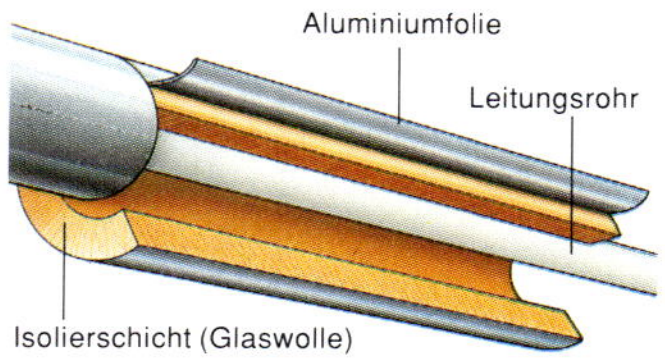

Wärmedämmung der Rohrleitungen durch Kokillen

Wärmedämmung des Fußbodens durch verlorene Schalung

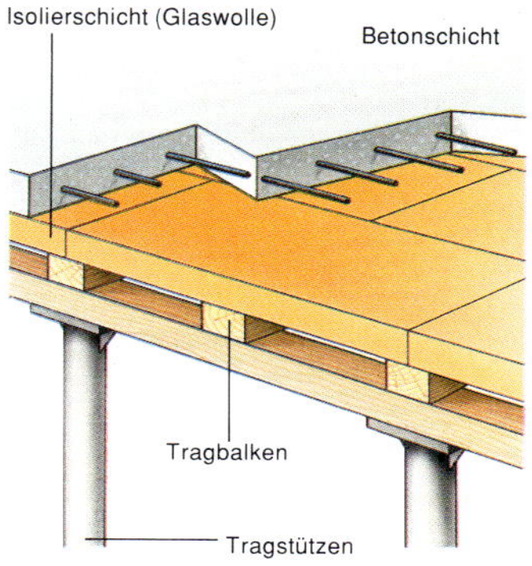

Weltraumlabor

Zur Ermöglichung von Forschungen aller Fachrichtungen im Weltraum, besonders der Biologie, Medizin, Astrophysik und zur Matrialprüfung unter den Bedingungen der Schwerelosigkeit

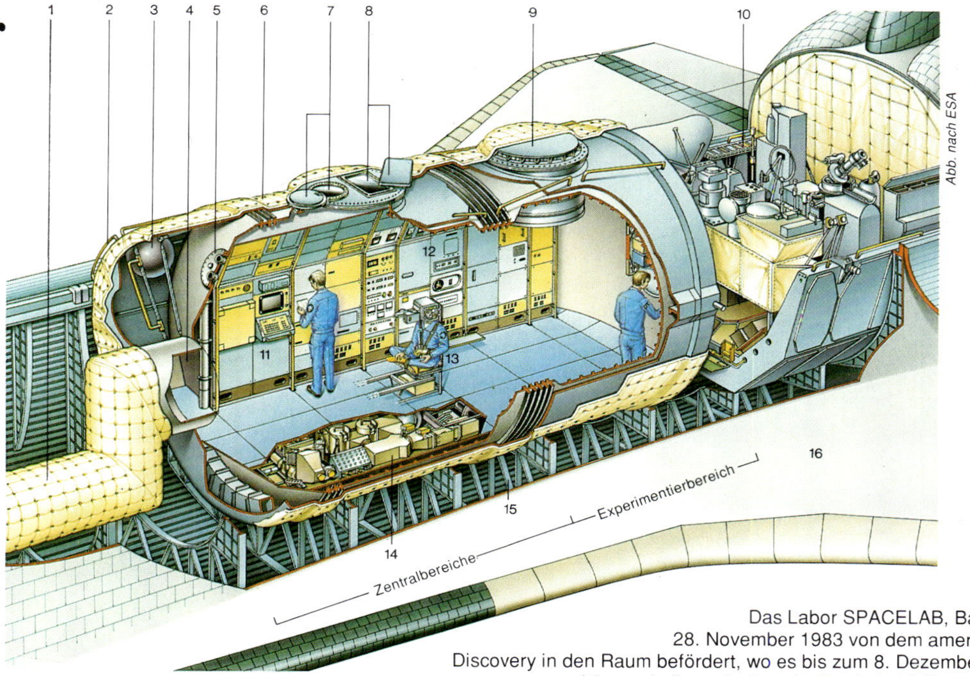

Das europäische Weltraumlabor **Spacelab 1:** 1. Einstiegtunnel von der Raumfähre; 2. Handlauf außen; 3. Heizöltank; 4. Schleuse; 5. Eingang; 6. Weiche Isolierschicht; 7. Bullauge und Schutzdeckel; 8. Beobachtungsfenster; 9. Hintere Schleuse; 10. Instrumente; 11. Kontrollstand; 12. Wissenschaftliches Material; 13. Besatzungsmitglied bei Gleichgewichtstest; 14. Unterbodengeräte; 15. Tragekonstruktion; 16. Raumfährentragfläche.

Das Labor SPACELAB, Baubeginn 1973, wurde am 28. November 1983 von dem amerikanischen Space-Shuttle Discovery in den Raum befördert, wo es bis zum 8. Dezember blieb. Fünf Astronauten können in ihm arbeiten. An Bord sind 9 Tonnen Instrumente und Gerät.

Magnetresonanzanlage (Kernspin-Tomograph)

Zum Erhalt anatomischer Bilder, die eine Bestimmung der Feuchtigkeit von Gewebe ermöglichen und damit dessen chemische Zusammensetzung und Form

Die ersten nuklearresonanzmagnetischen Bilder (NRM-Bilder) gab es 1977. Die Methode nützt die Eigenschaften bestimmter Atomkerne aus, die sich wie kleine Magneten und Miniaturkreiselkompasse verhalten. Die von ihnen gelieferten Bilder lassen morphologische Gewebeansichten und das Erkennen kranker Gewebe zu.

Sagittalschnitt des Schädels

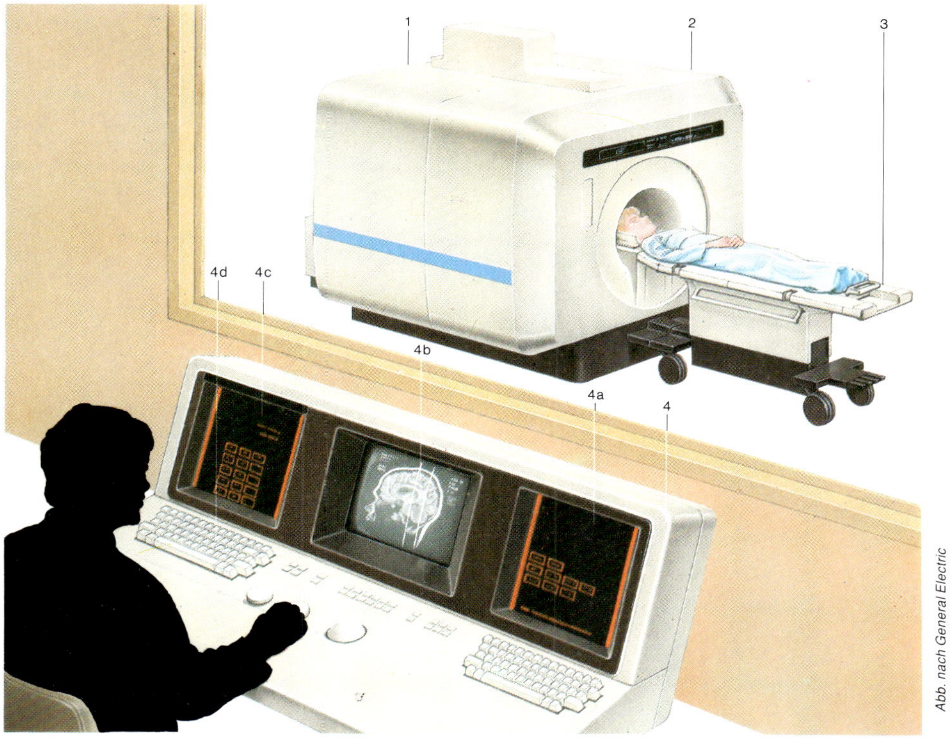

Gesamtansicht einer NRM-Anlage: 1. Gerät mit dem Elektromagneten (statisches Magnetfeld) und der Radiofrequenzspule (Drehfeld); 2. Patient; 3. Rolltisch(-bett), ferngesteuert; 4. Bedienungs- und Beobachtungsstand, 4a.Datenspeicher, 4b. Monitor, 4c. Patientenblatt, 4d. Tastatur. (Zum besseren Verständnis ist der Patient hier außerhalb des Geräts dargestellt, während auf dem Monitor bereits sein Tomographiebild zu sehen ist, zu welchem er sich im Gerät befinden muß.)

Schema des NRM-Prinzips:
1. Das Untersuchungsgerät selbst besteht aus einem Elektromagneten, der ein statisches Magnetfeld erzeugt, und aus einer Radiofrequenzspule, die ein Drehfeld erzeugt, und zwar lotrecht zum statischen. Letzteres, auf den menschlichen Körper gerichtet, ordnet die Wasserstoffkerne (Protonen) wie magnetisierte Stecknadeln parallel zum statischen Feld.
2. Sobald das von der Radiofrequenzspule kommende Drehfeld dazukommt, begeben sich die Protonen, die sich wie Kreiselkompasse verhalten, in Präzession.
3. Wenn das Drehfeld abrupt angehalten wird, setzen die Protonen ihre Rotation noch einen Augenblick fort, ehe sie sich an das statische Magnetfeld ansetzen und dabei ihre Energie abgeben: das NRM-Signal. Dieses wird durch ein elektronisches System in ein Monitorbild umgewandelt.

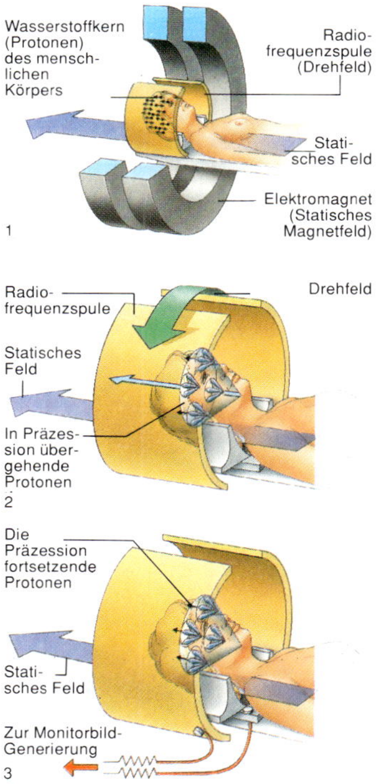

Computertomograph

Zur Untersuchung des menschlichen Körpers durch radiographische, beliebig dichte Schnittbilder

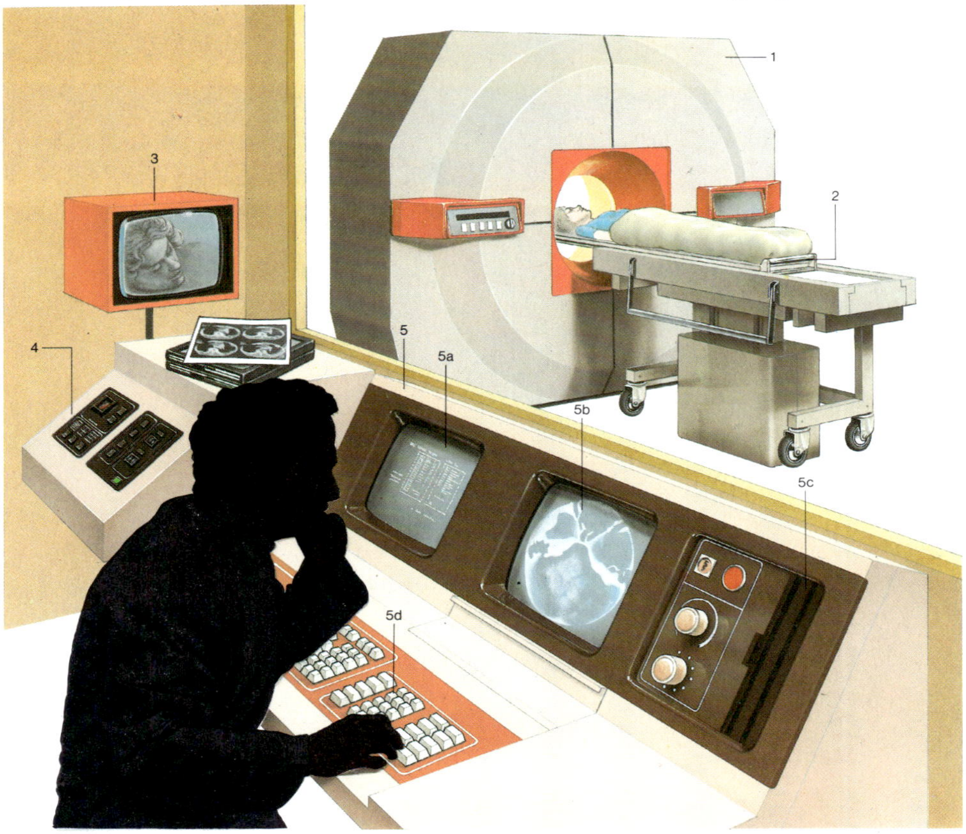

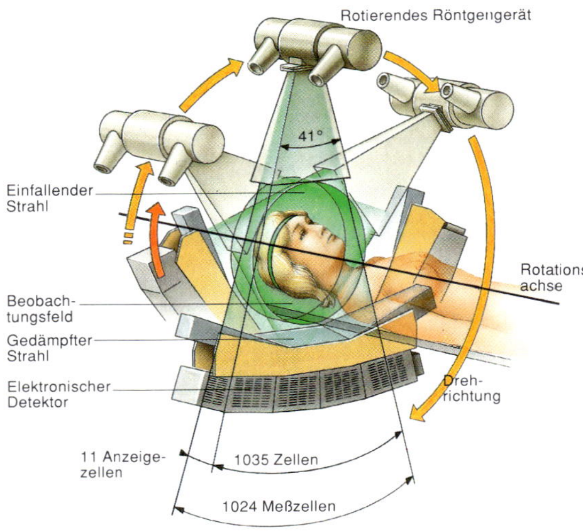

Eine Projektion (oder ein Projektionsstrahl) liefert 1 024 Meßpunkte

Abb. nach C.G.R.

Tomographie-Apparaturschema. 1. Statisches Gerät mit der gesamten Röntgenanlage; 2. Fernbedientes Bett; 3. Monitor; 4. Filmaufzeichnung; 5. Steuerungspult; 5a. Computerbildschirm, 5b. Tomograph-Monitor, 5c. Floppy (Datenspeicherung auf Diskette zur sofortigen Auswertung und darstellenden Datenübertragung auf den Tomographie-Monitor), 5d. Computertastatur. (s.a.S.73.)

Schädel-Schnittbild

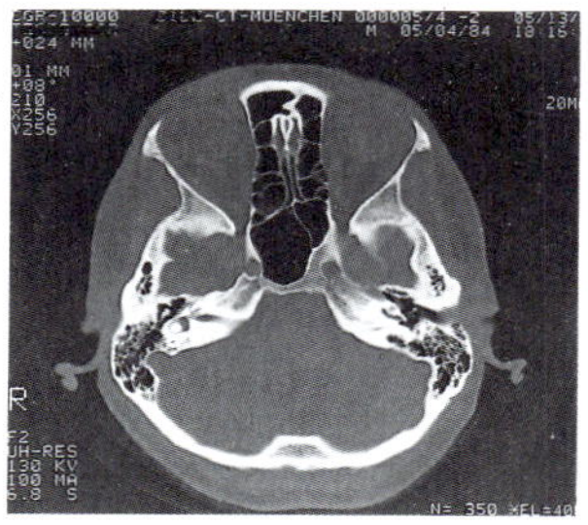

Windkanal

Zum Studium des Verhaltens eines Flugzeugs in den Luftströmungen bei bestimmter Geschwindigkeit und sonstigen vorgegebenen Einzelheiten

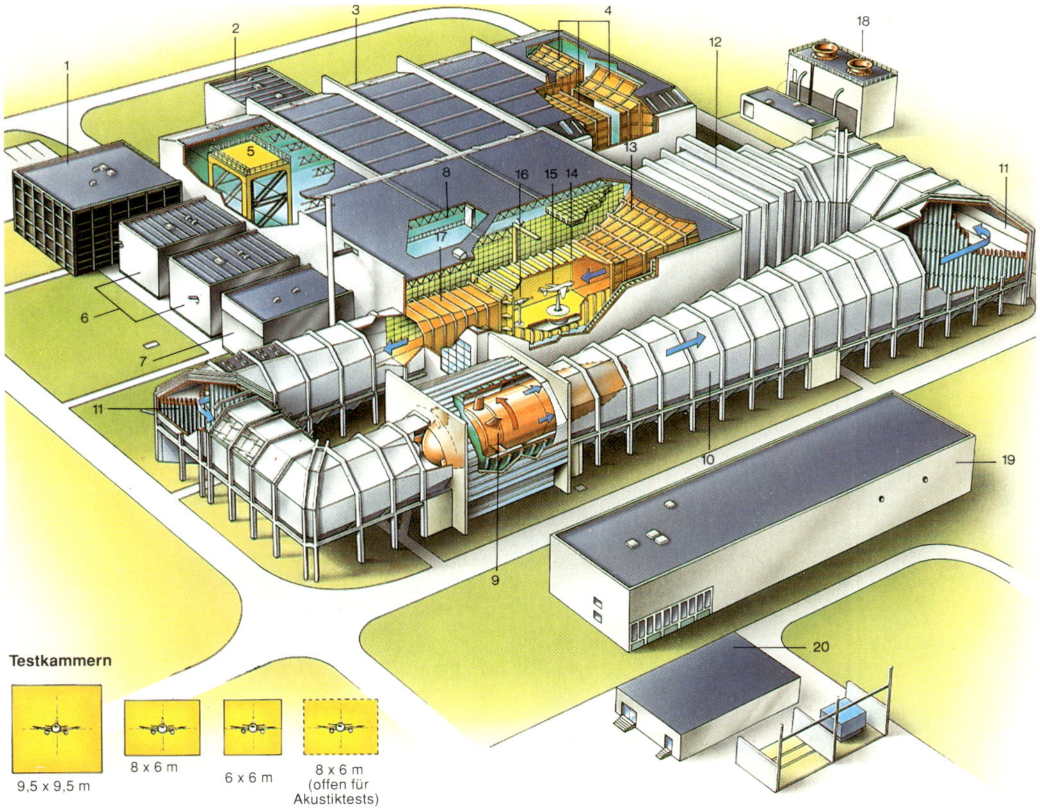

Abb. nach DNW

Offener **Windkanal,** Schema (Chalais-Meudon)

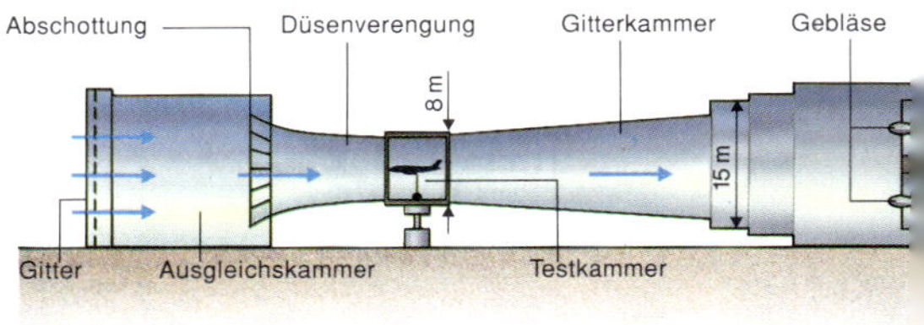

Der erste Windkanal (= aerodynamische Tunnel) wurde 1909 von Eiffel gebaut. Nur diese Großanlagen ermöglichen es, Flugzeuge in natürlicher Größe zu testen; es gibt auch kleinere für maßstabverkleinerte Modelle. Der Windkanal von Emmeloord in den Niederlanden, erbaut 1979, ist der größte und einer der modernsten Europas.

Geschlossener **Windkanal** (deutsch-holländisch, im Polder Nord-Ost bei Emmelord/Niederlande)
1. Verwaltungsgebäude;
2. Eichungshalle;
3. Lager;
4. Düsenverengungen vor dem Test;
5. Hebebühne;
6. Modellvorbereitungsräume;
7. Testhalle;
8. Kontrollraum;
9. Gebläse (Turbine);
10. Lufttunnel;
11. Ablenkungsschaufel;
12. Gitter-Sektion;
13. Düsenverengung;
14. Testgang;
15. Testflugzeug;
16. Hydraulischer Flugzeugheber;
17. Gitterkammer;
18. Kühlung;
19. Druckluftstation;
20. Transformatorstation.

Observatorium *Zur Himmelsbeobachtung von der Erde aus unter bestmöglichen Bedingungen*

Das Observatorium von Hawaii steht auf dem erloschenen Vulkan Mauna Kea in ca. 4200 m Höhe ü.d.M. 75% aller Nächte lassen hier die Himmelsbeobachtung zu. Die gegenüber Meereshöhe zehnmal trockenere Luft ist beobachtungsgünstig im Infrarotbereich. Die niedrige geographische Breite (19 ° nördl.) macht die Beobachtung von 90% des Himmels der Nordhalbkugel möglich. Seine hufeisenförmige Äquatorialaufstellung erlaubt die Teleskopeinstellung bis zum Himmelspol. Computergesteuert. Konstante Temperaturregelung rund um das Teleskop durch Thermostaten.

1. Drehbare Kuppel; 2. Beweglicher Beobachtungsspalt; 3. Beobachtungsstand; 4. Hauptfokus; 5. Beweglicher Fokusring; 6. Einfahrbarer Hauptspiegel für die Fokussierungsstrahlen; 7. Mittelgehäuse; 8. Konkavhauptspiegel; 9. Stundenachsenantrieb; 10. Antriebsmotor; 11. Basis; 12. Montierungs-Hufeisen; 13. Steuerungsstand; 14. Geschoß-Boden. AB. Stundenachse, CD. Neigungsachse.

Illustration Dominique Peyruck

Unterirdischer Gasspeicher

Zur Speicherung großer Mengen von Erdgas in unterirdischen Kammern (wasserführende Schichten oder Salzlager) und ihrer Abrufung nach Bedarf

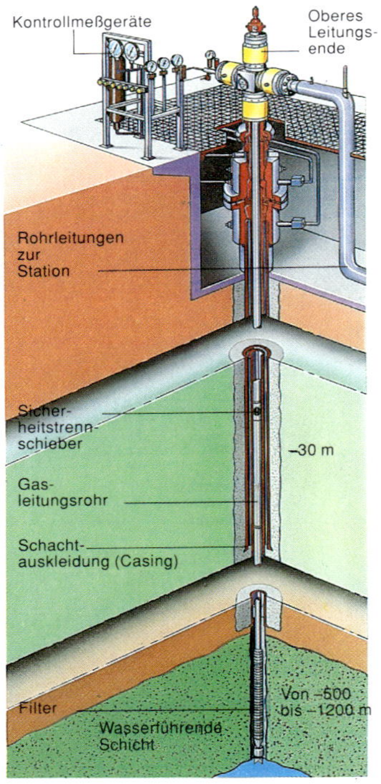

Ableitungssystem aus einem unterirdischen **Erdgasspeicher** in wasserführender Schicht

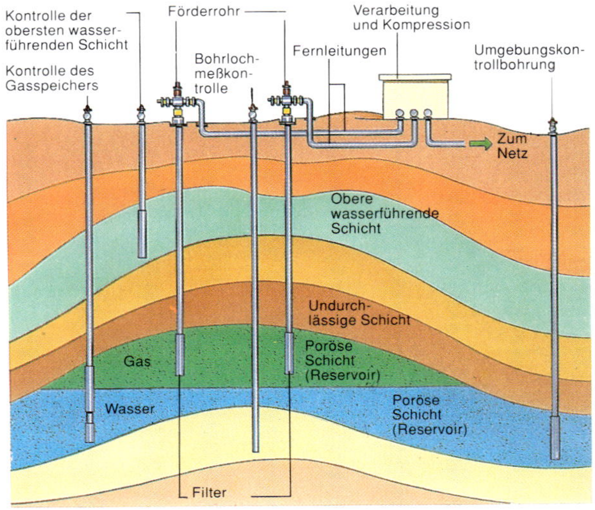

Unterirdischer **Erdgasspeicher** in wasserführender Schicht

Radiostation

Zur Verbreitung von Rundfunkprogrammen

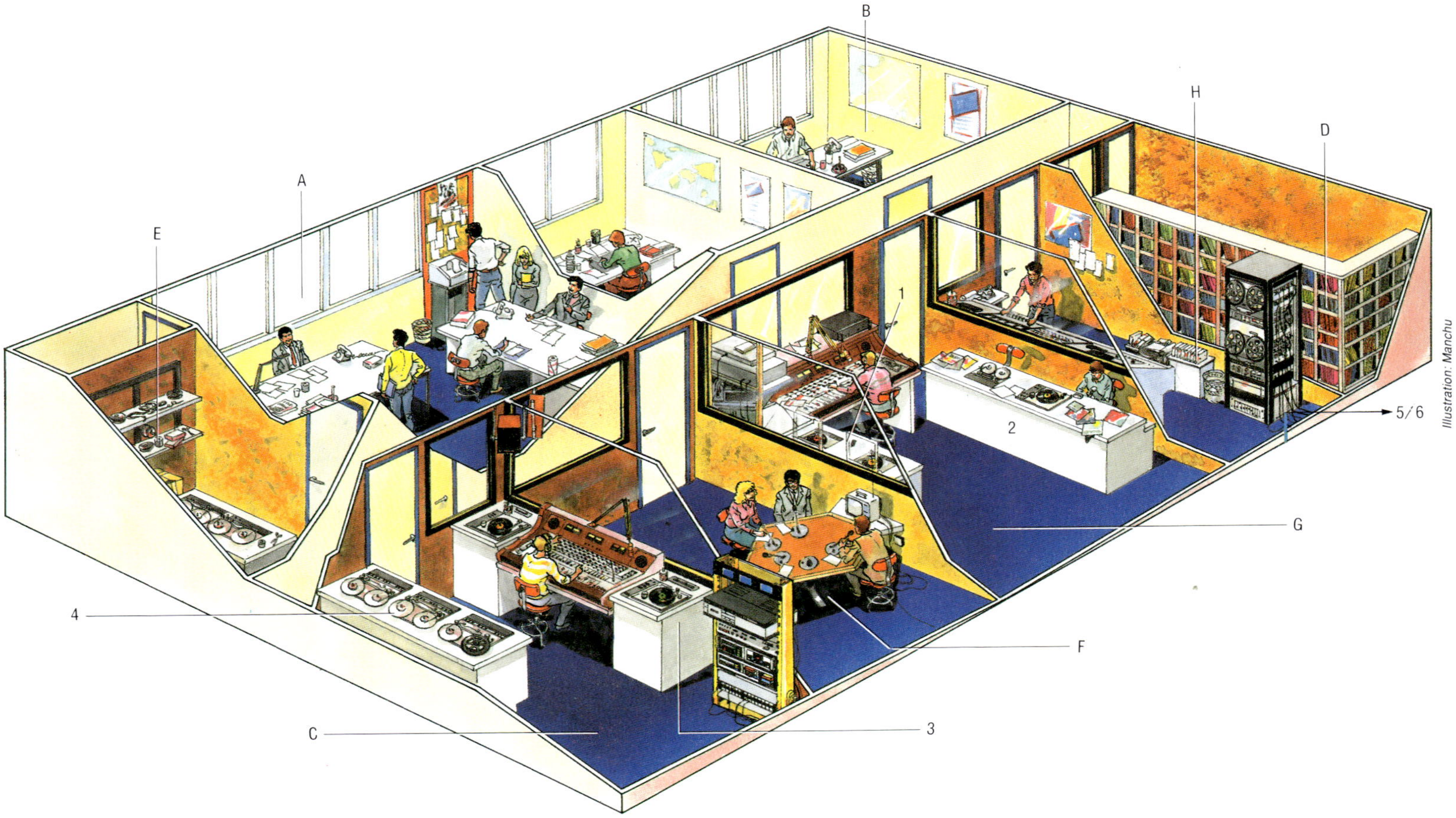

Diese „Station FM" ist ein privater Lokalsender in Paris zur Ausstrahlung von FM- (=UKW-) Programmen.
Räume: A. Redaktion, B. Verwaltung, C. Studiotechnik, D. Musikarchiv, E. Schneideraum (Sendefertigstellung von Bändern aller Art), F. Sendestudio mit Sprechern, Moderatoren, Interviewpartnern etc. G. Regiestudio, H. Senderegie/Sendeleitung (Letzte Ausgangskontrolle, von hier aus geht das Programm zum Sender, wird ausgesteuert und im Notfall ein rasches Ersatzprogramm gestartet).
Geräte: 1. Fernschreiber (Nachrichtenagenturen), 2. Schneidetisch, 3. Plattenspieler, 4. Tonbandmaschinen, 5. Sender, 6. Übermittlung an die Sendeantenne auf der Spitze des Tour Maine/Montparnasse.

Fernsehstudio *Zur Produktion von Fernsehsendungen*

Illustration Manchu nach Vorlage Canal Plus

CANAL + ist ein privater französischer Fernsehsender, der am 4. November 1984 gegründet wurde und dessen Programme kodiert von TDF (Television de France) nur an Abonnenten ausgestrahlt werden. Moderator (1), Journalist (2) und Studiogast (3) sind vor der Sendung noch in der „Maske" gewesen, wo sie von der Maskenbildnerin (4) vor der Sendung studiogerecht geschminkt wurden. Die Kameraleute bewegen ihre Kameras und stellen sie ein nach den Instruktionen des Programmregisseurs im Regieraum, die sie über Kopfhörer empfangen. Es sind zwei schwere Fahrkameras (5, 6) und eine leichte tragbare (7) im Studio verfügbar, letztere für Großaufnahmen und rasche Standortwechsel. Jeder Kameramann hat das Sendemanuskript mit dem genauen Ablauf zu seiner Verfügung. Außerhalb des Bildfeldes der Kameras befinden sich die Techniker unter der Leitung des Studioregisseurs (8), der Assistent des Moderators (9), die Produktionsassistentin (10), der Standfotograf (11), der besondere Momente im Foto festhält, der verantwortliche Oberbeleuchter (12), der Beleuchter (13), der Assistent des Tonmeisters (14), zuständig für die richtige Aufstellung der Mikrophone im Studio und ihre ordentlichen Aussteuerung, der Bediener des Teleprompters (15), von dem der Moderator oder Journalist seinen Text ablesen kann. Im Regieraum, in dem die gesamte Sendung „gefahren", d.h. gesteuert und überwacht wird (Bildauswahl, Bildeinstellung, Bildschnitt, Sendeablauf) hat der Regisseur (19) außer seinem Regieassistenten (18)9 weitere Spezialisten zur Assistenz. Der Toningenieur (16) führt die letzten Tonregelungen aus, nachdem er vor der Sendung die gesamte Toneinstellung vorbereitet und geprüft hat, das Scriptgirl (17) verfolgt und kontrolliert den genauen Ablauf nach dem Sendemanuskript. Im Regieraum selbst und in einem Nebenraum zusätzlich wird die gesamte Sendung zur Kontrolle und zur evtl. Archivierung auf sog. MAZ-Maschinen (20), professionellen Videorecordern, aufgezeichnet. Der „Schnittmeister" (21) führt die von der Regie angeordneten Wechsel der Kamerabilder, evtl. mit technischen Tricks, aus oder spielt zusätzliches Bildmaterial ein (Dias, Fotos, Karten, Schaubilder etc.). Der Schriftmeister ist zuständig für alle Texteinblendungen, Namen, Telefonnummern, Hinweise etc. Der Bildmeister (24) ist für die technische Übertragung zum Sender verantwortlich und der Sendeleiter (23) für Koordination des Gesamtprogramms des ganzen Tages.

Tomograph *Zur künstlichen Erlangung eines scharfen radiographischen Schicht-Bildes eines Schnitts durch ein Organ oder einen ganzen Organismus bei ausgeblendetem Bild der anderen Lagen*

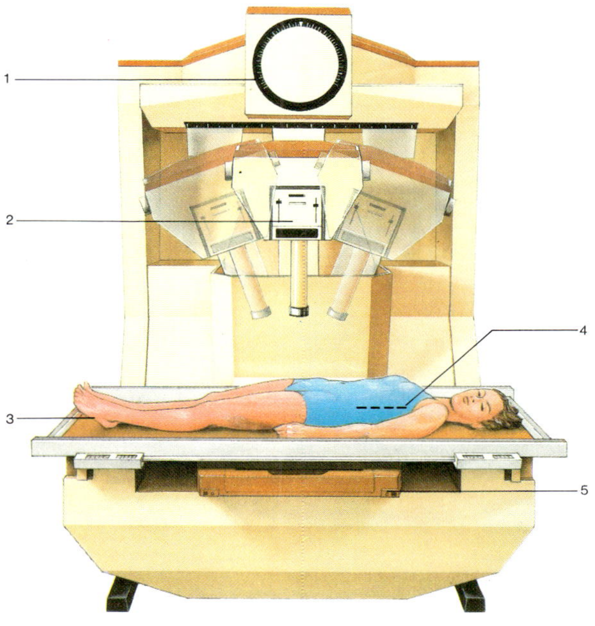

Tomographiegerät
1. Goniometer (Winkelmesser); 2. Bewegliche Röntgenröhren; 3. Patient; 4. Schnittebene (Lunge); 5. Mobile Kassette mit Röntgenfilm.

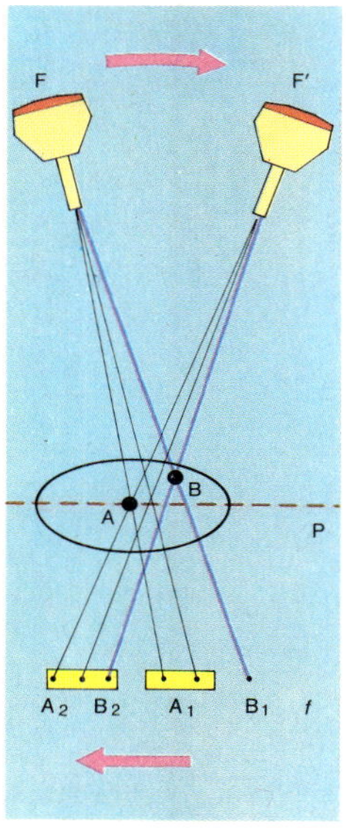

Tomographie, Funktionsschema

A ist der Punkt des Organismus des Patienten, der untersucht werden soll und der auf der Ebene P parallel zum Film f liegt. F ist das Licht der Röhre, A' die Projektion des Punktes A auf den Film. Wird der Standort der Leuchtröhre nach F' verändert, ergeben sämtliche auf P liegende Punkte des Schnitts ein scharfes Bild auf dem Film (A_2 z.B.), weil zur gleichen Zeit, da sich der Lichtstrahl verändert, der Film in der Gegenrichtung wandert. Ein Punkt, der sich nicht auf der Schnittebene befindet (B), wird hingegen nur als B_1 und B_2 an den äußersten Rändern und damit nur noch als Schlieren abgebildet oder ganz gelöscht.

INSTRUMENTE

Auch ein Meßapparat kann ein Präzisions-Instrument sein. Die meisten „Instrumente" dienen jedoch einer Arbeit oder einem Vorgang oder Ablauf. Man findet Instrumente sowohl in einem Orchester wie in einem Laboratorium, und auf dem Weizenfeld ebenso wie auf dem Schlachtfeld.

Ampèremeter

Zum Messen der Stromstärke

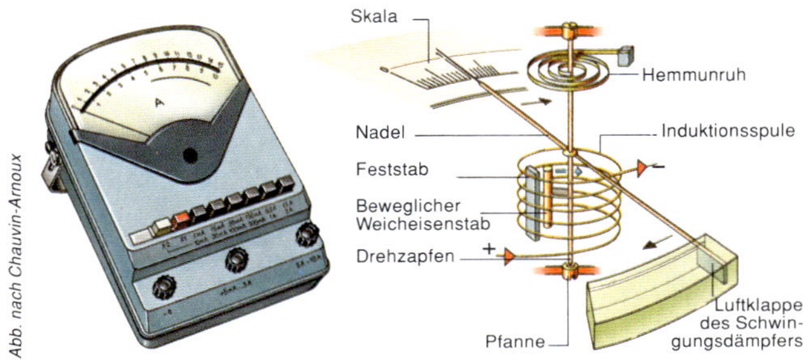

Eisenmagnetisches **Ampèremeter,** Funktionsschema

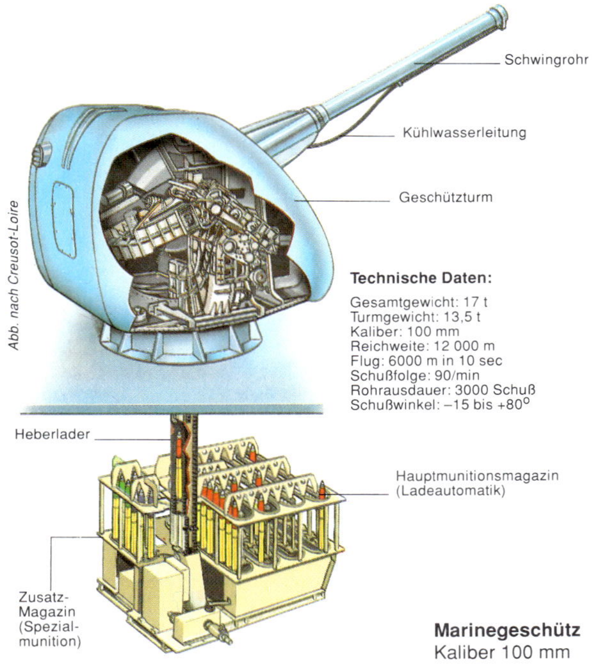

Marinegeschütz
Kaliber 100 mm

Geschütze

Zum Abschießen von Granaten durch Pulververpuffung

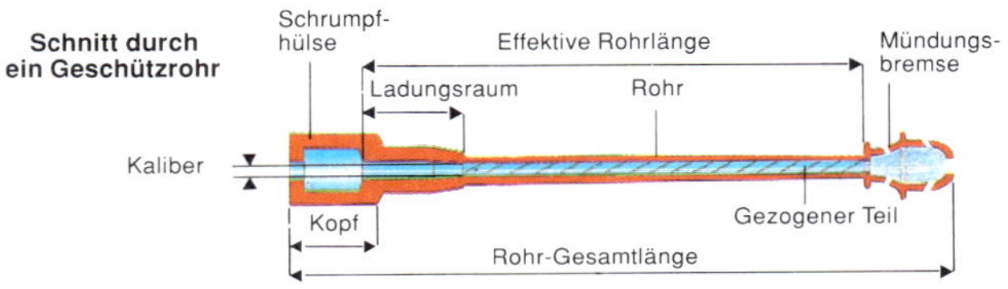

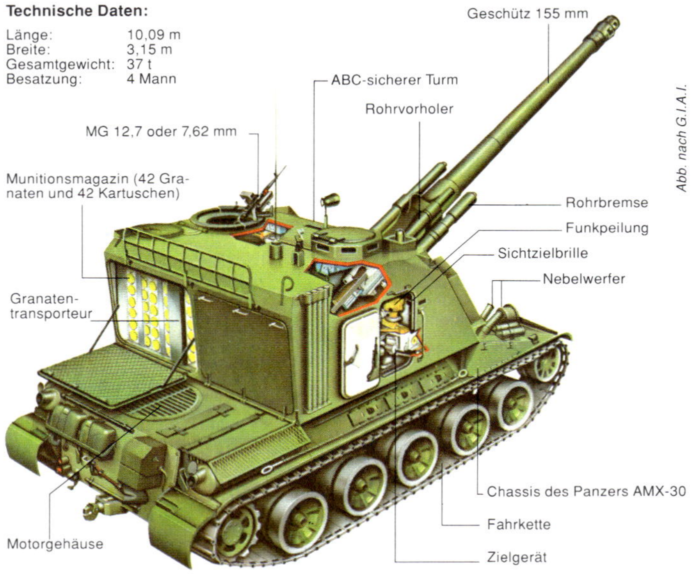

Französisches **Geschütz,** Kaliber 155 mm auf F1, GCT–Automatik (hohe Schußfolge), in Dienst seit 1981, Größte Reichweite 23,5 km

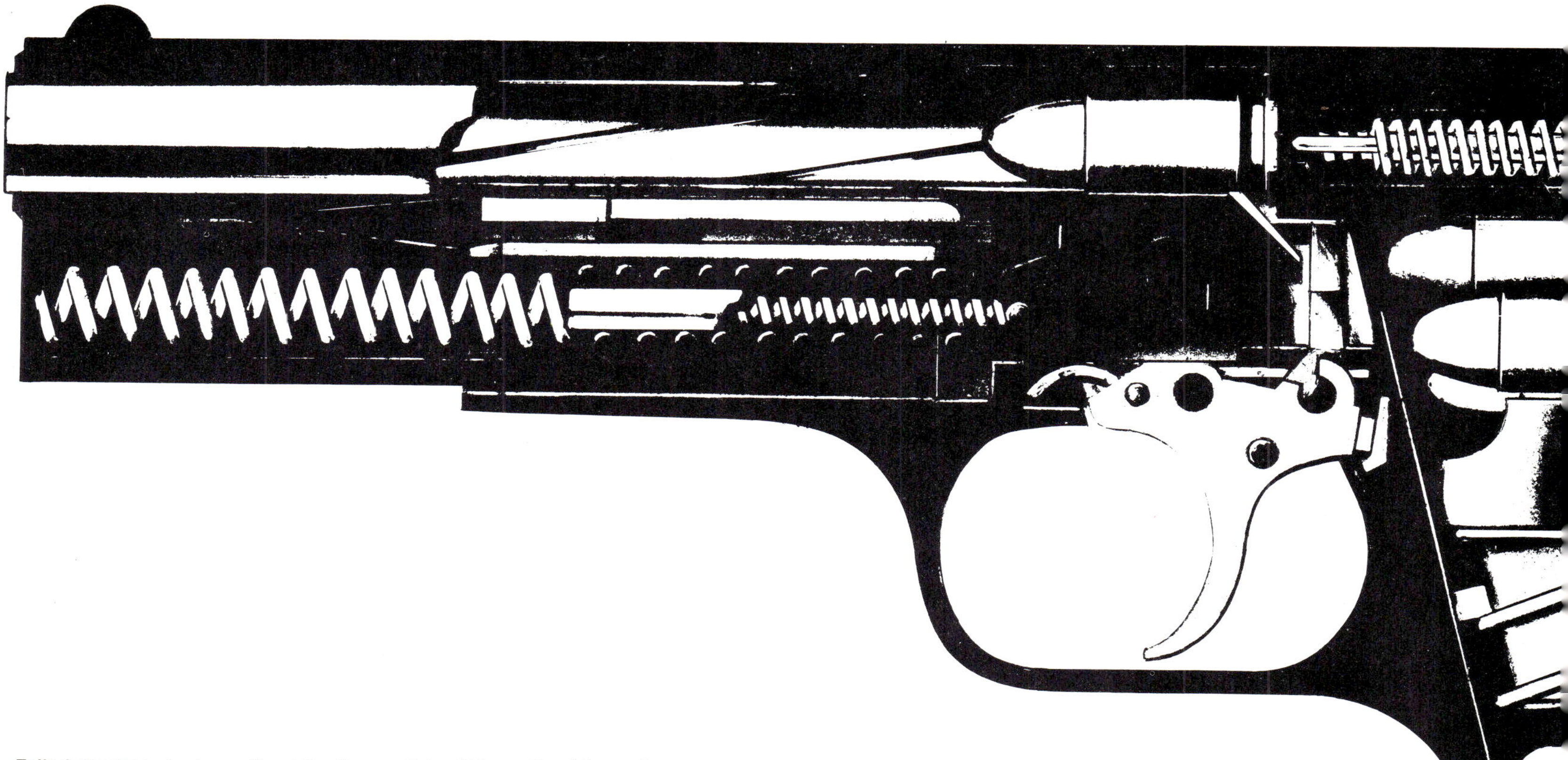

Zylinderkopf-Mechanismus Geschütz „Compact“ des 100-mm-Geschützes „Compact“, Funktionsschema. Das Gehäuse des Zylinderkopfs ist mit je zwei symmetrischen Auswerfern und Vorholern ausgerüstet. Die Zuführrolle befindet sich zwischen den beiden dreieckförmigen Zylinderkopfnocken.
Schießen: Der Abzug im Zylinderkopfgehäuse wird horizontal durchgezogen. Die Kuppelstange löst die Arretierung vor dem oberen Arm des Auslösebolzens, der unter der Einwirkung der Bolzenfeder abrupt zurückschnellt und den Zünderschlag auslöst.

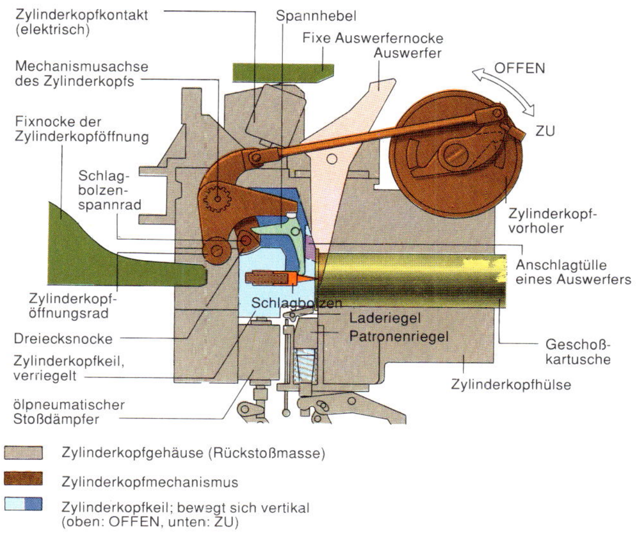

Abb. nach Creusot-Loire

Zylinderkopf-Mechanismus des 100-mm-Geschützes „Compact“, Schematischer Schnitt

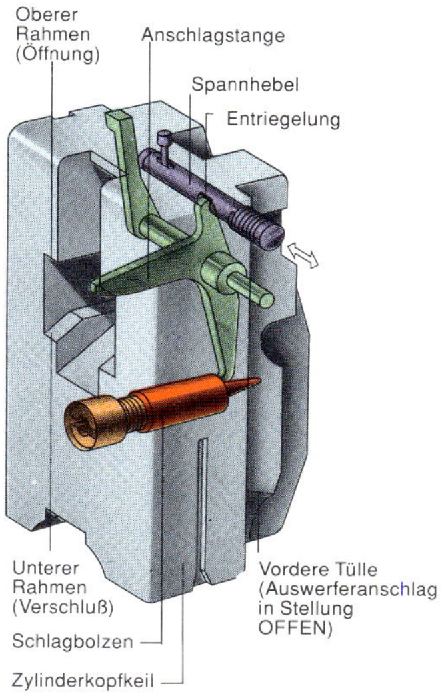

Abb. nach Creusot-Loire

Sturmgewehr *Zum Abschießen von Kugeln, einzeln oder als Feuerstoß, und von Granaten gegen Menschen oder Panzer*

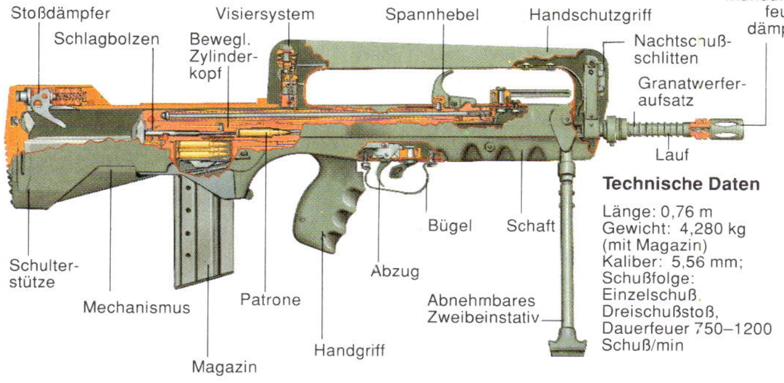

Technische Daten
Länge: 0,76 m
Gewicht: 4,280 kg (mit Magazin)
Kaliber: 5,56 mm;
Schußfolge: Einzelschuß, Dreischußstoß, Dauerfeuer 750–1200 Schuß/min

Sturmgewehr FAMAS, 5,56 F1, Schnitt

Harpune *Zum Abschießen von Pfeilen an Schnüren auf Tiere unter Wasser*

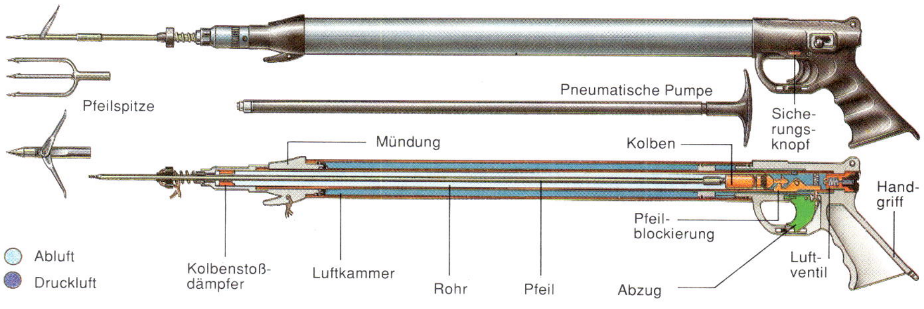

Abb. nach Mares/Au martin-pêcheur

Druckluft-Harpune, Schnitt

Kreiselkompaß

Zur Nordbestimmung auf Schiffen oder in Flugzeugen unter Ausgleich der Faktoren, die einen normalen Kompaß nicht korrekt funktionieren ließen

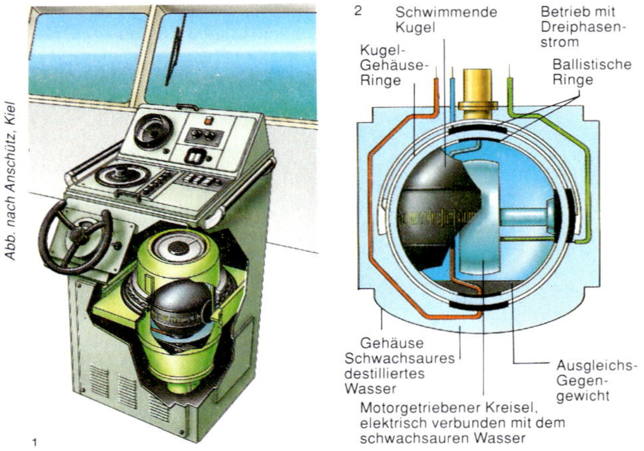

1. **Kreiselkompaß,** Platz auf der Brücke eines Schiffes;
2. Details eines Kreiselkompasses

Künstlicher Horizont

(Kreiselhorizont)

Zur Anzeige der Lage eines Flugzeugs gegenüber der Horizontebene (terrestrischer Vertikalbezug) auch in Roll- und Kippbewegungen

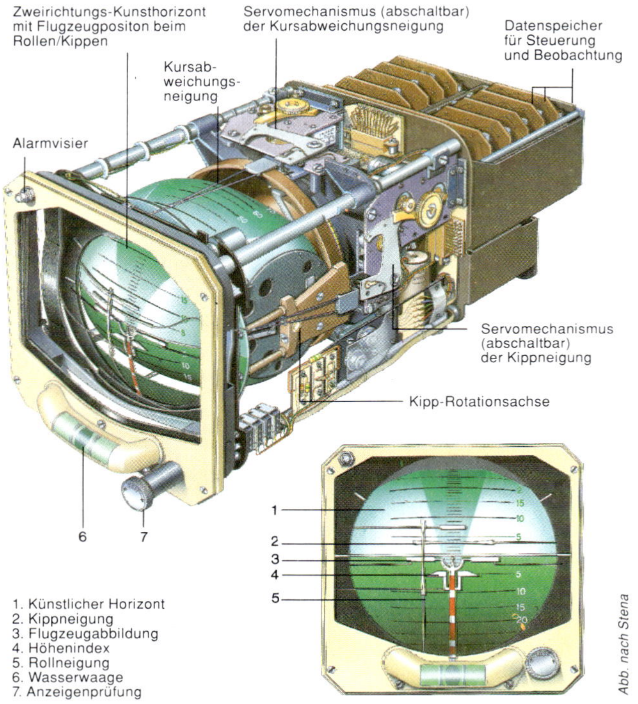

1. Künstlicher Horizont
2. Kippneigung
3. Flugzeugabbildung
4. Höhenindex
5. Rollneigung
6. Wasserwaage
7. Anzeigenprüfung

Raketengewehr

Zum Abschießen von Raketengeschossen im Erd- oder Seekampf

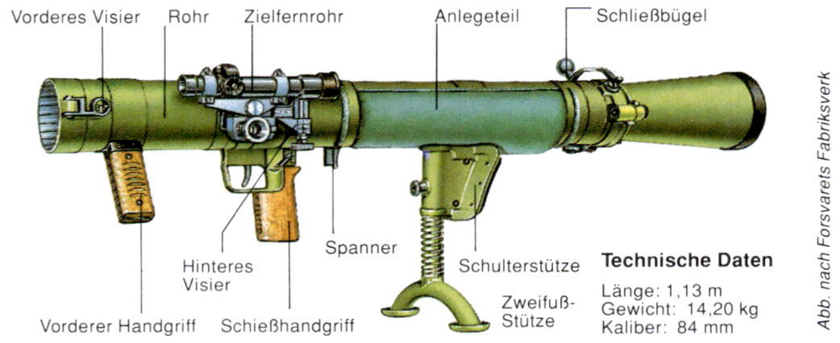

Schwedische **Panzerfaust** Carl-Gustav M2 (Reichweite 450–550 m)

Teleskop

Zur Sternenbeobachtung und -abbildung

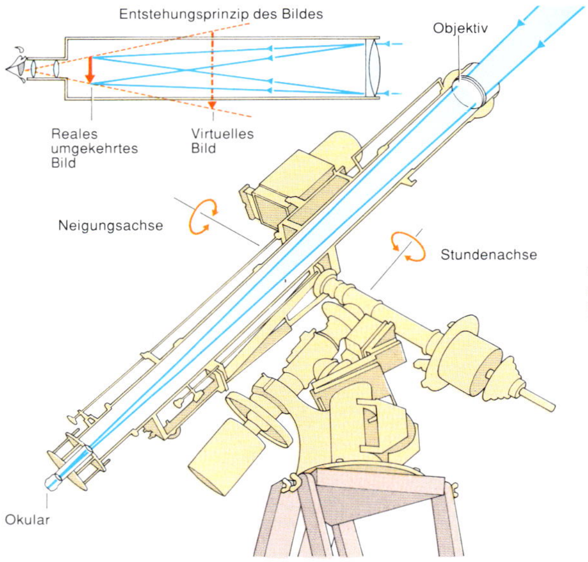

Astronomisches **Teleskop**, Äquaorialstellung, Funktionsschema

Mikrophone

Zur Umwandlung von Schallwellen in elektrische Signale, die ihrerseits nach der Aussendung in Schall zurückverwandelt werden

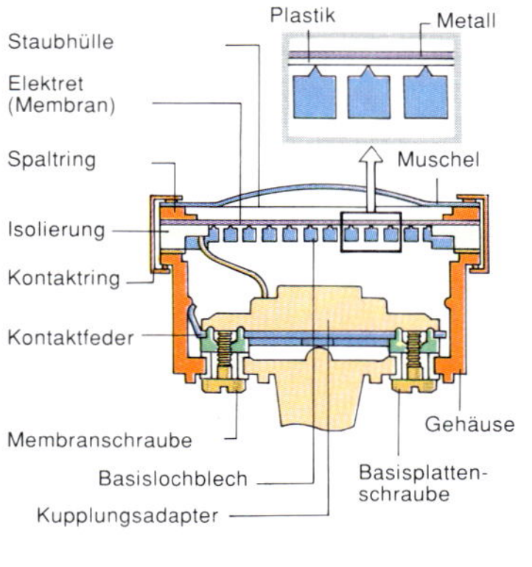

Elektret-**Mikrophon**, Schema

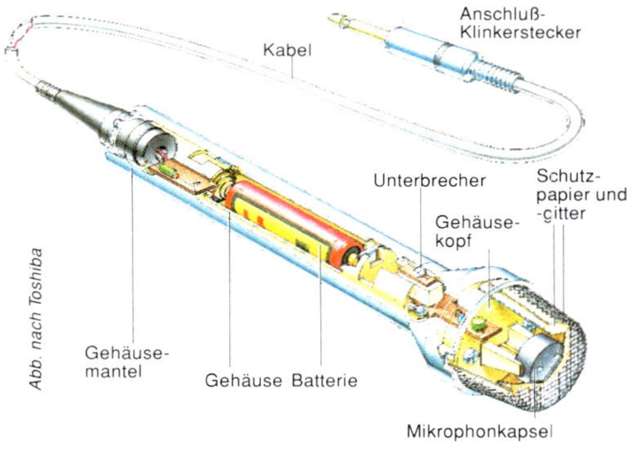

Elektrostatisches **Mikrophon**, Schnitt

Mikrophon-Arten, Schematische Darstellung

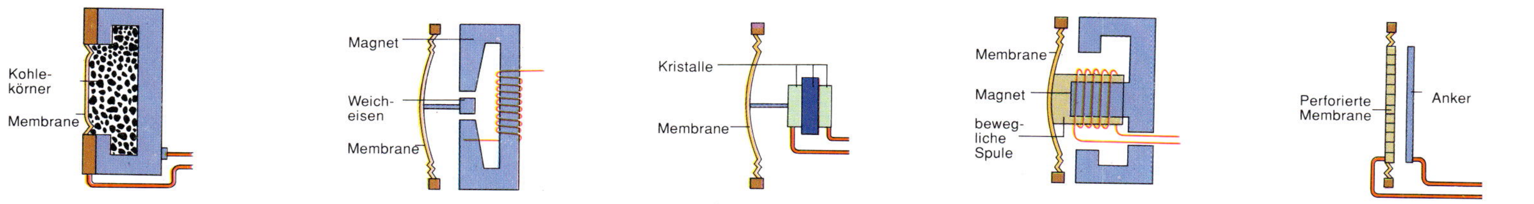

Kohlemikrophon **Elektromagnetisches Mikrophon** **Kristall-Mikrophon** **Elektrodynamisches Mikrophon** **Elektrostatisches Mikrophon**

Mikroskope

Zur Beobachtung sehr kleiner, durch ein Linsensystem sehr stark vergrößerter Objekte

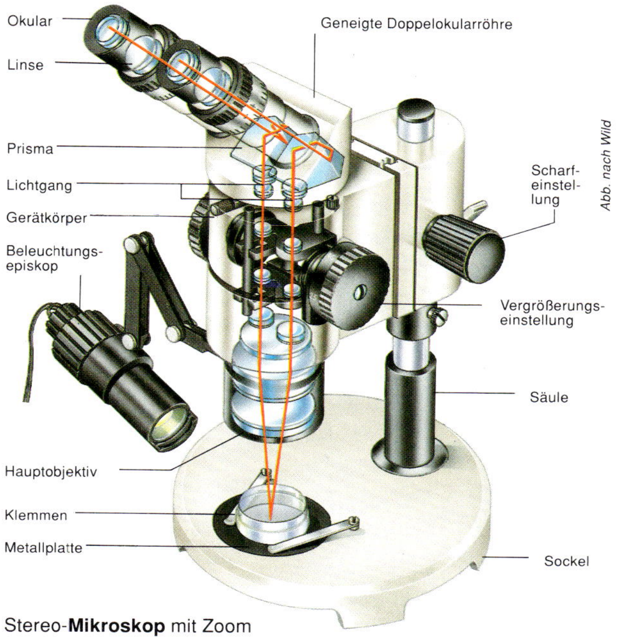

Stereo-**Mikroskop** mit Zoom

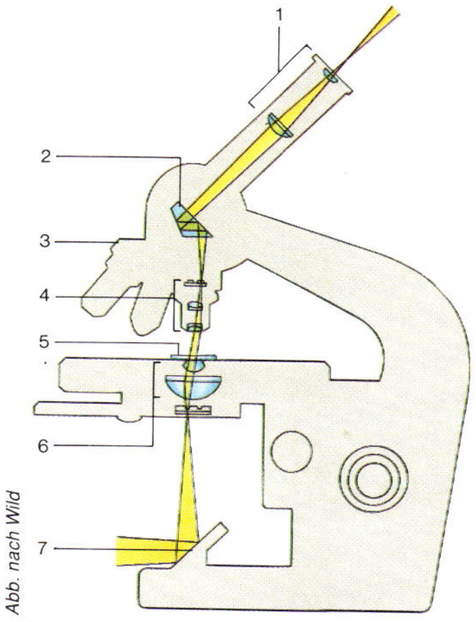

Optisches Phasenkontrast-Mikroskop, Schema
1. Okular;
2. Prismen;
3. Revolverobjektiv
4. Objektive;
5. Platine;
6. Kondensor;
7. Spiegel.

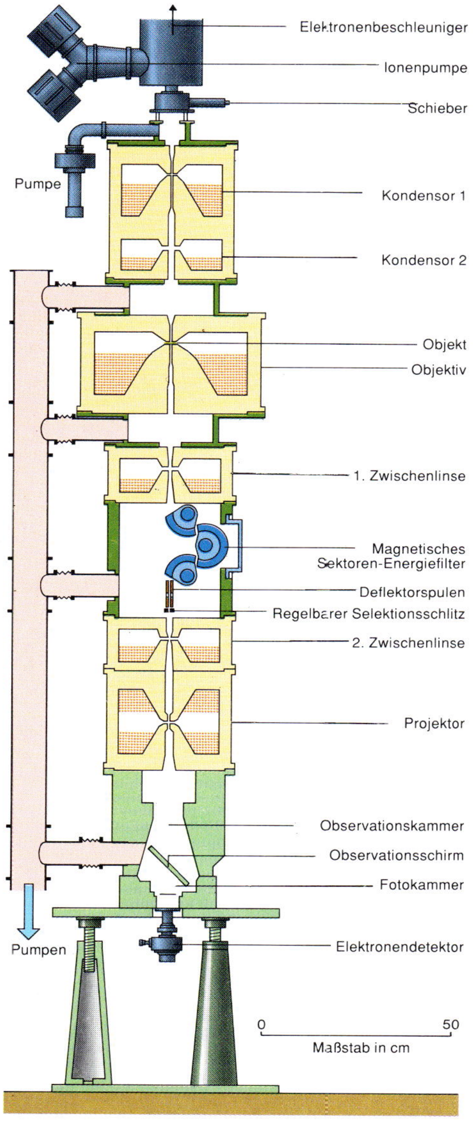

Hochspannungs-Elektronen-**Mikroskop**
(1,2 MV)

Vermessungsgerät

(Lupenlibelle)

Zur Vermessung der Höhenunterschiede zwischen zwei Geländepunkten

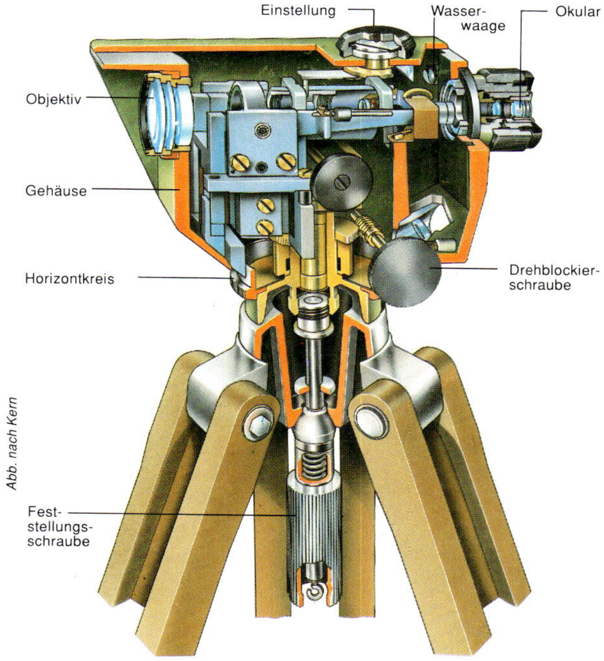

Lupenlibelle
(Längsschnitt)

Orgel

Zur Tonerzeugung mit Pfeifen durch Luft und mittels einer Klaviertastatur sowie Fußpedalen

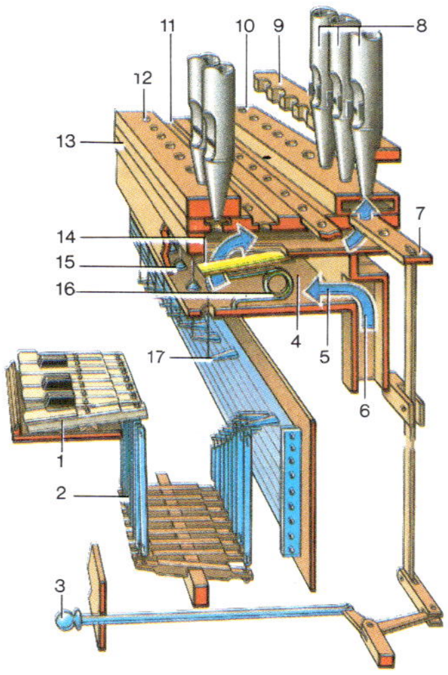

Orgel,
Funktionsschema
1. Tasten;
2. Abstrakte;
3. Registerzug;
4. Hammer
5. Luft;
6. Windkanal;
7. Wind-/Schleiflade;
8. Pfeifen;
9. Pfeifenstock;
10. Windverführung;
11. Falsches Register;
12. Pfeifeneinsätze;
13. Tisch;
14. Ventil;
15. Ventilbeutel;
16. Ventilfeder;
17. Spielventil und Pilote.

Flügel

Zum Vibrationsanschlag von Metallsaiten durch Hammertasten

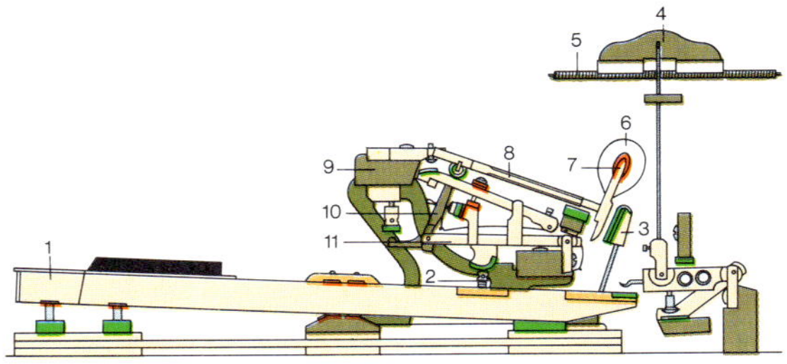

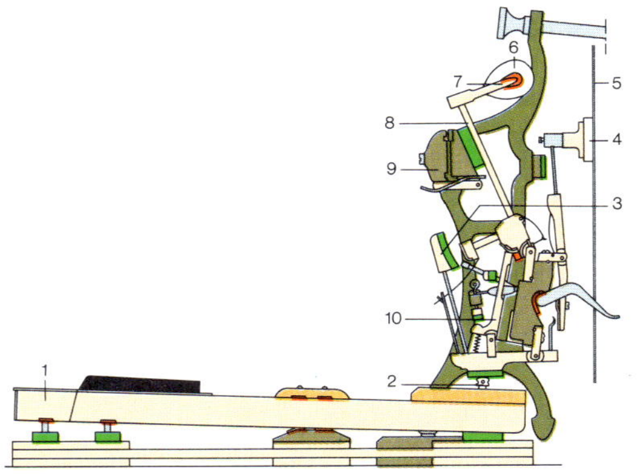

Tastenmechanismus Flügel (oben) und Klavier (unten)
1. Taste; 2. Pilote; 3. Fangerfilz; 4. Dämpfer; 5. Saite; 6. Filz; 7. Hammer; 8. Hammerstiel; 9. Hebeglied; 10. Stoßzunge; 11. Steg (nur beim Flügel).

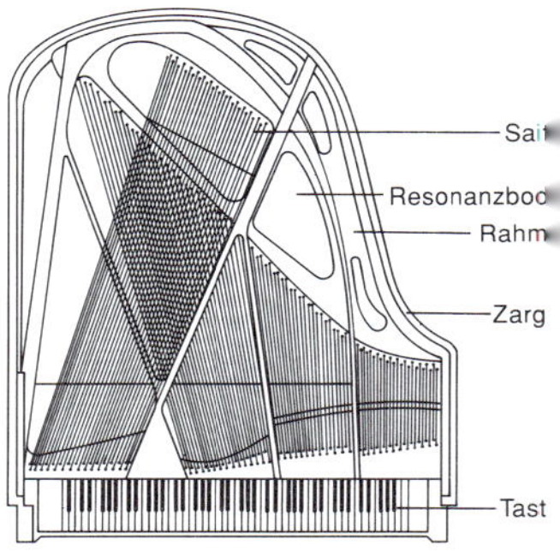

Flügel, Instrumentenbauerblock

Sehrohr

Zum Beobachten der Meeresoberfläche von einem getauchten Unterseeboot aus

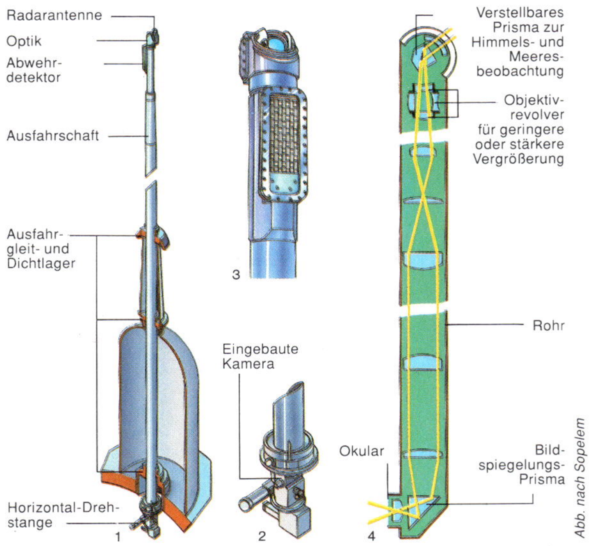

U-Boot-**Sehrohr**
1. Gesamtansicht eines Sehrohrs;
2. Detail des Visiers;
3. Oberes Sehrohrende mit Optik, Radar und Abwehr-Detektor
4. Schematischer Schnitt durch ein Sehrohr.

Pistole

Zum Abschießen von Kugeln, Schuß um Schuß, im Nahkampf

Belgische Automatik-Pistole, Kaliber 9 mm (Hahn gespannt)

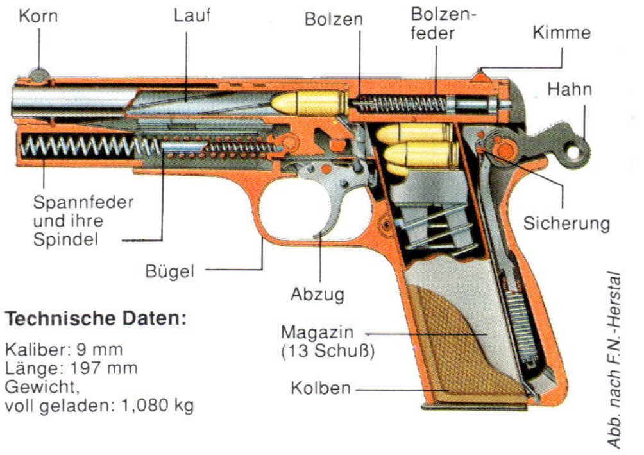

Technische Daten:
Kaliber: 9 mm
Länge: 197 mm
Gewicht,
voll geladen: 1,080 kg

Maschinenpistole

Zum Abschießen von Kugeln in Garben im Nahkampf

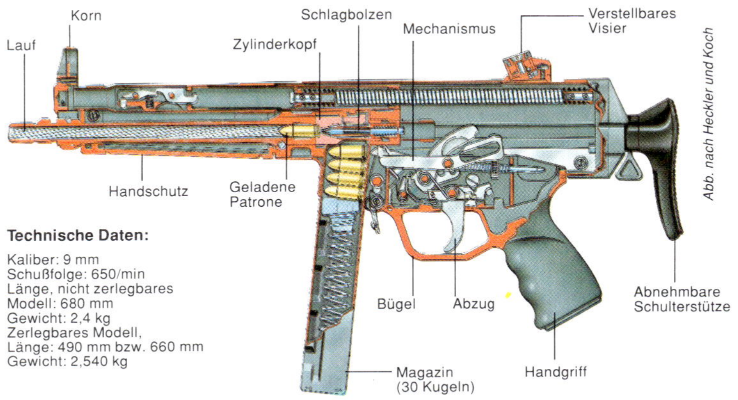

Technische Daten:
Kaliber: 9 mm
Schußfolge: 650/min
Länge, nicht zerlegbares
Modell: 680 mm
Gewicht: 2,4 kg
Zerlegbares Modell,
Länge: 490 mm bzw. 660 mm
Gewicht: 2,540 kg

Deutsche **Maschinenpistole** MP 5 Heckler-Koch, zerlegbar

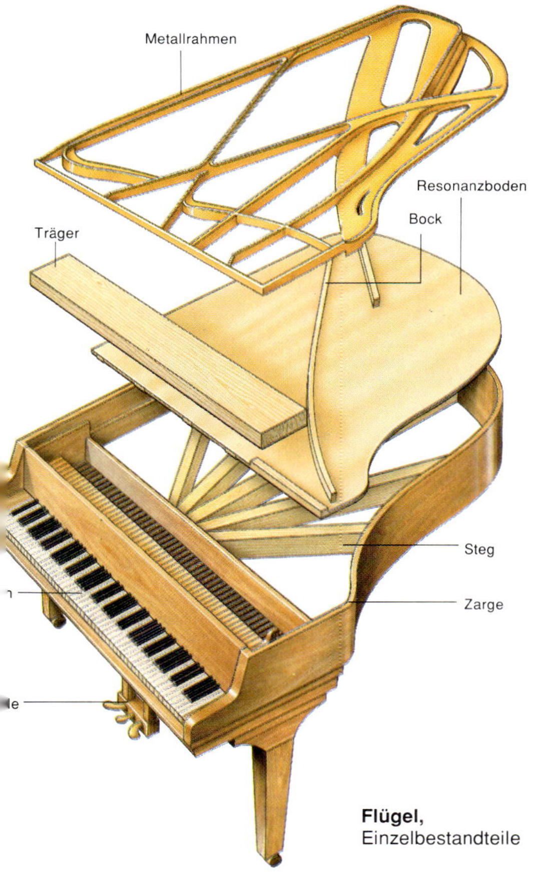

Flügel,
Einzelbestandteile

Radioteleskop

Zum Studium der Sterne mittels Erforschung ihrer radioelektrischen Strahlen

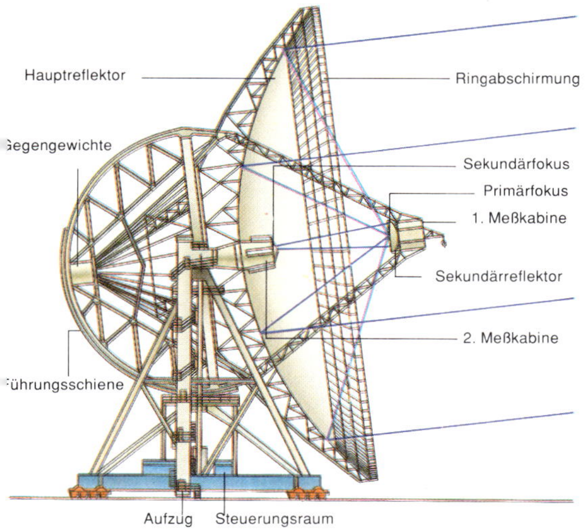

Radioteleskop, Effelsberg (Eifel), Schematischer Schnitt

Revolver

Zum Repetierabschießen in Verteidigung von fünf oder sechs Kugeln

Französischer **Revolver** MR 73, Kaliber 9 mm (Polizei, Selbstverteidigung)

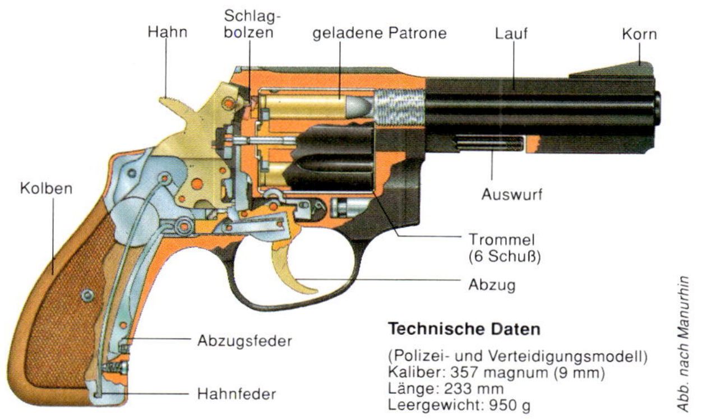

Seismographen

Zum Registrieren von durch seismische Wellen verursachten Erdbewegungen an einem bestimmten Punkt der Erdrinde

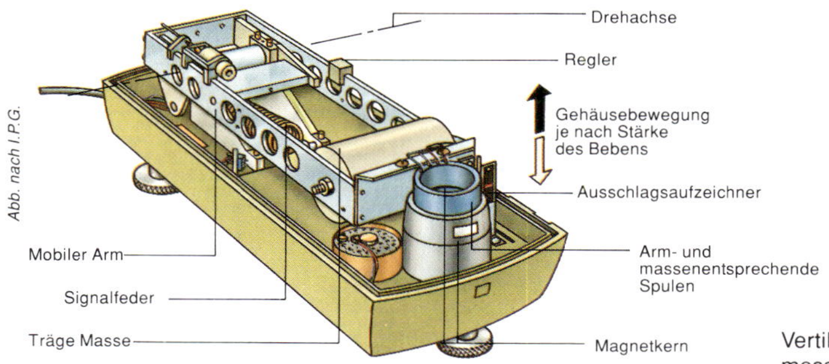

Vertikalbewegungen messender **Seismograph**

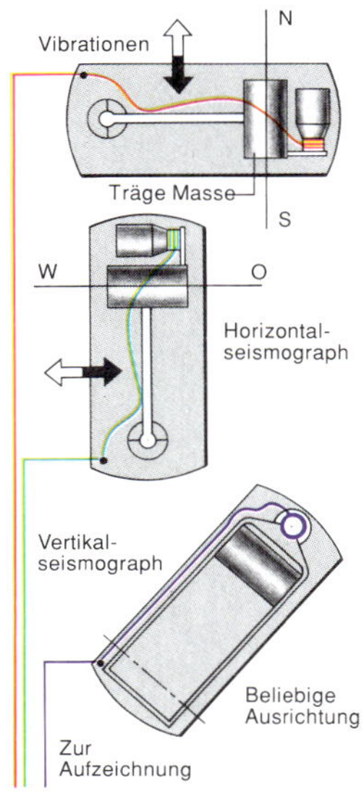

Anordnung und Richtung der drei Seismographen einer seismographischen Station

Horizontalbewegungen registrierender **Seismograph**

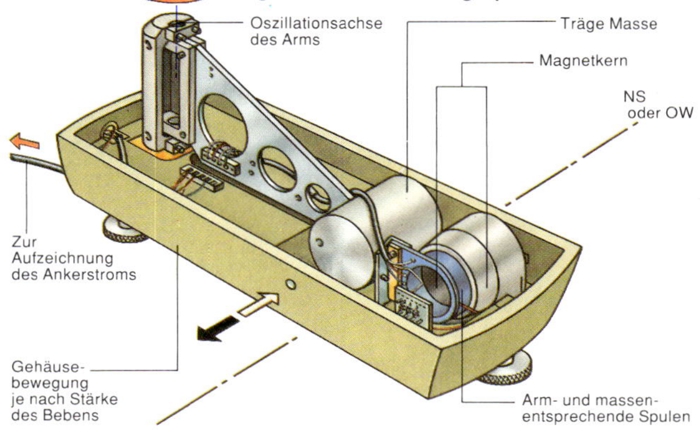

Weltraumteleskop

Zur Sternenbeobachtung mit einem Spiegel-Objektiv (nicht einem aus Linsen wie bei den astronomischen Teleskopen)

Die Erdatmosphäre behindert eine einwandfreie Himmelsbeobachtung. Man kam deshalb auf den Gedanken von Weltraumteleskopen in Erdumlaufbahnen. Das bisher größte dieser Art ist das der NASA in den USA mit 15% europäischer Beteiligung. Es wurde mit einem Space Shuttle in seine Umlaufbahn in rund 500 km Höhe über der Erde gebracht.

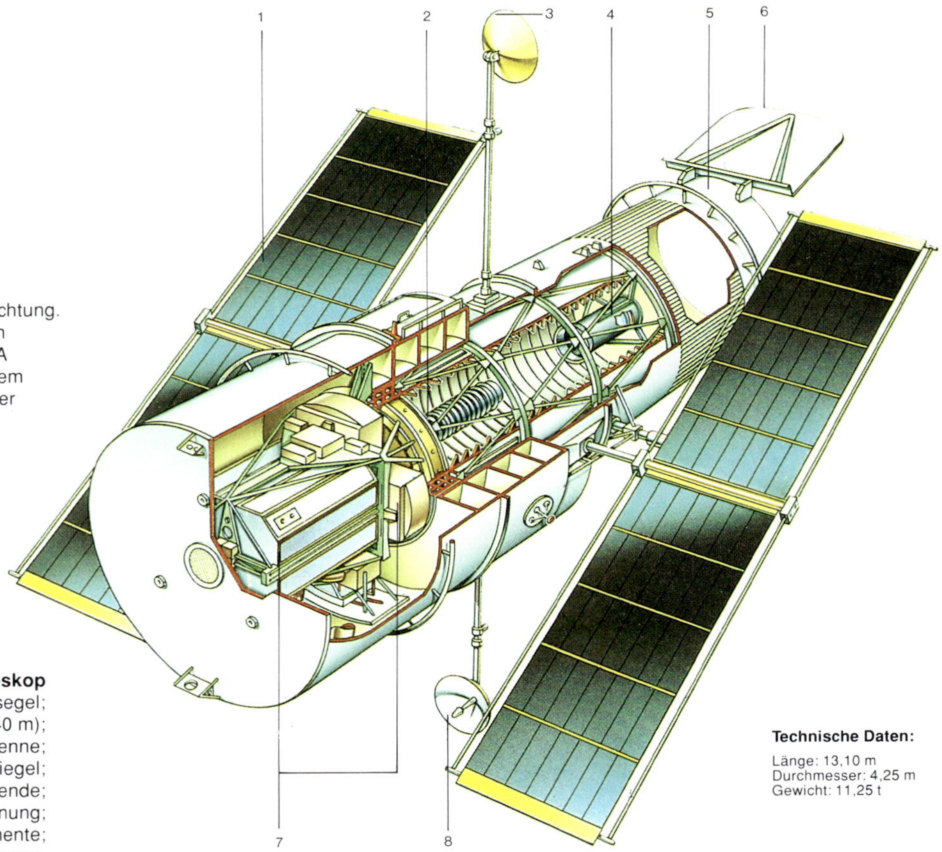

NASA-**Weltraumteleskop**
1. Entfaltetes Sonnensegel;
2. Primärspiegel (Durchmesser 2,40 m);
3. Radioverstärkerantenne;
4. Sekundärspiegel;
5. Sonnenblende;
6. Öffnung;
7. Wissenschaftliche Instrumente;
8. Radioantenne.

Technische Daten:

Länge: 13,10 m
Durchmesser: 4,25 m
Gewicht: 11,25 t

Theodolit

Zur Vermessung horizontaler und vertikaler Winkel; und, in der Astronomie, zur Azimut- und Höhenbestimmung eines Himmelskörpers

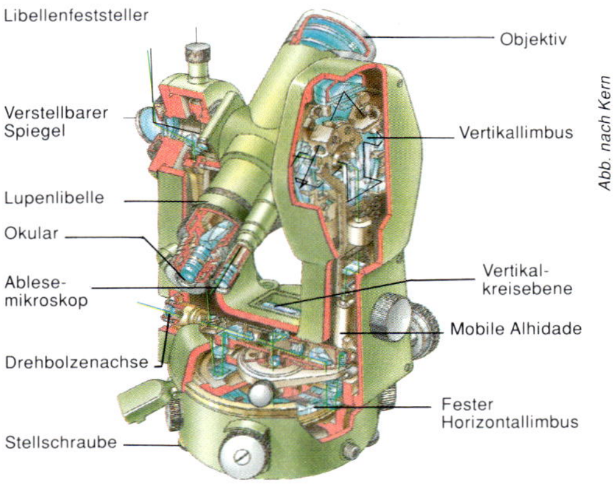

Sekunden-**Theodolit**
mit automatischer Kollimation

Holzblasinstrumente

Zur Tonerzeugung mittels Vibrationen einer Luftsäule

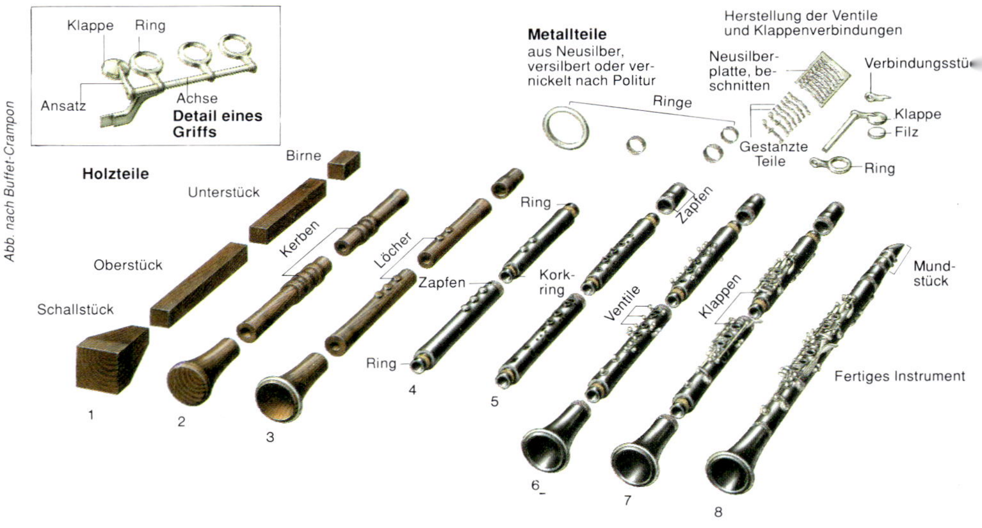

Holzblasinstrumente. Die Etappen der Herstellung einer Klarinette. 1. Holzleisten (Dalbergia melanoxylon, Flachlandart); 2. Rohformung und erste Bohrungen und Kerbungen; 3. Lochbohrungen, Schallochausbohrung, Mundstückformung; 4. Zapfen- und Ringformung; 5. Fein-/Endbohrung; 6. Lochsäumung; 7. Ventilmontage; 8. Endzusammenbau.

KULTSTÄTTEN

Jede Religion hat ihre eigenen Namen für die Gebäude, in denen ihre religiösen Riten vollzogen werden. Die Juden gehen in die Synagoge; das ist ein griechisches Wort, das soviel wie Versammlung bedeutet. Katholiken und Orthodoxe haben dasselbe Wort, aber in der lateinischen Form ecclesia, Kirche, übernommen. Viele protestantische Bekenntnisse bevorzugen das Wort Tempel. Die Moslems haben ihre Moschee. Aber im Grunde könnte man für die Kultstätten aller Bekenntnisse und Religionen den Oberbegriff „Tempel" verwenden.

Abtei

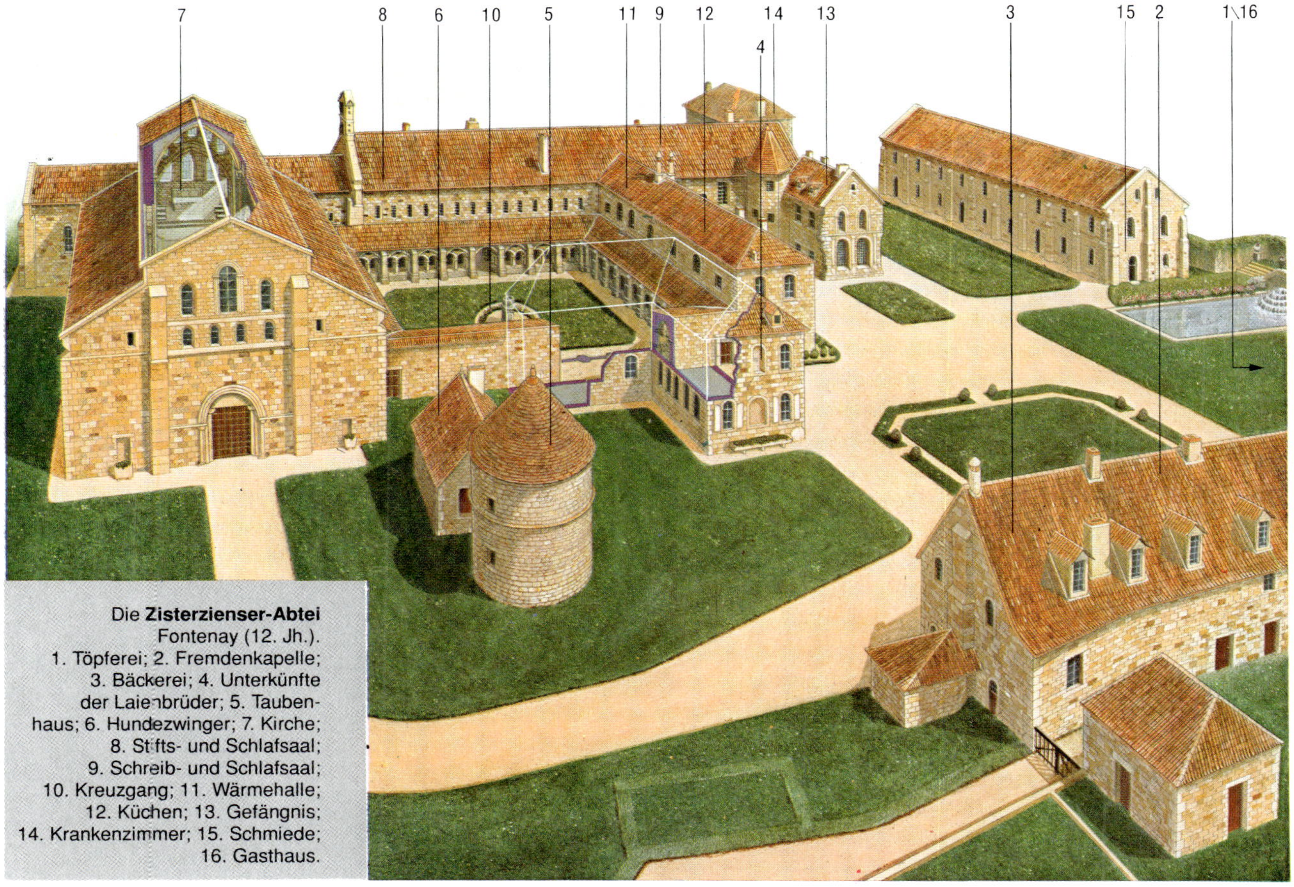

Die **Zisterzienser-Abtei** Fontenay (12. Jh.). 1. Töpferei; 2. Fremdenkapelle; 3. Bäckerei; 4. Unterkünfte der Laienbrüder; 5. Taubenhaus; 6. Hundezwinger; 7. Kirche; 8. Stifts- und Schlafsaal; 9. Schreib- und Schlafsaal; 10. Kreuzgang; 11. Wärmehalle; 12. Küchen; 13. Gefängnis; 14. Krankenzimmer; 15. Schmiede; 16. Gasthaus.

Fontenay. Diese Abtei wurde von den Mönchen des Ordens der Zisterzienser erbaut. Der Name kommt von einer Abtei, die der Hl. Robert 1098 in einem Wald der Côte-d'Or nahe Montbard gegründet hatte. Der Hl. Bernhard führte die Zisterzienser dann zu einer außergewöhnlichen Blüte. Fontenay gleicht Clairvaux, das 1113 entstand und dessen erster Abt Bernhard war. Man nennt es auch „die zweite Tochter von Clairvaux". Gegründet 1119, bekam es von König Ludwig dem Heiligen den Titel Königliche Abtei verliehen und zählte bis zu 300 Mönchen. 1791 wurde es an Sieur Hugot verkauft, der daraus eine Papierfabrik machte. 1906 wurde es als Abtei restauriert.

Kultstätte

Tenochtitlan

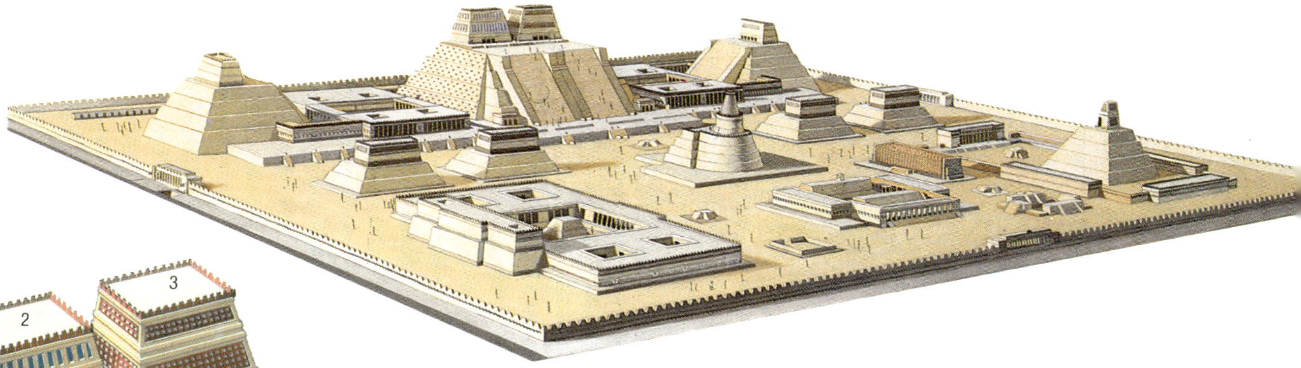

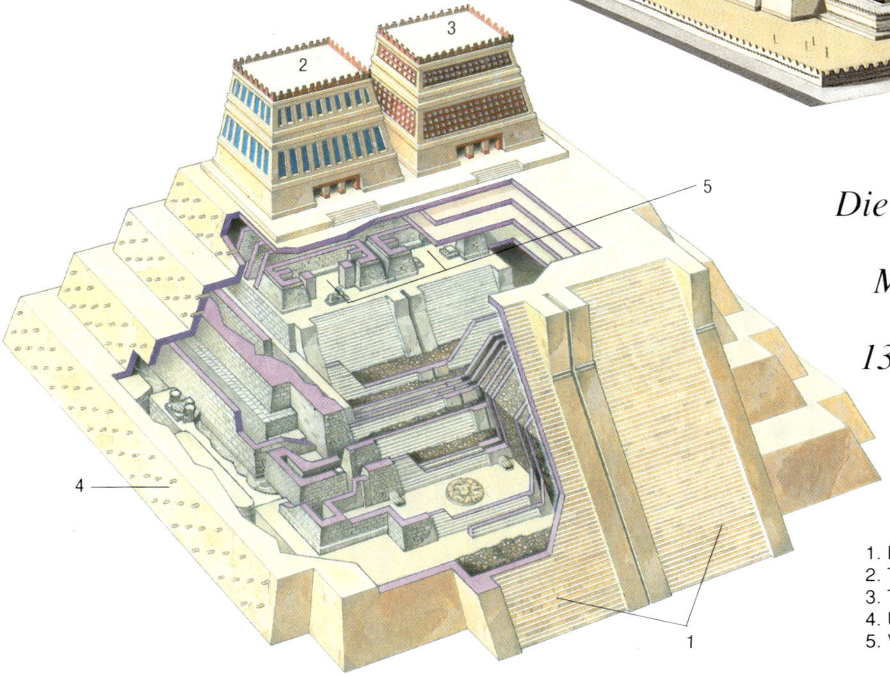

Die große Pyramide (Templo Mayor) der präkolumbianischen Kultstätte von Tenochtitlan in Mexiko illustriert die für die aztekische Kunst typische Strenge und Symmetrie. Begonnen 1325, wurde sie 1521 von den Konquistadoren zerstört. (Tenochtitlan stand da, wo heute Mexiko-City steht.) Die Seitenlänge der Pyramide betrug 80 auf 100 m.

1. Doppeltreppe bis ganz nach oben (30 m);
2. Tempel des Regen- und Blitz-Gottes Tlaloc;
3. Tempel des Nacht- und Kriegsgottes Huitzilopochtli;
4. Umfassungsmauer mit Zinnen;
5. Verschiedenen Nebengöttern gewidmete Altäre.

Kapellen

Chapelle d'Anet

Philibert Delorme ist zweifelsohne der bedeutendste französische Architekt des 16. Jh. (ca. 1510–70). Das von ihm stammende Schloß der Tuilerien wurde zur Zeit der Kommune in Brand gesteckt und 1884 ganz zerstört. Das Schloß Anet, das er für Diane de Poitiers, die Mätresse Heinrichs II., baute, wurde unter dem Directoire niedergelegt. Die erhaltene Kapelle ist eines der schönsten Beispiele seiner Baukunst.

1. Vestibül mit ionischen Säulen;
2. Gotische Turmspitze;
3. Kuppel mit Fächer-Endlosmuster mit Bögen der Jagdgöttin Diana;
4. Laternentürmchen;
5. Schwarzweiß gemusterter Marmorboden als Gegenstück zur Kuppeldecke;
6. Seitenkapelle.

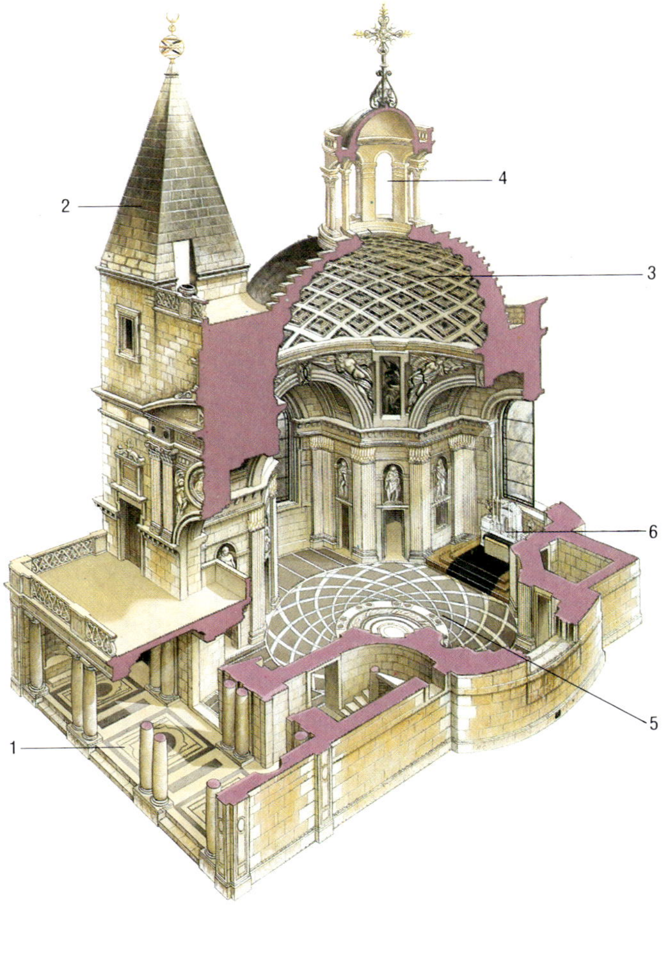

Kirchen

Agia Sophia, Saloniki

Diese Kirche in Saloniki, Griechenland, eine Frühform der Kreuzkuppelkirche, ist ein Beispiel für die Wanderung der altchristlichen Architektur des 6. Jh. (San Vitale in Ravenna) zur byzantinischen des 10. Jh., deren Ausdruck das griechische Kreuz ist. Inspiriert vom Orient, wo es weder Steine noch Holz, sondern nur Ziegel gab, wurde sie ohne Gebälk mit Gewölben ohne Bögen konstruiert. Die Ziegelkuppel wölbt sich über einem rechteckigen Grundriß. Die Basilika-Form (Langhaus, halbrunde, ostwärts gerichtete Apsis) trägt die gesamte Kuppel mit ihren vier Stützgewölben.

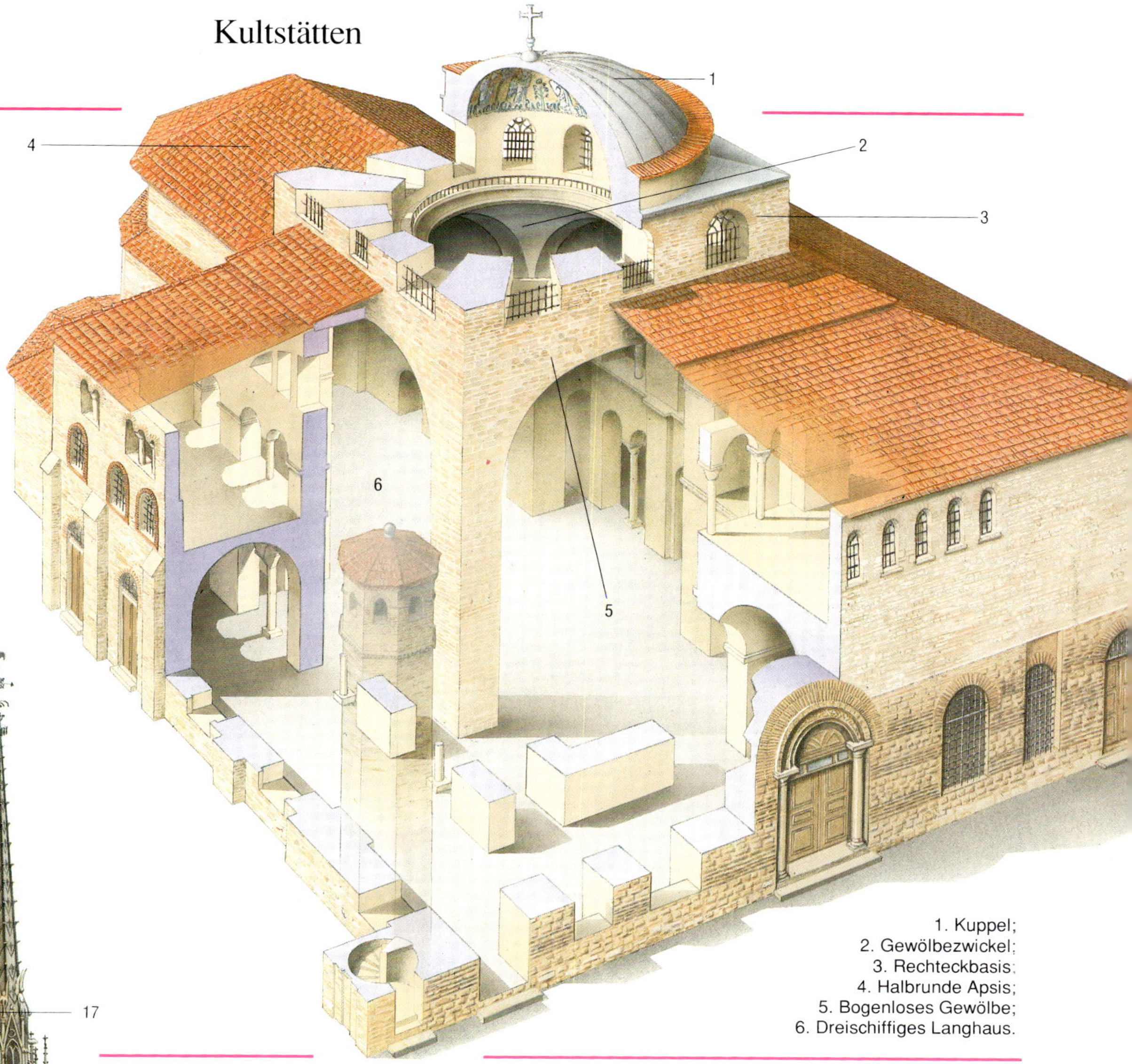

1. Kuppel; 2. Gewölbezwickel; 3. Rechteckbasis; 4. Halbrunde Apsis; 5. Bogenloses Gewölbe; 6. Dreischiffiges Langhaus.

Sainte-Chapelle, Paris:

Die berühmte Sainte-Chapelle in Paris, zugleich Palastkapelle der einstigen königlichen Residenz und Reliquienschrein der Dornenkrone, ließ Ludwig der Heilige 1241–48 erbauen. Der untere Teil ist dreischiffig, der obere erhebt sich mit 15 m hohen Glasfenstern einschiffig bis zum Gewölbe. Sie ist ein vollkommenes Beispiel gotischer Architektur. Mitte des 19. Jh. wurde sie restauriert.

1. Einschiffige Säule; 2. Untere Kapelle; 3. Strebepfeiler; 4. Schlußstein; 5. Spitzbogen; 6. Dreiecksgiebel; 7. Boden der oberen Kapelle; 8. Bögen; 9. Lanzettenfenster; 10. Glasmalereifenster; 11. Strebemauer; 12. Giebel; 13. Wasserspeier; 14. Spitztürmchen; 15. Bleidach; 16. Giebelengel; 17. Hauptturm; 18. Dachstuhl; 19. Glockentürmchen; 20. Balustrade; 21. Gebrochenes Gewölbe; 22. Rosette; 23. Doppelportal.

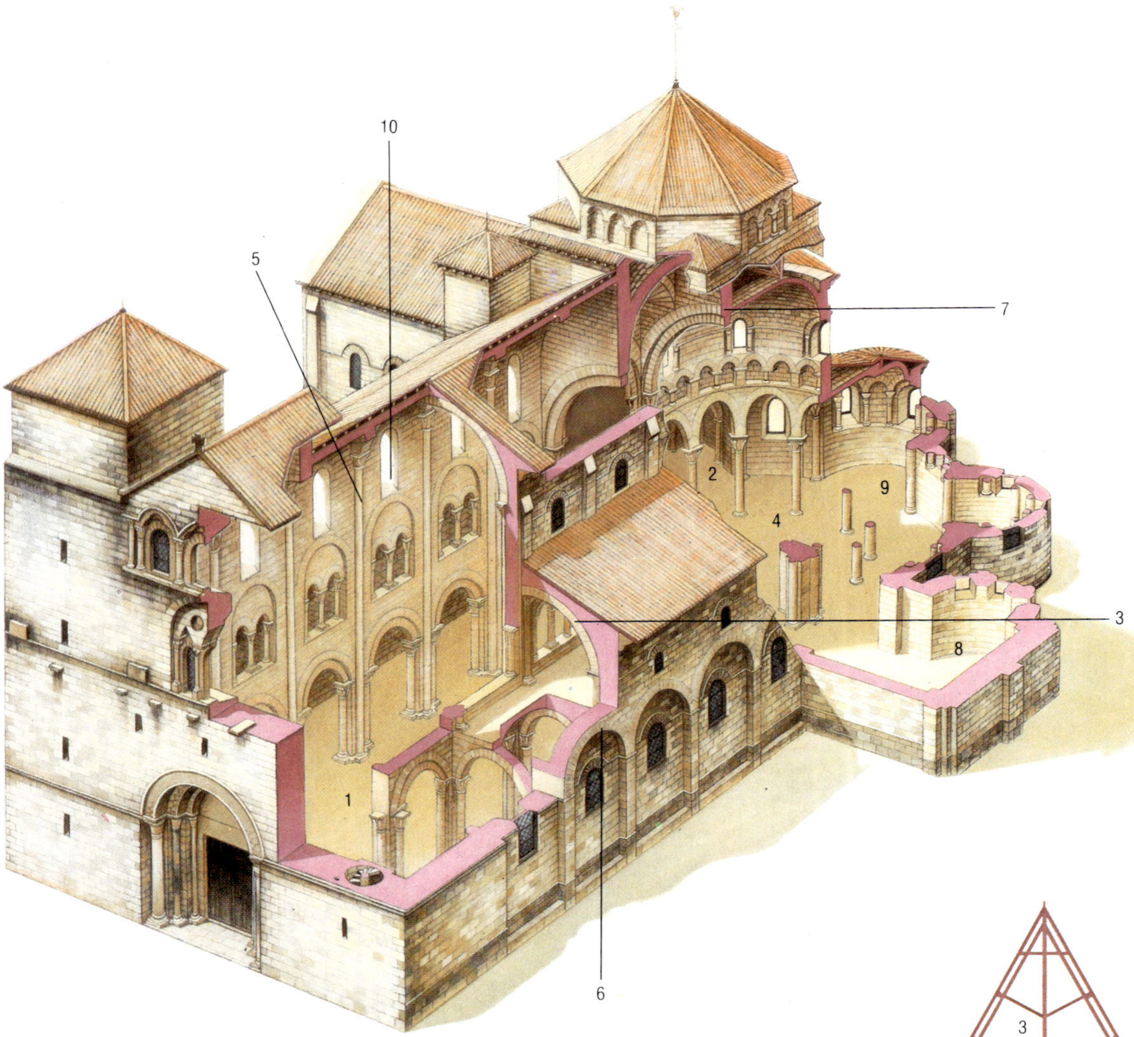

Sainte-Etienne, Nevers

Diese romanische Kirche in Nevers, geweiht 1097, war anfangs ein zur Abtei Cluny gehörendes Kloster und wurde später eine Station der Wallfahrten nach Saint-Jacques-de-Compostelle. Die Glockentürme wurden 1792 zerstört.

1. Fünfarkaden-Hauptschiff mit überhöhten Bögen (18 m, unter dem Gewölbe); 2. Chorumgang; 3. Viertelkreisgewölbe über den Galerien; 4. Chor; 5. Tragesäule aus einem Block; 6. Außenmauerstützbogen; 7. Kuppel über konischer Trompe; 8. Querschiffapsis; 9. Chorhaube mit Kapellennischen; 10. Offene Fenster über den Galerien (selten).

Längsschnitt durch den Chor der Kathedrale von Amiens
1. Schiff;
2. Schlußstein;
3. Dachstuhl;
4. Vierersäule;
5. Erstes Seitenschiff;
6. Zweites Seitenschiff;
7. Säulenbasis;
8. Kapitell (in 14 m Höhe);
9. Skulpturenband der Triforiumsbasis (auf halber Gesamthöhe);
10. Basisring der oberen Fenster;
11. Obere Kapitelle, auf denen die oberen Gewölbe ruhen;
12. Strebebogen, gleichzeitig Regenrinnen;
13. Strebebogenwiderlager.

Illustration Mathieu/Pichon

Kathedrale von Amiens

Sie steht mitten in Amiens und blieb bis heute von Kriegen und dem Zahn der Zeit verschont. Ihre Fassadenskulpturen zählen zu den bedeutendsten Werken der mittelalterlichen Bildhauerei (unter ihnen der berühmte „Gute Gott"). Das Innere ist sehr streng, die Grundrißform ist ein lateinisches Kreuz. Der größte Teil der Kathedrale wurde für die Zeit sehr rasch errichtet, in kaum fünfzig Jahren, von 1220 bis 1270, was ihr eine nicht oft zu findende harmonische Einheit verleiht. Ihre Weite und Ausgewogenheit machen sie zur gotischen Spitzbogenkirche schlechthin. Restauriert von Viollet-le-Duc im 19. Jh.

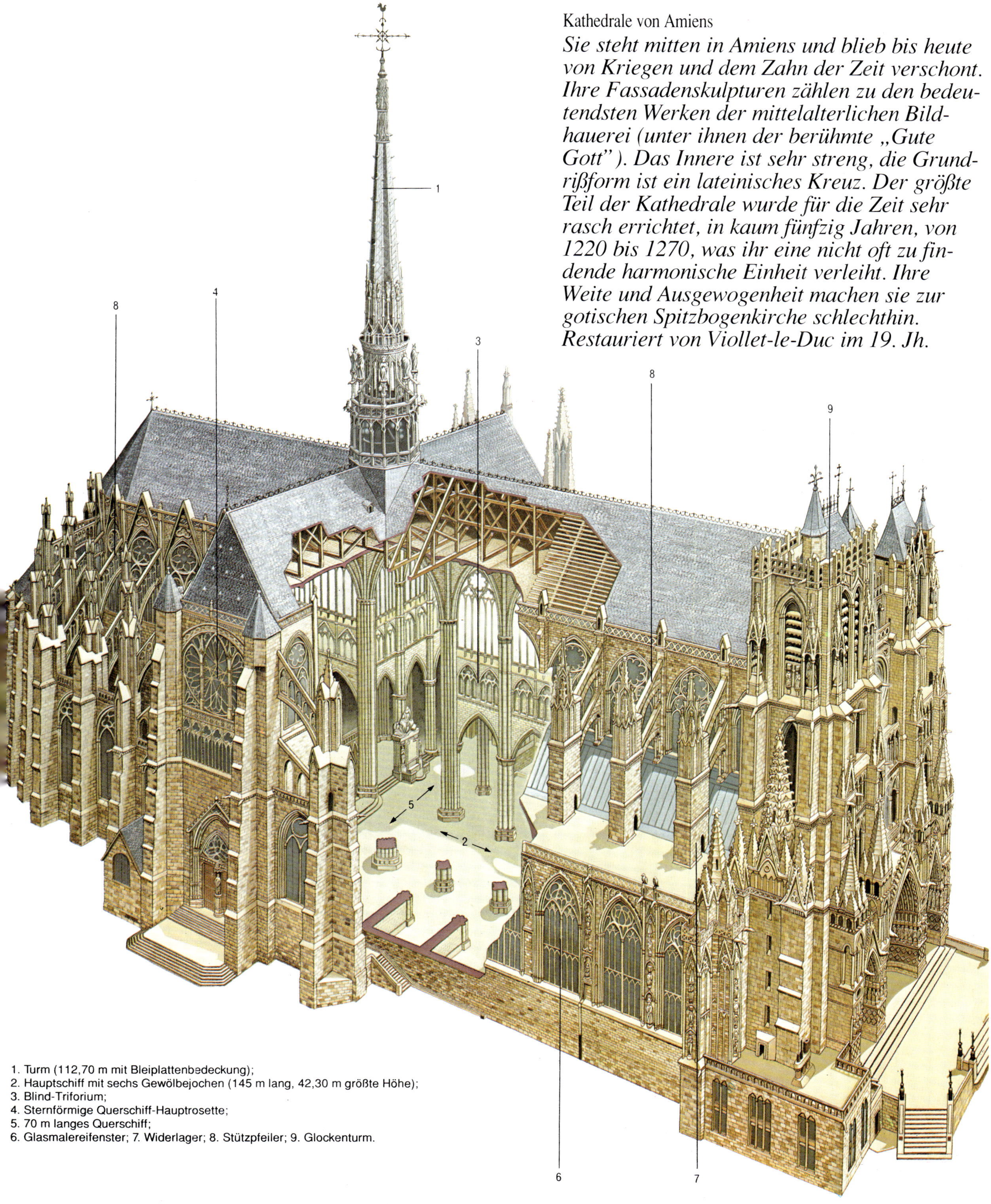

1. Turm (112,70 m mit Bleiplattenbedeckung);
2. Hauptschiff mit sechs Gewölbejochen (145 m lang, 42,30 m größte Höhe);
3. Blind-Triforium;
4. Sternförmige Querschiff-Hauptrosette;
5. 70 m langes Querschiff;
6. Glasmalereifenster; 7. Widerlager; 8. Stützpfeiler; 9. Glockenturm.

Santa Maria della Salute, Venedig

Die Kirche Santa Maria della Salute in Venedig, das Meisterwerk des bedeutendsten italienischen Barockbaumeisters Baldassare Longhena (1598–1682), entstand von 1631–54 nach einem Gelübde der Senatoren während der Pest 1630. Das Portal geht auf den Canal Grande hinaus. Das ganze Bauwerk ruht auf tausenden Pfählen. Die Innenverkleidung ist aus grauem Marmor und die antiken Säulen stammen von einem alten römischen Forum in Istrien.

1. Große Rotunde;
2. Halbkugelkuppel;
3. Zwei der sechs als Widerlager dienende Seitenkapellen;
4. Chorkuppel; 5. Durchbrochene Laternentürmchen;
6. Muschelförmige Spiral-Tragarme;
7. Weißer Marmorengel mit geöffneten Flügeln;
8. Glockentürme (Campanili);
9. Portal zum Markuskanal.

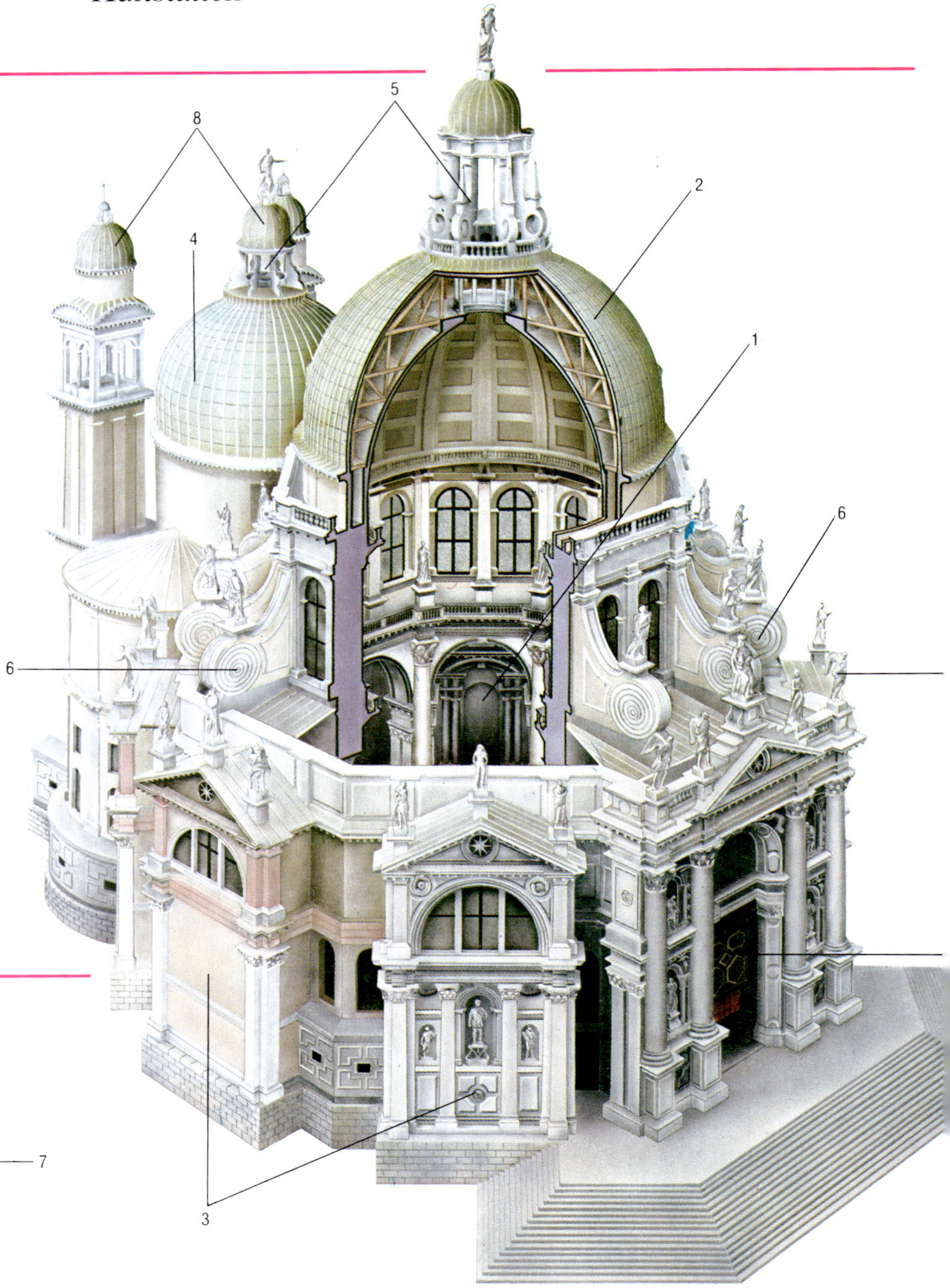

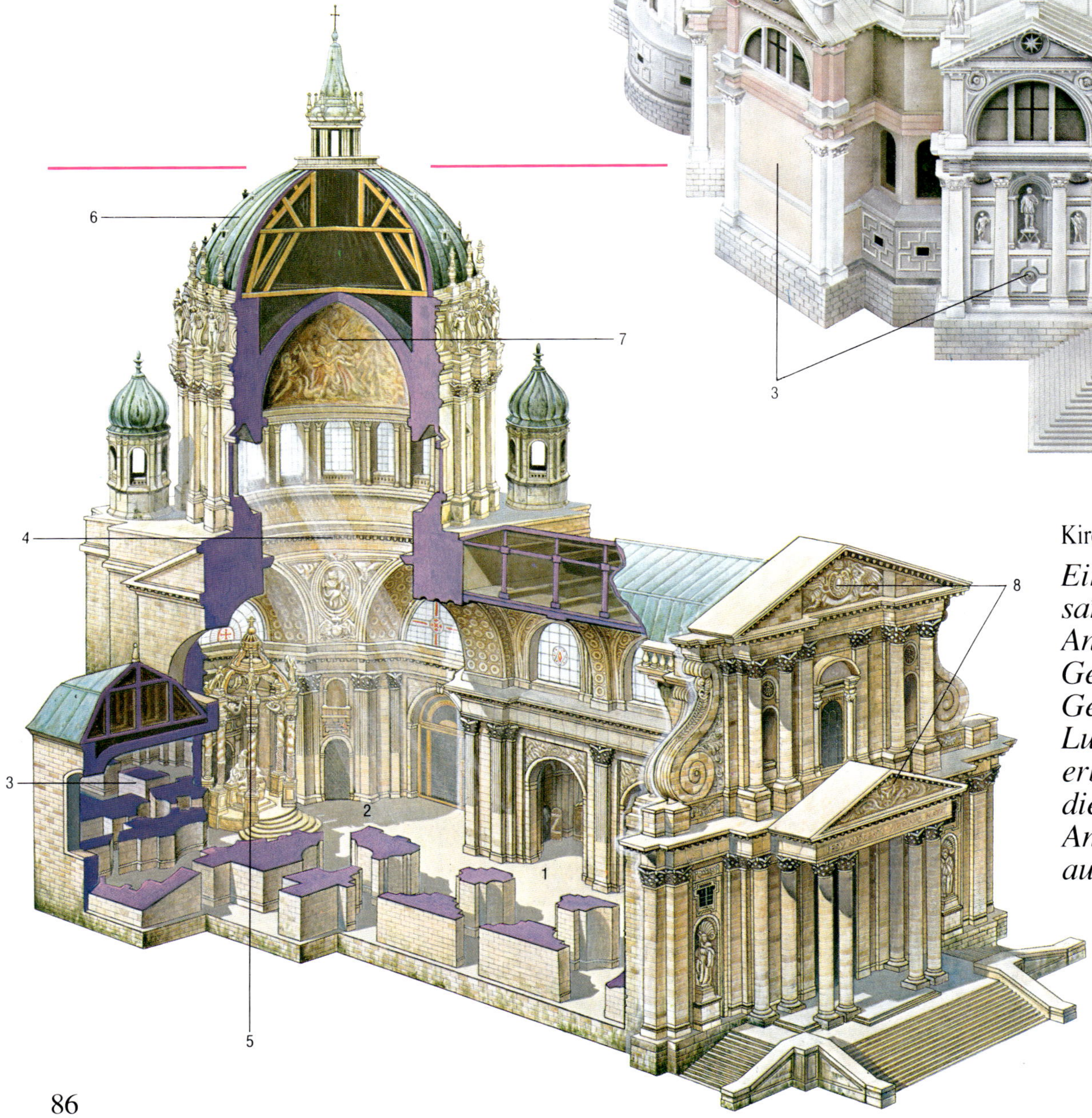

Kirche Val-de-Grace, Paris

Ein Auftrag an François Mansart (1598–1666) der Königin Anna von Österreich, die das Gelübde getan hatte, zur Geburt ihres ersten Sohnes Ludwigs XIV. eine Abtei zu erbauen. Doch Mansart wurde die Bauleitung entzogen. Andere führten seine Pläne aus.

1. Schiff; 2. Nonnenchor; 3. Kapelle der Königin; 4. Rotunde mit korinthischen Säulen; 5. Altarbaldachin von Gabriel Le Duc; 6. Von 16 großen Strebepfeilern gestützte Kuppel; 7. Kuppelmalerei von Mignard; 8. Doppelportal mit gemischtkorinthischen Säulen.

Moschee

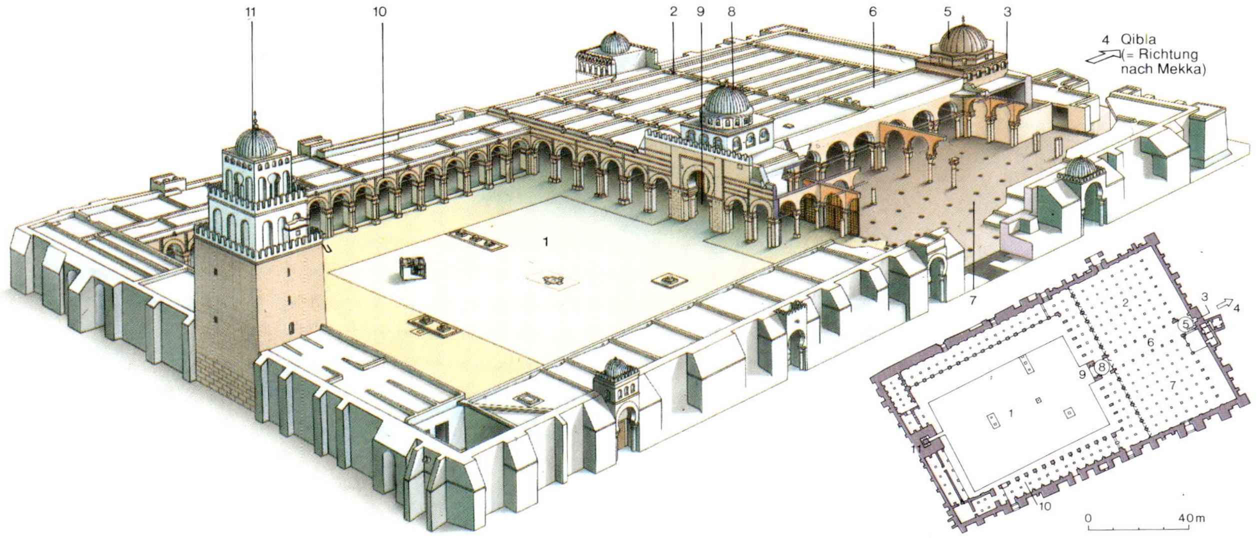

Gesamtansicht
1. Hof;
2./7. Große Gebetshalle mit Parallelschiffen;
3. Der sog. Mihrab, die nach Mekka weisende Mauernische;
4. Die die Richtung nach Mekka angebende sog. Qibla;
5. Ort des Gebetsstuhls (Minbar);
6. Mittelschiff;
8. Kuppel über dem Eingangsportal;
9. Eingangsportal (Iwan);
10. Marmorsäulenkolonnade;
11. Minarett, 35 m hoch mit drei gezinnten Etagen

Große Moschee von Kairuan. *Die Stadt Kairuan (= arab. Karawane) wurde 670 von einem muselmanischen General namens Uqba ibn Nafi, der Tunesien erobert hatte, gegründet. Er ließ ein Regierungsgebäude errichten und eine Moschee, die zum ersten moslemischen Wallfahrtsort und zur ersten Manifestation des arabischen Stils außerhalb des Orients wurde. Der Bau dauerte fünf Jahre. 688 zerstörten die Berber die Moschee. Sie wurde erst Ende des 9. Jh. wiederaufgebaut. Ihre Grundfläche mißt 135 x 80 m. Die Marmorsäulen waren so zahlreich, daß ein arabisches Sprichwort sagt, wer sie zu zählen versuche, werde blind. Man fand viele von ihnen später in mehreren tunesischen Städten wieder auf.*

Synagoge

Synagoge Beth Shalom, Elkins Park/Penn.

Diese auf einem Hügel in Elkins Park, Pennsylvania, errichtete Synagoge ist das jüngste Bauwerk des Judaismus in den USA. Ihr Name bedeutet „Haus des Friedens". Der Auftrag ging 1955 an den berühmten Architekten Frank Lloyd Wright. Der Bau wurde in seinem Todesjahr 1959 vollendet. Die Form symbolisiert das Zelt Abrahams, der berufen wird und das Licht nach Sinai bringt. Auf jeder Seitenrippe wiederholt sich ein Skulpturenmotiv jeweils siebenmal als Versinnbildlichung der sieben jüdischen Leuchterarme (der Menora).

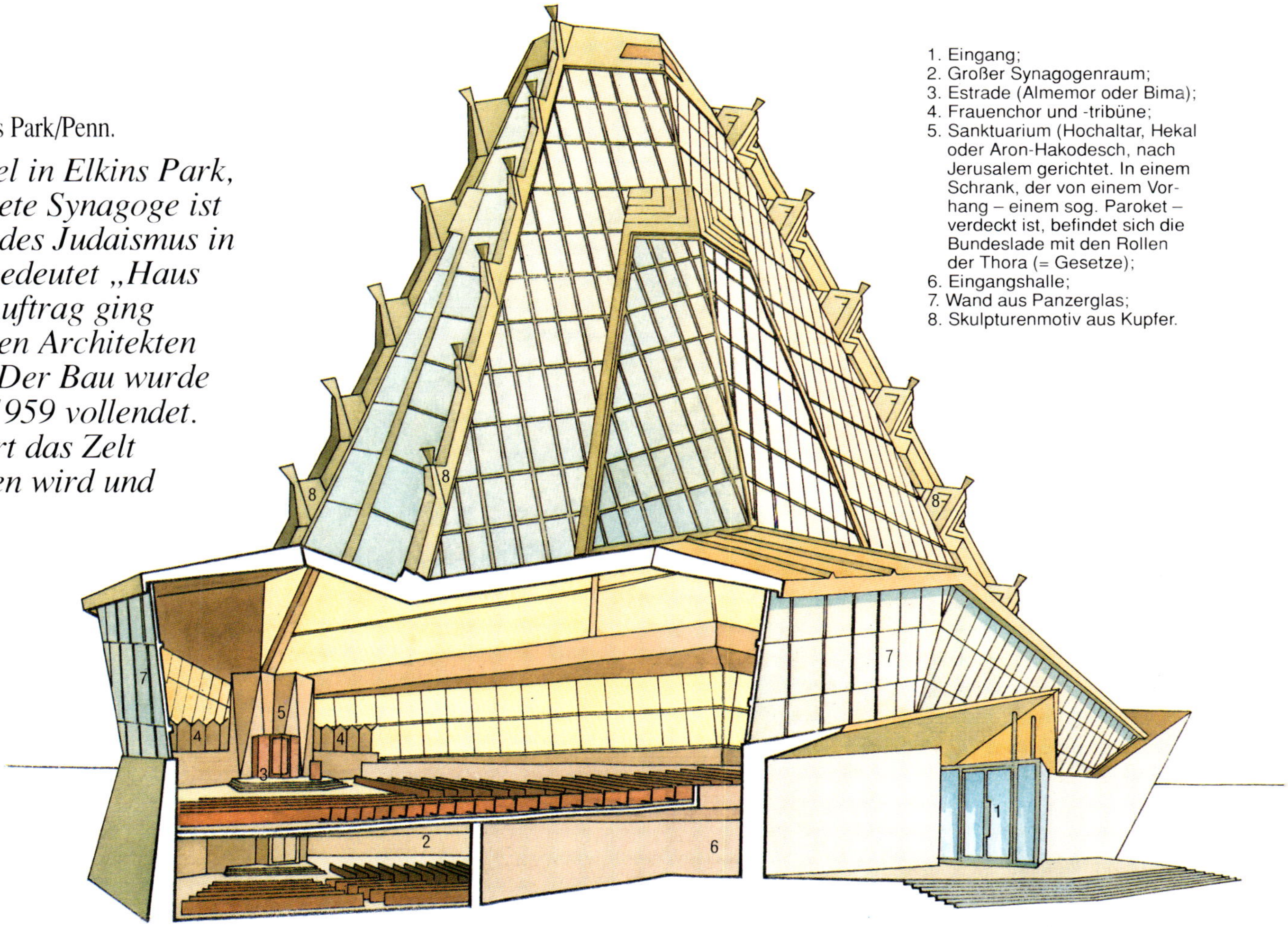

1. Eingang;
2. Großer Synagogenraum;
3. Estrade (Almemor oder Bima);
4. Frauenchor und -tribüne;
5. Sanktuarium (Hochaltar, Hekal oder Aron-Hakodesch, nach Jerusalem gerichtet. In einem Schrank, der von einem Vorhang – einem sog. Paroket – verdeckt ist, befindet sich die Bundeslade mit den Rollen der Thora (= Gesetze);
6. Eingangshalle;
7. Wand aus Panzerglas;
8. Skulpturenmotiv aus Kupfer.

Tempel

Tempel von Schiksian.

Unter der Dynastie der Tang-Kaiser in China (618–907) erlebte die buddhistische Architektur einen großen Aufschwung, doch viele dieser religiösen Bauten wurden während der Verfolgungen der 2. Hälfte des 9. Jh. wieder zerstört. Der Haupttempel von Schiksian (in der Nordprovinz Hopeh) ist einer der erhaltenen alten Tempel. Er wurde 984 unter der Sung-Dynastie (960–1279) erbaut.

1. Traditionelle Holzpfeiler mit Kragstützen; 2. Überhängendes Dach; 3. Dachkonsole; 4. Konkav-Schindeldach; 5. Galerien; 6. Kolossalstatue des Bodhisattwa (= „Erleuchtungswesen") Guanyin.

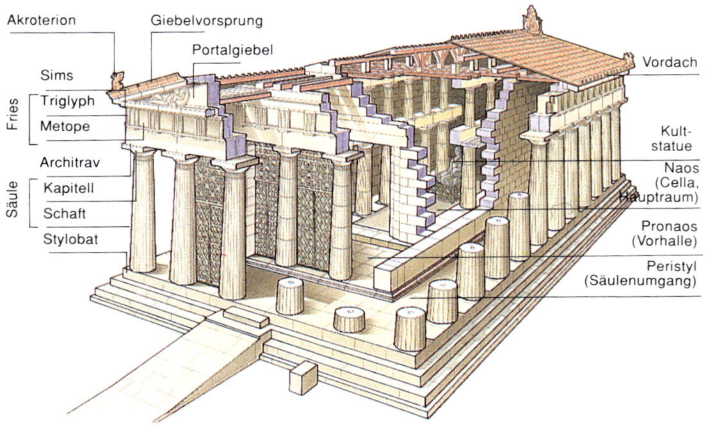

Der Aphaia-Tempel in Ägina. *Die Dorer, indoeuropäischen Ursprungs, drangen zu Ende des 12. Jh. v. Chr. in Griechenland ein. Die großen, dorisch genannten Tempel wie der Parthenon von Athen wurden jedoch erst ab dem 7. Jh. v. Chr. errichtet. Für den dorischen Stil (ältester der griechischen Architektur) ist die kannellierte Säulenform charakteristisch, die oben mit Ringen und von einem einfachen Kapitell darüber abschließt. Der Tempel der Insel Ägina in der Ägäis ist „mit Furcht und Liebe" der Aphaia geweiht. Er wurde von 500–490 v. Chr. erbaut.*

Chonstempel in Karnak.

Chons ist der Mondgott, Sohn des Gotteskönigs Amun und der Göttin Mut. Der Tempel, den Ramses II. (1273–1213 v.Chr.) ihm erbauen ließ, befindet sich innerhalb der drei Umwallungen des Großen Amuntempels.

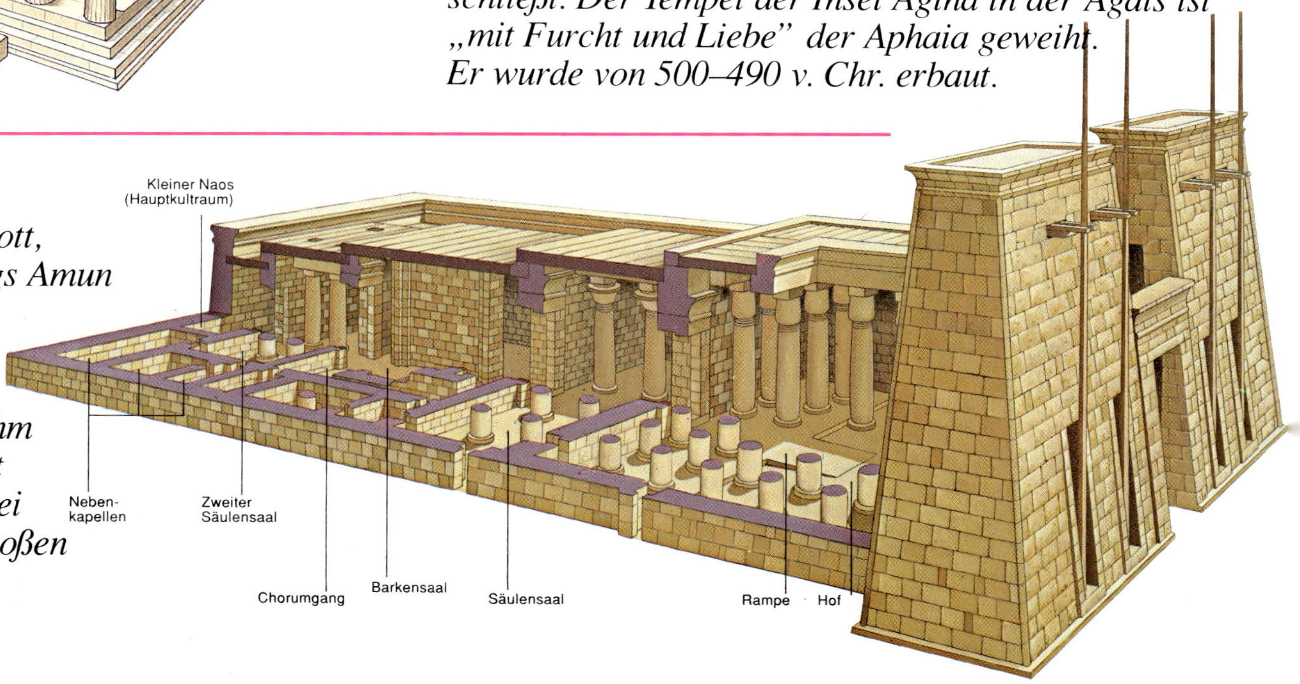

MASCHINEN

Wenn sie nicht gerade Höllen-Maschinen sind und damit tödlich, dienen „Maschinen" vorwiegend der Umwandlung von Energie und der Ausnützung dieser Umwandlung. Sind geschlossene Maschinen eher „Apparate", so sind beispielsweise Rechenmaschinen eher „Werkzeuge". Da gibt es aber noch eigens die Werkzeug-Maschinen (s. S. 98), die im Zusammenwirken „Umwandlungs-Maschinen" darstellen können.

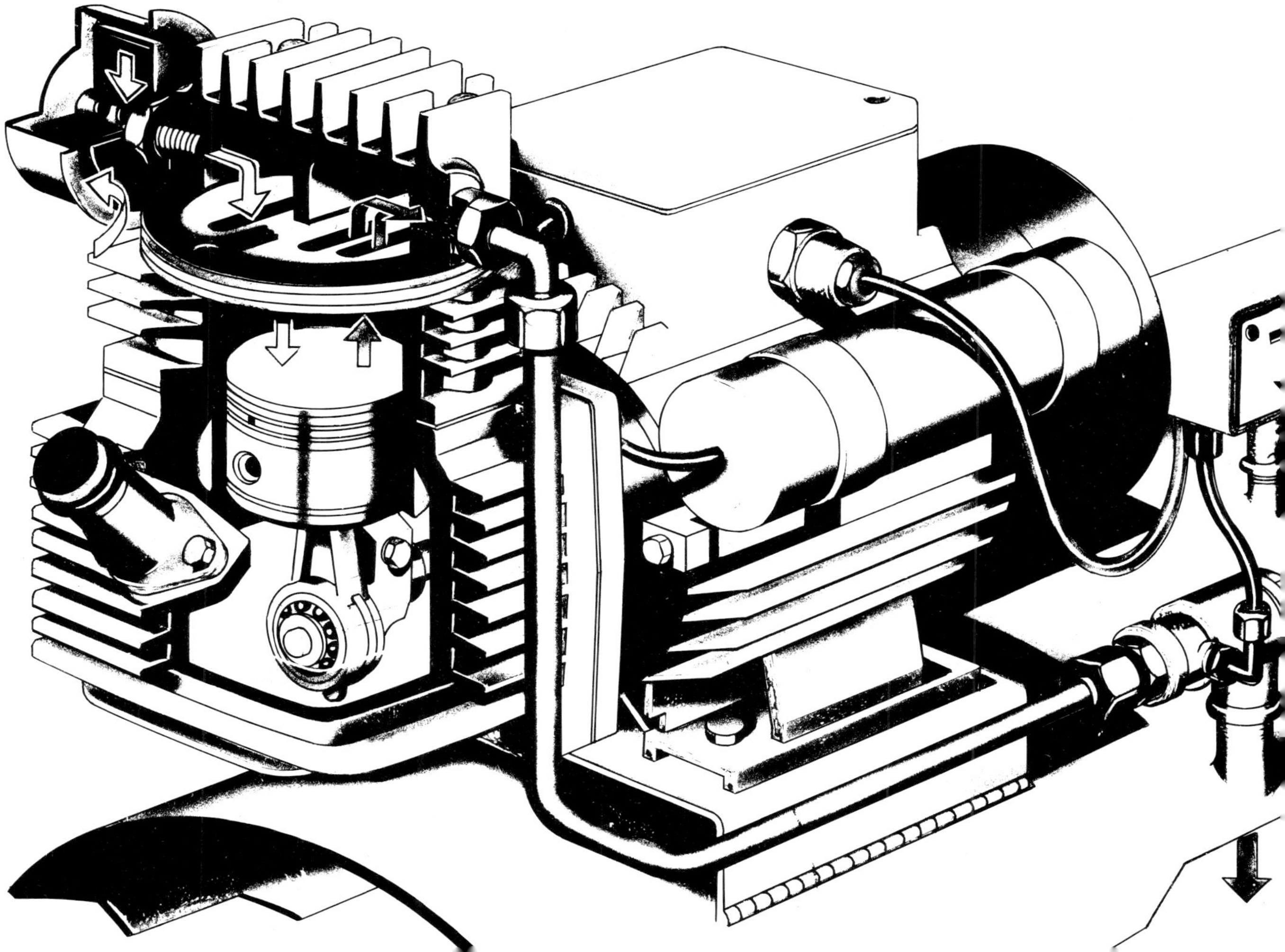

Kehrmaschine

Zum Reinigen und Sprengen von Straßen mit Rotierbürsten

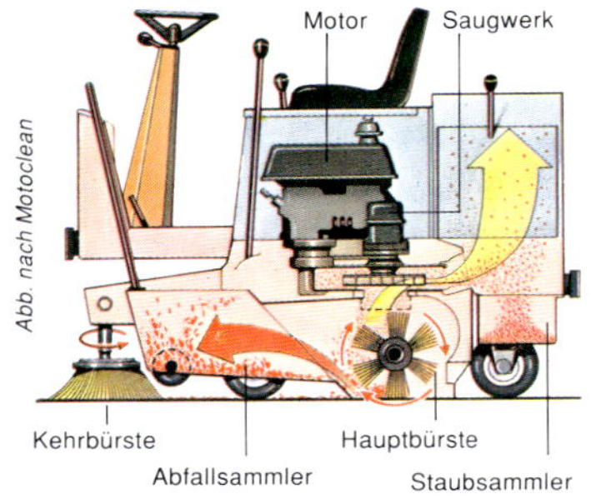

Kehrmaschine, Schnitt

Taschenrechner

Zum Ausführen von Rechnungen aller Art über Tastatureingabe mit Anzeige und Speicherung

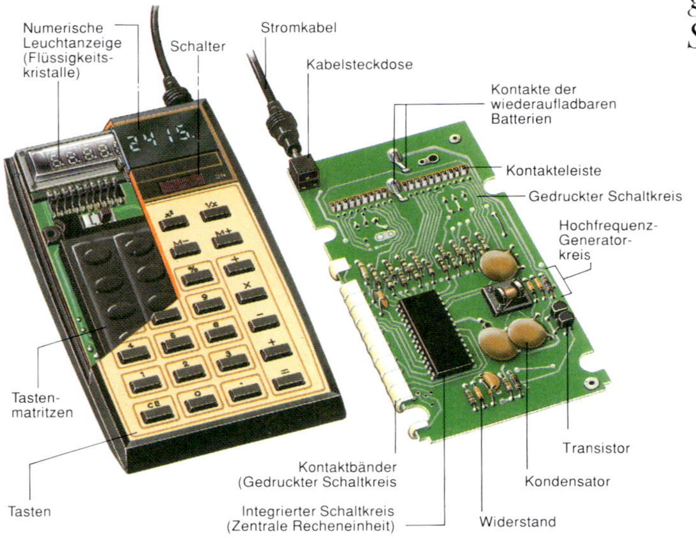

Kompressoren

Zum Komprimieren von Gasen (z.B. Luft) je nach Erfordernis

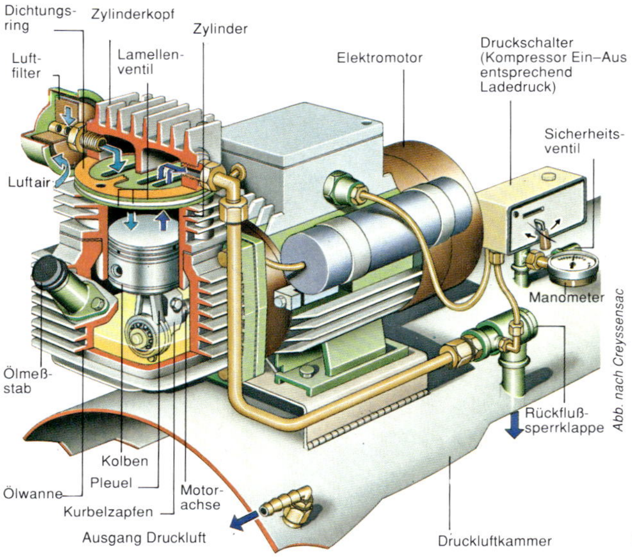

Kolbenverdichter

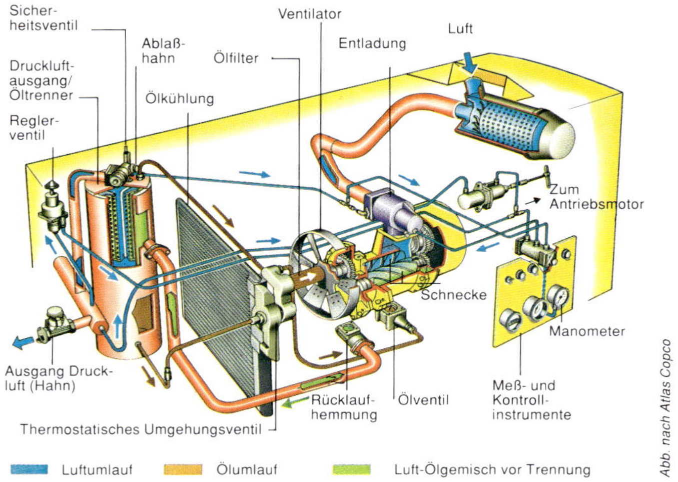

Schraubenverdichter

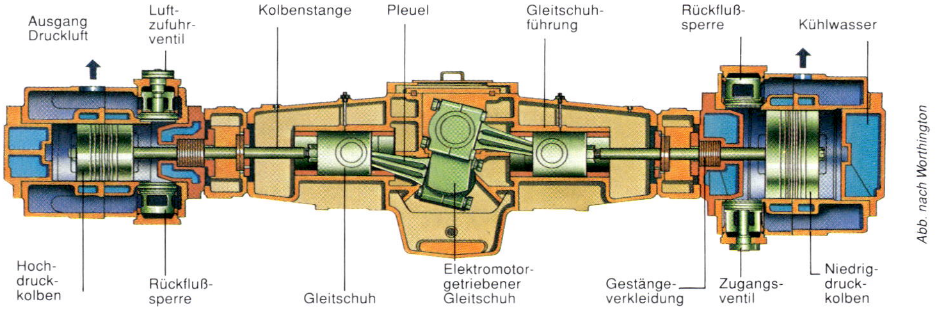

Hubkolbenverdichter

Erntemaschine

Zum Ernten, Kolbentrennen, Entkornen und Verladen von Maisernte

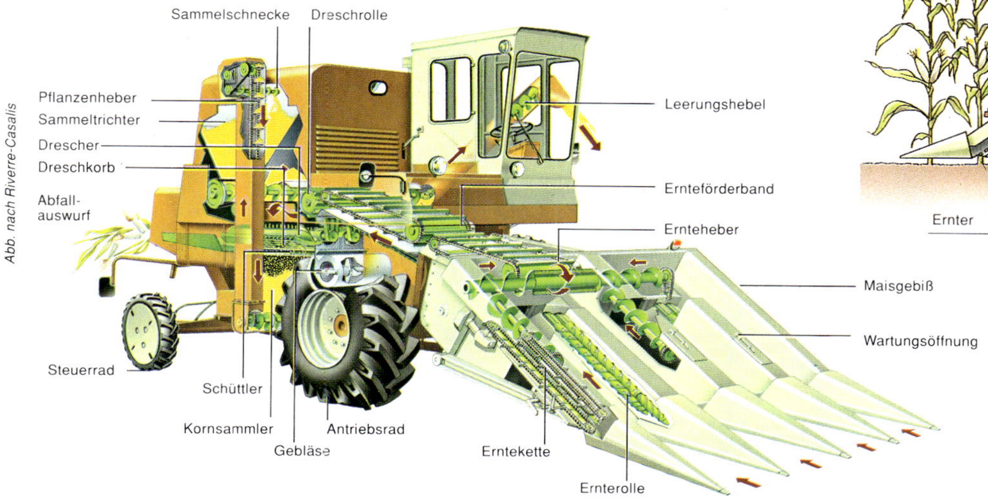

Abb. nach Riverre-Casalis

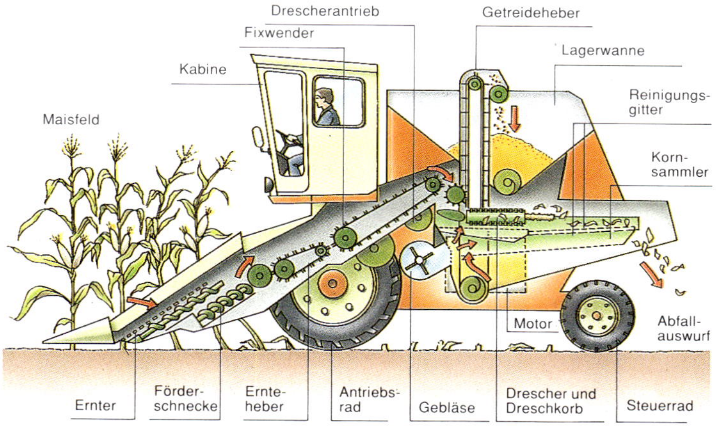

Nähmaschine

Zum mechanischen Ausführen von Näharbeiten

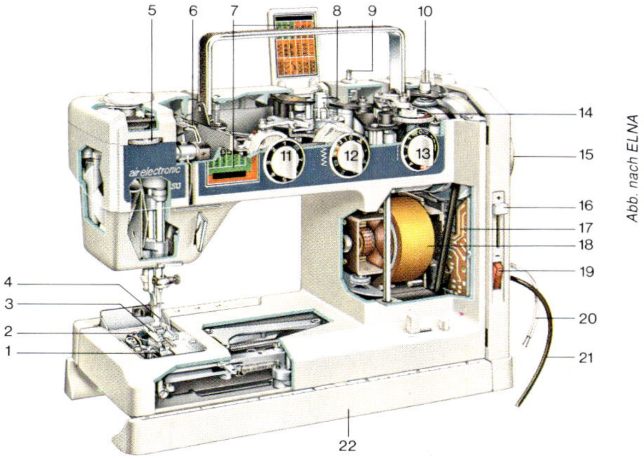

Abb. nach ELNA

Elektrische **Nähmaschine**
1. Nähplatte;
2. Horizontaler Drehhaken (Spule);
3. Nähfuß;
4. Nadel;
5. Obere Fadenspannung;
6. Fadenführung;
7. Sticheinstellung (Abstand/Stichart);
8. Wechselsticheinstellung;
9. Spulenträger;
10. Umspuler;
11. Stichwahl- und -automatikschalter;
12. Zickzackschalter;
13. Stichlängenschalter;
14. Stichverlängerungseinstellung;
15. Rad;
16. Geschwindigkeitsverstellung;
17. Elektronik;
18. Elektromotor;
19. Sicherung;
20. Stromkabel;
21. Fußpedalkabel;
22. Untergestell.

Selbstfahrhäcksler

Zum Zerkleinern von Feldfrüchten bei der Ernte zur Siloeinlagerung (s. a. S. 114).

Selbstfahrhäcksler

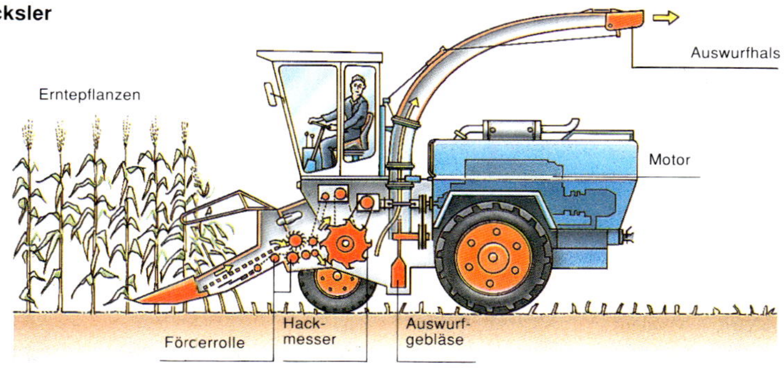

Häcksler-anhänger

Messerhäcksler
1. Auswurfschurre;
2. Messer; 3. Häcksler;
4. Schleifgerät;
5. Vorpreßrolle;
6. Zuführungsrolle;
7. Zuführungsschnecke;
8. Auswurfschurrenheber;
9. Manuelle Hydraulikpumpe;
10. Rückwärtslaufhebel;
11. Garbenpacker;
12. Sammlerzahn;
13. Deichsel;
14. Kardanwelle;
15. Sammlerantrieb;
16. Getriebe;
17. Rücklaufgetriebe

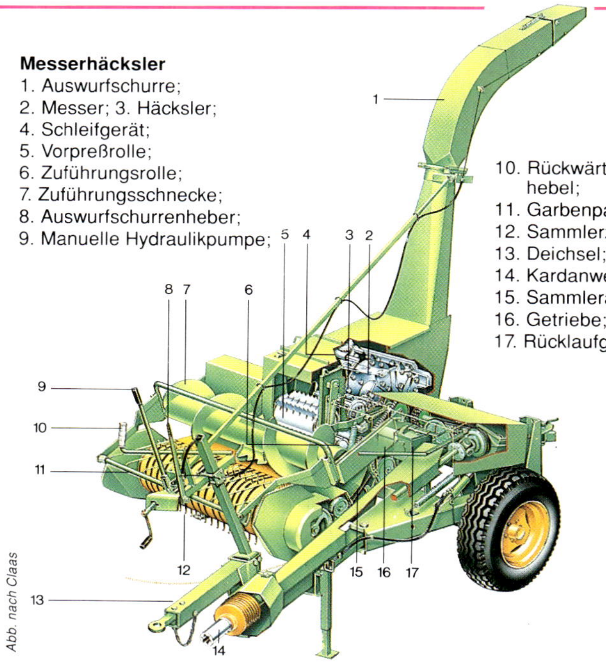

Abb. nach Claas

Plastikfließpresse

Zur industriellen Herstellung plastischer Kunststoffe mittels Durchlaufs durch eine Profildüse

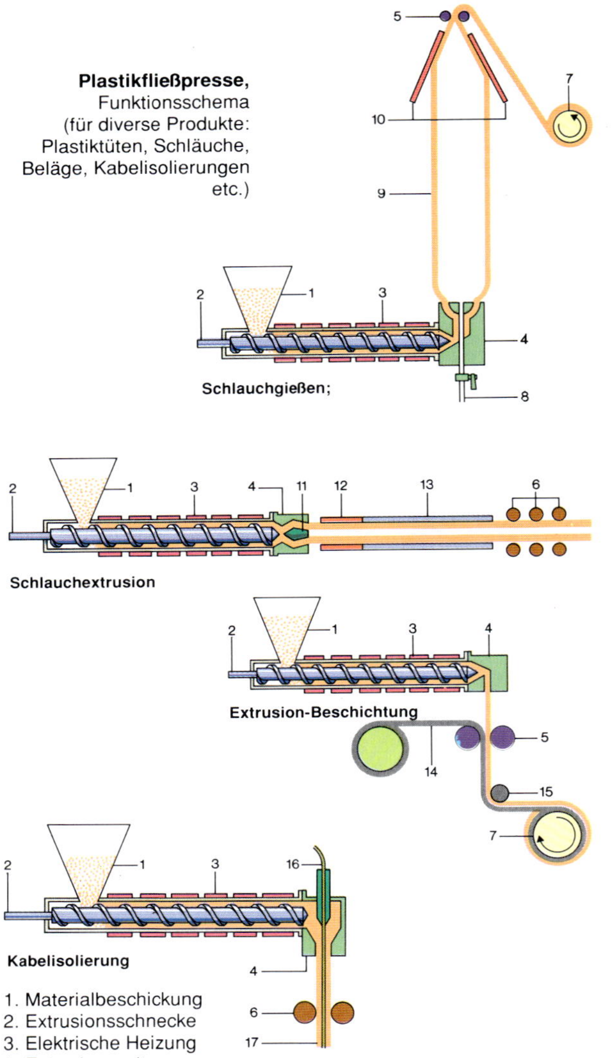

1. Materialbeschickung
2. Extrusionsschnecke
3. Elektrische Heizung
4. Extrusionsspitze
5. Preßrollen
6. Walzrollen
7. Aufrollung
8. Luft
9. Geblasener Schlauch
10. Haspelplatten
11. Torpedo (Verteiler)
12. Abkühlung
13. Kühlwanne
14. Schichtträger
15. Aufrollung
16. Kabeleinleitung
17. Ausstoß isoliertes Kabel

Mähdrescher

Zum Ernten, Schneiden, Dreschen, Trennen, Grobreinigen und Sofortverpacken von Getreideernten

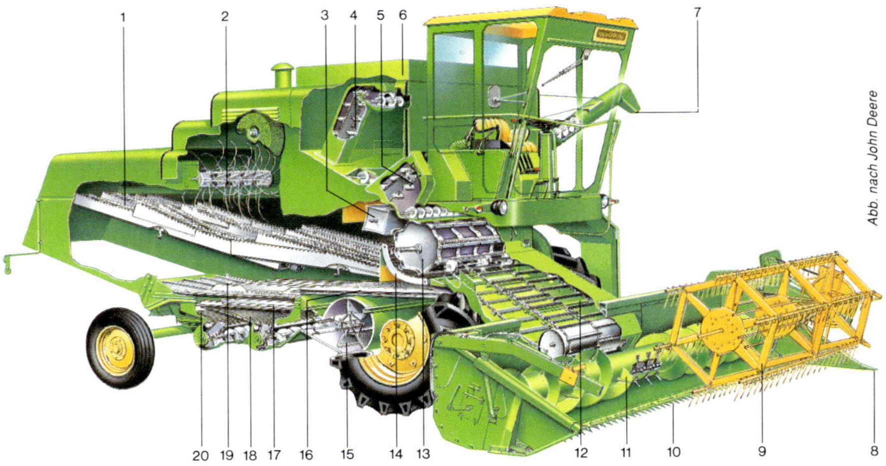

1. Rüttler;
2. Rotierrüttler;
3. Halmabzieher;
4. Kornheber;
5. Grannenheber;
6. Kornbehälter (4200 l);
7. Kornauswurf;
8. Halmteiler;
9. Mäh-Zinkenhaspel;
10. Mähschneider (4,25 m);
11. Förderschnecke;
12. Kettenantrieb;
13. Drescher;
14. Dreschkorb;
15. Gebläse;
16. Kornsammler;
17. Korngitter;
18. Kornrücklauf;
19. Grannengitter;
20. Grannenrücklauf.

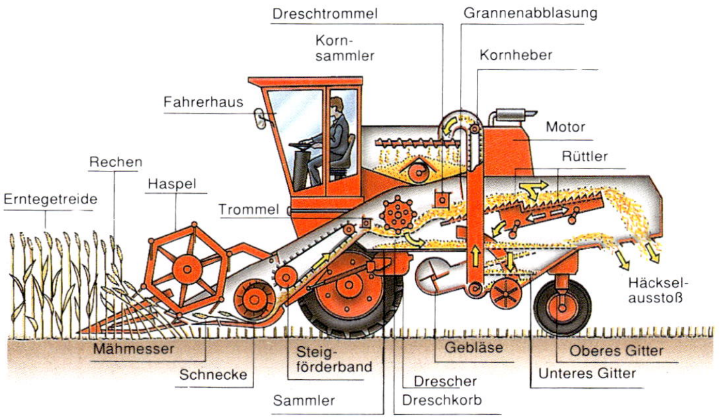

Funktionsschema

Walzenmühle

Zum Mahlen von Mehl, also der Zerkleinerung des Korns und seiner Ausmahlung zu Mehl (aus dem Körnerkern), Grieß (aus der übrigen Kernsubstanz) und von Kleie (der zermahlenen Körnerhülle)

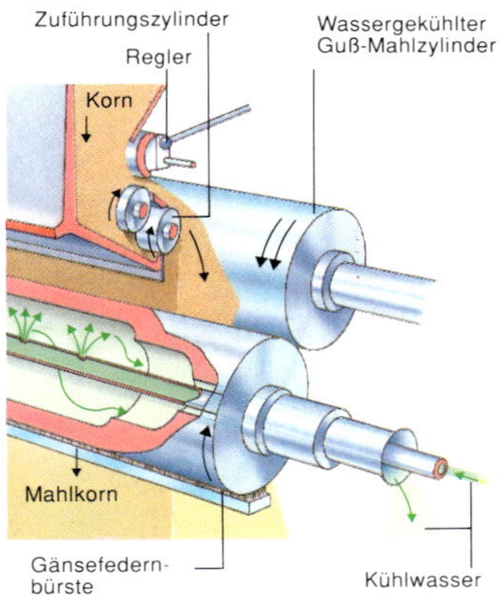

Mahlzylinder, Funktionsdetail

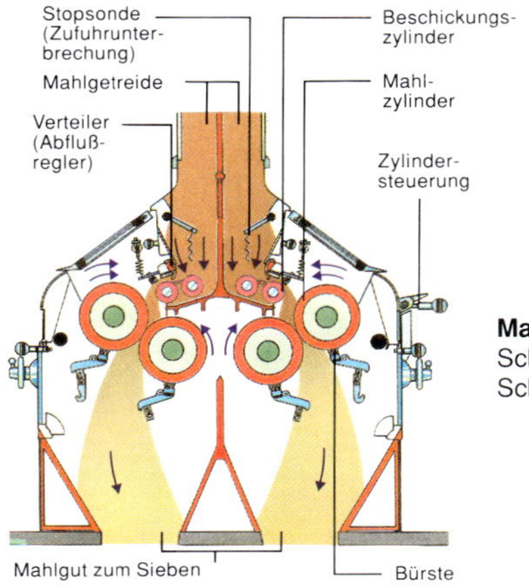

Mahlzylinder, Schematischer Schnitt

Pumpen

Zum Bewegen (meistens Heben) von Flüssigkeiten oder Gasen durch Ansaugen und Weiterleiten

Kolbenverdrängerpumpe

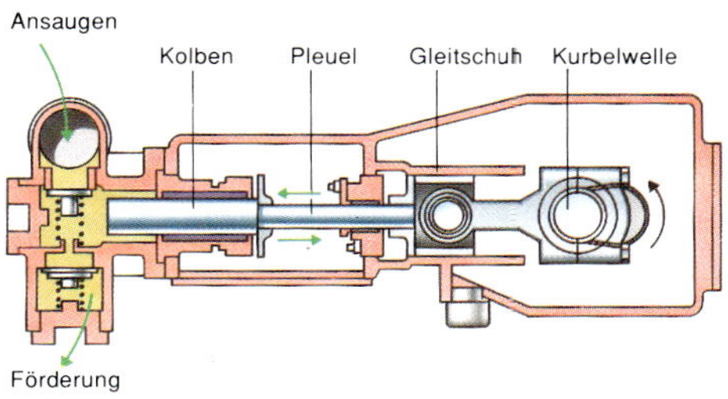

Membranverdrängerpumpe

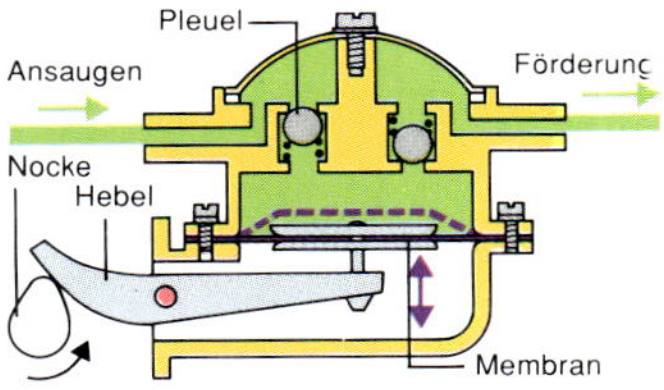

Flügelzellenverdränger-pumpe

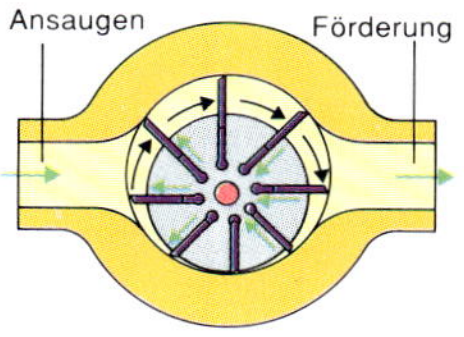

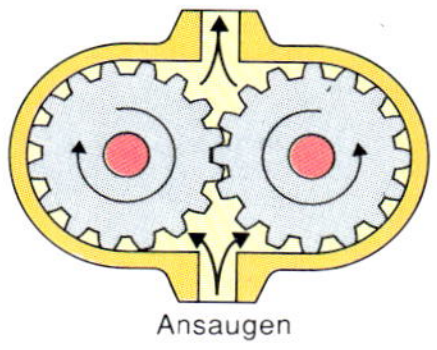

Schneckenverdrängerpumpe

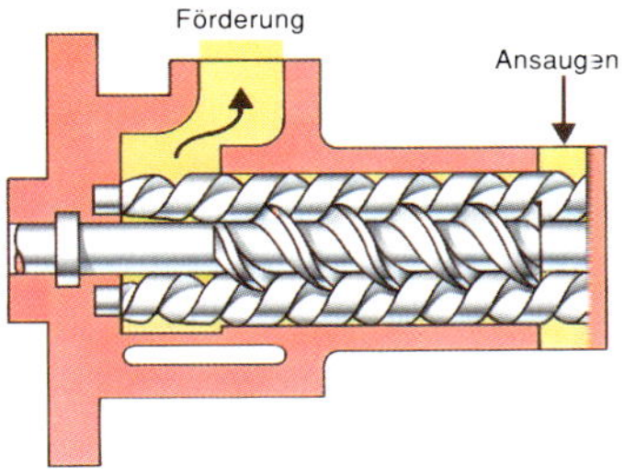

Zahnradkreiselver-drängerpumpe

Laufradkreiselpumpe

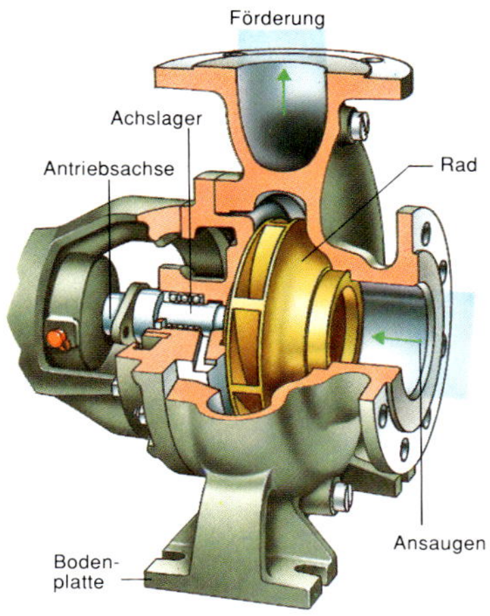

Kreiselrollenverdränger-pumpe

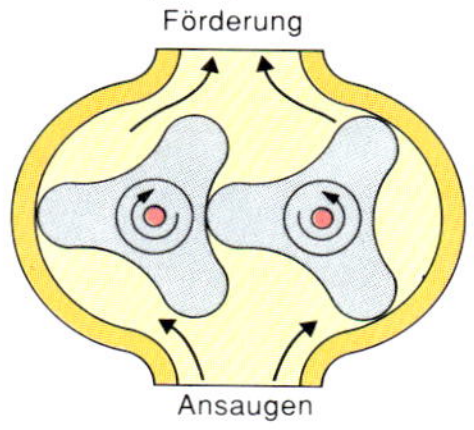

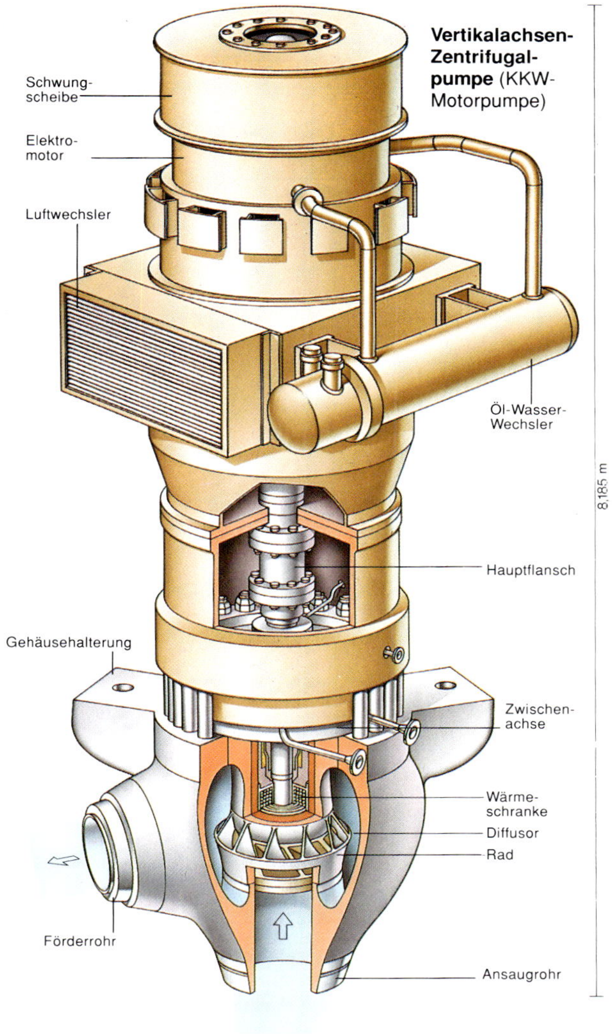

Vertikalachsen-Zentrifugal-pumpe (KKW-Motorpumpe)

Pressen

Zum Ausschneiden, Prägen (= eine nicht mehr veränderbare Fom geben) oder Verformen von Metall im Durchgang durch eine Preßmatritze

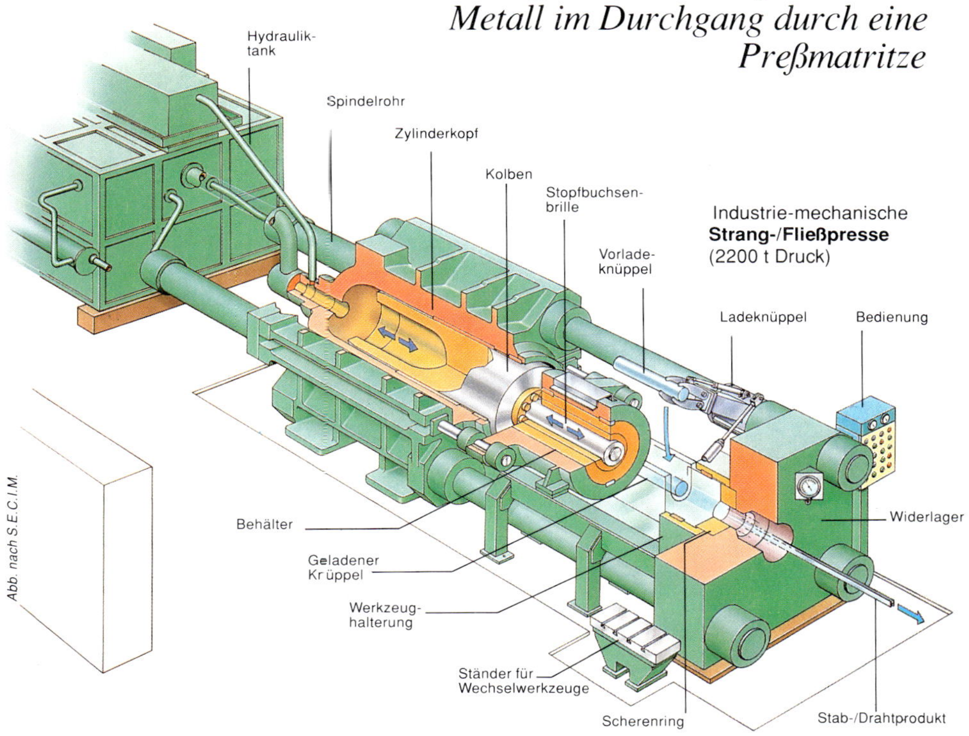

Industrie-mechanische **Strang-/Fließpresse** (2200 t Druck)

Abb. nach S.E.C.I.M.

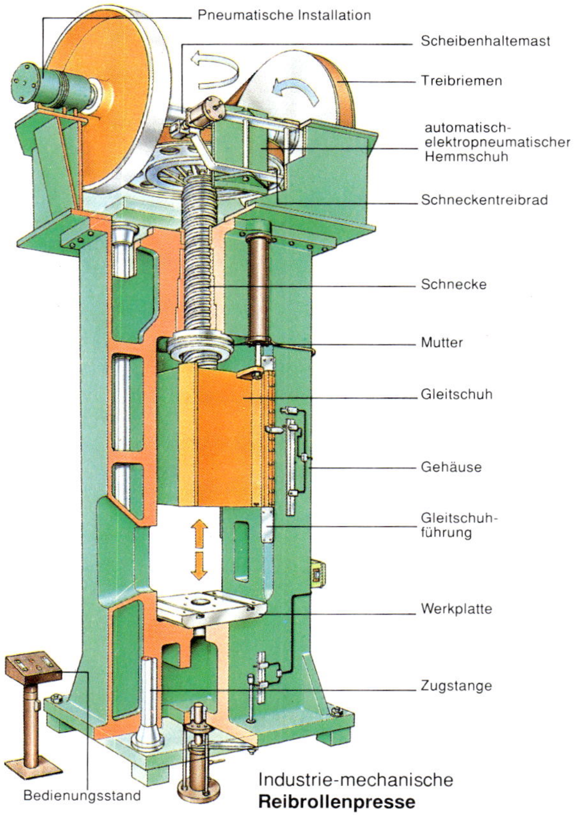

Industrie-mechanische **Reibrollenpresse**

Abb. nach Vaccaria

Abb. nach Komatsu-Mayores

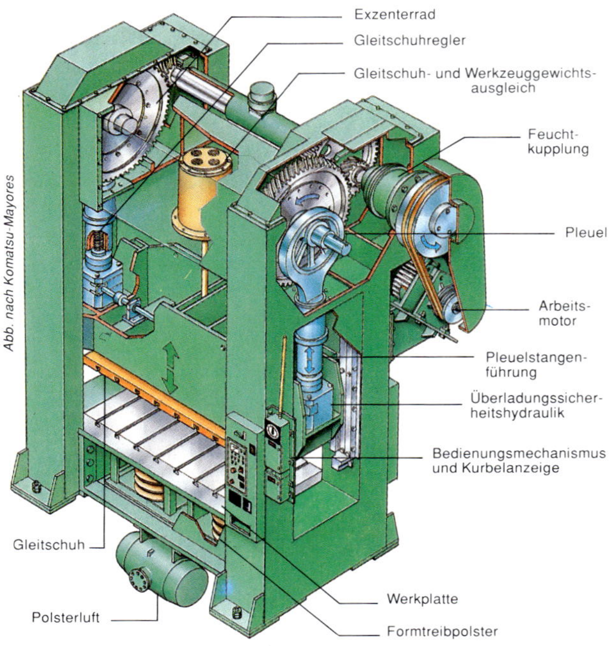

Industrie-mechanische
Exzenterpresse

Offsetpresse

Zum Blatt-für-Blatt-Bedrucken auf normalen Papier in einer oder mehreren Farben im Offset-Zweiseiten-Flachdruck

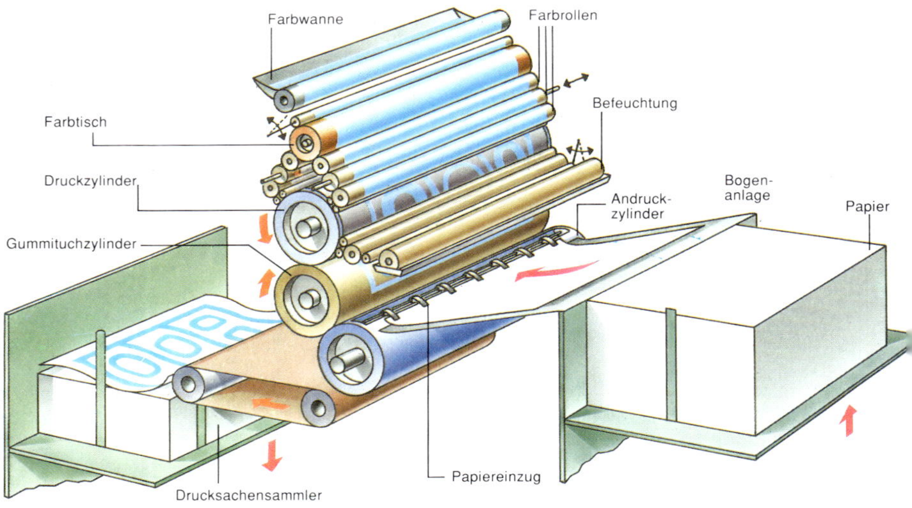

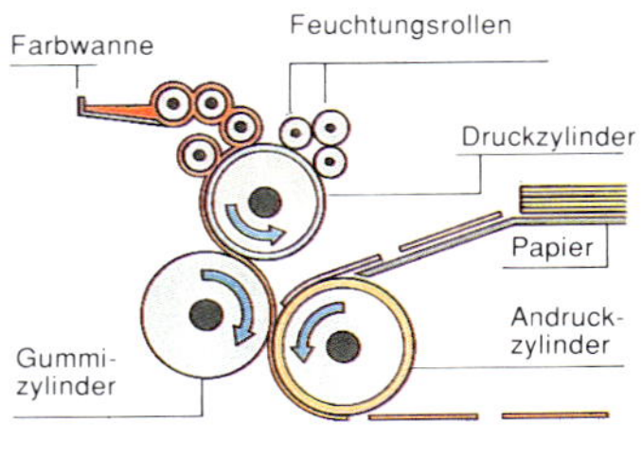

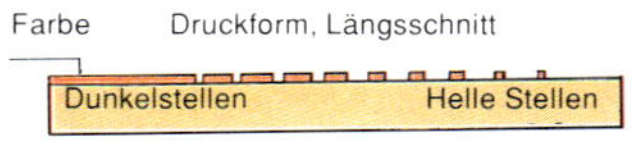

Offset (Flachdruck)

Der mit einem Gummituch überzogene Zylinder nimmt die Pausen des Druckzylinders auf und überträgt sie auf das Papier

Ballenpresse

Zum Pressen von Stroh oder sonstigen abgeschnittenen Feldfrüchteteilen in große Walzenballen

Abb. nach Rivierre-Casalis

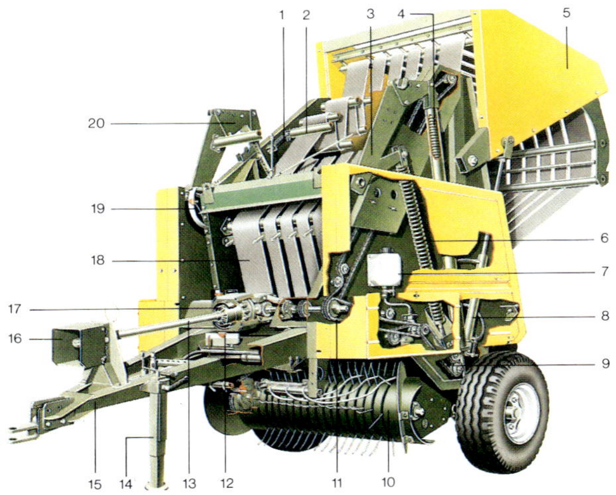

1. Druckfeder; 2. Riementreibrolle; 3. Riemenspanner; 4. Zusatzfeder; 5. Ballenauswurf (offen); 6. Hauptfeder; 7. Öltank; 8. Ballenauswurföffner/-schließer; 9. Hilfstreibkette; 10. Garbensammler; 11. Hauptlaufkette; 12. Schnurauslauf; 13. Getriebeachse; 14. Verstellbare Stütze; 15. Deichsel; 16. Getriebelager; 17. Kardangelenk; 18. Treibriemen; 19. Ballengrößeneinstellung; 20. Ballenfestigkeitseinstellung.

Ballenpresse,
Funktionsschema
(Walzenballen)

Abb. Pluto

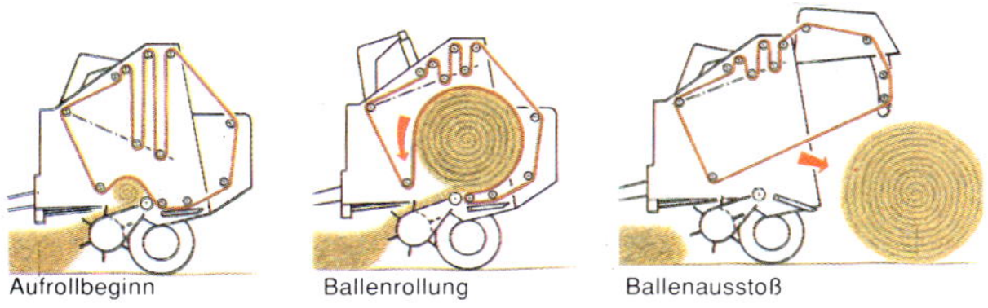

Tiefdruckpresse

Zum Druck auf Rollen, schwarzweiß oder in Farbe, mit eingegrabenen oder eingeätzten Druckformen

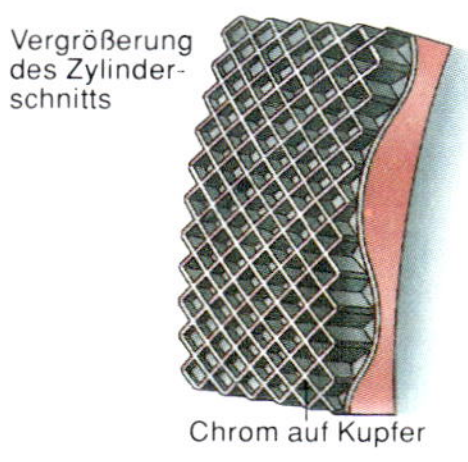

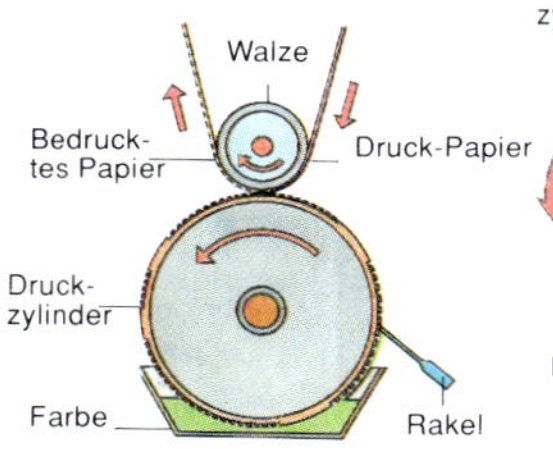

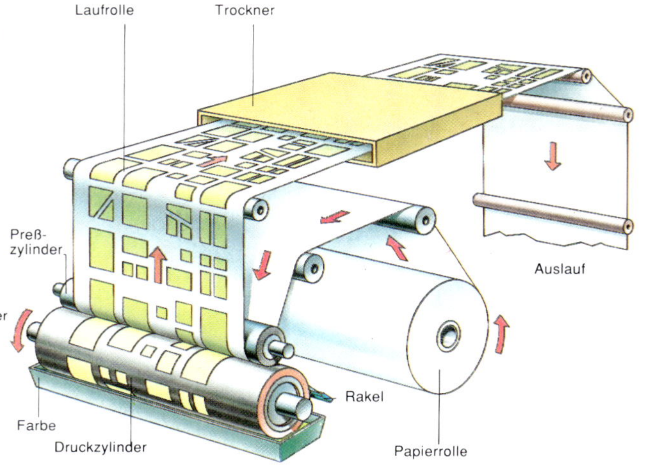

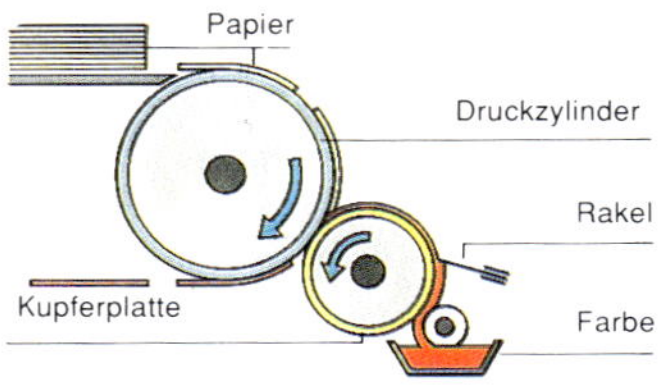

Tiefdruck

In den Kupferzylinder wird die Druckform mehr oder minder stark eingeätzt; die Vertiefungen nehmen Farbe auf und übertragen sie auf das Druckpapier.

Tokamaks

Zur Erlangung eines sehr heißen Plasmas (Plasma ist ein Gas extrem hoher Temperatur, in welchem der hohe Grad thermischer Partikelbewegungen – Ionen und Elektronen – die für eine Kernreaktion nötigen Energien erzeugt).

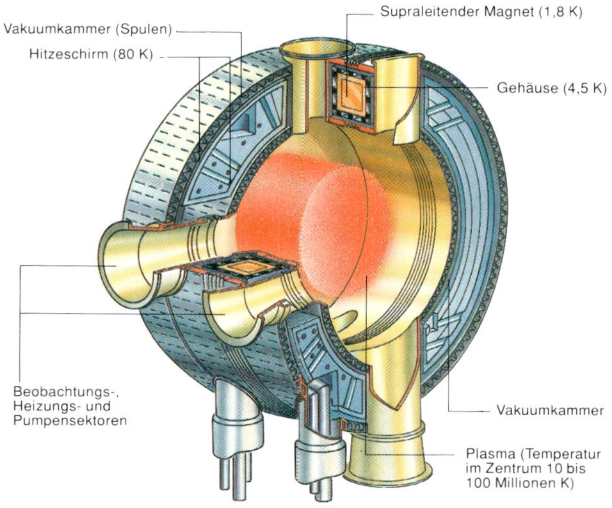

Schnitt durch einen Supra-Torus-Sektor

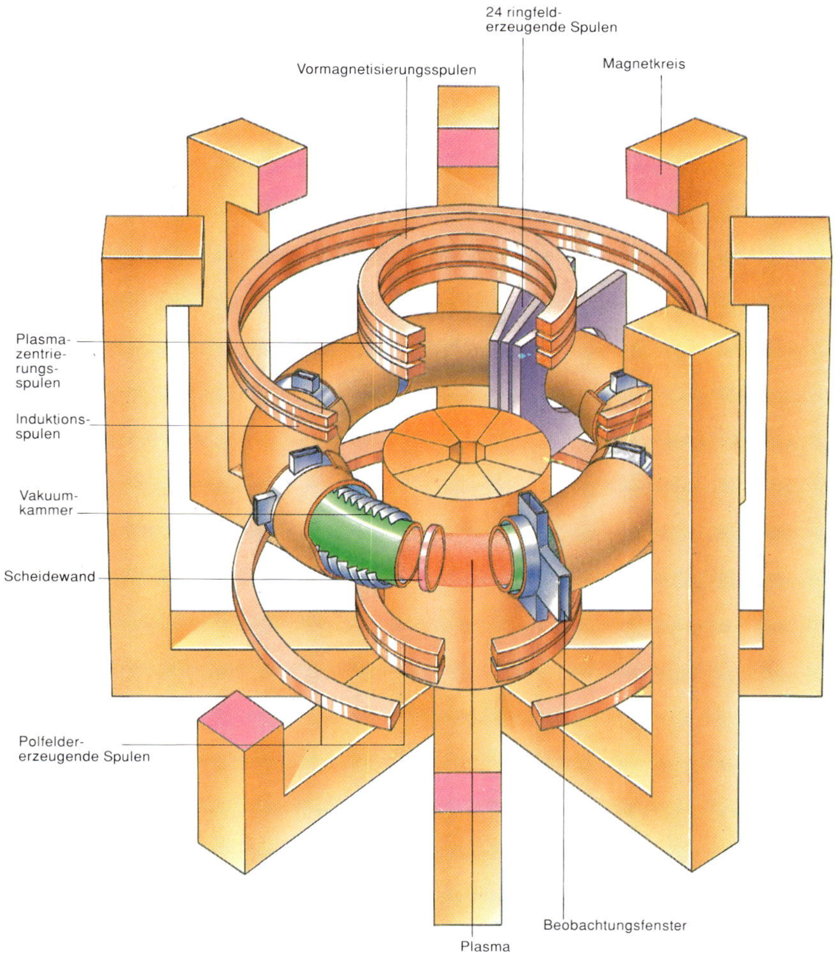

Tokamak (Schema) im Centre d'études nucléaires von Fontenay-aux-Rosses (TFR)

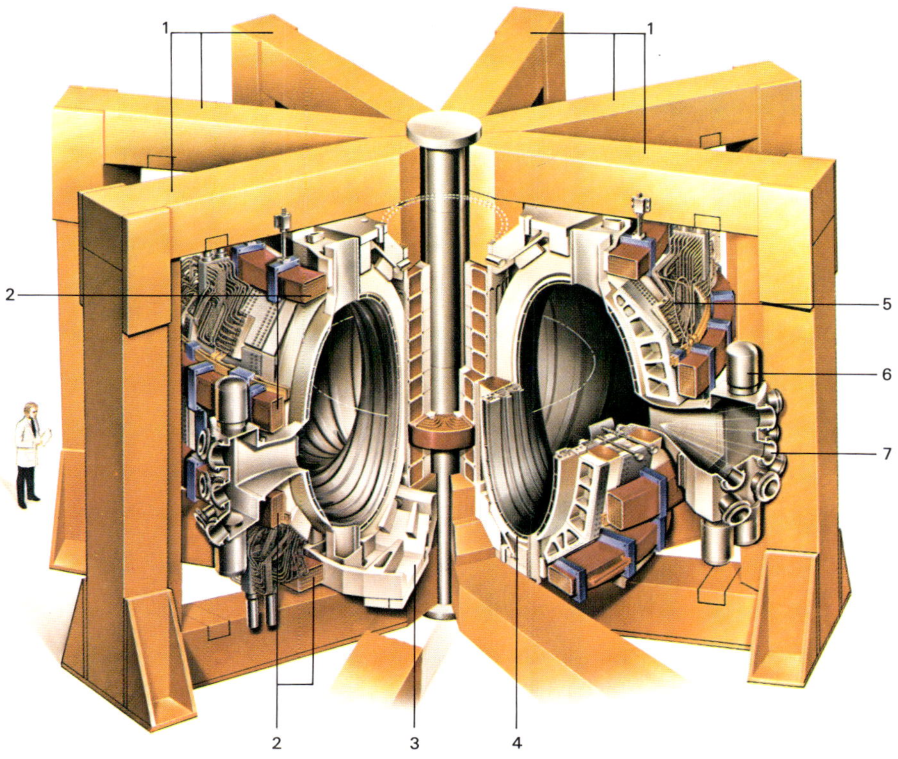

Tokamak ist die auch international üblich gewordene Bezeichnung für in der Sowjetunion entwickelte Versuchsgeräte zur Erzielung der Kernfusion durch magnetische Einschließung eines Plasmas in torusförmige metallische Entladungsgefäße – ein Kunstwort mit der Bedeutung „torusförmige Magnetfeldkammer". Ein „Torus" ist die Ring- oder Kreisfläche, die durch Rotation eines Kreises um eine in seiner Ebene liegende, den Kreis nicht treffende Gerade entsteht; auch Bezeichnung für den von dieser Fläche begrenzten Körper. Supratorus ist der Name eines Geräts vom Typ Tokamak, das in Cadarache in Frankreich gebaut wurde.

Europäischer **Tokamak** JET (Joint European Torus) in Culham (GB), Schema
1. Magnetkreis für die Stromerzeugung zur Erhitzung des Plasmas;
2. Magnetfelderzeugende Spulen zum Plasmaabgleich;
3. Element zur Leistungskonservierung;
4. Torusmantel innen zur Plasmaabgleichs-Erhaltung;
5. Ringmagnetfeld erzeugende Spule;
6. Pumpe;
7. Einspeisung neutraler Atome.

Tunnelfräse

Zur Direktbohrung von Tunnels, Galerien, Brunnen oder Schächten von 3 bis 11 m Durchmesser ohne Zuhilfenahme von Sprengmitteln und unter erträglichen Arbeitsbedingungen (= solange man nicht auf harten Fels stößt)

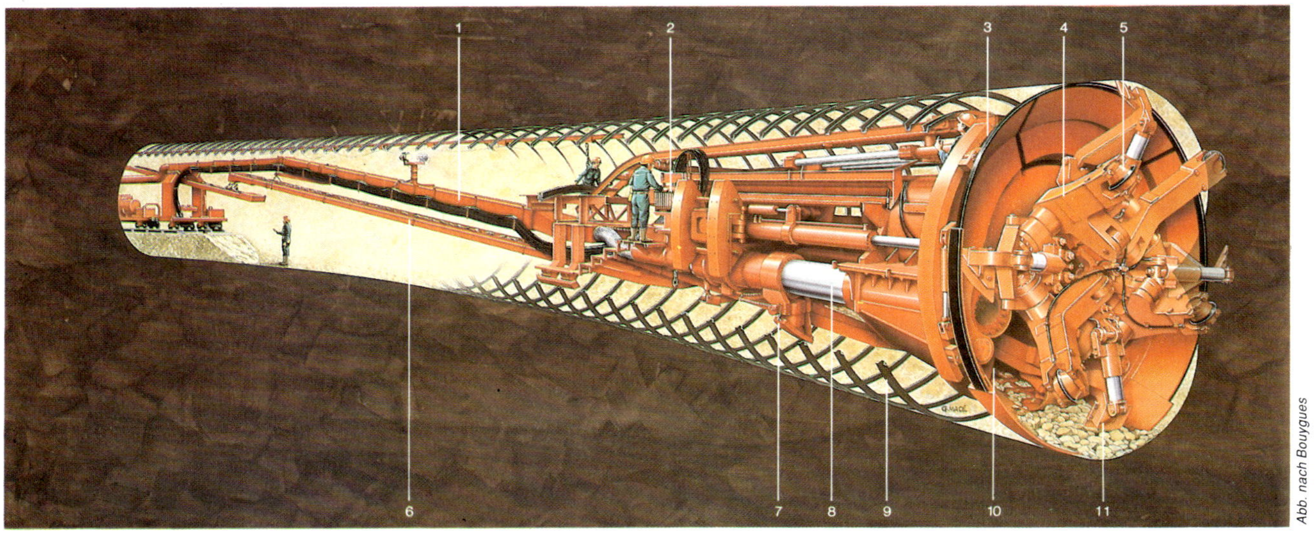

Tunnelfräse (wie sie im Nordstollen des Ärmelkanaltunnels für die Bohrung des Schachtes von 5 m Durchmesser verwendet wurde)

1. Verbindungsträger;
2. Bedienungsstand;
3. Schild;
4. Fräsarm;
5. Bohrkopf (Maulwurf);
6. Abraumförderband;
7. Stützwinde (Gripper);
8. Vortriebswinde;
9. Metallgürtel;
10. Abraumöffnung;
11. Schrapper.

Turbinen

Zur Nutzung der Energie einer Flüssigkeitsenergienutzung oder eines Gases und ihrer unmittelbaren Umsetzung in Rotationsenergie für den Antrieb einer Arbeitsachse

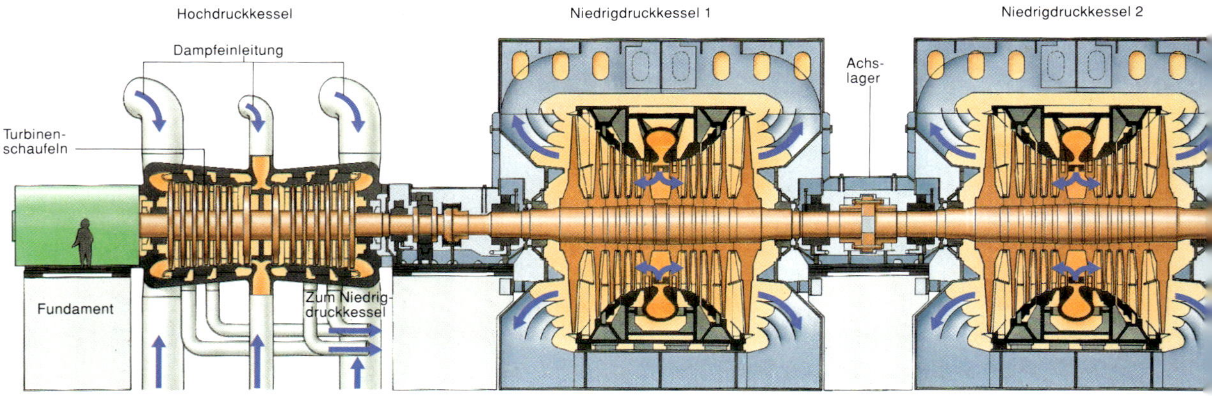

Dampfturbine (Kondensationsturbine 1020 MW des KKW Fessenheim (Frankreich)

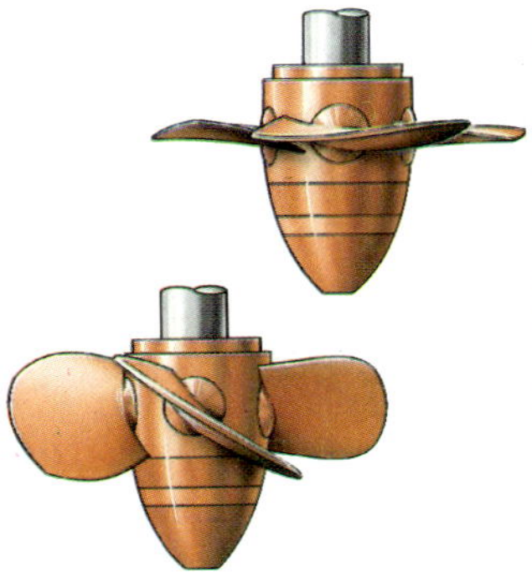

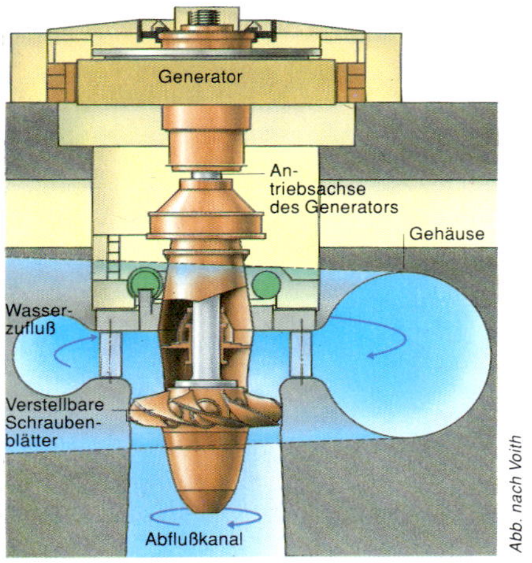

Hydraulische **Kaplan-Turbine** des Wasserkraftwerks Tres Marias (Brasilien), mit Details

Hydraulische **Francis-Turbine** des Wasserkraftwerks Ilha Solteira (Brasilien)

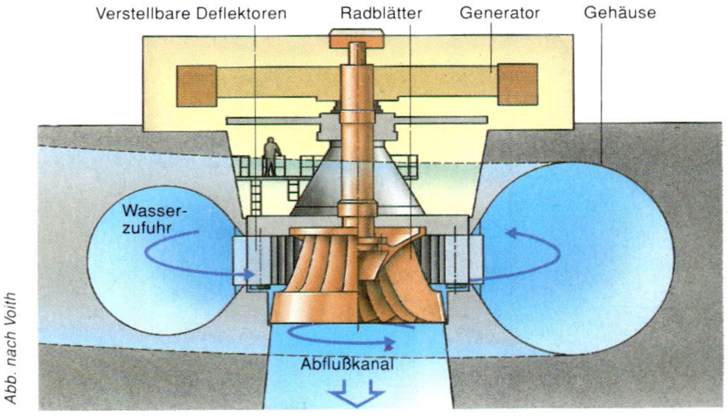

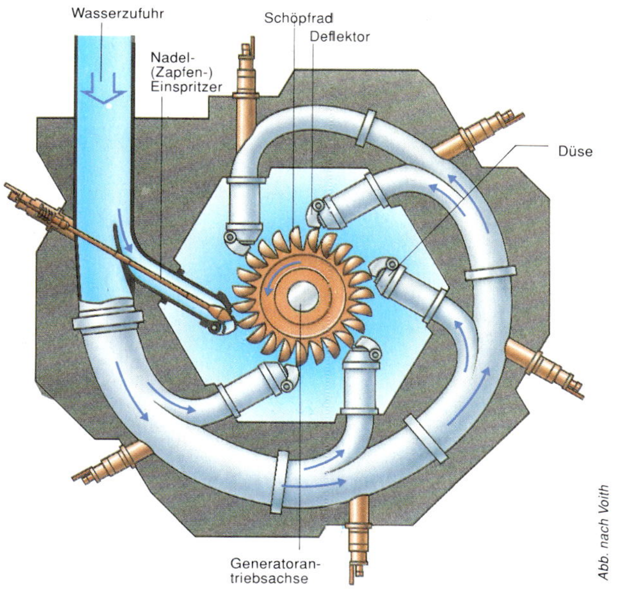

Hydraulische **Pelton-Turbine**
mit Vertikalachse im
Wasserkraftwerk Middle Fork/USA

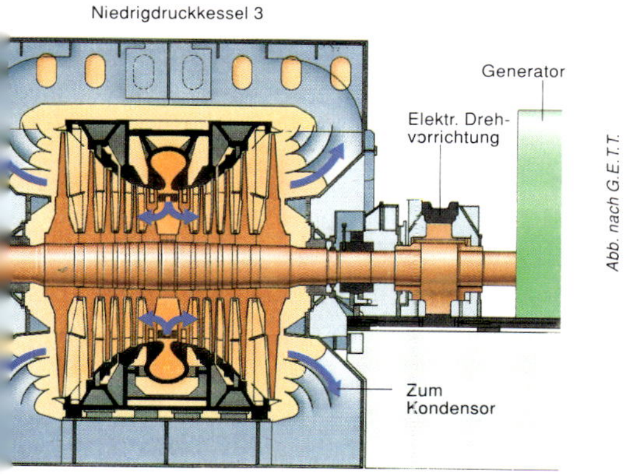

Industrielle **Gasturbine**

ND = Niedrigdruck, HD = Hochdruck

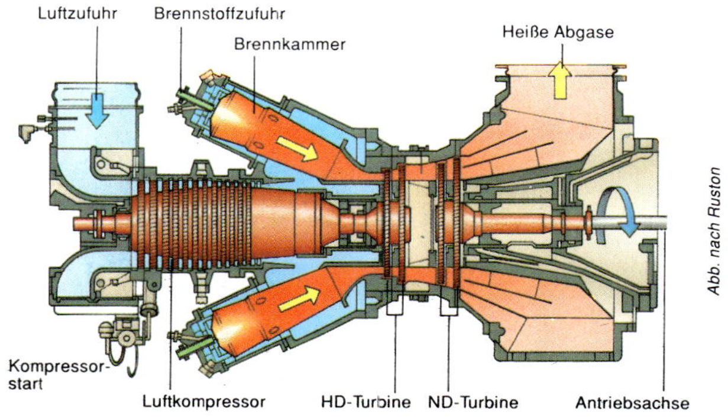

Traubenerntemaschine

Zur maschinellen Rebenlese und Einfüllung in einen Anhänger

Technische Daten:

Länge:	5,42 m
Breite:	2,49 m
Höhe:	3,25 m
Achsabstand:	2,50 m
Leergewicht:	5900 kg

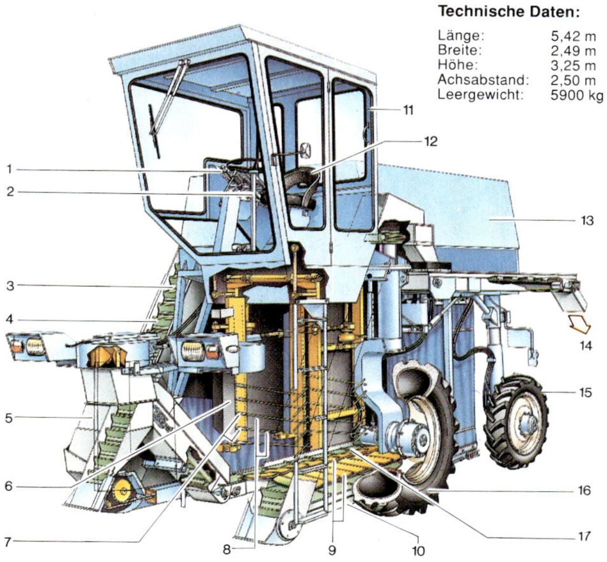

1. Hydraulikkommandos;
2. Hydrostatische Lenkung;
3. Endlostransportband;
4. Gebogene Knaggen;
5. rostfreies Dichtungsblech;
6. Pendelnder Ernter;
7. Brechschneiderkasten;
8. Polyesterbrecher;
9. Regelbare, selbstreinigende Förderschuppen;
10. Förderschuppenträger;
11. Fahrerhaus;
12. Verstellbarer Sitz;
13. Dieselmotor, 6 Zylinder;
14. Rebenlaubausstoß;
15. Steuerungsrad;
16. Antriebsrad;
17. Verstell- und höhenregelbarer Traubensammler.

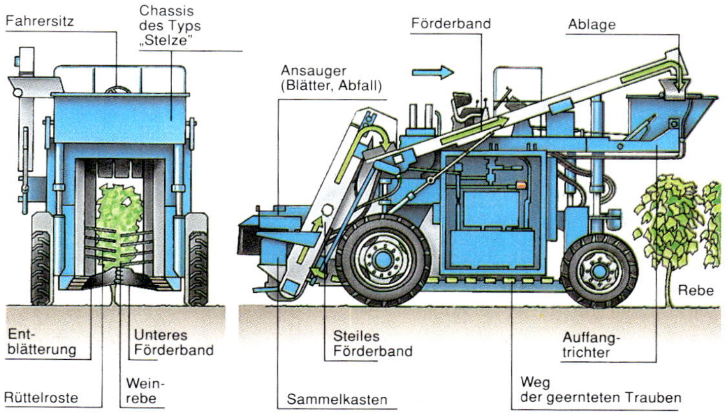

Werkzeugmaschinen

Fräsen

Für alle Arten der Metallbearbeitung mit Hilfe einer Fräse (Planieren, Nuten/Auskehlen, Sägen/Schneiden, Zähnung etc.)

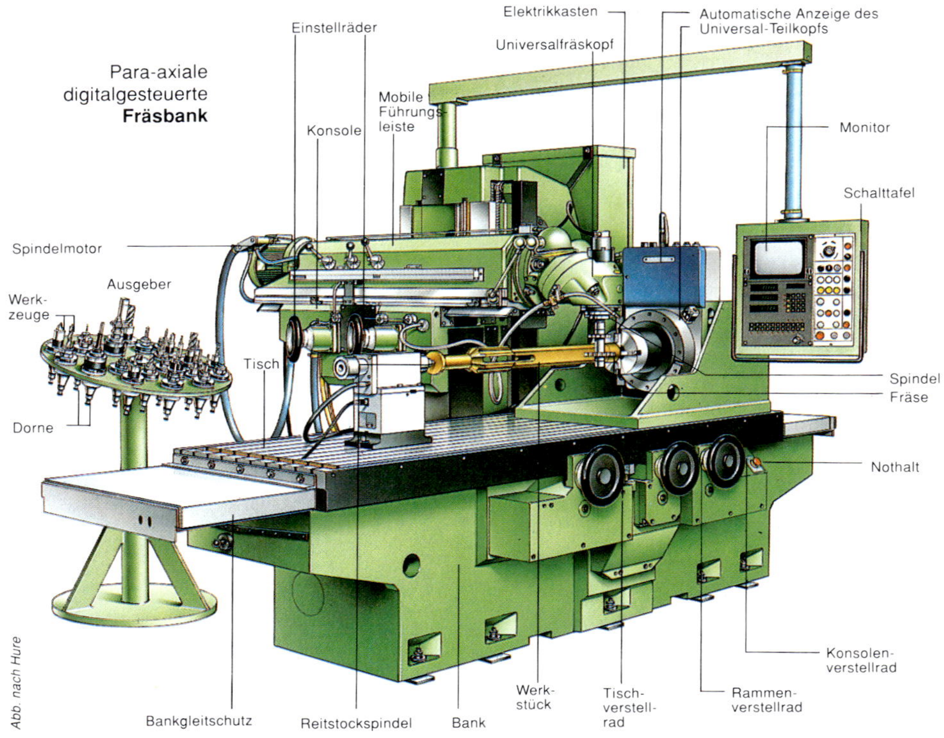

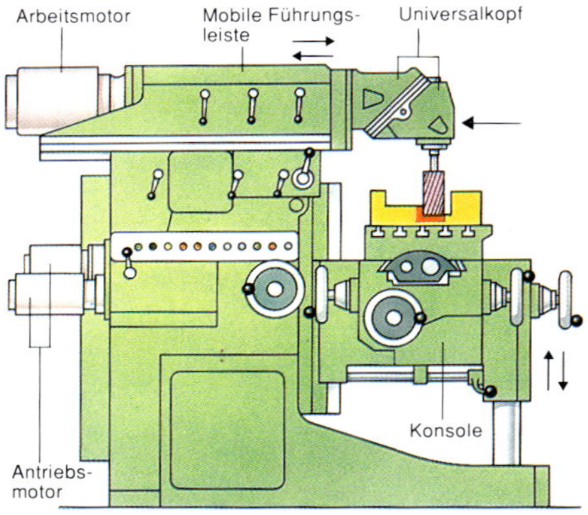

Planieren

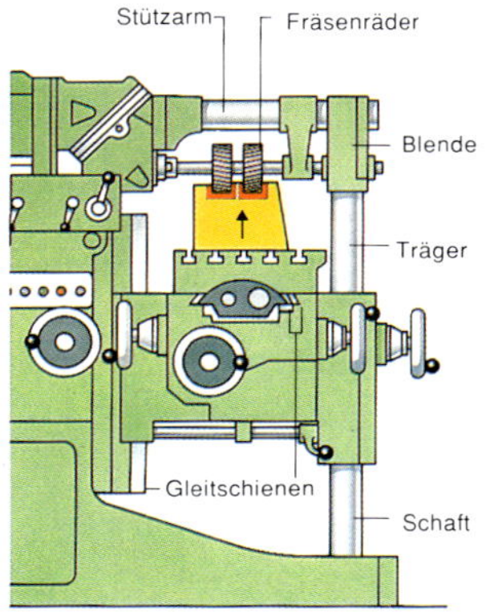

Nuten/Auskehlen

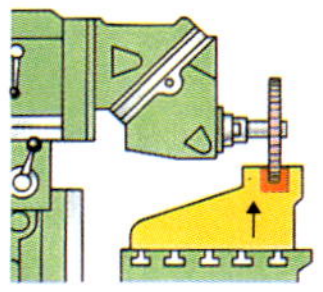
Sägen/Schneiden

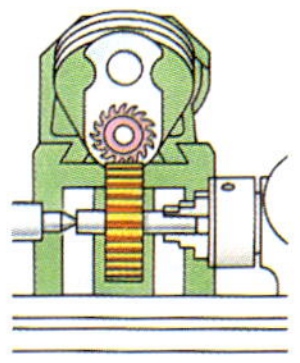
Zähnung

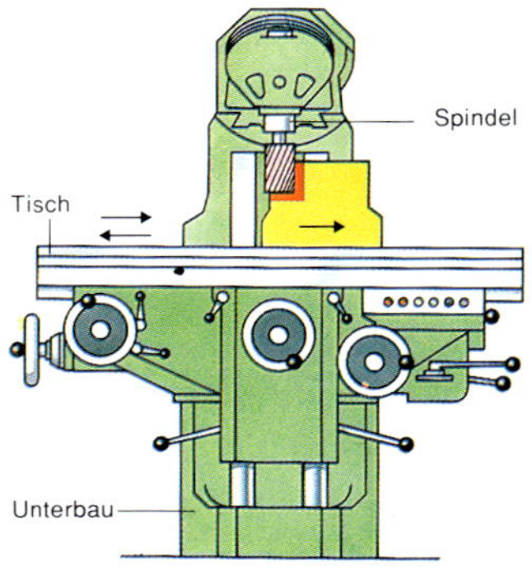

Profilfräsung

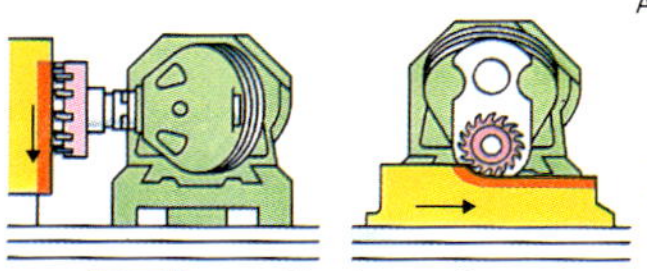
Vorder- und Seitenansicht

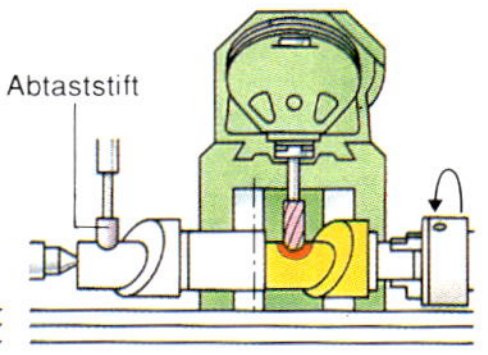

Kopierfräsung

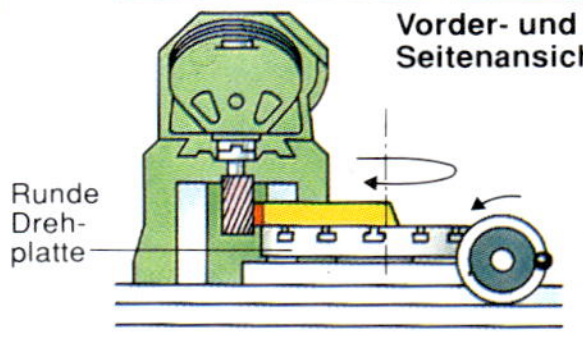

Kreisfräsung

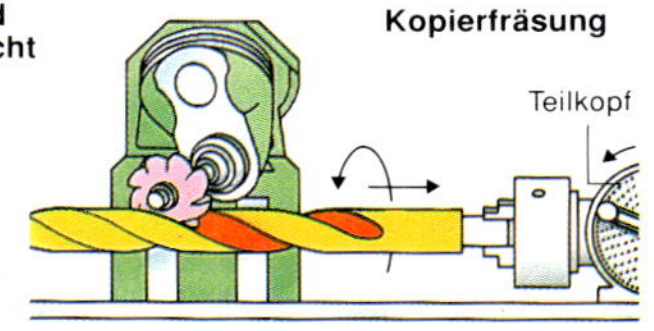

Gewindefräsung

Preßlufthammer

Zum Ausführen von Aufbrecharbeiten mit Hilfe von Preßluft

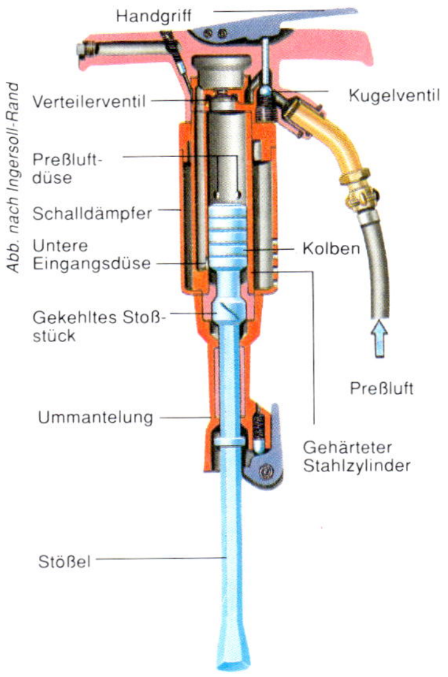

Schlitzfräsen

Zum Fräsen von Schlitzen in Metall oder Holz

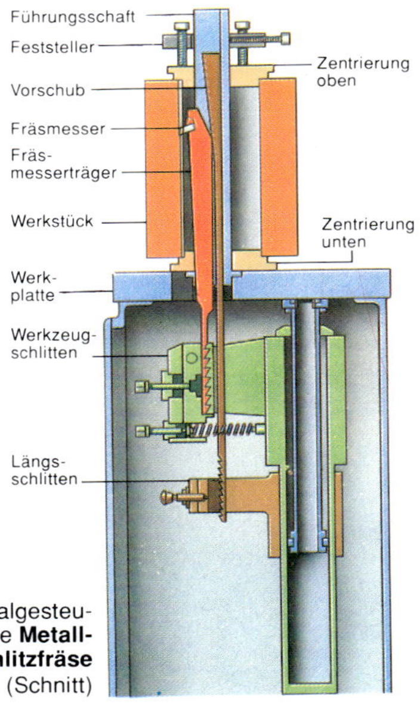

Digitalgesteuerte **Metall-Schlitzfräse** (Schnitt)

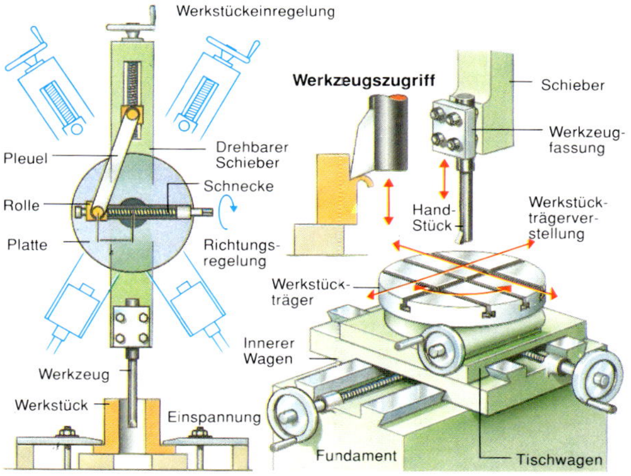

Ein Schlitz ist eine Lochöffnung von normalerweise rechteckiger Form zur Aufnahme eines Steckzapfens eines anderen Werkteils zum Zwecke ihrer Verbindung.

Gesamtansicht und Schnitt einer Pleuel-**Metall-Schlitzfräse** mit Kurbelscheibe

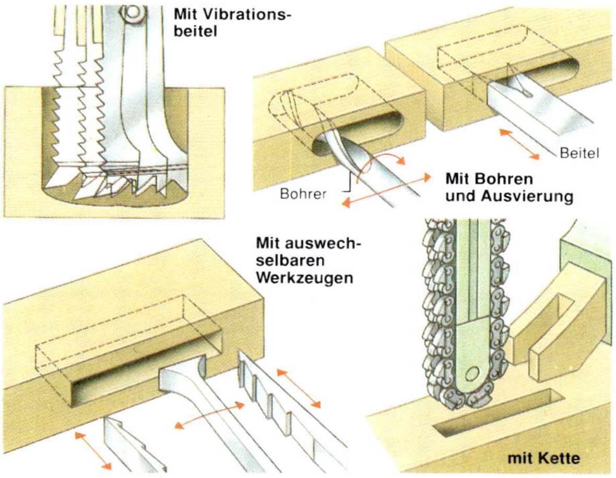

Holzschlitz-fräsung

Bohrmaschinen

Zum Bohren und, allgemein, der Ausführung axialer Arbeitsprozesse (entlang der Achse des Werkstücks), die dem Bohren nachfolgen: Fein-/Zylinderbohrung, Gewindebohrung und Senken

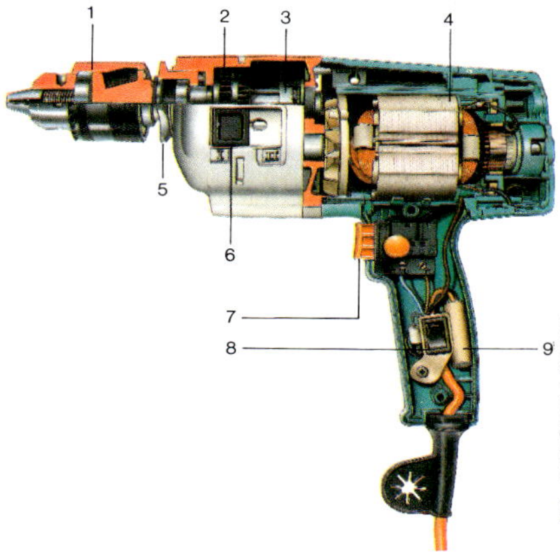

Elektrische tragbare **Bohrmaschine**
1. Spannfutter;
2. Zahnradgetriebe;
3. Schlagschaltklaue;
4. Elektromotor;
5. Einstellring (Normal oder Schlag);
6. Bohr-Drehgeschwindigkeitseinstellung (1250 oder 2800 U/min);
7. Schalter;
8. Motor-Laufgeschwindigkeitseinstellung (1000 oder 2300 U/min);
9. Störschutz.

Abb. nach Black & Decker

Mehrspindelkopf, Schema

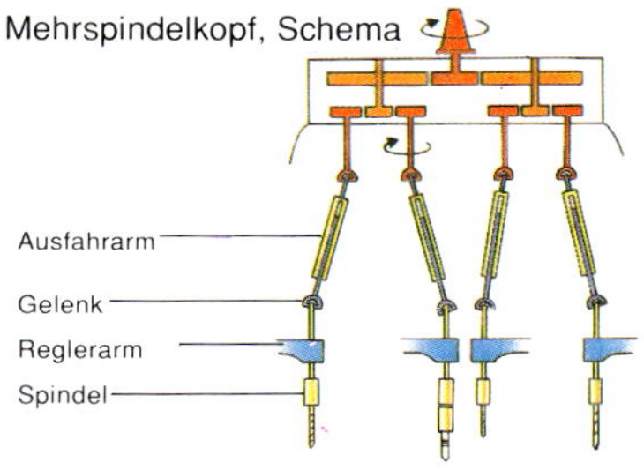

Mehrspindelige **Bohrmaschine** mit regelbaren Getrieben

Verschiedene **Bohrarten**

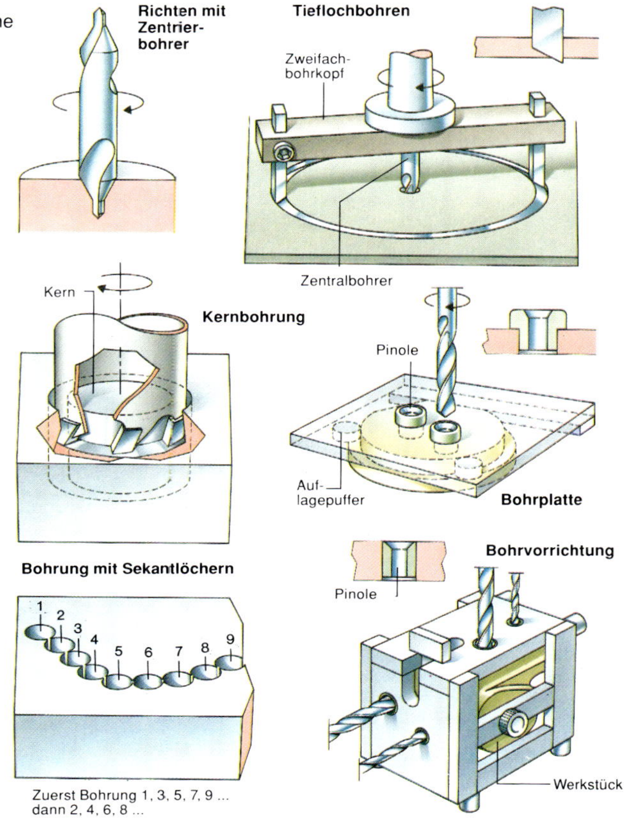

Hobelfräsen

Zur Glättung metallischer Oberflächen oder zur Zurichtung eines Stücks Holz auf seine endgültige Dicke

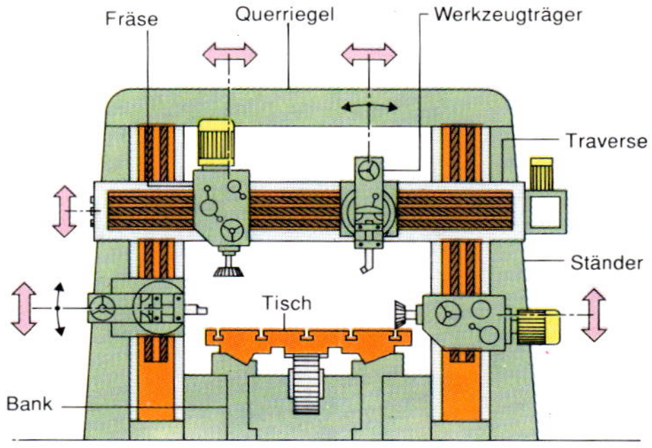

Abb. nach M. Carnaghi

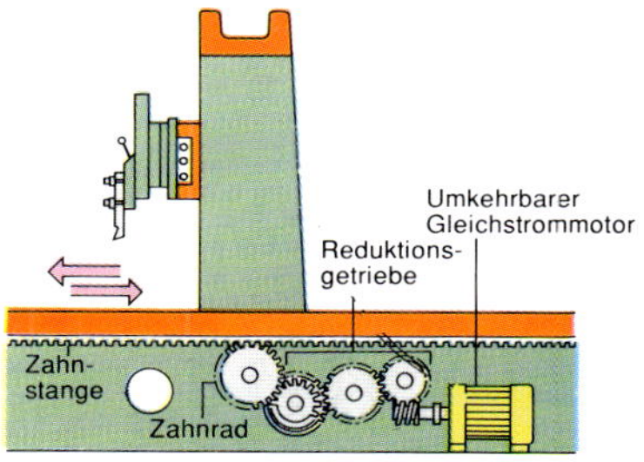

Hobelfräse, Funktionsschema

Holzhobelmaschine
Das Werkstück (1) auf dem höhenverstellbaren Tisch (2) wird von der Riffelwalze (3) unter den Werkzeugschaft (4) gezogen, bevor es die von den Ketten und Ritzeln (7) getriebenen Glattwalzen (5) und Gummiwalzen (6) durchläuft. Der Motor (8) treibt über Keilriemen (9, 13) das Werkzeug und das Reduktionsgetriebe (10) mit Unterstützung eines Drehmomentwandlers (11). Die Durchlaufgeschwindigkeit bemißt sich nach der Holzart und der Tiefe des Hobelns. Das Einstellrad (12) regelt die Spannung des Laufriemens (13) und verändert damit den Durchmesser (14) des Drehmomentwandlers. Kupplung (15). Spannstück (16).

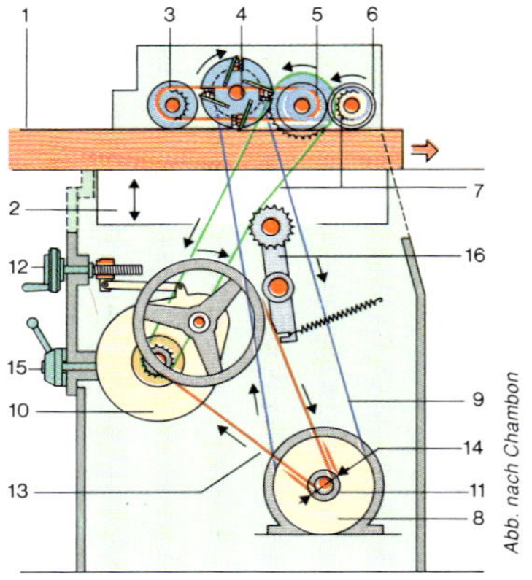

Holzfräse

Zur Fertigung von Kehlungen und Kerbungen aller Art in Holz

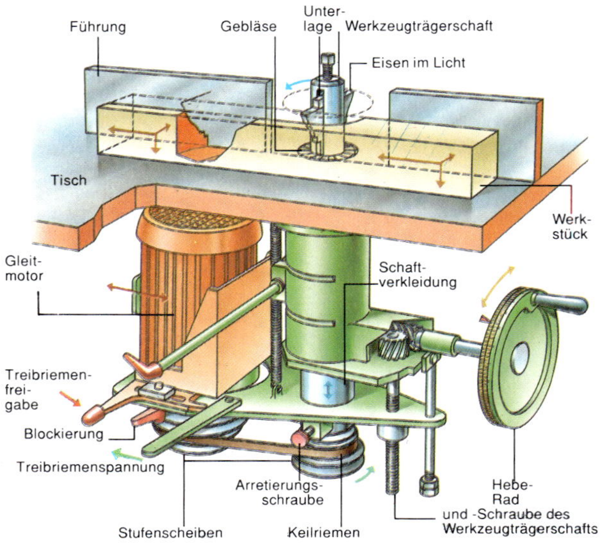

Schnitt durch eine **Holzfräse**

Drehbänke

Zur Fertigung von Werkstücken mit Hilfe von Rotationsbewegung um eine Achse und dem Abtragen von Substanz

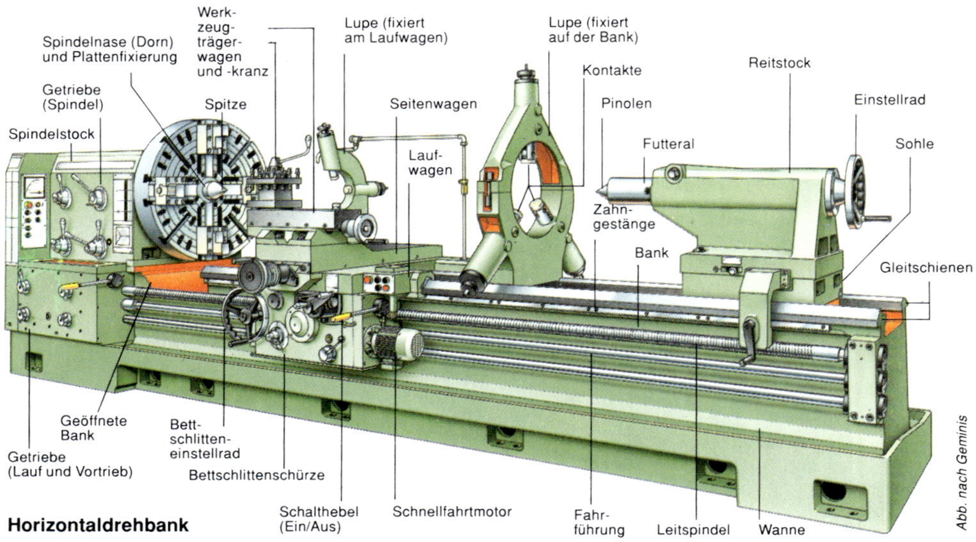

Horizontaldrehbank

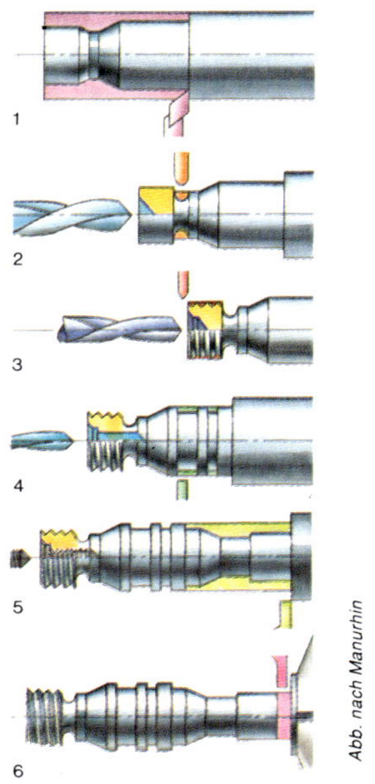

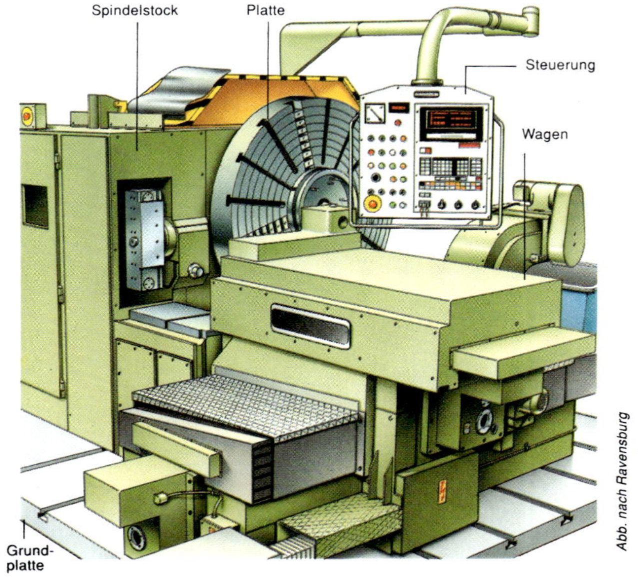

Kopf- oder Frontdrehbank

Es gibt vertikale (Karussell-) und horizontale, Kopf- und Frontdrehbänke, automatische und Parallelabstechdrehbänke (für die Direktfertigung von Werkstücken in rascher Folge in nach Bedarf einstellbarer Form). Das Drehen (die Fabrikation eines Drehstücks auf der Drehbank) ist eine der verbreitetsten Herstellungsmethoden bei der Fertigung von Werkstücken.

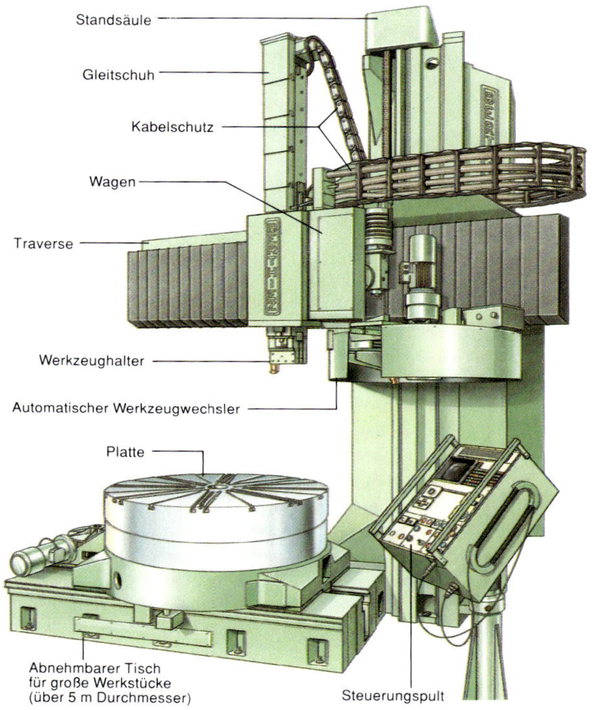

Vertikale **Drehbank**

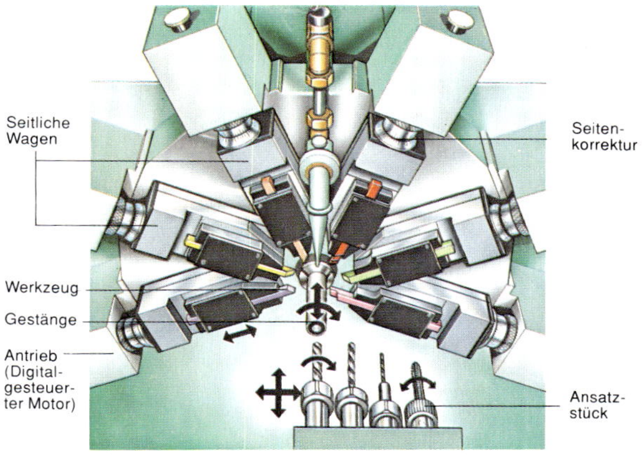

Automatische **Drehbank,** Frontansicht

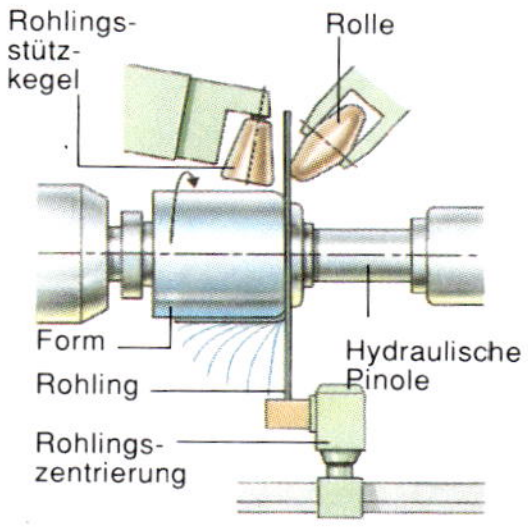

Das Fließdrücken

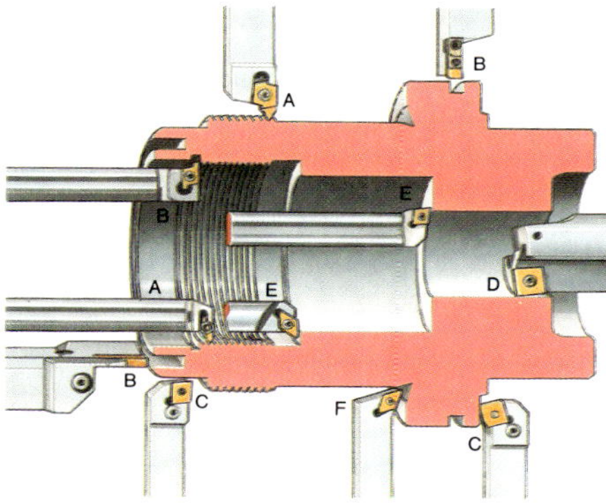

Drehen, einzelne Operationen und entsprechende Werkzeuge
A. Gewinde-schneiden;
B. Rillenkehlung;
C. Langdrehen und Dressieren;
D. Feinbohren;
E. Senken;
F. Formung.

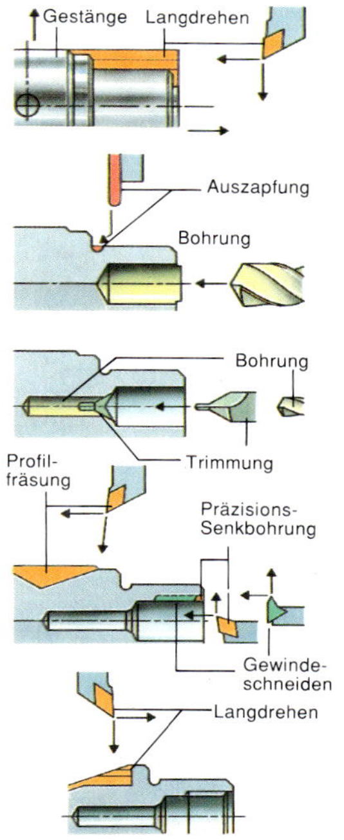

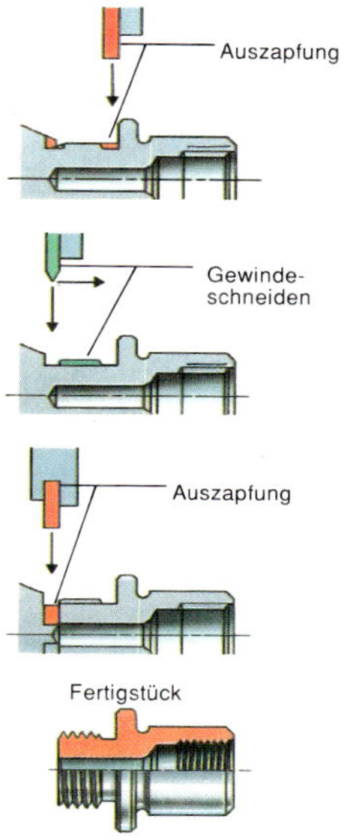

Drehen, die einzelnen Stufen der Fertigung eines Werkstücks auf der Drehbank

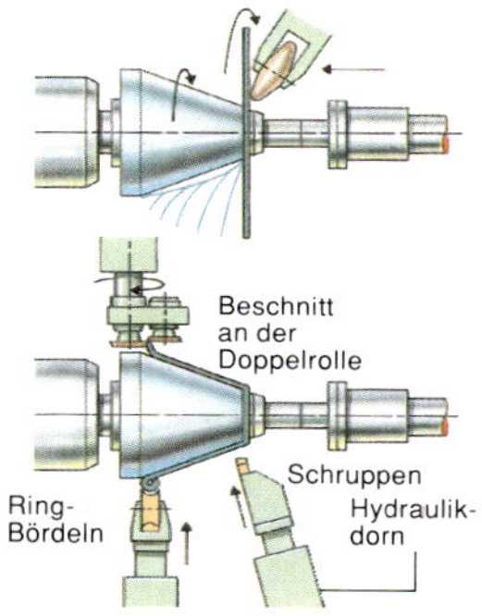

Fließdrücken (von oben) und Fließprojektion

Drehvorgang, Zentrum
1. Fertigung auf Spindel A der einen Seite des Werkstücks;
2. Automatische Übertragung des halbgefertigten Werkstücks auf Spindel B;
3. Fertigung der anderen Seite des Werkstücks auf Spindel B.

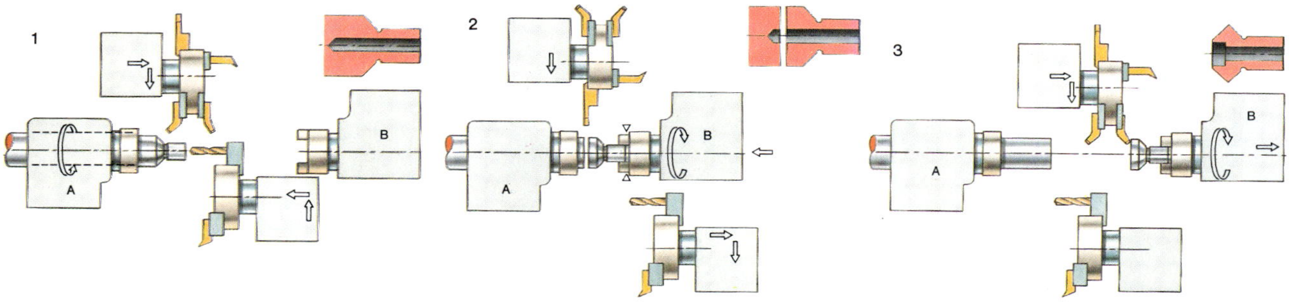

SCHIFFE

„Navigieren" kann man zu Wasser, in der Luft und auch im Weltraum. Die Bezeichnung „Luftschiff" stammt ja tatsächlich bereits aus der Anfangs- und Frühzeit der Luftfahrt und in moderner Zeit ist das „Raumschiff" dazugekommen. Ein Schiff, ganz allgemein, ist ein Fahrzeug zur Fortbewegung ohne Räder und nicht zu Lande zum Transport von Menschen und Material. Es ist eine „bewegliche Sache".

Feuerlösch-Schiffe

Zum Bekämpfen von Bränden auf Flüssen oder an den Kais von Häfen sowie der Rettung Schiffbrüchiger

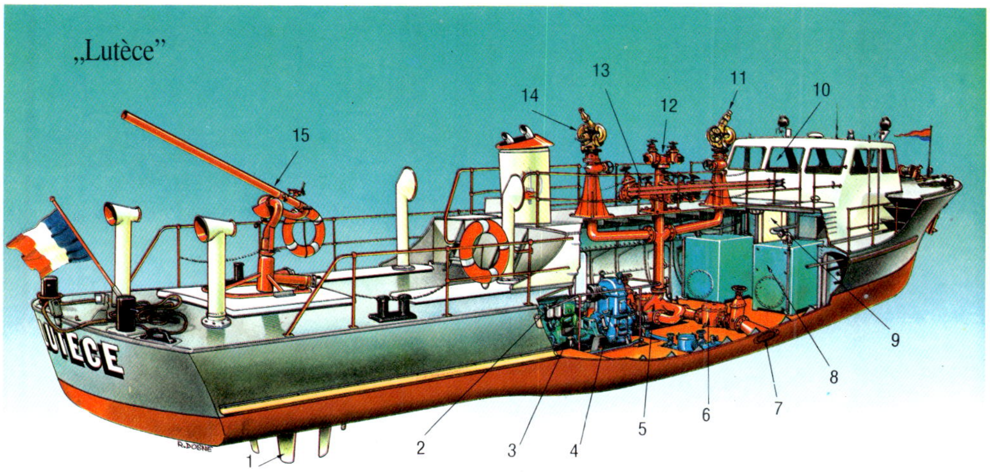

Abb. Dosne

1. Antriebsschraube mit verstellbaren Blättern; 2. Getriebeachse; 3. Dieselmotor für Antrieb und Pumpe; 4. Reduktionsgetriebe; 5. Pumpe 360 m³/h; 6. Filter; 7. Ansaugöffnung 200 mm; 8. Treibstoff; 9. Zugang zum Steuerhaus; 10. Steuerhaus; 11. Große Wasserspritze; 12. 4 Wasserausgänge 70 mm; 13. 8 Wasserausgänge 100 mm; 14. Große Wasserspritze; 15. Schaumkanone.

Technische Daten: Abmessungen: 20 x 3,70 m; Gewicht: 37 t; Geschwindigkeit: 21 km/h; Antrieb: Dieselmotor 220 PS; Bemannung: 1 Bordchef (Unteroffizier), 2 Mechaniker

Abb. Dosne

Technische Daten:
Abmessungen: 16 x 3,50 m; Gewicht: 18,5 t; Geschwindigkeit: 30 km/h; Antrieb: Zwei 6-Zylinder-Motoren, 312 PS; Bemannung: 1 Bordchef (Unteroffizier), 2 Mechaniker

1. Tauchmaterial; 2. Steuerhaus; 3. 16 Wasserausgänge 100 mm und 2 Ausgänge 150 mm; 4. Spritzkanone; 5. Spritzkanonenspeisung; 6. Materialluke; 7. Brand-/Rettungsmaterial (Schläuche, Stangen, Anschlußstücke, Atemgeräte, Isolationsmaterial etc.); 8. Einspeisung in die Wasserausgänge; 9. Motor; 10. Pumpe; 11. Ansaugschacht; 12. Ansaugöffnung 100 mm.

Eisbrecher

Zum Aufbrechen einer Fahrrinne in vereisten Gewässern der arktischen Meere mit Hilfe von Rumpf- und Antriebsverstärkungen

Technische Daten

Länge:	104,60 m
Breite:	22,50 m
Verdrängung:	8000 t
Geschwindigkeit:	18 Knoten

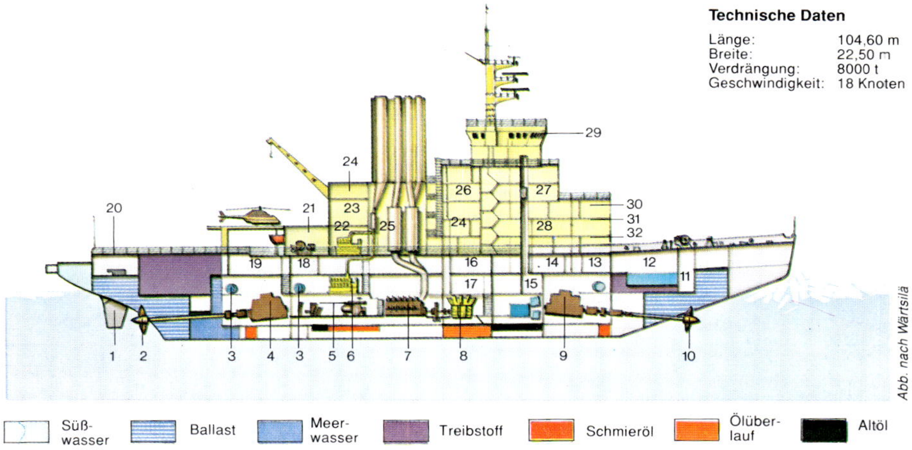

Abb. nach Wärtsilä

Schnitt durch den finnischen **Eisbrecher** „Urho": 1. Ruder; 2. Hintere Schraube; 3. Ballastkorrektur; 4. Hinterer Schraubenmotor; 5. Pumpen und Kühlung; 6. Dieselhilfsmotor; 7. Dieselhauptmotor; 8. Hauptgenerator; 9. Vorderer Schraubenmotor; 10. Bugstrahlschraube; 11. Kettenkasten; 12. Schwimmbecken; 13. Sauna; 14. Sporthalle; 15. Aufzug; 16. Kontrollraum; 17. Maschinenraum; 18. Laden; 19 Lager; 20. Rudermaschine; 21. Schleppwinde; 22. Notstromaggregat; 23. Hubschrauberhangar; 24. Maschinenraumluftzufuhr; 25. Motorabgase; 26. Klimaanlage; 27. Salon; 28. Kombüse; 29. Brücke; 30. Offizierskabinen; 31. Mannschaftsmesse; 32. Mannschaftskabinen.

Kabelleger

Zum Verlegen, ab vorne oder hinten, von unterseeischen Strom- oder Telekommunikations-Kabeln und zu deren Wartung

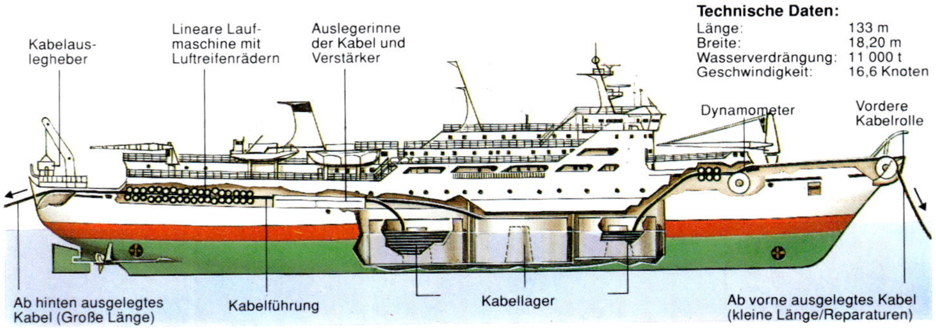

Kabelleger des Typs „Vercors", Schnitt

Mehrzweck-Containerschiff

Zum Transport von Containern wie diverser Ladung und von Fahrzeugen

Technische Daten:

Länge:	249,46 m
Breite:	32,25 m
Tragfähigkeit:	36 035 t
Betriebsgeschwindigkeit:	18 Knoten

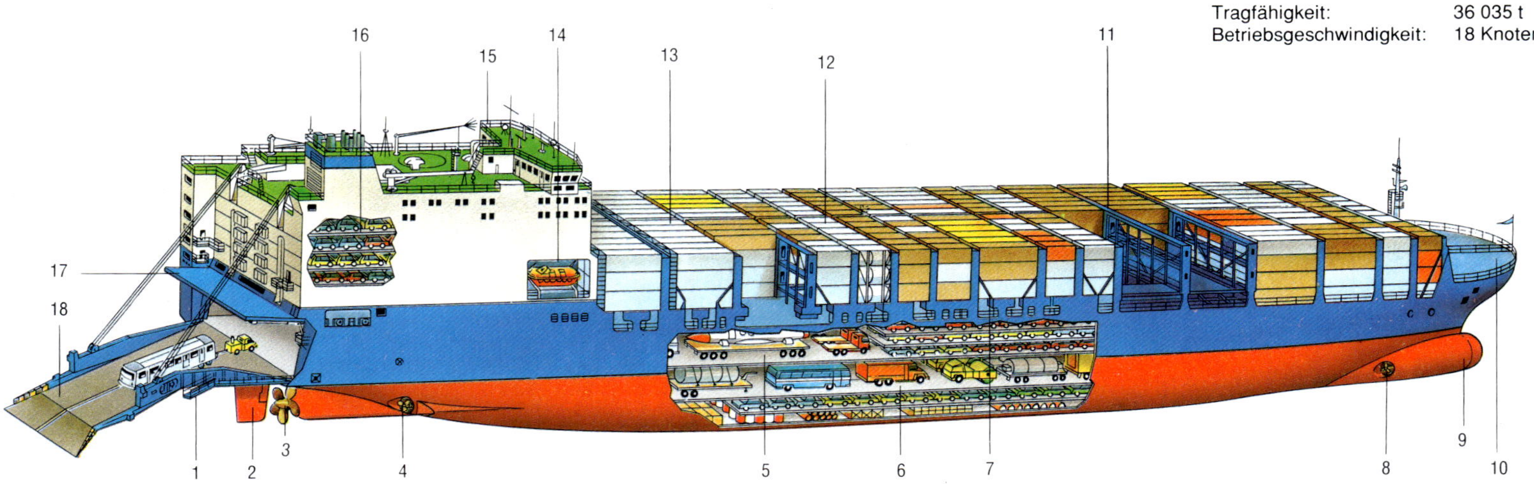

Containerschiff „Roll on/Roll off" (Ro-Ro)

1. Gangway; 2. Ruder; 3. Fünfblattschraube; 4. Hintere Ruderschraube; 5. Deck 2; 6. Deck 1; 7. Lüftungsschacht; 8. Bugstrahlruder; 9. Bugwulst; 10. Wellenbrecher; 11. Containerladerollen; 12. Tankcontainer; 13. Kühlcontainer; 14. Rettungsboot; 15. Ruderhaus; 16. Autodeck; 17. Hecktor; 18. Heckrampe.

Technische Daten

Länge:	207,30 m
Breite:	29,56 m
Tragfähigkeit:	14 480 t
Betriebsgeschwindigkeit:	21 Knoten

Containerschiff „Roll on/Roll off", Schnitt

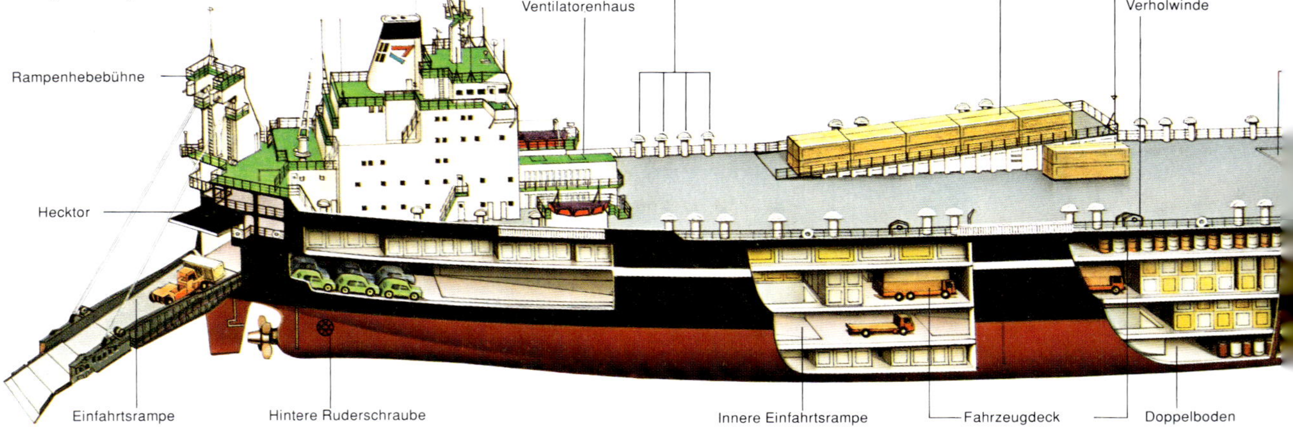

Gefriertrawler

Zum Schleppschnetzfischen (Netz in Trichterform) und sofortigen Tiefgefrieren des Fangs

Technische Daten

Länge:	102 m
Breite:	15,2 m
Geschwindigkeit:	14,6 Knoten
Verdrängung:	3930 t

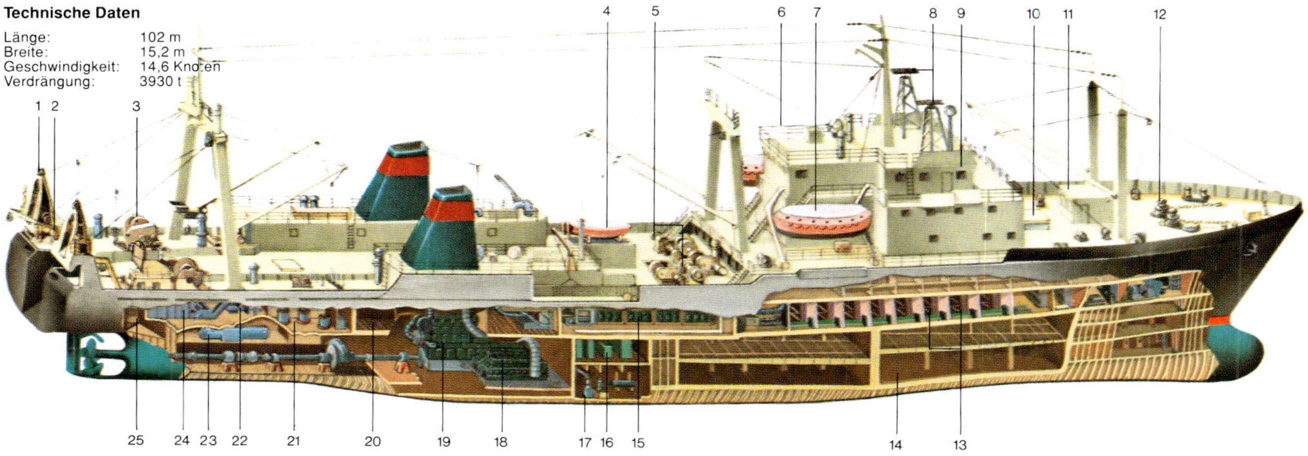

Trawler „Atlantik Super-Tramler"
1. Schleppnetzgalgen; 2. Schleppnetzeinholer; 3. Winde; 4. Beiboot; 5. Ladewinde; 6. Trawlbrücke; 7. Rettungsboot; 8. Radar; 9. Brücke; 10. Ladeluke; 11. Kühlzentrale; 12. Spill (Seilwinde); 13. Kabinen; 14. Kühlraum; 15. Gefrierkette; 16. Schalttafeln; 17. Kühlgenerator; 18. Hauptgenerator; 19. Hauptmotor; 20. Lager; 21. Konservenvorbereitung; 22. Fischverarbeitung; 23. Fischmehlbereitung; 24. Fischvorgefrierung; 25. Netzstauraum.

Bohrschiff

Zur Meeresölbohrung in Tiefen über 1000 m.
Die Stabilisierung geschieht nicht durch Verankerung, sondern durch seitlichen Schraubenlauf

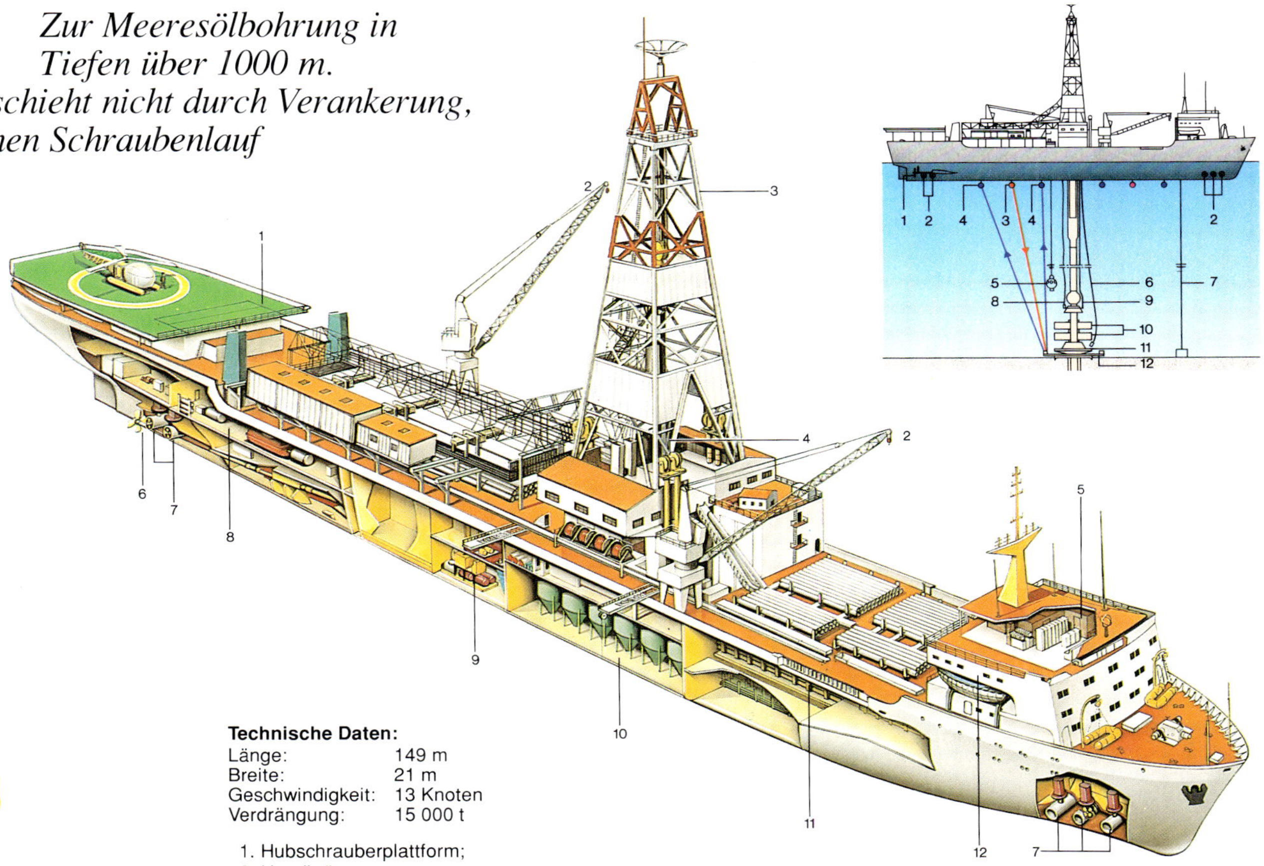

Technische Daten:

Länge:	149 m
Breite:	21 m
Geschwindigkeit:	13 Knoten
Verdrängung:	15 000 t

1. Hubschrauberplattform;
2. Handkräne;
3. Bohrturm;
4. Bohrgerät;
5. Computerraum;
6. Antriebsschraube;
7. Seitenschrauben;
8. Motorenraum;
9. Schlammpumpe;
10. Geologischer Kontrollraum und Labor;
11. Rohrlager;
12. Unterkünfte

Oben: Prinzip der Positionierung

1. Antriebsschraube; 2. Seitenschrauben; 3. Echolot (Abfrage); 4. Hydrophone; 5. Tauchkugel; 6. Fernsehkabel; 7. Tiefenlot; 8. Elektro-hydraulisches BOP-Kontrollkabel; 9. Leitrohr und Zubehör; 10. Bohrblindsetzungsblock (Bohrlochverschlüsse: Blow-out preventer/BOP); 11. Bohrlochkopf; 12. Bodenplatte mit Akustikresponder.

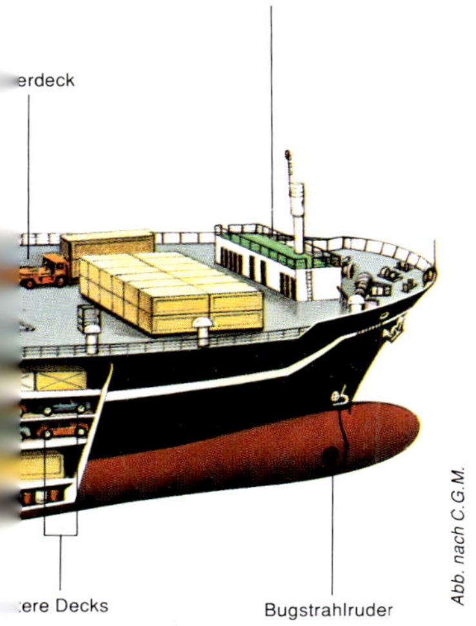

Tragflügelboot

Zur Wasserfahrt mit aus dem Wasser gehobenem Schiffskörper mittels an ihm befindlichen Tragflügeln

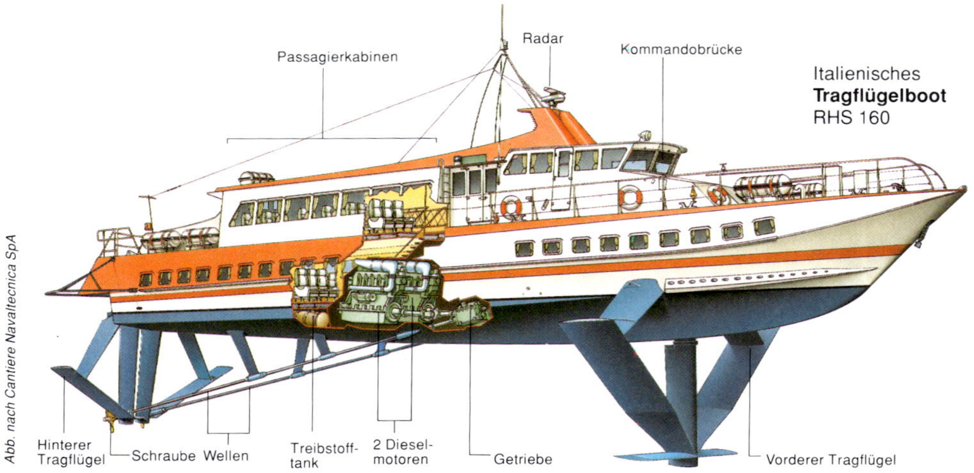

Italienisches **Tragflügelboot** RHS 160

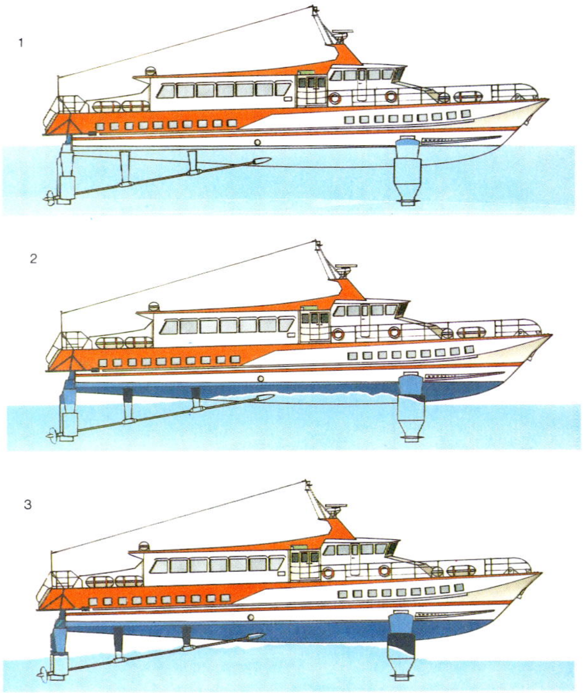

Tragflügelboot, Positionen im Stand (1), bei mittlerer Geschwindigkeit (2), bei Höchstgeschwindigkeit (3)

Tragflügelboot der 2. Generation, Schematische Darstellung der Navigationskontrolle
1. Vertikaler Beschleunigungsmesser;
2. Hintere Schaltungen;
3. Steuerung der hinteren Seitenflossen;
4. Richtungssteuerung;
5. Vordere Schaltungen;
6. Steuerung der vorderen Seitenflossen;
7. Seitlicher Beschleunigungsmesser;
8. Wellenmeßsonde;
9. Automatische Steuerungsanlage ACS (Automatic Control System);
10. ACS-Computer;
11. Positionskontrolle.

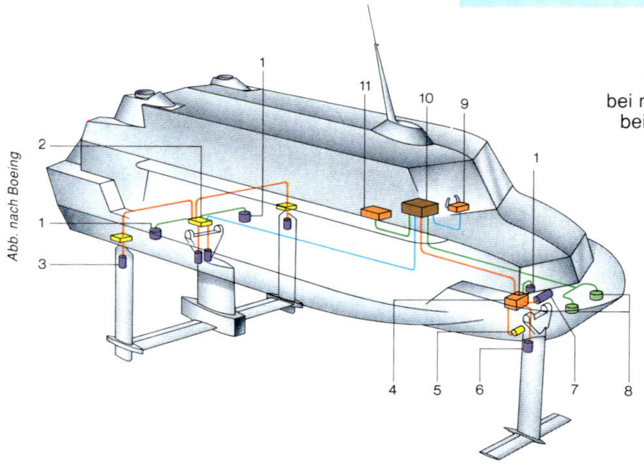

Methangastanker

Zum Transport verflüssigten Methangases bei ca. –160° C

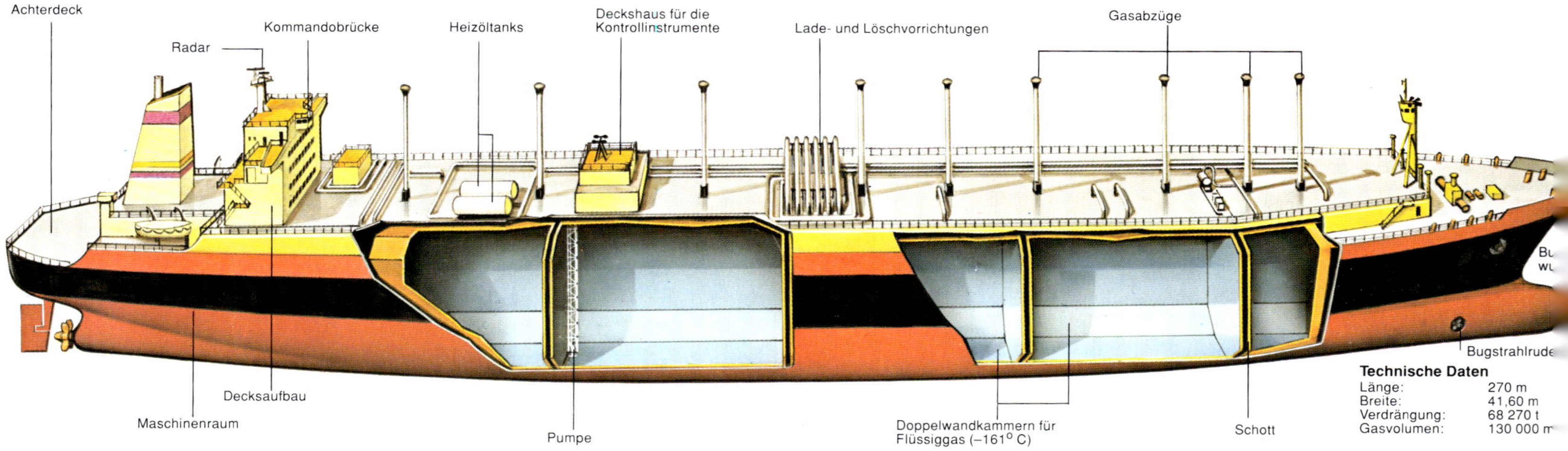

Technische Daten

Länge:	270 m
Breite:	41,60 m
Verdrängung:	68 270 t
Gasvolumen:	130 000 m

Raumfähre

Für wiederholte Flüge von der Erde in eine Erdumlaufbahn zum Aussetzen von Satelliten oder Sonden und zur Ausführung von Forschungsarbeiten. Die Raumfähre startet wie eine Rakete und kehrt nach Wiedereintritt in die Erdatmosphäre wie ein Segelflugzeug im Gleitflug zurück, um dann wie ein normales Flugzeug zu landen.

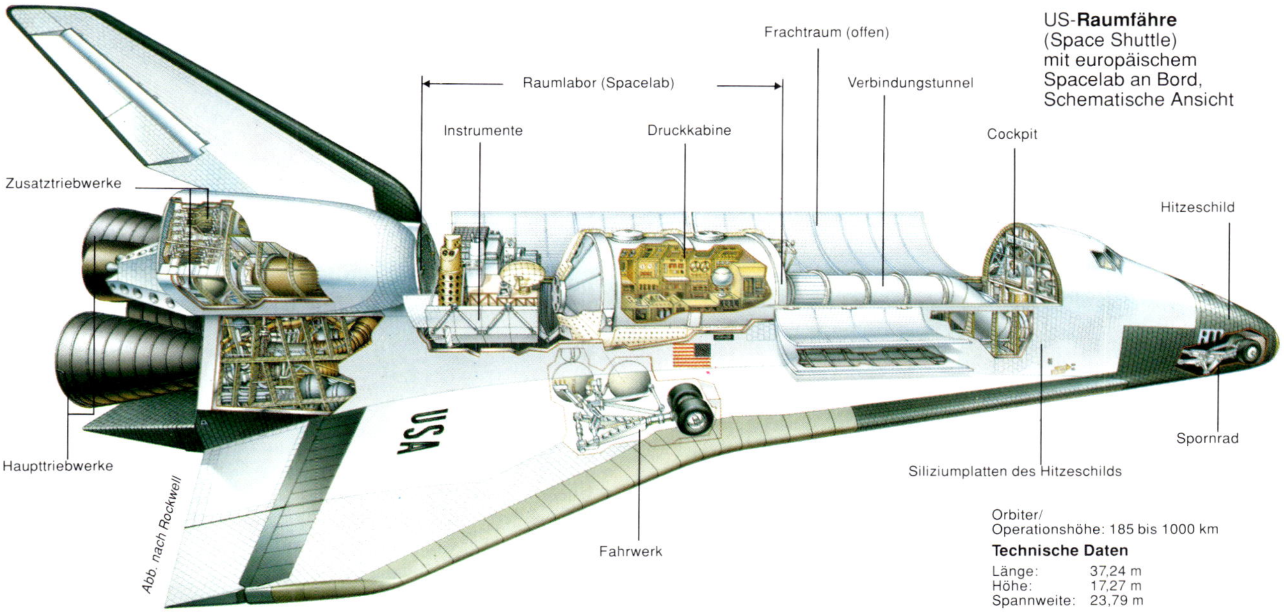

US-**Raumfähre** (Space Shuttle) mit europäischem Spacelab an Bord, Schematische Ansicht

Orbiter/
Operationshöhe: 185 bis 1000 km

Technische Daten

Länge:	37,24 m
Höhe:	17,27 m
Spannweite:	23,79 m

Segelschiff

Dreidecksegler der französischen Kriegsmarine (Ende 18. Jh.)

1. Besansegel;
2. Besanmast;
3. Besanstagsegel;
4. Besanbramsegel;
5. Besanbramstagsegel;
6. Kreuzbramsegel;
7. Großes Bramsegel;
8. Stagsegel zum Großen Bramsegel;
9. Großes Toppsegel;
10. Stagsegel zum Großen Toppsegel;
11. Großer Mast;
12. Großsegel;
13. Stagsegel zum Großsegel;
14. Fockmast;
15. Fock;
16. Mastkorb;
17. Marssegel;
18. Vorbrambrasse;
19. Großes Fock;
20. Kleines Fock;
21. Stag;
22. Bugspriet;
23. Bugsprietsegel;
24. Luke;
25. Kanone;
26. Kiel;
27. Weinlager;
28. Spill;
29. Pulverbarrenlager;
30. Steuerruderdoppelrad;
31. Galerie;
32. Heckflagge.

Passagierdampfer *Zum Transport von 400 bis 1000 Passagieren*

Passagierdampfer „MS Astor"
(Deutschland)

Flugzeugträger

Als Start- und Landebasis für Kampfflugzeuge und Hubschrauber zur See

Französischer **Flugzeugträger** „Clemenceau"

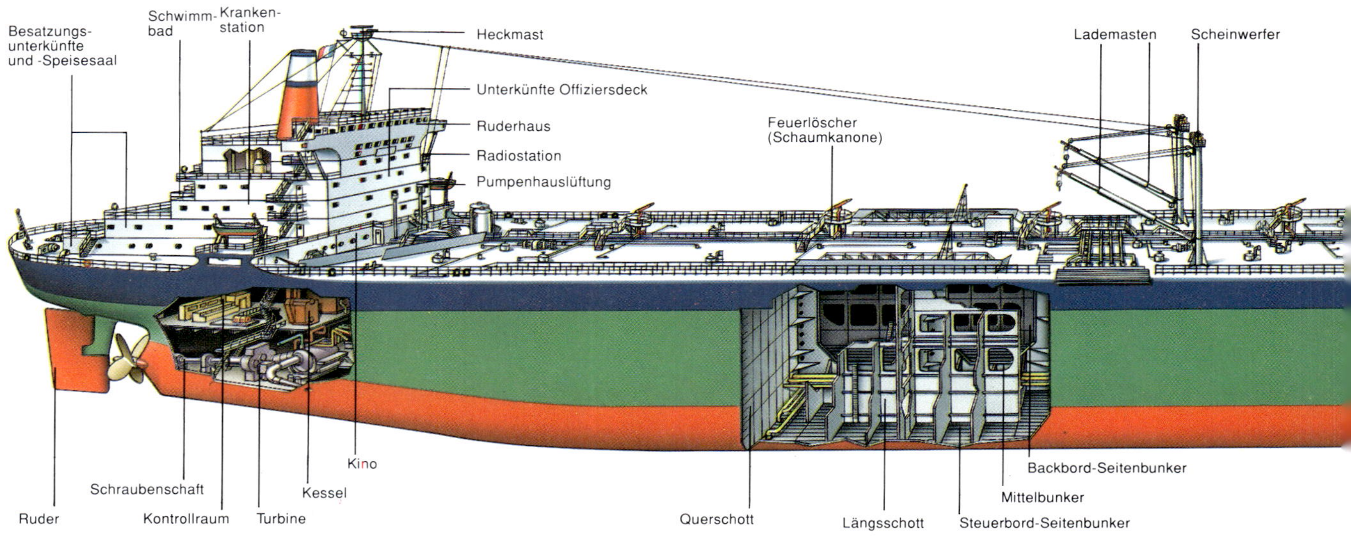

Atom-U-Boot

Unterseeboot

Zur Fahrt unter Wasser mit Hilfe eines mit Atomkraft angetriebenen Motors, zum Kampf sowie zum Abschuß ballistischer Flugkörper mit mehreren Nuklearsprengköpfen

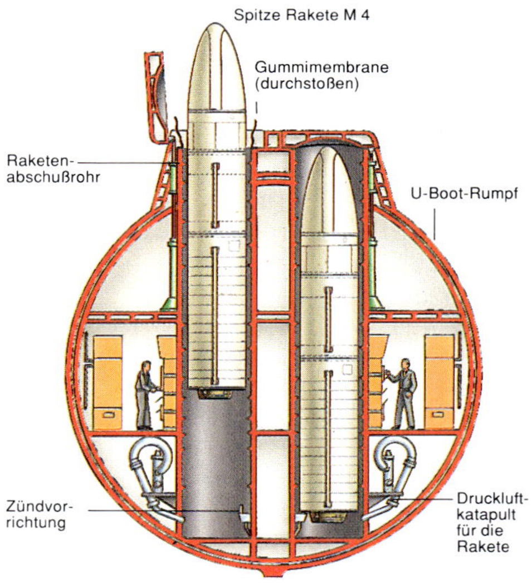

U-Boot, Querschnitt

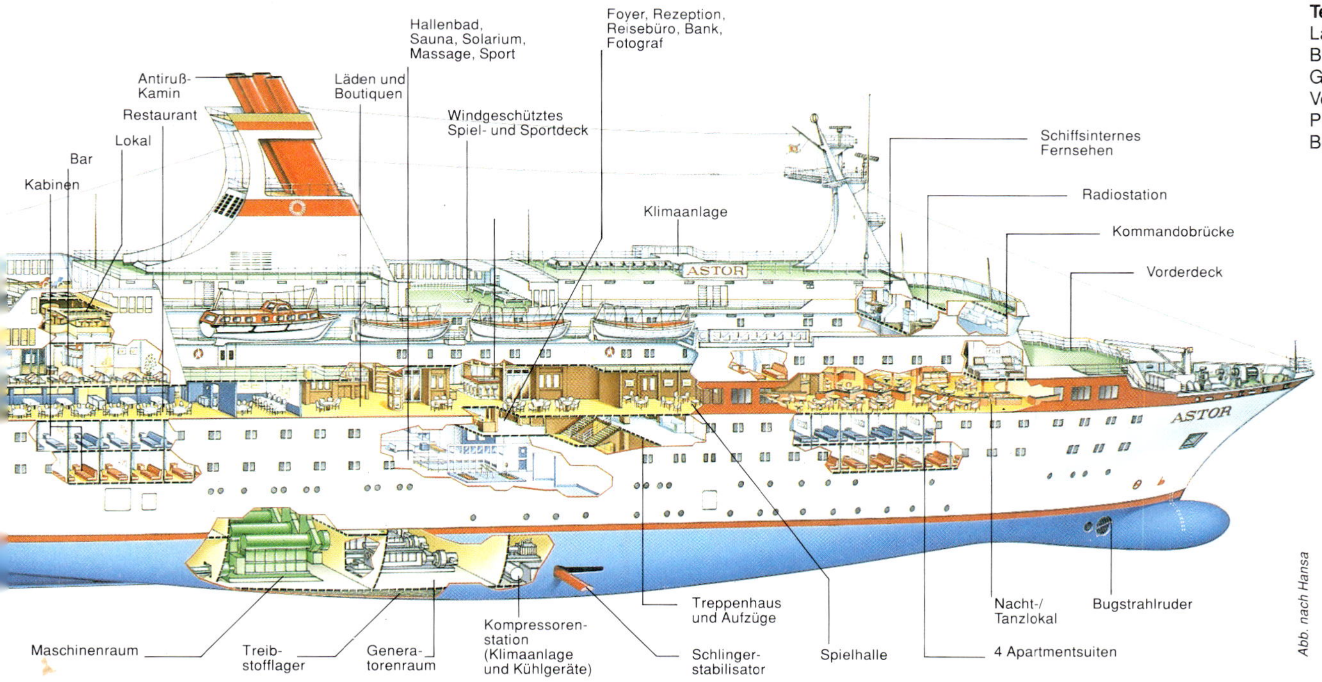

Abb. nach Hansa

Technische Daten:

Länge über alles:	164,35 m
Breite:	22,60 m
Geschwindigkeit:	20 Knoten
Verdrängung:	18 835 t
Passagiere:	638
Besatzung:	210

Tanker

Zum Transport flüssiger Kohlenwasserstoffe

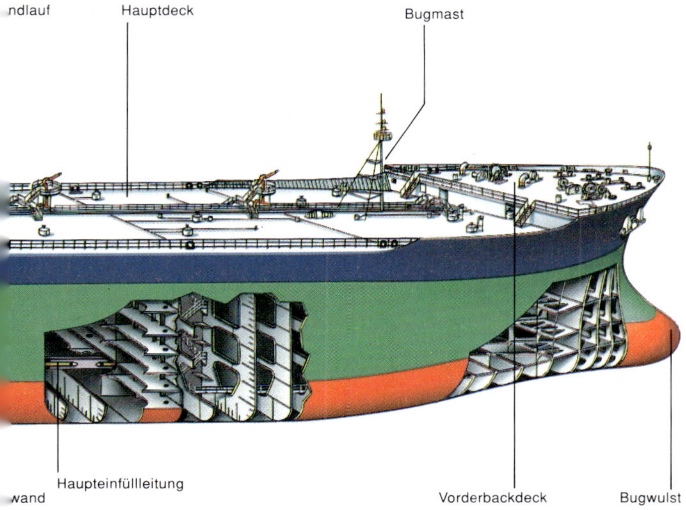

Abb. nach Esso

Technische Daten:

Länge:	323,75 m
Breite:	47,17 m
Geschwindigkeit:	17 Knoten
Verdrängung:	223 600 t
Bunkervolumen:	229 883 m^3

Konstruktion eines **Öltankers** von 250 000 t

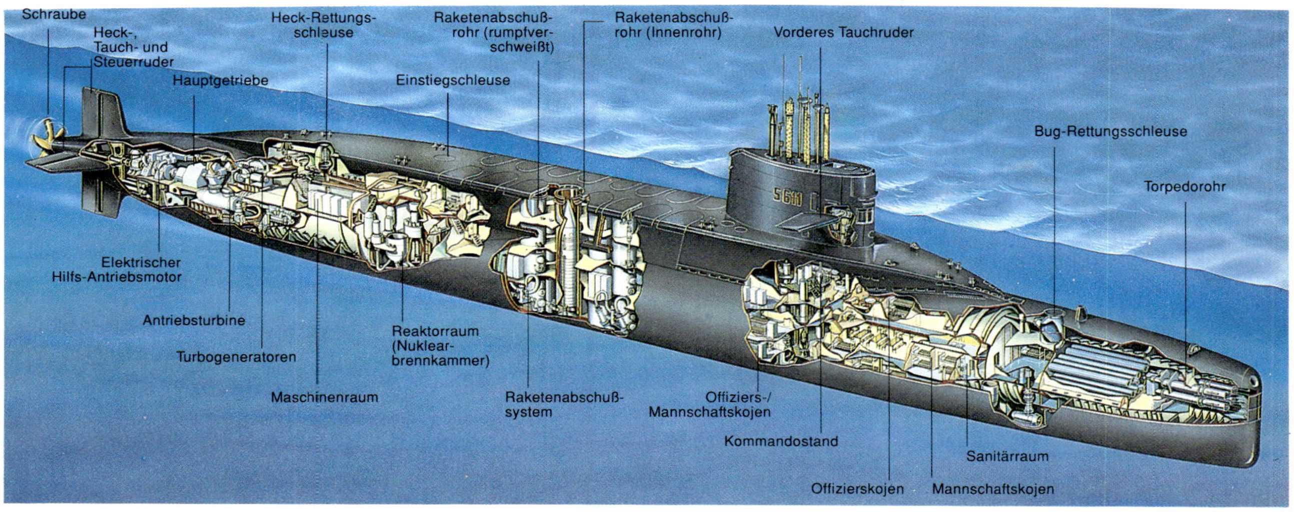

Französisches Raketenabschuß-**Atom-U-Boot** „Le Redoutable"

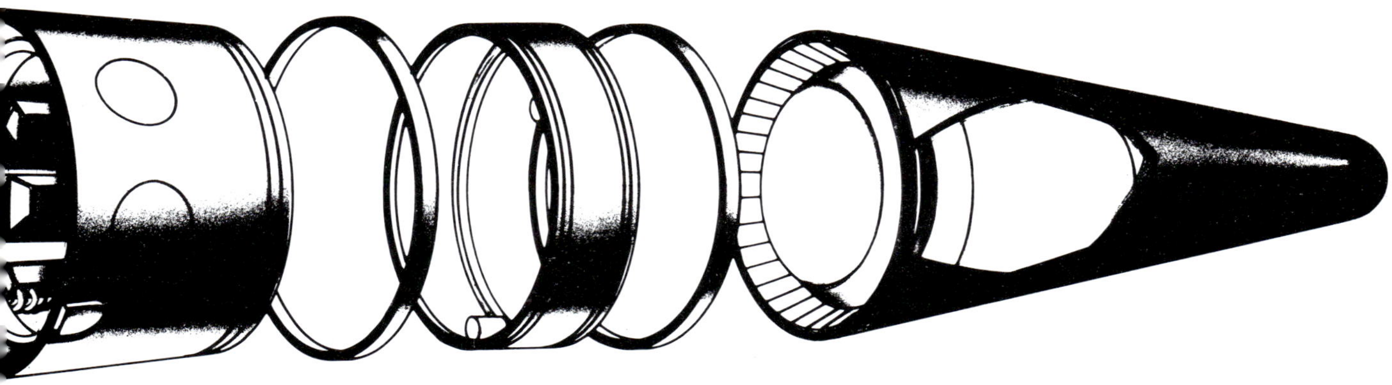

PROJEKTILE

Die Anfänge der Ballistik waren die Steinschleudern. Seitdem hat sie kontinuierlich vom allgemeinen technischen Fortschritt profitiert. Die höchstentwickelten Projektile von heute sind radio- oder tele-ferngesteuert oder fliegen mit Eigenantrieb.

Kugeln *Projektile für Handfeuerwaffen*

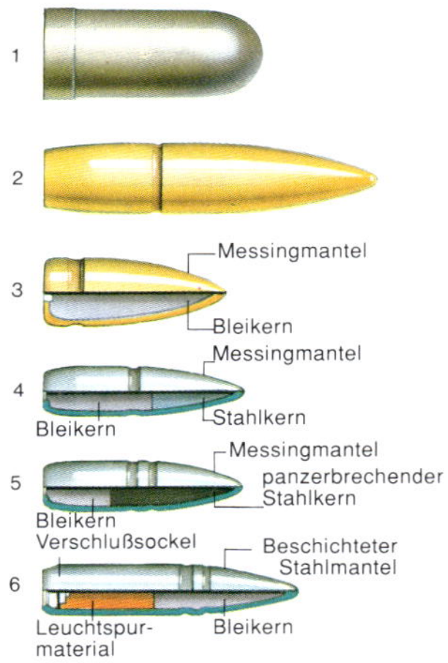

Militärmunition
1. Chassepot (11 mm);
2. Lebel (8 mm);
3. MAS 36 normal (7,5 mm);
4. FN belgisch normal SS 109 (5,56 mm)
5. FN panzerbrechend P 112 (5,56 mm);
6. FN Leuchtspur L 110 (5,56 mm)

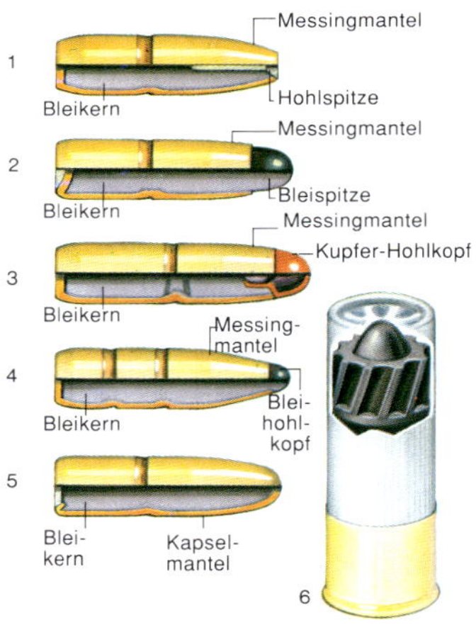

Jagdmunition
1. Mit Hohlspitze (6,5 mm);
2. Halbverkapselt (8 mm);
3. Hohlspitze mit Kopf (8 mm);
4. Konische Hohlspitze (375 Magnum);
5. Verkapselt (8 mm);
6. Brenneke, für Wildschweine (Kaliber 12).

Bomben

Hohle, mit Sprengstoffen gefüllte und mit einem Zündmechanismus versehene Projektile.

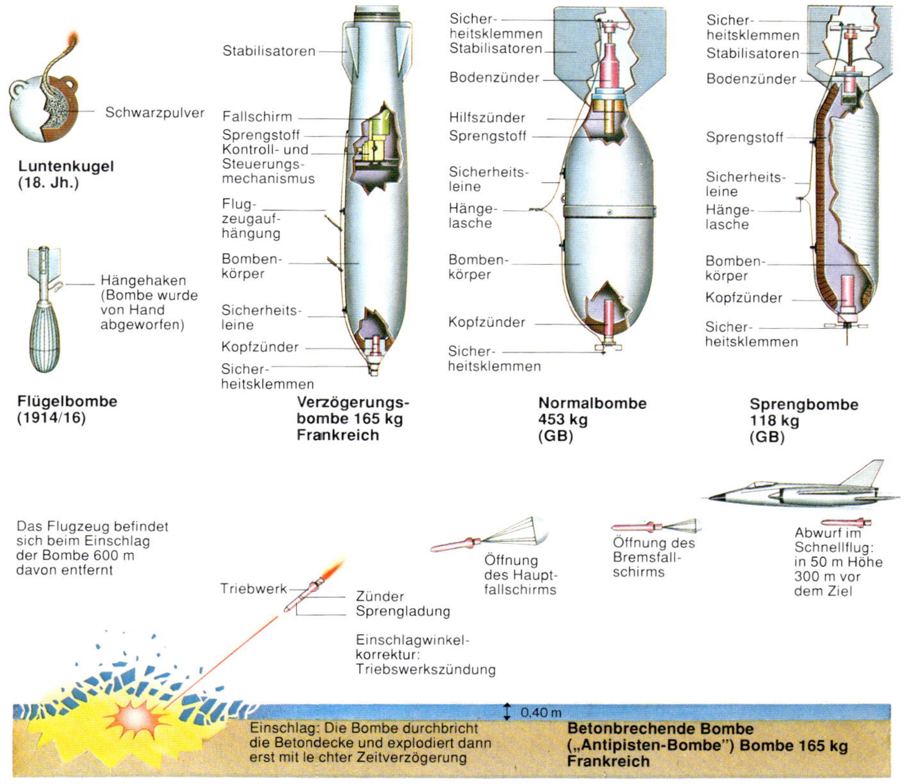

Verschiedene **Bomben**-Arten

Patronen

Munition für Jagd- oder Kriegswaffen, bestehend aus Projektil (Kugel, Sprengkörper, Schrot) und Zünd- und Treibladung in einer Kartusche

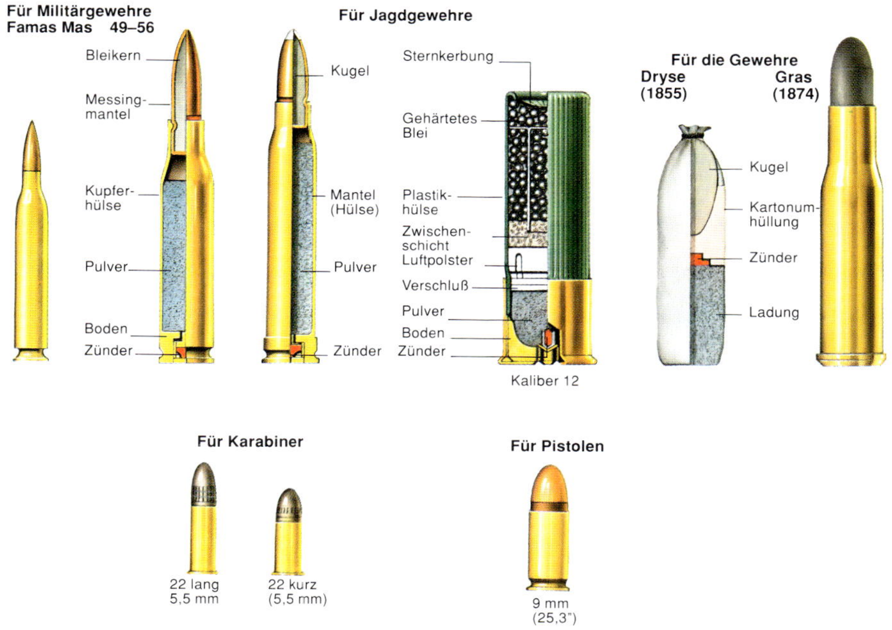

(Hand-) Granaten

Leichtprojektile zum Wurf/Abschuß von Hand oder auch mit Abschußgeräten über kurze Entfernungen, mit Sprengstoff (offensiv) oder Kugeln (defensiv), Phosphor oder anderen Brandstoffen oder chemischen Kampfmitteln

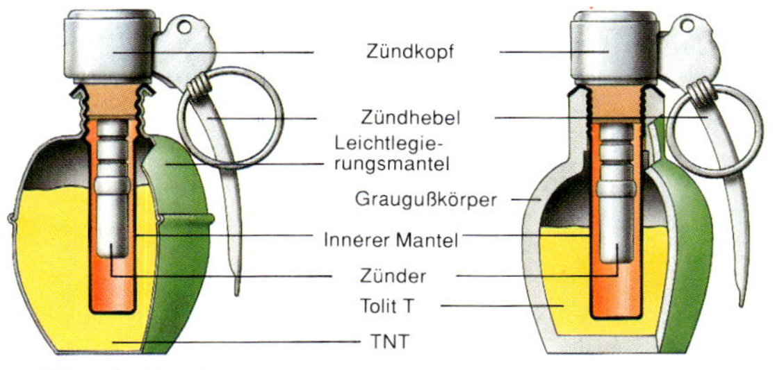

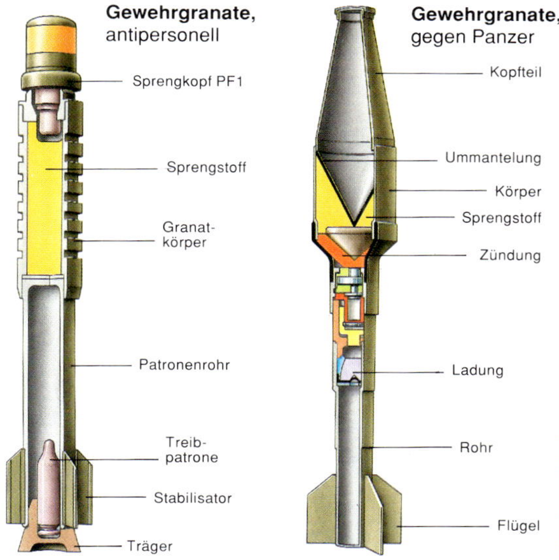

Alle Abb. nach Luchaire

Raketenflugkörper

Projektile mit Raketenantrieb, automatisch oder ferngesteuert, mit konventionellen oder nuklearen Sprengköpfen

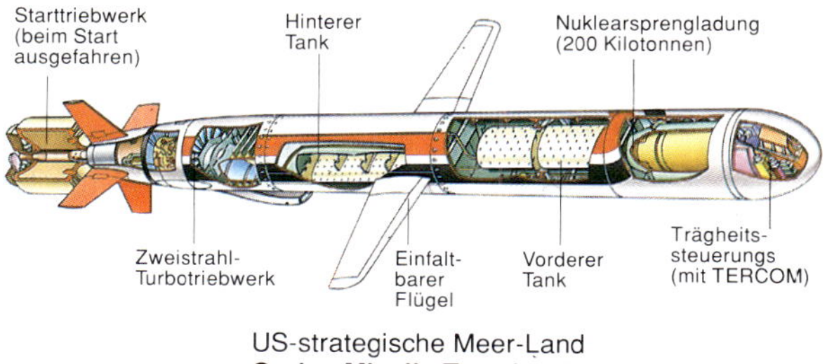

US-strategische Meer-Land
Cruise Missile Tomahawk

Abb. nach General Dynamics

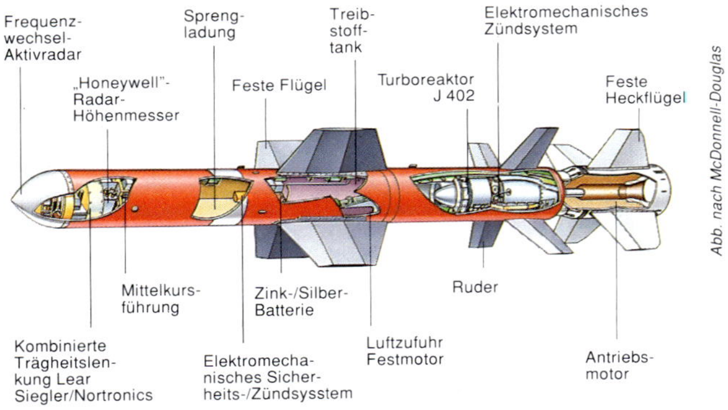

US-**Oberflächen-Missile**
„Harpoon" gegen Schiffe

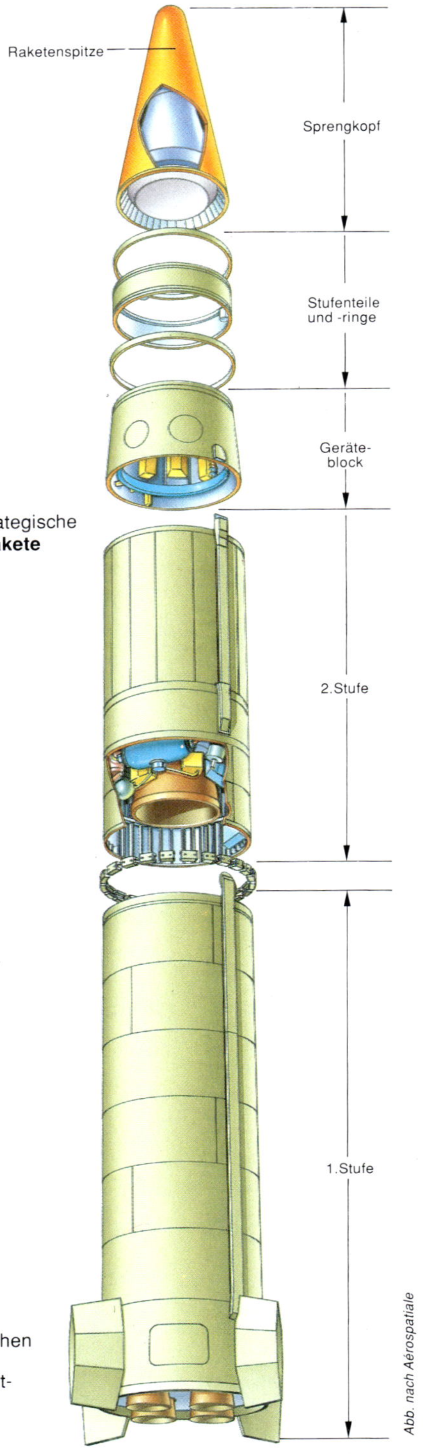

Französische strategische
Boden-Boden-**Rakete**
SSBS S–3

Start einer französischen
Boden-Luft-**Rakete**
„Crotale" (Teil der Luft-
abwehr militärischer
Flugplätze)

Mörsergranaten

Explosiv-, Leucht-, Bomben- oder Nuklear-Projektile von weniger als 20 mm Kaliber zum Abschuß durch Mörser/Granatwerfer. Die Pfeilgeschoß-Granate ist Teil von Durchschlags- und Panzerbrechergranaten

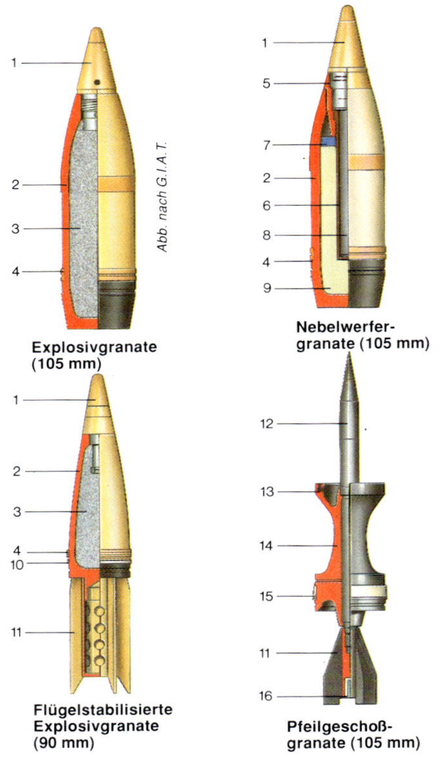

Verschiedene Typen
von **Mörsergranaten**
1. Sprengkopf;
2. Stahlkörper;
3. Sprengstoff;
4. Kupfermantel;
5. Schraubgewinde;
6. Mantelrohr;
7. Wasser;
8. Sprengrohr;
9. Phosphor;
10. Nylonisolierung;
11. Stabilisierung;
12. Vorsatzprojektil;
13. Aufsatzring;
14. Abschußschuh;
15. Werferaufsatz;
16. Leuchtsatz.

Handraketen

Beim Start handgezielte, dann selbststeuernde und zuletzt ballistisch fliegende Projektile mit Raketenantrieb

Schwedische
Panzerabwehr-**Handrakete**
„Carl Gustav" (Schnitt)

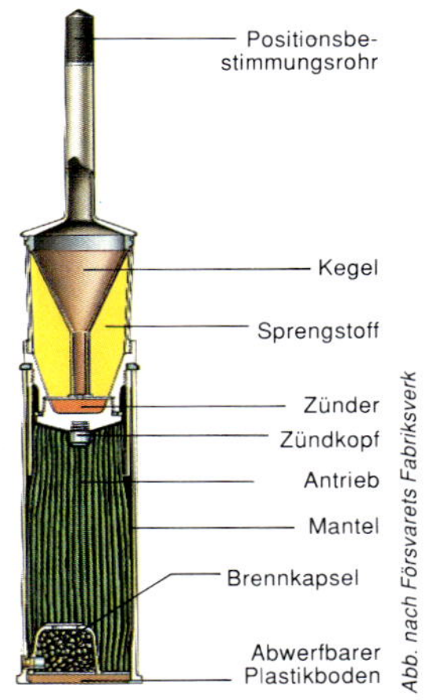

Panzerabwehr-Handrakete

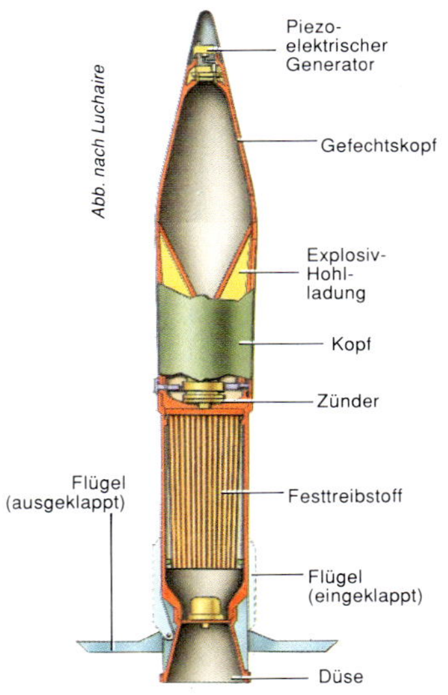

Gefässe und Behälter

Von den Sprühdosen bis zum Getreidesilo stellen die Gefäße und Behälter aller Art einen sichtbaren Beweis für die Fähigkeit des Menschen dar, Gegenstände zu bestimmen, zu trennen und zu sortieren.

Sprühdose

Zum stäubenden Versprühen einer Flüssigkeit oder auch zur Feinstverteilung von Cremes, Lacken, Pasten, Sirup, Schaum etc.

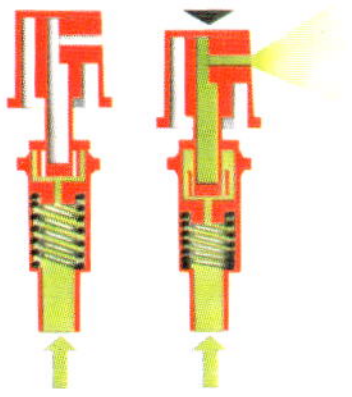

Funktionsprinzip und Detail der **Sprühdüse**

Thermosflasche

Zur Temperaturbewahrung einer Flüssigkeit

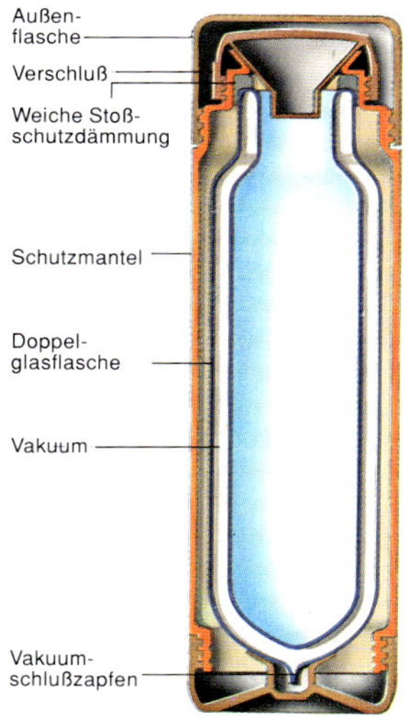

Thermosflasche (Schnitt)

Kassette

Zur magnetischen Ton- oder Bildaufnahme und -wiedergabe

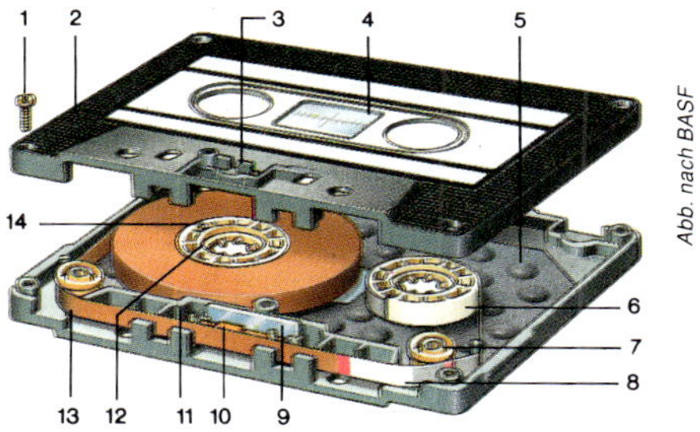

Tonbandkassette (Details)
1. Gehäuseschraube; 2. Plastikgehäuse; 3. Löschsicherungslasche (vorhanden: Bandbespielung möglich, entfernt: keine Bespielung mehr möglich); 4. Bandsichtfenster; 5. Bandgleitsicherungsblatt; 6. Aufwickelspule; 7. Bandwickelführung; 8. Vorlaufband; 9. Magnetisierungssicherung; 10. Bandandrucksfilz; 11. Bandlaufführung; 12. Gezähnter Spulenkern links; 13. Tonband; 14. Einrastnocke.

Zisterne

Zum Sammeln und Aufbewahren von Regenwasser

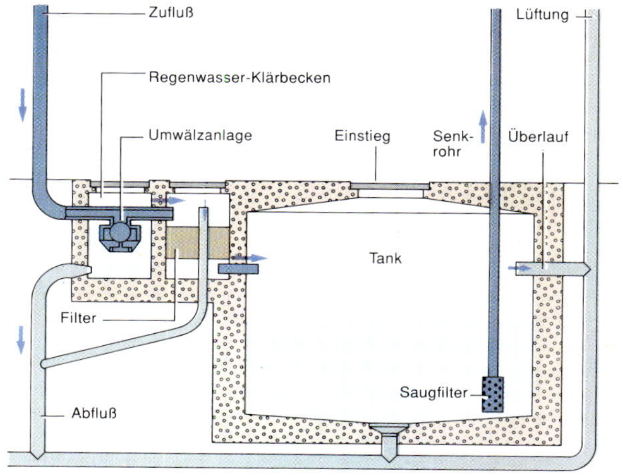

Tanks/Behälter

Zur Einlagerung von Flüssigkeiten oder Gasen

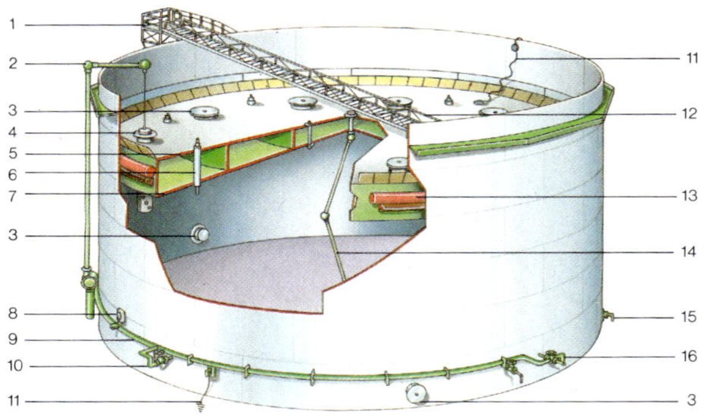

Öltank mit schwimmender Doppel-Abdeckung für flüchtige Erdölderivate
1. Begehung;
2. Meßanlage;
3. Einstieg;
4. Meßöffnung;
5. Oberdecke;
6. Deckenstütze;
7. Bodendecke;
8. Thermometer;
9. Drucksenkungsleitung;
10. Einfüllstutzen;
11. Erdung;
12. Drehbarer Begehungssteg;
13. Dichtung;
14. Gelenkablaß;
15. Wasserablaß;
16. Entleerung.

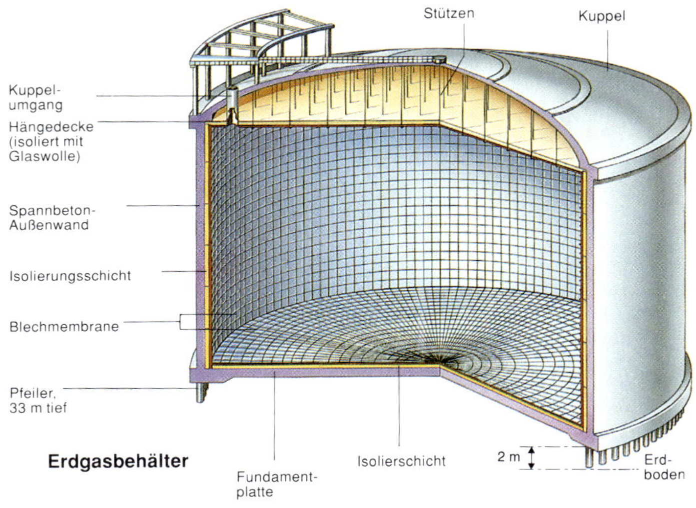

Erdgasbehälter

Silos

Zur Frischhaltelagerung, Lüftung und Entnahme von Grünfutter oder Getreide in großen Mengen

Turmsilo

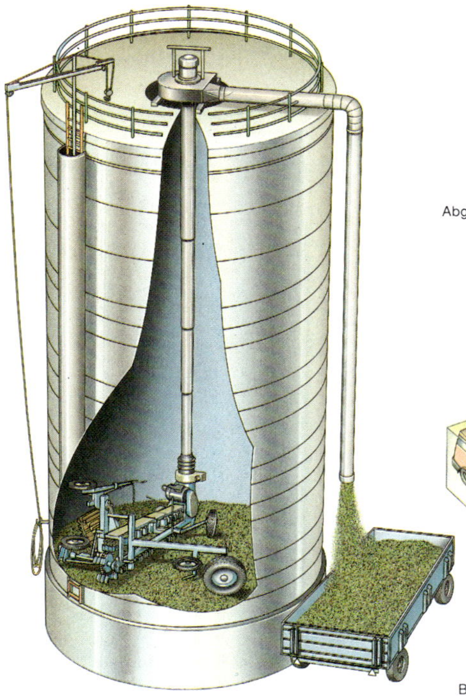

Getreidesilo

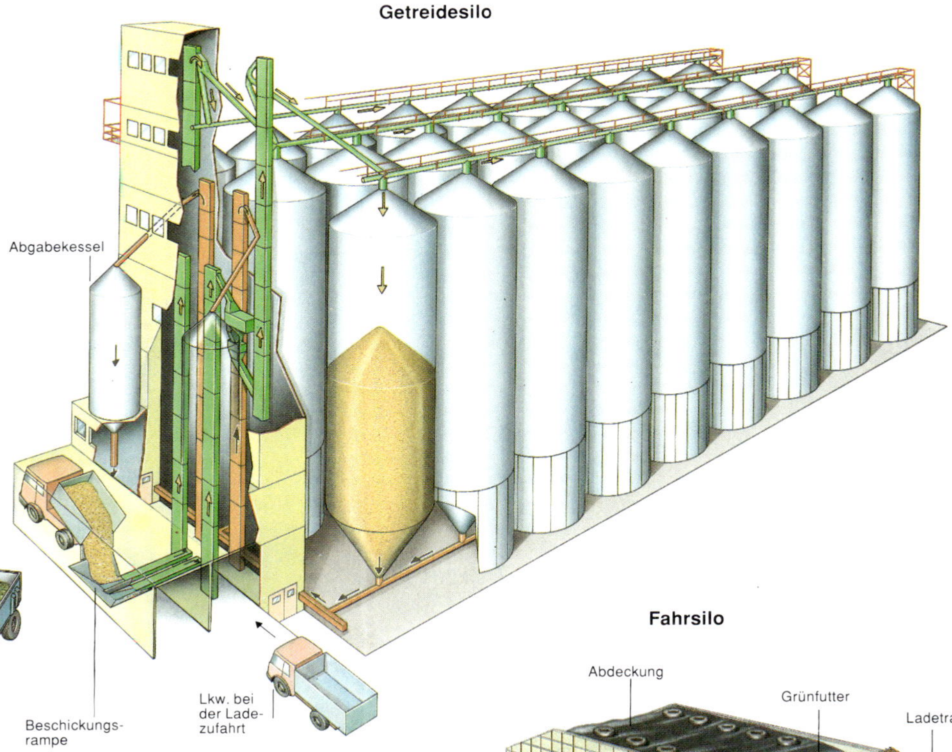

Fahrsilo

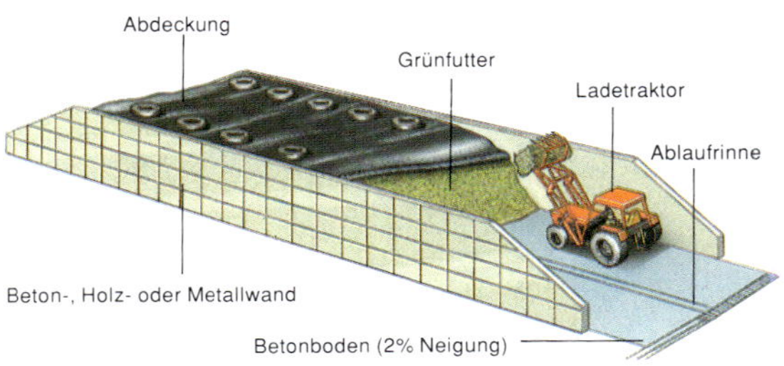

THEATER

Man teilt die Theaterbauten am besten nach Kulturkreisen ein, denn deren Geschichte bestimmt sich weitgehend auch nach der ihrer spezifischen dramatischen Kunst in gesprochener oder gesungener Form. Die ersten festen Theaterbauten aus Stein stammen von den alten Griechen. Die Römer übernahmen diesen Stil. Das Mittelalter nützte die Kirchen auch als Theater. Dann wurde für lange Zeit das italienische „Guckkastentheater" – Bühne und Zuschauerraum strikt getrennt – universell üblich. Der jüngste bedeutende Theaterbau ist die Opéra Bastille in Paris.

Das Kolosseum.

Das Kolosseum in Rom, in der Anlage ein Amphitheater, wurde unter dem Kaiser Flavius begonnen und 80 n. Chr. unter Titus fertiggestellt. Seinen Namen bekam es von der Kolossalstatue Neros in der unmittelbaren Umgebung. Es bestand aus einer Sandmanege mit einem Umfang von 524 m und den ansteigenden Tribünen mit Platz für 100 000 Zuschauer. Die Vorstellungen/Schau-Spiele bestanden in Gladiatorenkämpfen, Naumachien (Seeschlachten auf einem künstlichen See) und in Hinrichtungsspektakeln (Verurteilte wurden hungrigen wilden Tieren ausgeliefert).

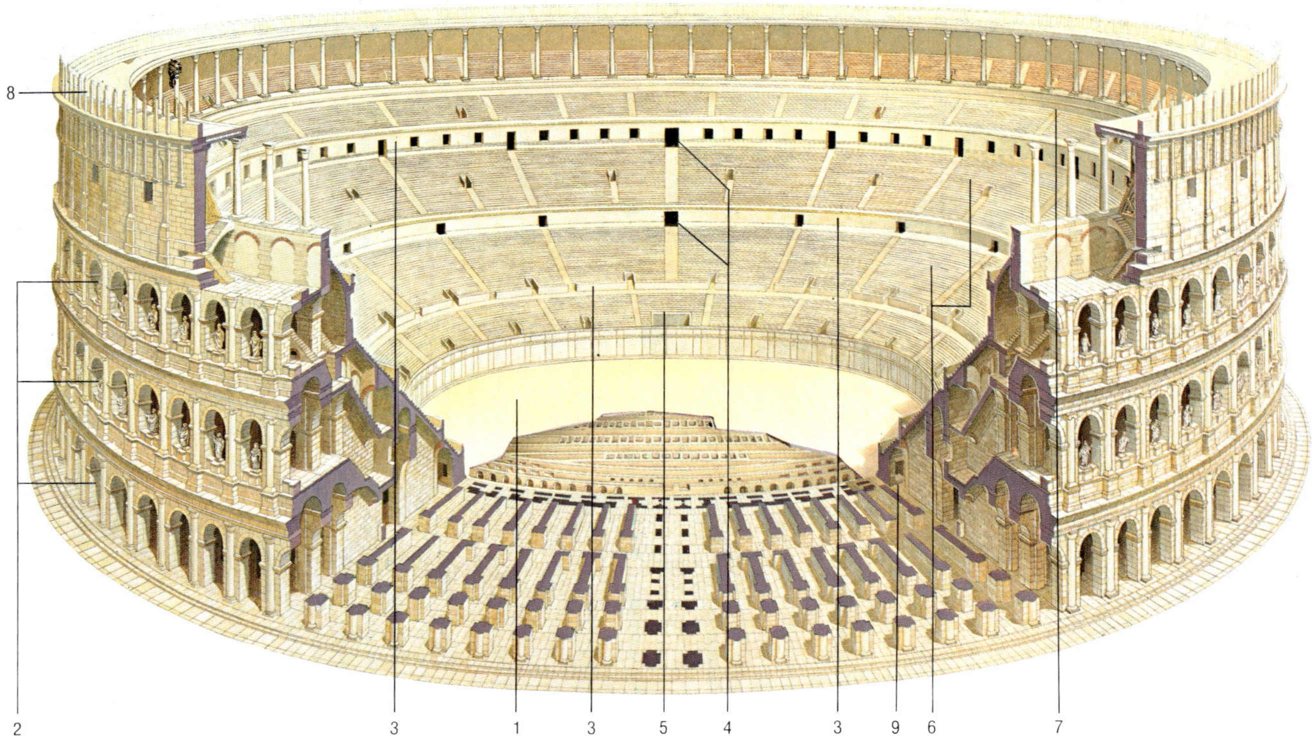

Kolosseum, Rom
(1. Jh. n. Chr.)
die hier gezeigte Rekonstruktion ist nur zeichnerisch)

1. Arena;
2. Sektorengalerien (Wandelgänge);
3. Rangmauern (praecinctiones);
4. Durchgänge (vomitoria) zu den Reihen;
5. Logenreihen 4 m über der Arena (podium);
6. 1. und 2. Rang (maeniana);
7. Oberer Rang (porticus);
8. Masten für das große Segeltuch mit dem Porträt des Kaisers als Sonnenschutz für die Zuschauer (in 48 m Höhe);
9. Gänge im Unterbau für die wilden Tiere und für die Flutungsmaschinerie.

Théâtre national de la Colline, Paris

Dieses Theater im Pariser Osten wurde 1988 eröffnet und war damals der erste Theaterneubau der Hauptstadt seit mehr als einem halben Jahrhundert: zwei variable Säle, der eine frontal mit 750 Plätzen, davon 350 auf ausfahrbaren Stufen, der andere mit 250 Plätzen und entfernbaren Stufen.

1. Logen; 2. Hinterbühne; 3. Technische Räume (Ent- und Belüftung); 4. Kulissenaufzug; 5. Abendregie; 6. Schutzgitter; 7. Laufsteg; 8. Beleuchterbrücke; 9. Kulissenzugang; 10. Rauchabzug Saal; 11. Gitter (Technikboden); 12. Variabler Saal; 13. Hausfoyer; 14. Bild- und Tonregie; 15./16. Verwaltung; 17. Verwaltungseingang; 18. Kulissendepot; 19. Kulissenaufzugsgraben; 20. Bühne; 21. Unterbühne; 22. Versenkbarer Orchestergraben; 23. Ausfahrbare Tragsäulen; 24. Lagerung der transportablen Stufenreihen; 25. Eingangsfoyer; 26. Großer Saal (750 Plätze); 27. Aufzug; 28. Bar; 29. Saalzugang; 30/31. Großes Foyer.

Die Comédie-Française, Paris

Erbaut 1787 von dem Architekten Victor Louis, war die Comédie-Française eigentlich als Oper des Palais-Royal bestimmt. Die Etagen erheben sich über einer Kolonnade im dorischen Stil bis zum Dachboden, der eine etwas zurückgesetzte kleine Zwischenetage zwischen Fassade und Dach darstellt. Seit der Renovierung und dem Umbau 1976 sind die Plätze im Zuschauerraum mit seiner Kuppel statt den ursprünglichen 1200 auf 900 verringert worden.

Eingang und Saal: 1. Säulenumgang (Peristyl); 2. Vestibül; 3 Kontrollen; 4. Kasse; 5. Orchestersitze; 6. Parkettlogen; 7. Balkon; 8. Präsidentenloge; 9. Orchesterloge; 10. Orchestergraben; 11. Erster Rang; 12. Zweiter Rang; 13. Galerie; 14. Technikgalerie; 15. Bühnenspotlicht; 16. Bar; 17. Büstengalerie; 18. Imbißautomaten; 19. Regie; 20. Lüftung; 21. Tonregie; 22. Lichtorgel (Beleuchtung); 23. Lagerräume; 24. Zwischendecke; 25. Decke; 26. Klimatisierung; 27. Warmluftabsaugung; 28. Abluftventilator; 29. Rauchabzugsklappe; 30 Frischluft; 31. Dachstuhl; 32. Abluftkamin; Bühne: 33. Unterboden; 34. Unterboden 3; 35. Unterboden 2; 36. Unterboden 1; 37. Bühnenboden; 38. Straße; 39. Vor-Straße; 40. Kulissenschieberillen und -hebeschlitze; 41. Versenköffnung; 42. Rampe; 43. Proszenium; 44. Souffleurkasten (entfernbar); 45. Drehbühne; 46. Seitenvorhang; 47. Bühnenvorhang; 48. Zwischenvorhang; 49. Hauptvorhang; 50. Eiserner Vorhang; 51. Beleuchterbrücke; 52. Kulissensteuerung; 53. Cyclorama (mobile Kulissensäule); 54. Kulissen; 55. Lastenaufzug; 56. Ruheraum; 57. Oberlicht; 58. Führungsschiene Cyclorama; 59. Hinterbühnenvorhang; 60. Zugböden; 61. Erste Bühnenbrücke; 62. Zweite Bühnenbrücke; 63. Dritte Bühnenbrücke; 64. Vierte Bühnenbrücke; 65. Brückenlaufstege; 66. Zugseile; 67. Gitter; 68. Lüftung; 69. Brandsensoren; 70. Luftabzug; 71. Rauchabzug.

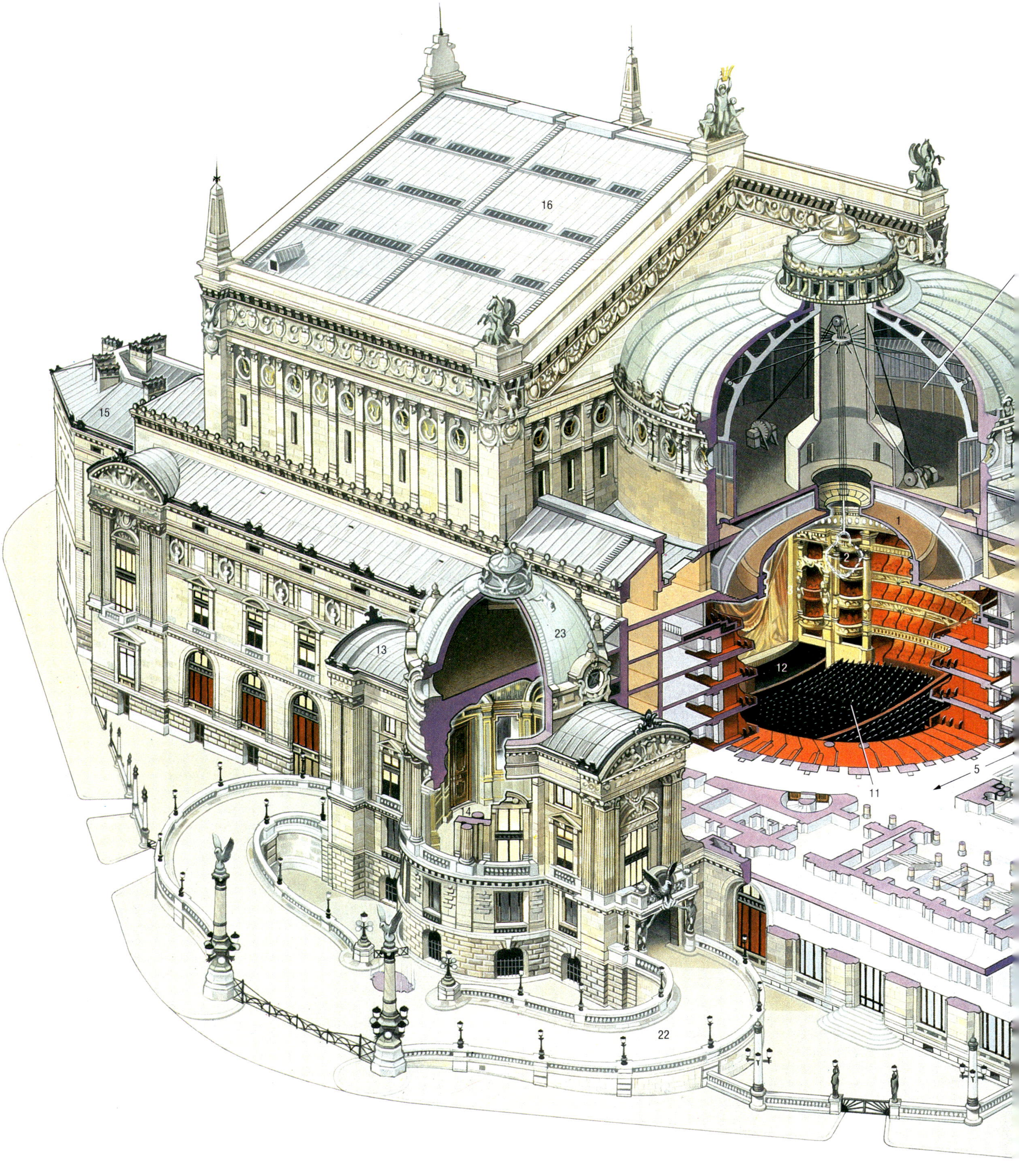
16
15
1
2
23
13
12
11
5
14
22

Die Pariser Oper.

Le théâtre de l'Opéra de Paris, so der offizielle Name, wurde von 1862 bis 1875 von dem Architekten Charles Garnier erbaut und heißt deshalb auch Palais Garnier. Der Bau war damals Teil der von Haussmann verfügten Modernisierung der Stadt. Teil der grandiosen Fassade sind 16 Marmorsäulen aus je einem einzigen Block sowie Marmorbüsten großer Komponisten und eine Statuengruppe „La Danse" von Carpeaux. Die große Freitreppe aus weißem Marmor innen hat eine Onyx-Balustrade mit Balustern aus rotem Marmor. Die Bühne ist eine der größten der Welt. Der Zuschauerraum mit seinen fünf Rängen hat 2 156 Plätze. 1962 schuf Chagall eine neue Deckenmalerei. Der große Lüster wiegt sieben Tonnen. Seit der Eröffnung der Bastille-Oper (s. nächste Seite) ist das Haus mit seiner langen entsprechenden Tradition und seiner Ballettschule vor allem dem Tanztheater gewidmet.

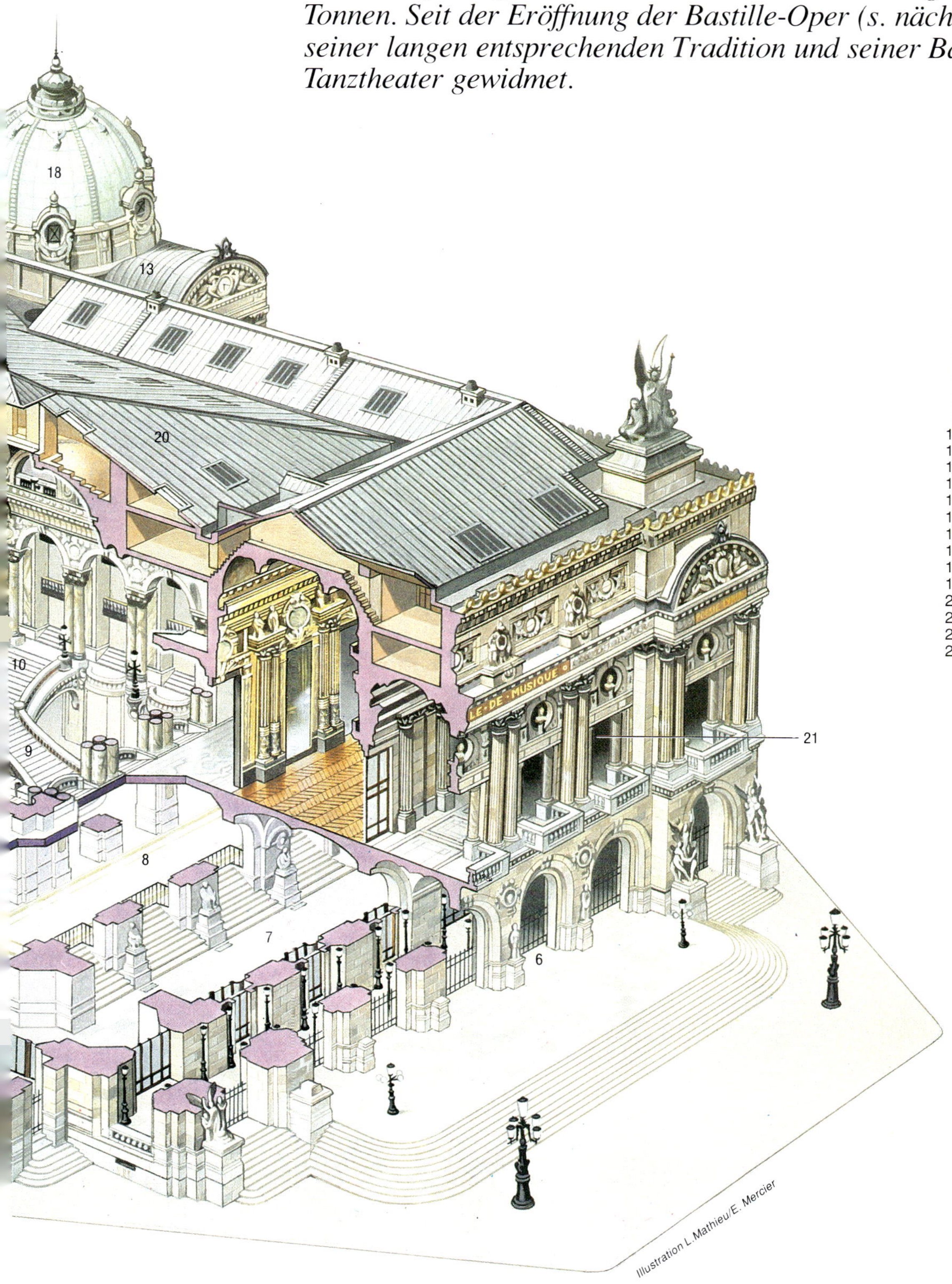

1. Deckenmalerei von Chagall;
2. Lüster;
3. Vorhang und Seitenlogen;
4. Kuppelgewölbe der großen Treppe;
5. Großes Foyer;
6. Eingang;
7. Zugangsvestibül (Kontrolle);
8. Vor-Foyer 1. Etage;
9. Große Ehrentreppe;
10. Große Seitentreppen;
11. Zuschauerraum;
12. Bühne;
13. Probensaal;
14. Bibliothek/Museum;
15. Verwaltung;
16. Bühnenhausdach;
17. Kuppel-Studios Lifar, Ballanchine, Petipa
18. Rotunde mit Studio Chauviré;
19. Glasoberlichte der Ehrentreppe;
20. Schrägdach;
21. Loggia;
22. Kaiserliche Rampe;
23. Rotunde mit Studio Zambelli.

Die Bastille-Oper, Paris.

Paris brauchte ein modernes Opernhaus. Das alte, das „Palais Garnier", genügte zwar allen Ansprüchen seiner Zeit, aber nicht mehr den Erfordernissen eines modernen Musiktheaters für ein großes Publikum zu erschwinglichen Preisen. Die Entscheidung für den Bau eines neuen Opernhauses an der Place de la Bastille fiel 1982. Aus einem internationalen Wettbewerb ging der kanadische Architekt Carlos Ott als Sieger hervor und wurde 1983 mit dem Bau der Opéra Bastille beauftragt. Das Haus wurde 1989 im Rahmen der 200-Jahr-Feier der französischen Revolution eröffnet.

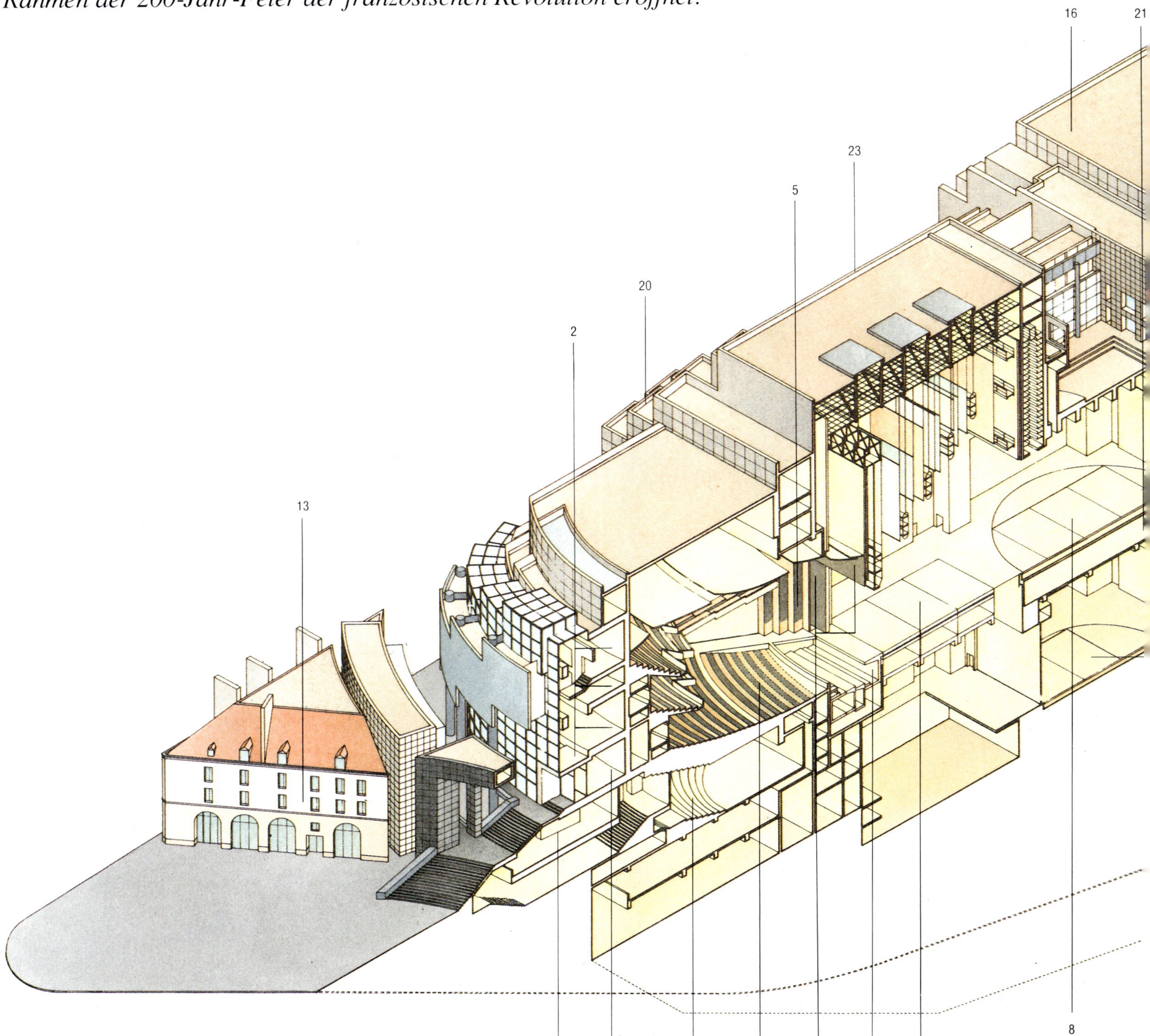

Der Hauptsaal hat 2700 Plätze, ein zweiter kann zwischen 600 und 1000 Plätzen variiert werden. Die technischen Einrichtungen ermöglichen Umbauten so rasch, daß jeden Tag eine andere Aufführung möglich ist. Tradition und moderne Kreativität sollen sich auf diese Weise in der neuen Oper vereinigen, in der man pro Jahr mit rund einer Million Zuschauern und mit 30 verschiedenen Inszenierungen kalkuliert, zu denen noch zahlreiche Konzerte und Ballettaufführungen kommen.

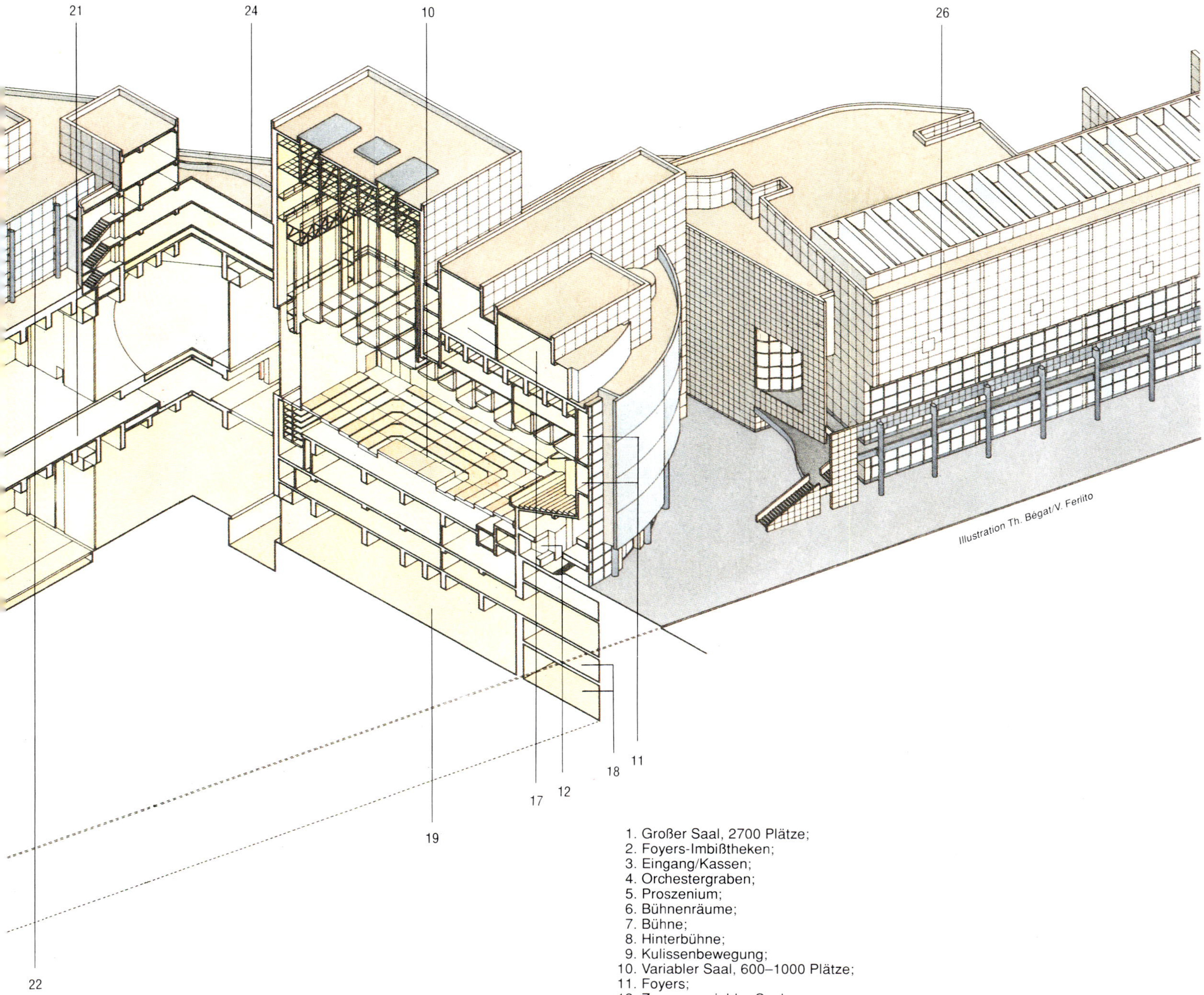

1. Großer Saal, 2700 Plätze;
2. Foyers-Imbißtheken;
3. Eingang/Kassen;
4. Orchestergraben;
5. Proszenium;
6. Bühnenräume;
7. Bühne;
8. Hinterbühne;
9. Kulissenbewegung;
10. Variabler Saal, 600–1000 Plätze;
11. Foyers;
12. Zugang variabler Saal;
13. Studiosaal, 280 Plätze;
14. Amphitheater, 600 Plätze;
15. Große Probenbühne;
16. Ballettprobensaal;
17. Chorprobensaal;
18. Orchesterprobensaal;
19. Probenraum des variablen Saals;
20. Künstlergarderoben;
21. Musikerstudios;
22. Tänzer- und Komparsengarderoben;
23. Notenbibliothek;
24. Personalrestaurant und -cafeteria;
25. Verkaufsstände;
26. Ateliers/Werkstätten.

FAHRZEUGE

Fahrzeuge sind zunächst immer nur Transportmittel. Erst danach kümmern sich die Ingenieure und Designer um deren bestmögliche Anpassung an ihre Funktion. Ein Auto kann auf diese Weise zu einem Konglomerat der neuesten Technik gemacht und bis zu einem Rennwagen der Formel 1 optimiert werden. Ein moderner Hochgeschwindigkeitszug ist ebenfalls das Ergebnis von Weiterentwicklung, mit der wieder eine Anzahl Kilometer mehr pro Stunde als mit seinen Vorgängern möglich sind.

Luftkissenfahrzeug

Zum Gleit-Transport über Land oder Wasser von Passagieren, Fahrzeugen oder Truppen durch Gleiten auf einem mittels Druckluft unter dem Fahrzeug erzeugten Luftkissen

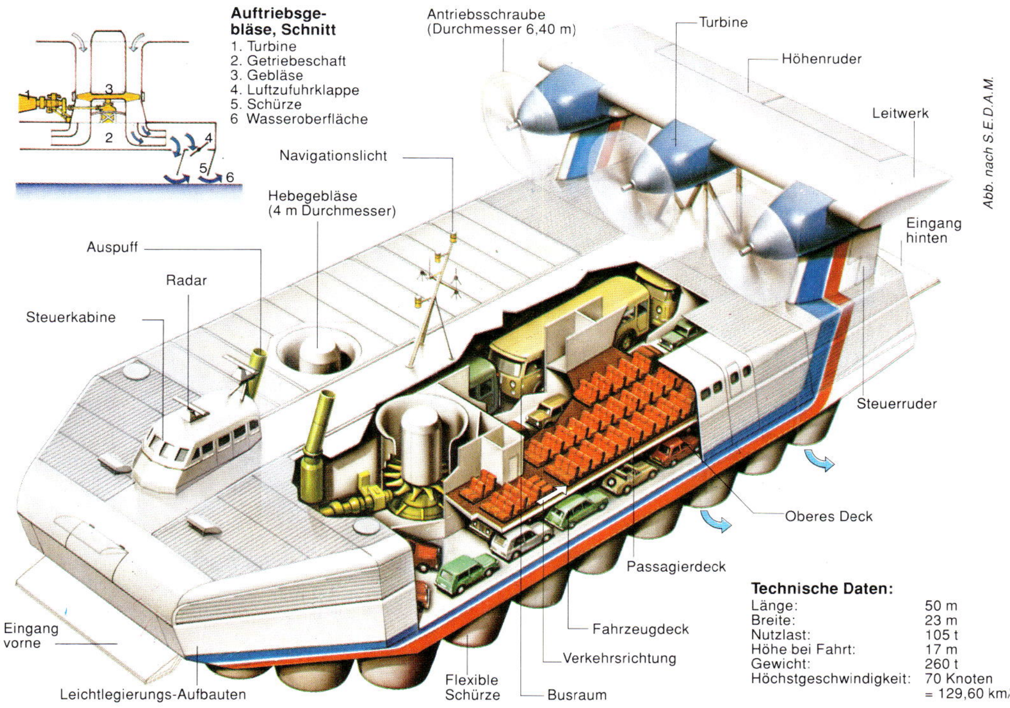

Französisches **Luftkissenfahrzeug** Naviplane N 500

Technische Daten:

Länge:	50 m
Breite:	23 m
Nutzlast:	105 t
Höhe bei Fahrt:	17 m
Gewicht:	260 t
Höchstgeschwindigkeit:	70 Knoten = 129,60 km/h

Autobus

Zum gemeinsamen Transport einer größeren Anzahl Passagiere im Stadtverkehr

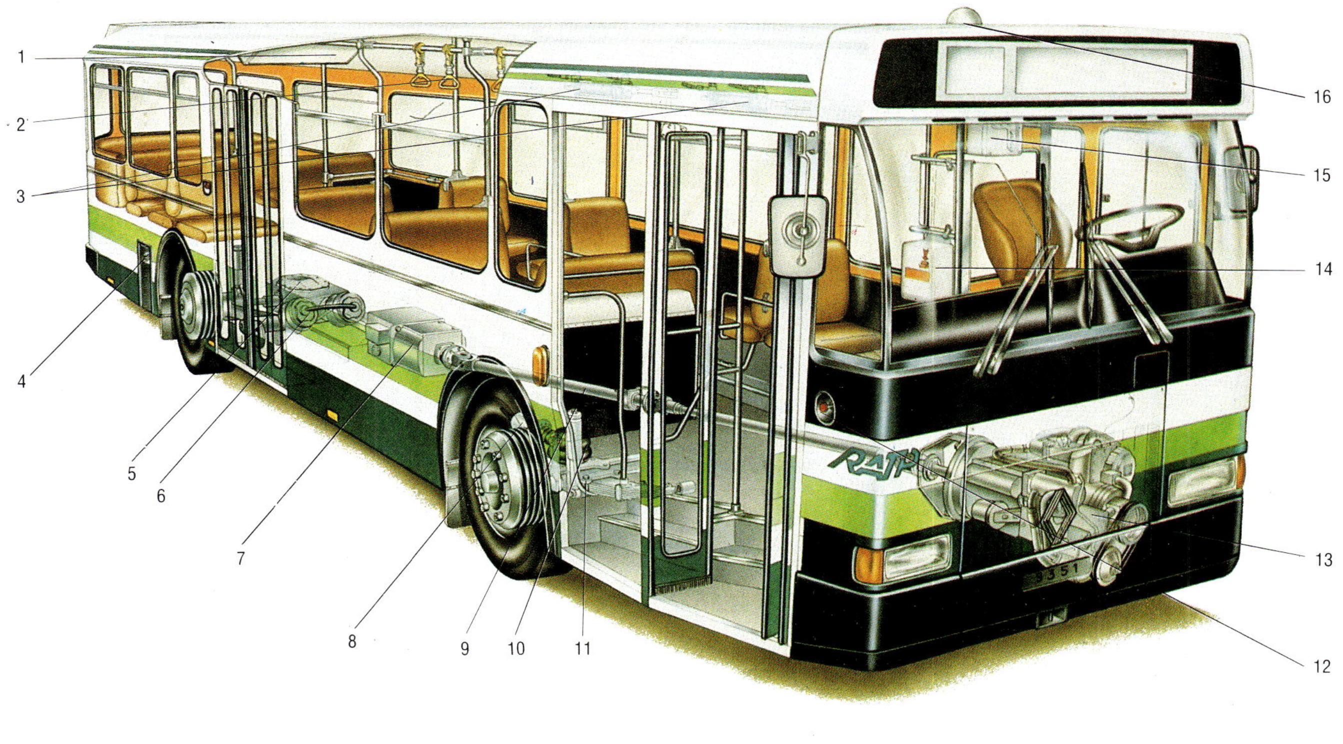

1. Fahrstreckenplan;
2. Handgriff;
3. Türverschluß;
4. Treibstofftank;
5. Zustieg hinten;
6. Federung hinten;
7. Getriebe;
8. Bremse vorne;
9. Transmission;
10. Federung vorne;
11. Vorderachse;
12. Öffnung Tür vorne; 13. Motor;
14. Fahrscheinentwerter; 15. Radio; 16. Radioantenne.

Automobile

Zur Ortsveränderung auf vier gummibereiften, luftgefüllten Rädern mit Hilfe eines Verbrennungs-, Abbrand- oder elektrischen Motors oder einer Gasturbine (neuerdings auch von Sonnenkollektoren)

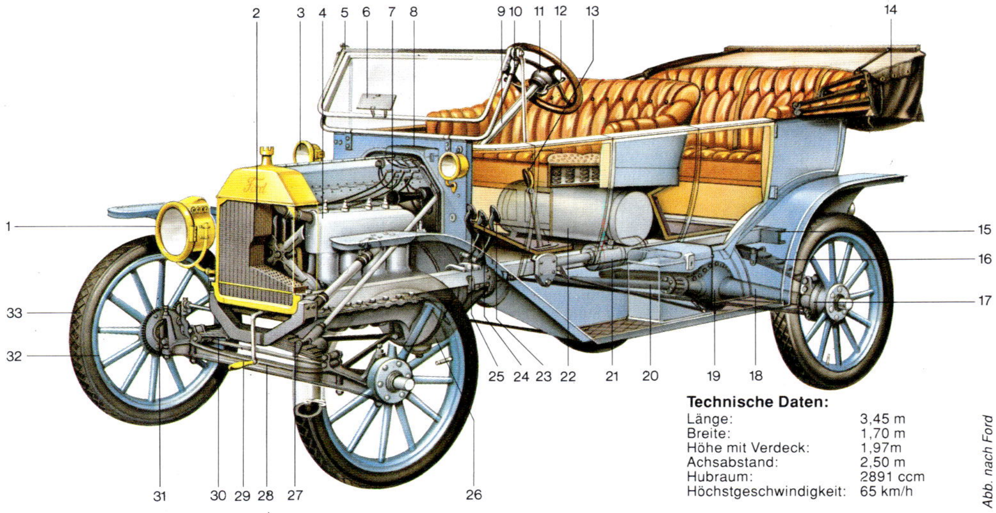

Technische Daten:

Länge:	3,45 m
Breite:	1,70 m
Höhe mit Verdeck:	1,97m
Achsabstand:	2,50 m
Hubraum:	2891 ccm
Höchstgeschwindigkeit:	65 km/h

Abb. nach Ford

Ford T

Ford T 1913
1. Batterie-Scheinwerfer
2. Kühler;
3. Laterne;
4. Motor;
5. Abnehmbare Windschutzscheibe;
6. Rückspiegel;
7. Hupe;
8. Spulenkasten;
9. Steuersäule;
10. Gashebel;
11. Lenkgewinde;
12. Lichthebel;
13. Hebel für Kupplung und hintere Bremse;
14. Verdeck;
15. Fahrgestell;
16. Federung hinten;
17. Bremstrommel;
18. Hinterachse;
19. Hinterachsbrücke;
20. Getriebeachse;
21. Auspuffschalldämpfer;
22. Benzintank;
23. Kupplungspedal;
24. Rückwärtsgangpedal;
25. Bremspedal;
26. Getriebe und Kupplung;
27. Federung vorne;
28. Vorderachse;
29. Anlasserkurbel;
30. Steuerkuppelstange;
31. Zahnradzapfen;
32. Metallfelge;
33. Schlauchreifen.

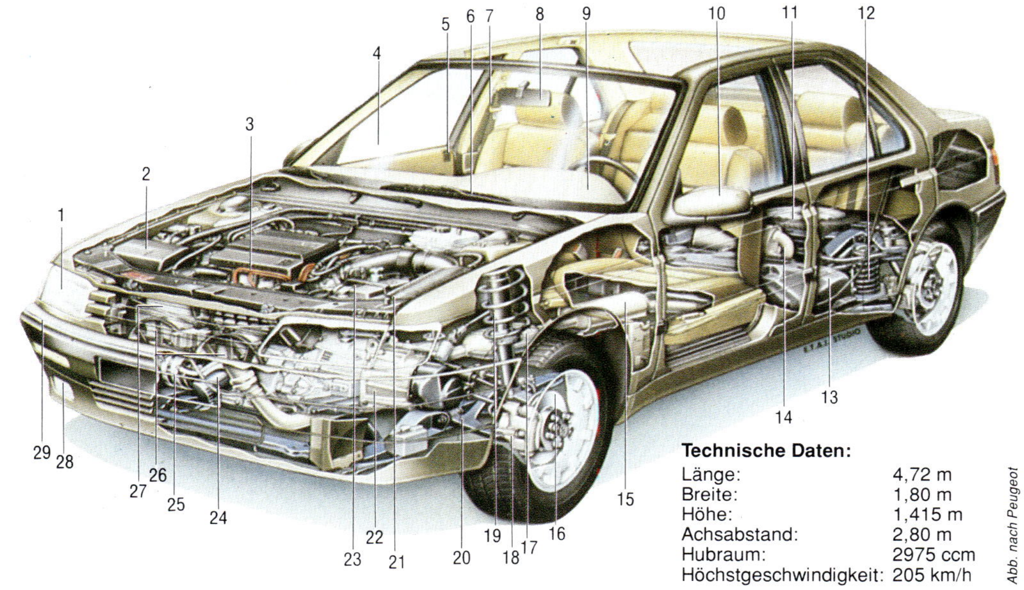

Technische Daten:

Länge:	4,72 m
Breite:	1,80 m
Höhe:	1,415 m
Achsabstand:	2,80 m
Hubraum:	2975 ccm
Höchstgeschwindigkeit:	205 km/h

Abb. nach Peugeot

Peugeot 605

Peugeot 605 SV 3.0 (1989)
Hinterradantrieb, 16 CV, mit Einspritzelektronik
1. Scheinwerfer;
2. Elektronik;
3. Anlasserkabel (Hochspannung);
4. Windschutzscheibe (Sicherheitsglas);
5. Zentralverriegelung;
6. Scheibenwischer;
7. Anschnallgurt;
8. Rückspiegel innen (Tag/Nacht);
9. Armaturenbrett;
10. Außenrückspiegel (elektr.beweglich);
11. Reserverad;
12. Federung hinten;
13. Benzintank (Polypropylen);
14. Schalldämpfer;
15. Auspufftopf;
16. Belüftete Scheibenbremse;
17. Katalysator;
18. Bremsbügel;
19. Stoßdämpfer vorne;
20. Federungsdreieck vorne;
21. Luftfilter;
22. Getriebe;
23. Batterie;
24. Ölfilter;
25. Lichtmaschine;
26. Lüftung;
27. Kühler;
28. Nebelscheinwerfer;
29. Stoßstange.

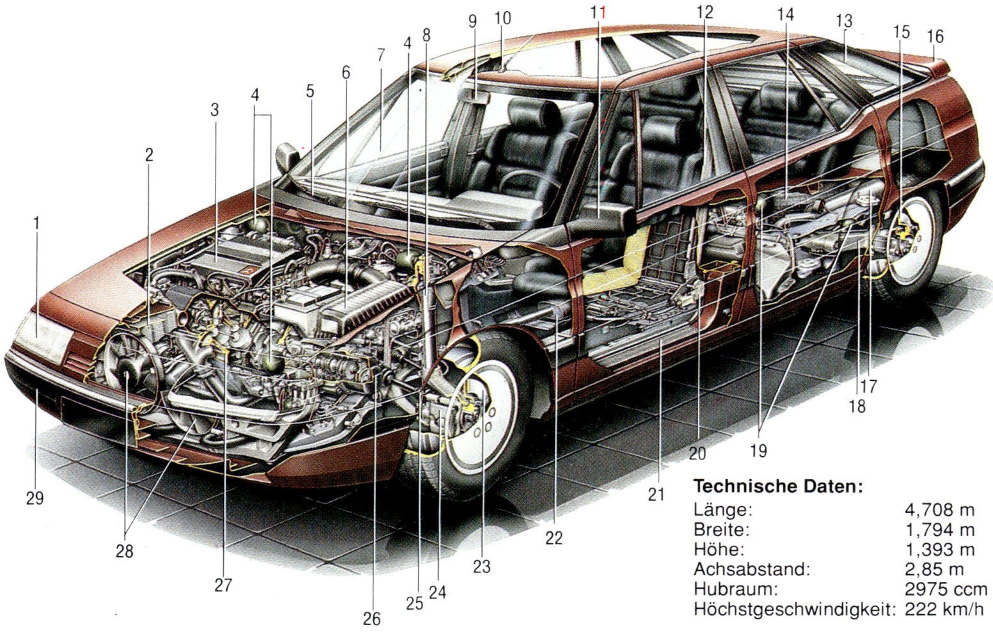

Technische Daten:

Länge:	4,708 m
Breite:	1,794 m
Höhe:	1,393 m
Achsabstand:	2,85 m
Hubraum:	2975 ccm
Höchstgeschwindigkeit:	222 km/h

Abb. nach Citroën

Citroën XM

Citroën XM V6 (1989)
Vorderradantrieb mit Einspritzelektronik
1. Doppeloptikscheinwerfer mit Lichtbrechung;
2. Kühler;
3. Batterie;
4. Vordere Kugeln der hydraktiven Federung;
5. Scheibenwischer;
6. Luftfilter;
7. Windschutzscheibe (Sicherheitsglas);
8. Federungsstrebe;
9. Rückspiegel innen (Tag/Nacht);
10. Antenne;
11. Außenrückspiegel (elektr. beweglich);
12. Anschnallgurt;
13. Seitenrückfenster;
14. Reserverad;
15. Scheibenbremse hinten;
16. Spoiler hinten;
17. Schalldämpfer;
18. Federungsarm;
19. Hintere Kugeln der hydraktiven Federung;
20. Elektr. Sitzverstellung vorne;
21. Längsträger;
22. Auspufftopf;
23. Scheibenbremse;
24. Bremsbügel;
25. Getriebeachse;
26. Getriebe;
27. V-Motor, 6 Zylinder;
28. Lüftung;
29. Stoßstange.

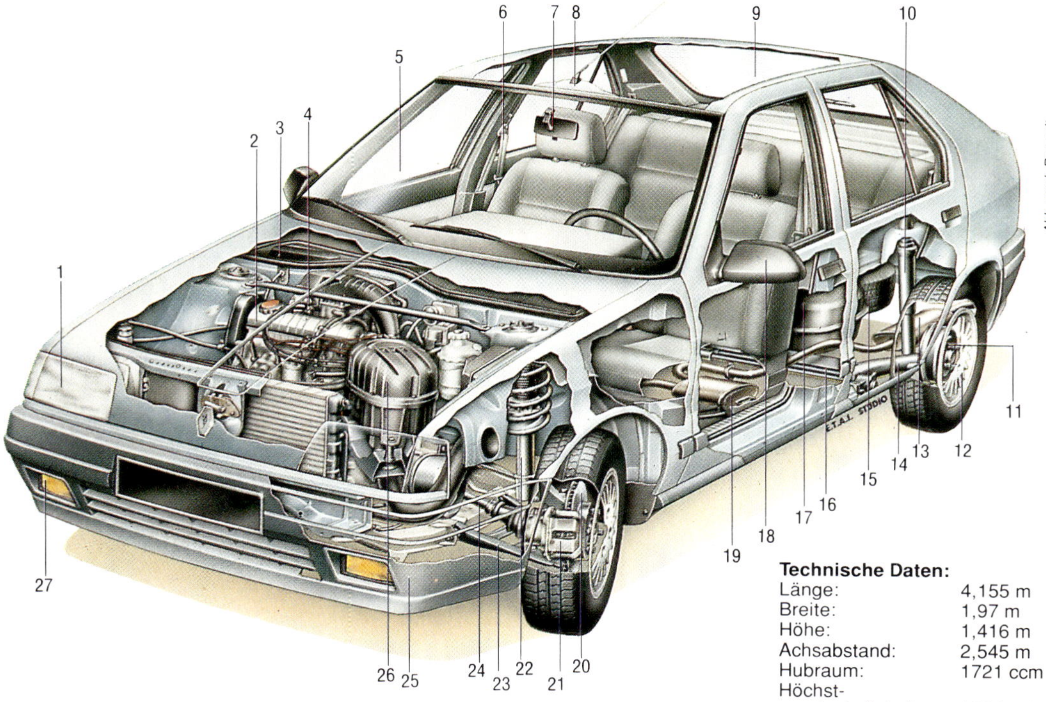

Abb. nach Renault

Renault R 19

Renault R 19 TXE (1990)
Vorderradantrieb 8 CV

1. Scheinwerfer;
2. Vierzylinder-Reihenmotor;
3. Kühlungs-Ausgleichsbehälter;
4. Doppelvergaser;
5. Verklebte Windschutzscheibe;
6. Anschnallgurt;
7. Rückspiegel innen (Tag/Nacht);
8. Radioantenne;
9. Beheizte Heckscheibe;
10. Hydraulischer Gelenkstoßdämpfer;
11. Trommelbremse;
12. Leichtmetallfelge;
13. Schalldämpfer;
14. Federungsarm hinten;
15. Reserverad;
16. Drehstab;
17. Tank;
18. Außenrückspiegel;
19. Auspufftopf;
20. Belüftete Scheibenbremse;
21. Bremsbügel vorne;
22. Federungsstrebe vorne;
23. Federungsdreieck vorne;
24. Getriebeachse;
25. Aerodynamischer Schild vorne;
26. Luftfilter;
27. Nebelscheinwerfer.

Technische Daten:

Länge:	4,155 m
Breite:	1,97 m
Höhe:	1,416 m
Achsabstand:	2,545 m
Hubraum:	1721 ccm
Höchstgeschwindigkeit:	183 km/h

Jeep Wrangler

Jeep Wrangler (1989/90)
Typ Sahara, 14 CV
Vierzylinder-Reihenmotor
Vierradantrieb

1. Überrollbügel;
2. Anschnallgurt;
3. Abnehmbare Windschutzscheibe;
4. Gangschaltung;
5. Rückspiegel;
6. Batterie;
7. Luftfilter;
8. Vierzylinder Reihenmotor;
9. Hydraulischer Stoßdämpfer;
10. Motorhaubenspanner;
11. Lichtmaschine;
12. Kühler;
13. Zusatzscheinwerfer;
14. Lenkgetriebegehäuse;
15. Differential vorne;
16. Mehrblattfeder vorne;
17. Wankstütze;
18. Steuerkette;
19. Universalreifen;
20. Übertragungsgehäuse;
21. Übertraghebel
22. Auspufftopf;
23. Längsträger;
24. Getriebeachse;
25. Getriebegelenk;
26. Differential hinten;
27. Mehrfachblattfeder hinten;
28. Stoßdämpfer hinten.

Technische Daten:

Länge:	3,876 m
Breite:	1,676 m
Höhe:	1,765 m
Achsabstand:	2,373 m
Hubraum:	2464 ccm
Höchstgeschwindigkeit:	145 km/h
Überhangwinkel vorne:	31°
Überhangwinkel hinten:	32°
Durchfahrbare Wasserhöhe:	50 cm
Wendekreis:	10,26 m
Bodenfreiheit:	20,7 cm

A Automobile (Details)

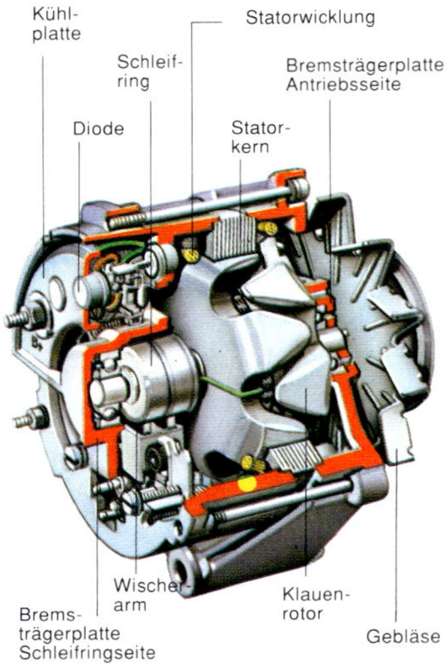

Lichtmaschine (Automobil)

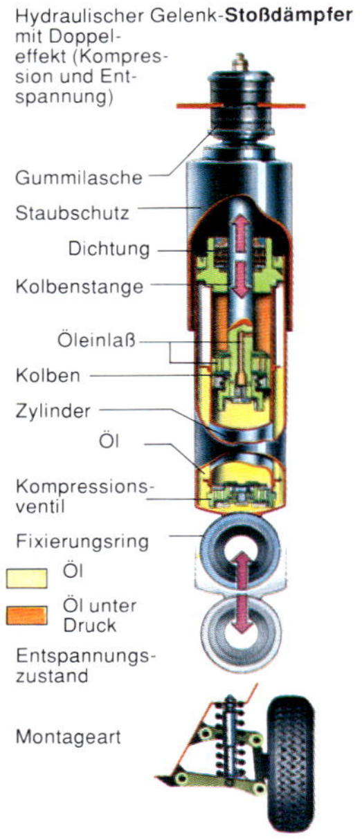

Hydraulischer
und hydropneumatischer
Stoßdämpfer (Automobil)

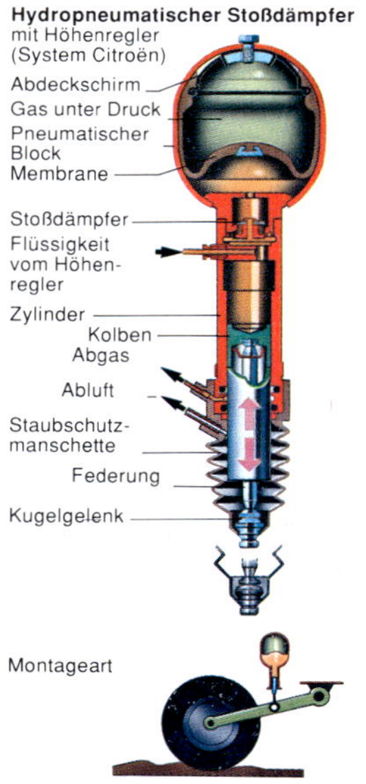

B

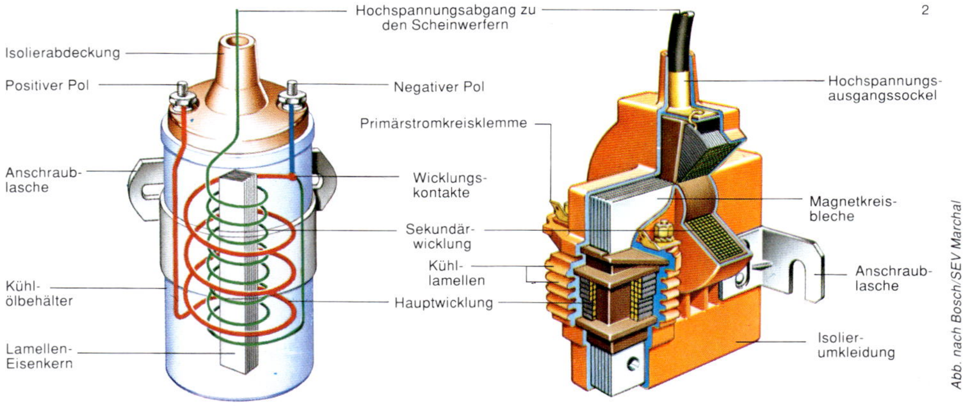

Zündspule (Automobil). 1. Klassische Ölbad-Kühlungsspule, 2. Spule mit Luftkühlung

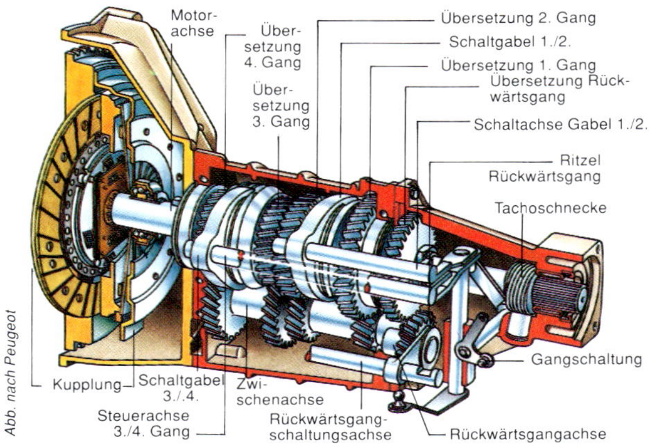

Getriebe mit Handschaltung (Automobil)

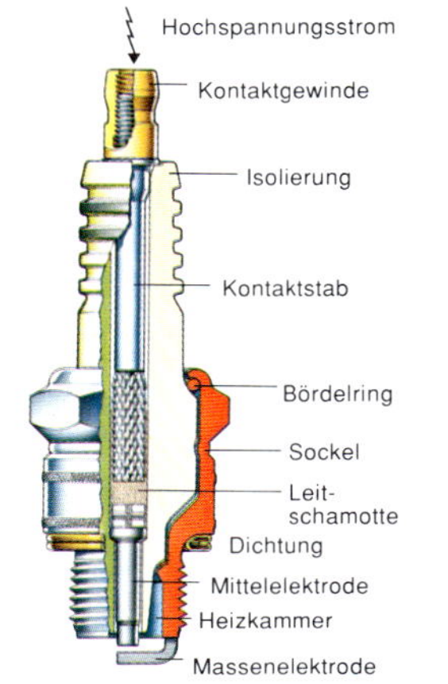

Zündkerze (Automobil), Schnitt

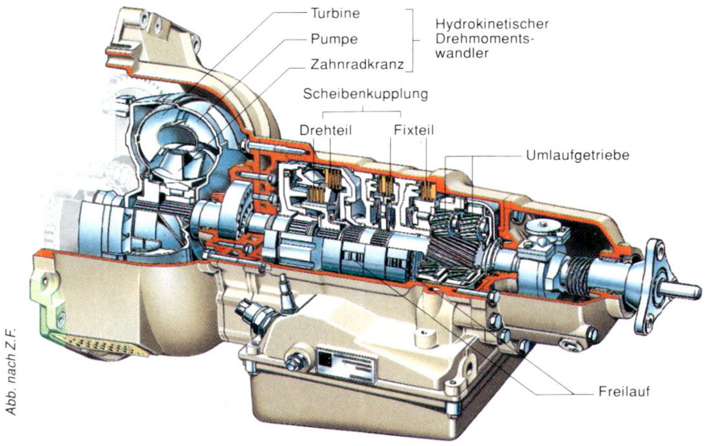

Automatik-Getriebe (Automobil)

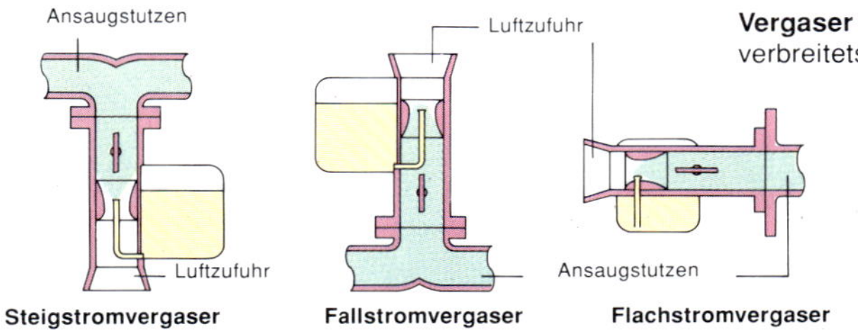

Vergaser (Automobil),
verbreitetste Typen

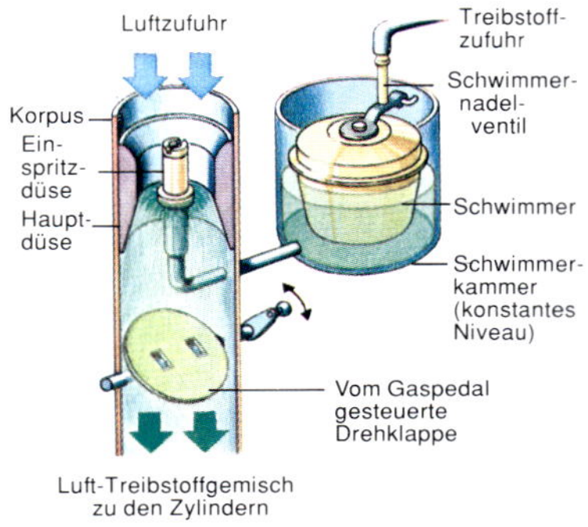

Vergaser,
Prinzip-
schema

C

Vergaser,
diverse Funktionsarten

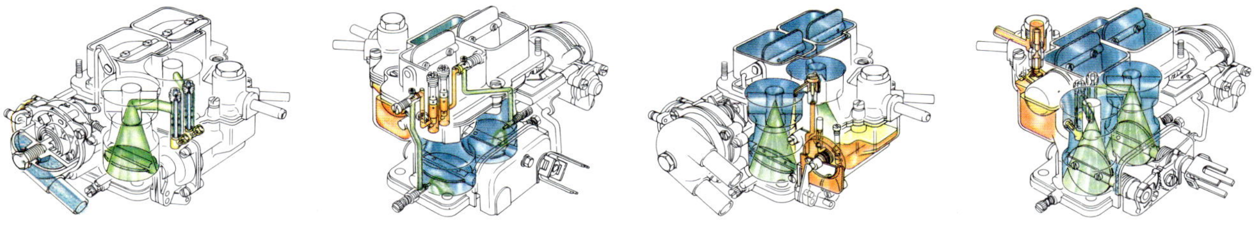

Kardanwelle
Funktionsschema
(AO, BO, XX', YY':
Rotationsachsen)

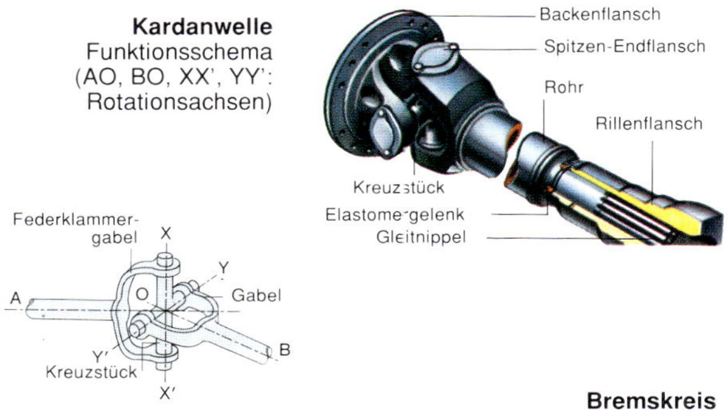

Bremskreis
eines Autos

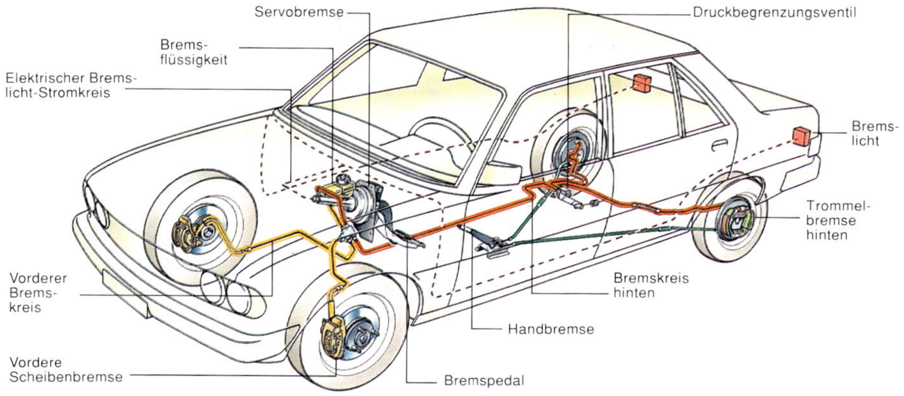

Scheibenbremse

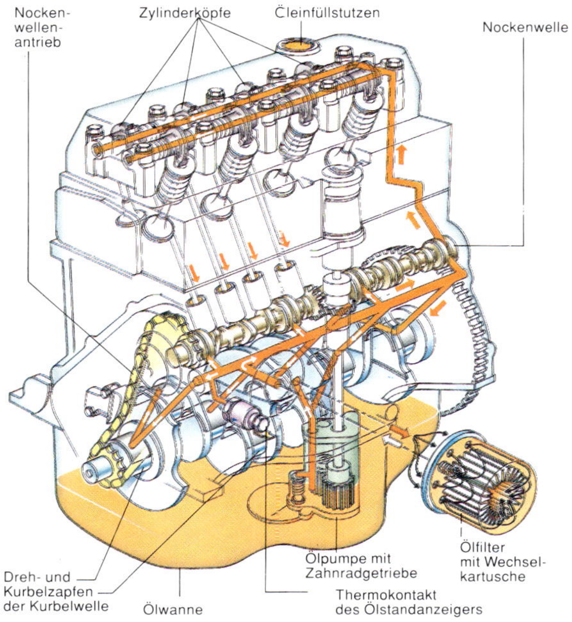

Schmierung eines Automotors durch Ölumlauf

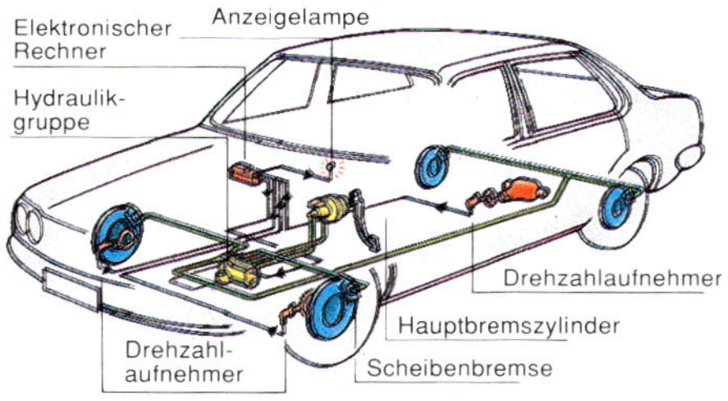

System der **ABS-Bremsung (Antiblockierbremsung)**

Kühlung eines Sechszylinder-Automotors
1. Luftfluß;
2. Pumpenachsengebläse;
3. Ablaßhahn;
4. Kühlergrill (horizontaler Wasserfluß);
5. Wasserpumpe;
6. Thermokontakt;
7. Kühlwasserumlauf;
8. Motorblock;
9. Verteiler auf die Zylinderlager;
10. Heizungsheißwasser;
11. Kühlwasserrücklauf;
12. Heißwasserrücklauf;
13. Ausgleichsbehälter;
14. Thermostat;
15. Heizungskühler.

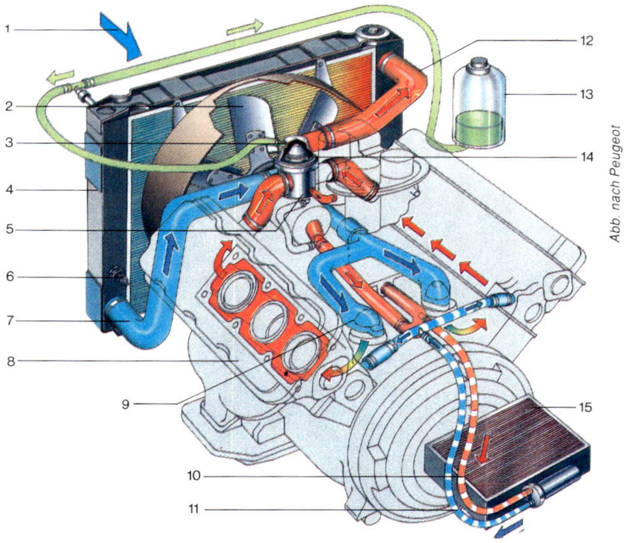

C Automobile (Details)

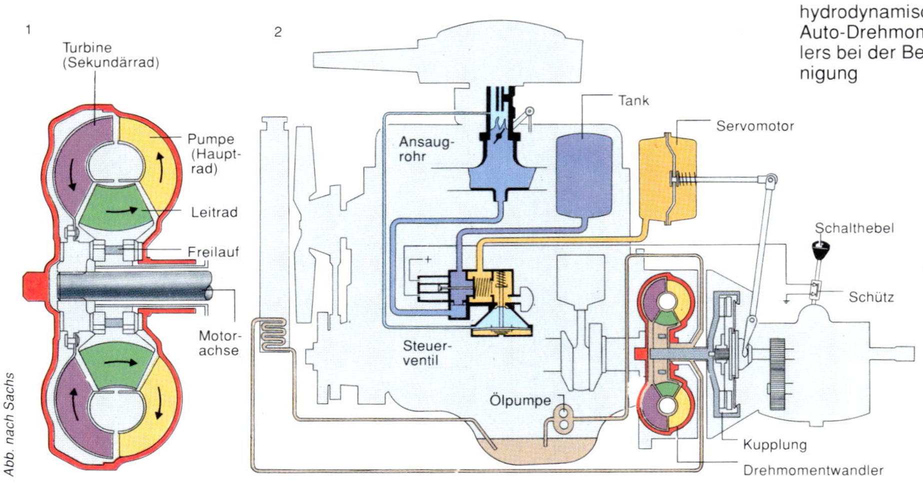

Drehmomentwandler
1. Schnitt;
2. Gesamtschema eines hydrodynamischen Auto-Drehmomentwandlers bei der Beschleunigung

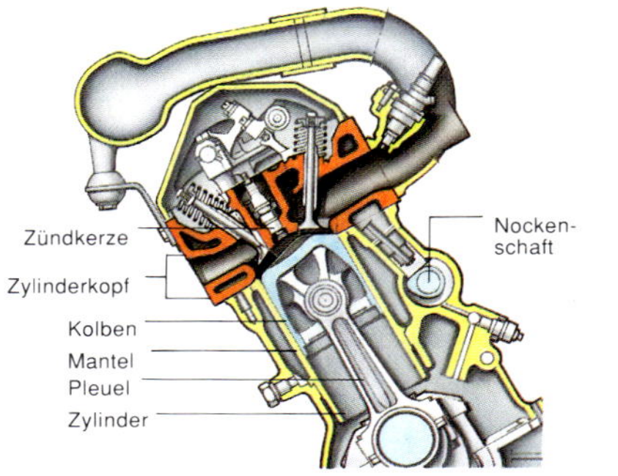

Zylinderkopf (Verbrennungsmotor); Schnitt)

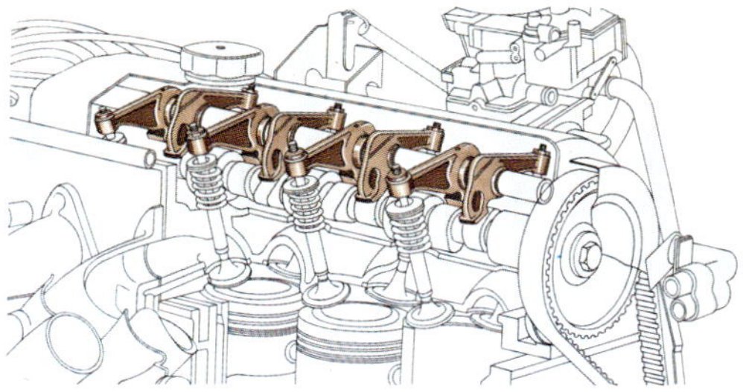

Kipphebelbrücke

Zylinder (Verbrennungsmotor) – Zylinder, verschiedene Anordnungen

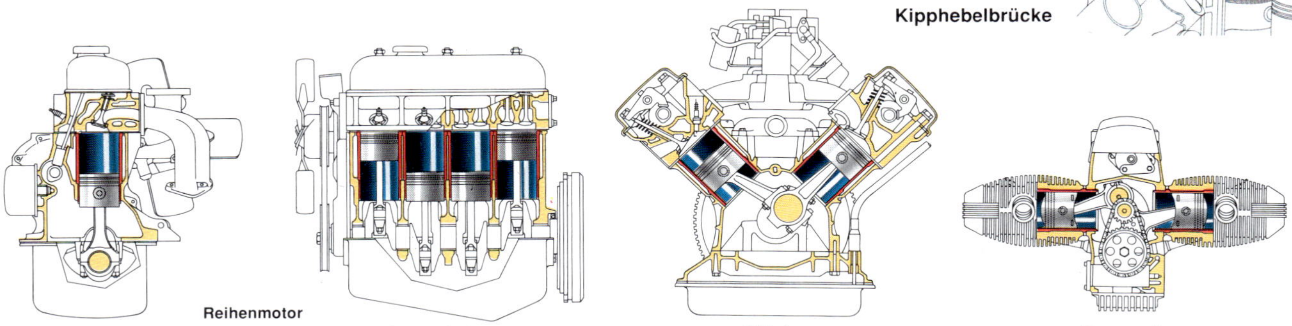

Querschnitt **Reihenmotor** Längsschnitt

V-Motor

Boxermotor

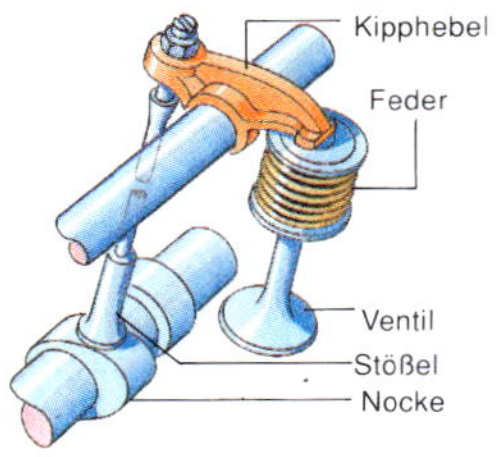

Kipphebel

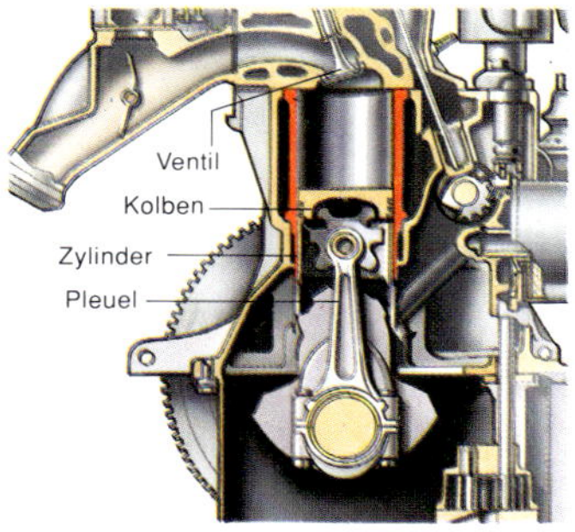

Verbrennungsmotor, **Zylinder** (Schnitt)

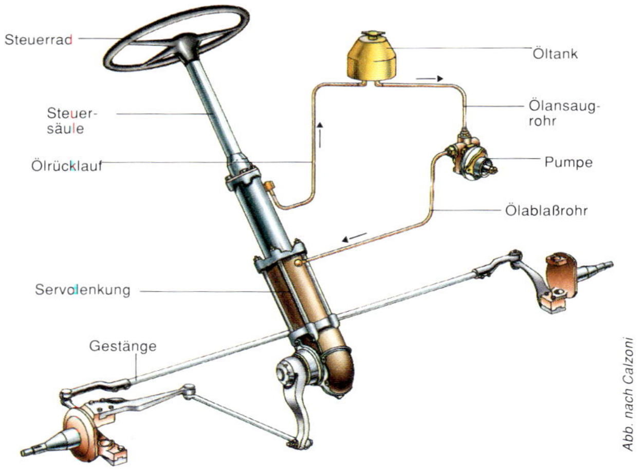

Servolenkung eines Nutzfahrzeugs

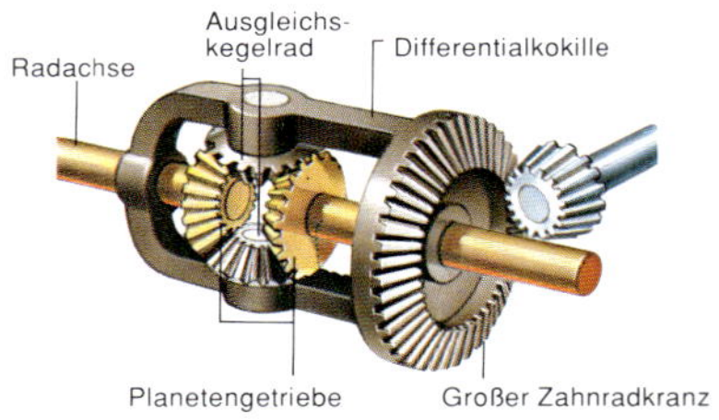

Klassisches **Differential,** Schematischer Schnitt

D

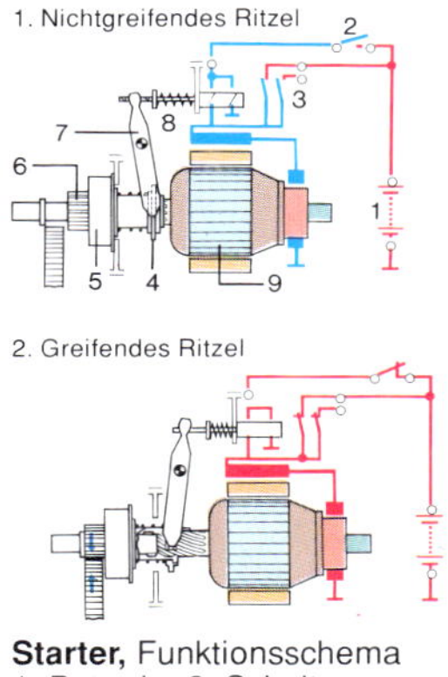

Starter, Funktionsschema
1. Batterie; 2. Schalter;
3. Kontakt; 4. Treibring;
5. Freilauf; 6. Ritzel;
7. Schalthebel;
8. Erregerwicklung; 9. Anker.

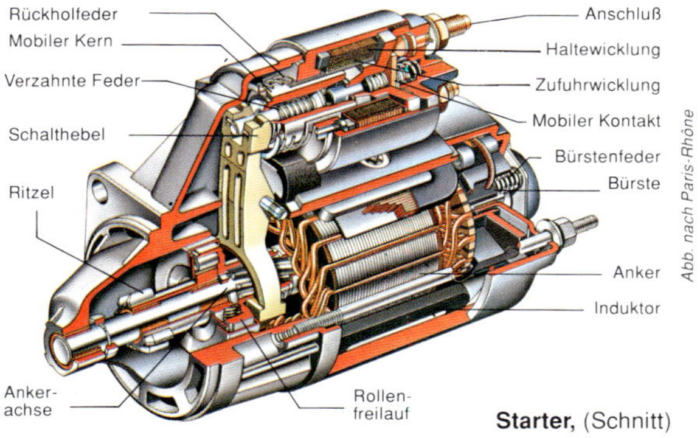

Starter, (Schnitt)

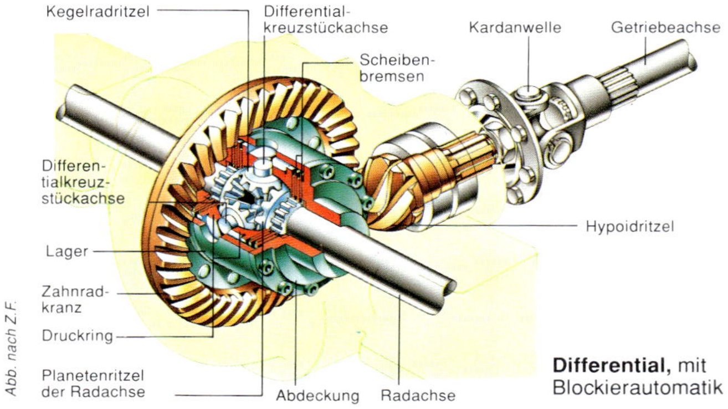

Differential, mit Blockierautomatik

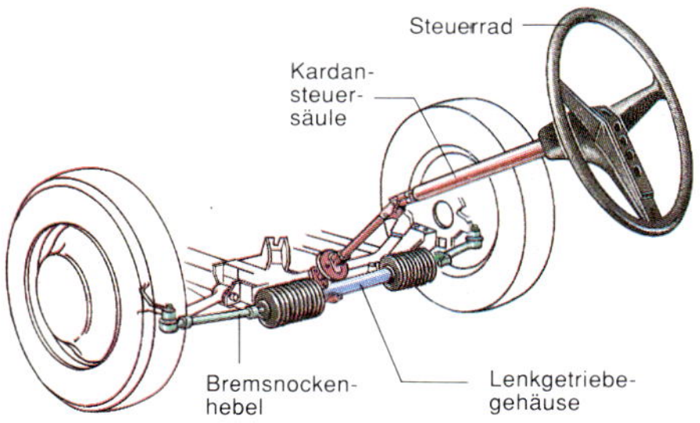

E

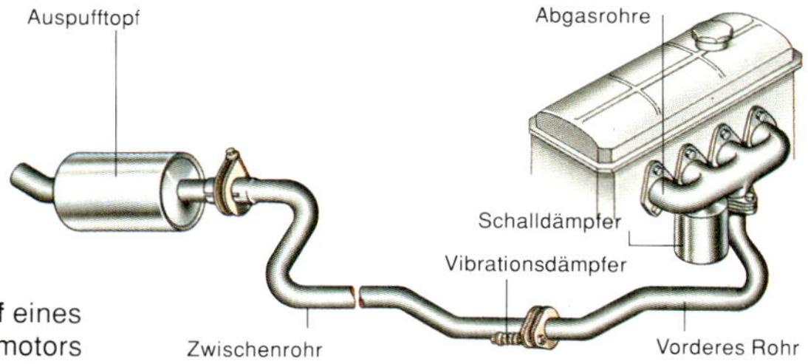

Auspuff eines Verbrennungsmotors

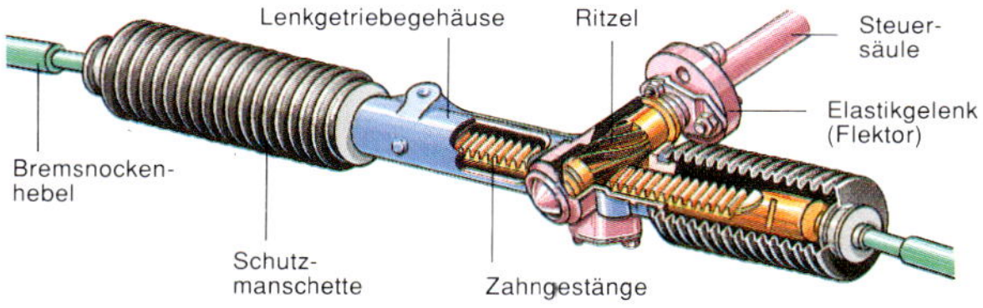

Zahnstangenlenkung

Reibungskupplung Funktionsprinzip und Schnitt

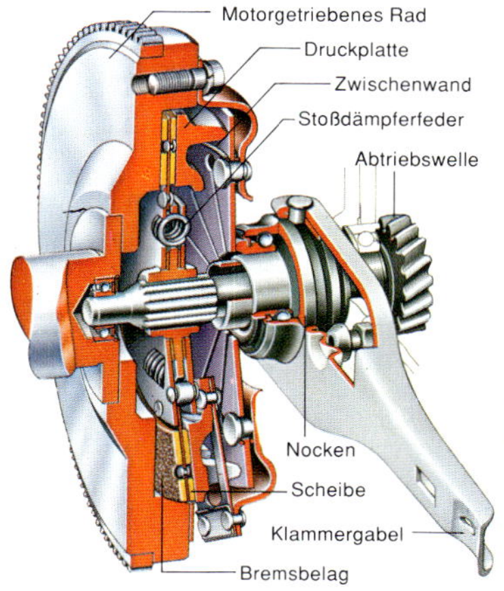

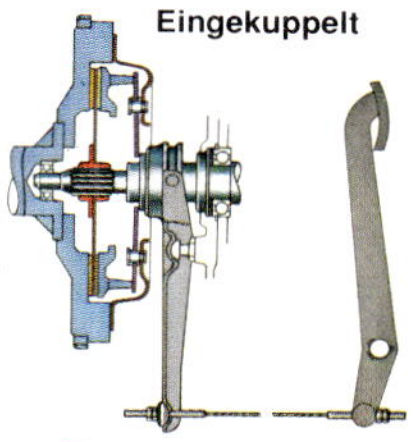

Eingekuppelt

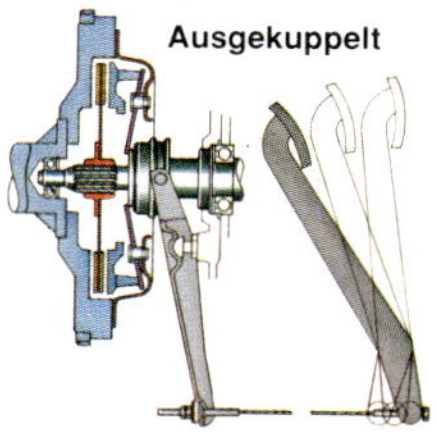

Ausgekuppelt

Abb. nach Sachs

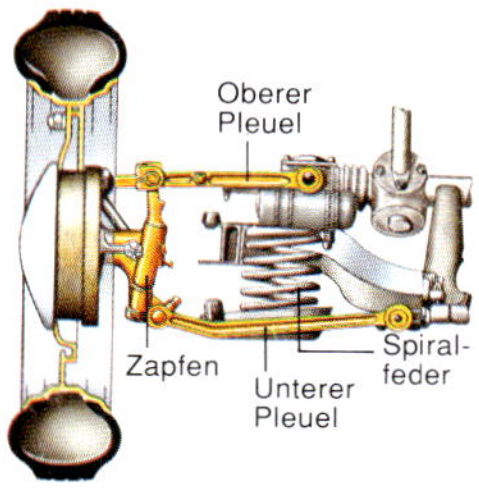

Schwingachse

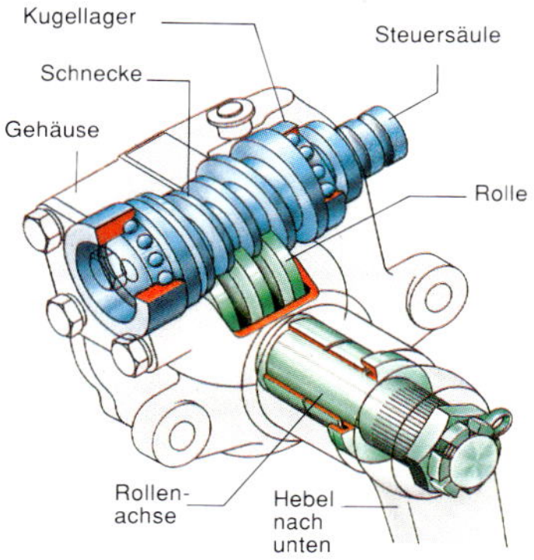

Prometheus-Gemmer-Lenkung

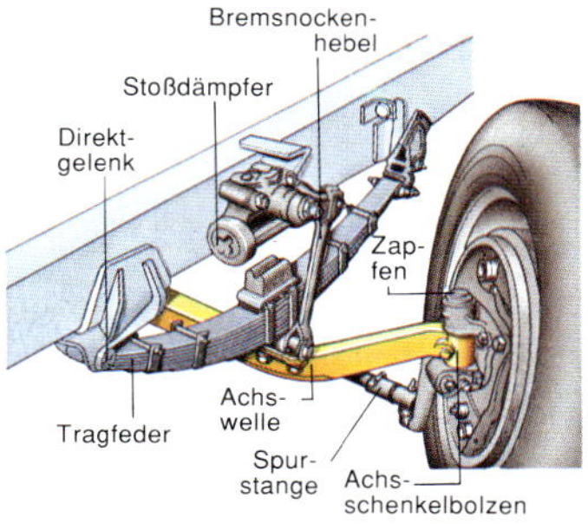

Starrachse

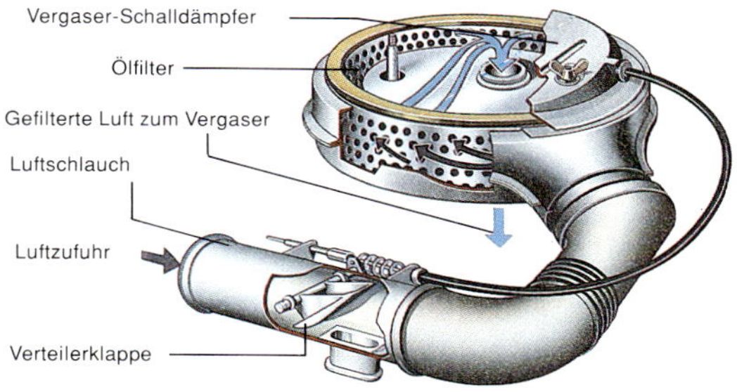

Luftfilter

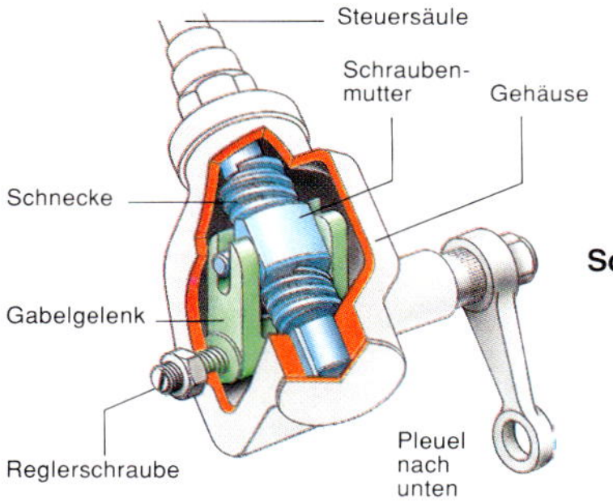

Schraubenlenkung

F

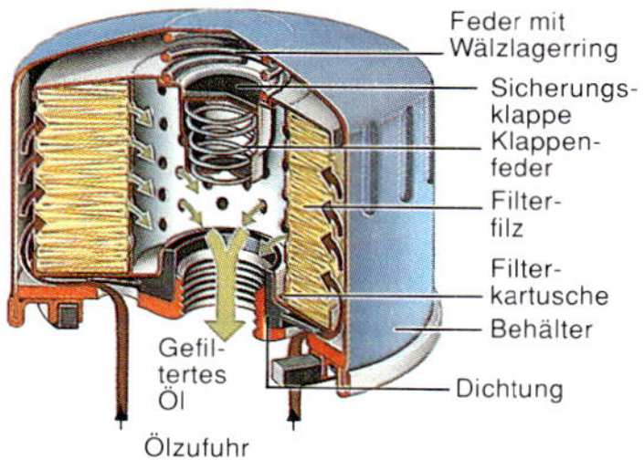

Ölfilter (Automobil)

Servolenkung

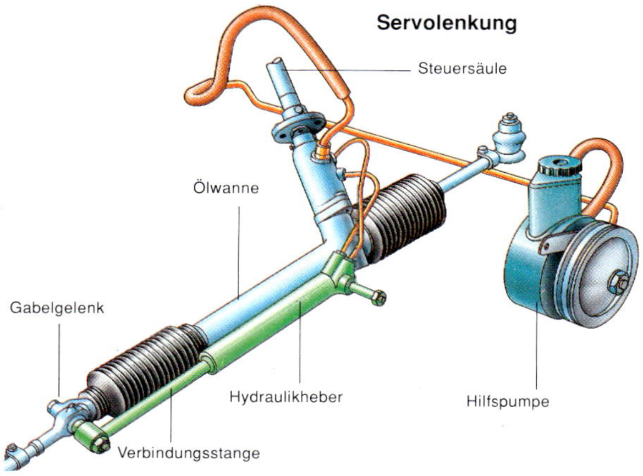

Scheibenbremse

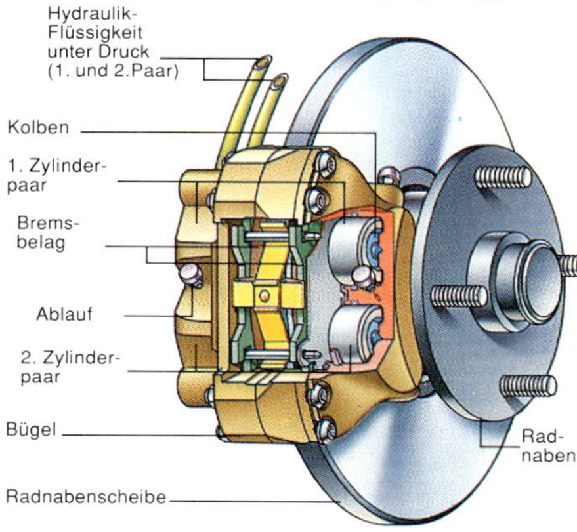

Trommelbremse

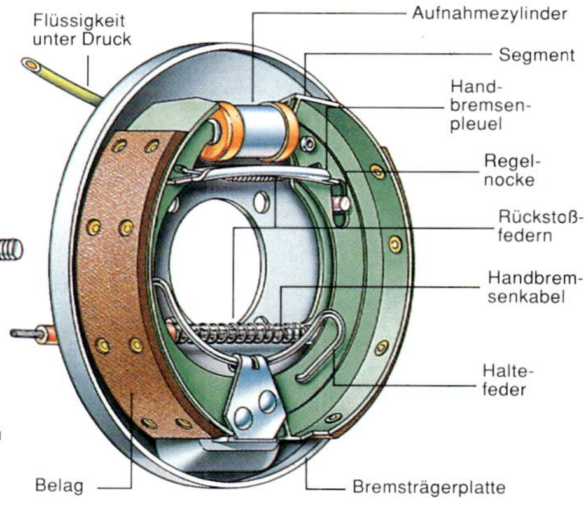

F

Automobile (Details)

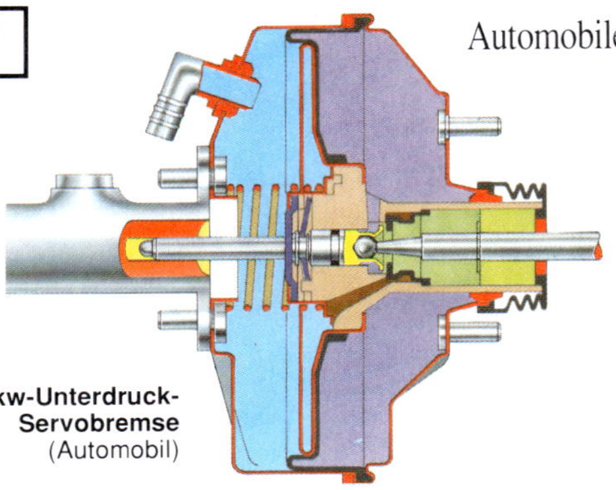

Pkw-Unterdruck-Servobremse (Automobil)

in Stellung Maximalbremsung

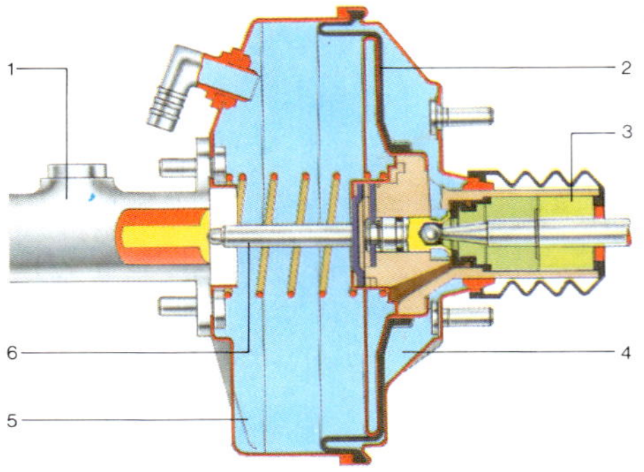

in Ruhestellung

Abb. nach A.T.E.

Unterdruck-Servobremse:
1. Hauptbremszylinder;
2. Kammertrennung;
3. Luftfilter;
4. Atmosphärendruckkammer;
5. Motordepressionskammer;
6. Hauptbremszylinderstange.

I

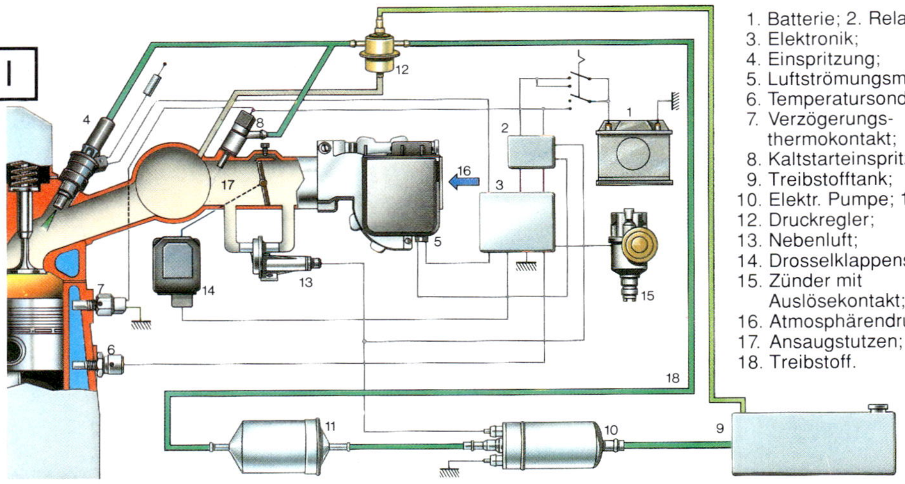

Einspritzung (Benzinmotor)

1. Batterie; 2. Relais;
3. Elektronik;
4. Einspritzung;
5. Luftströmungsmesser;
6. Temperatursonde;
7. Verzögerungs-thermokontakt;
8. Kaltstarteinspritzung;
9. Treibstofftank;
10. Elektr. Pumpe; 11. Filter;
12. Druckregler;
13. Nebenluft;
14. Drosselklappenschalter;
15. Zünder mit Auslösekontakt;
16. Atmosphärendruck;
17. Ansaugstutzen;
18. Treibstoff.

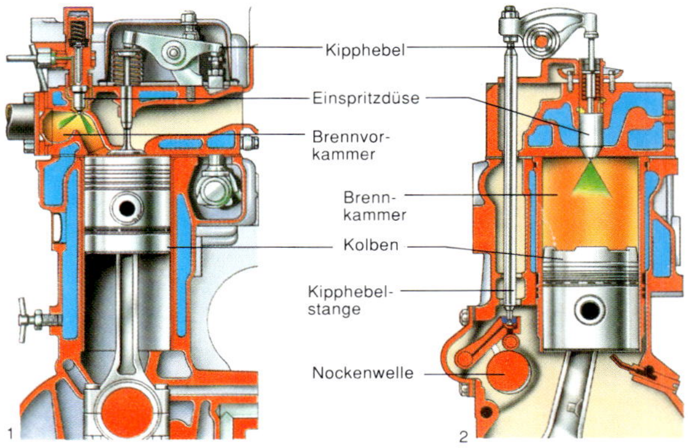

Dieselmotor-Einspritzung; 1. Indirekt, 2. Direkt

I

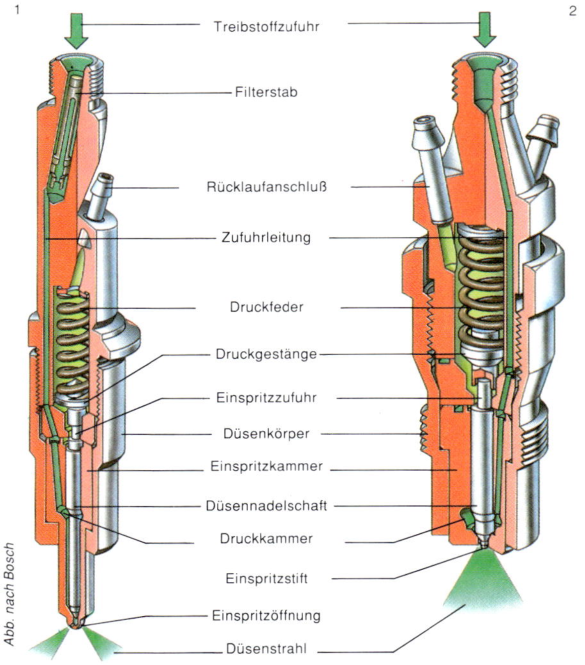

Abb. nach Bosch

Einspritzung (Dieselmotor)
1. direkt durch Einlochdüse;
2. durch Zapfendüse bei Vorkammermotor

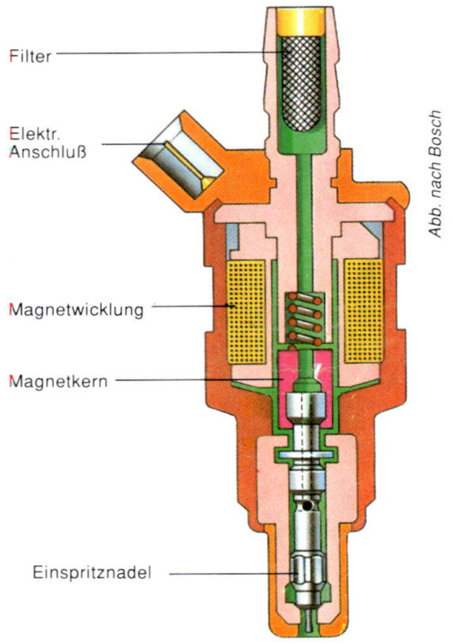

Abb. nach Bosch

Zylinderspulen-Einspritzung (Benzinmotor)

M

Motorzyklen
(Verbrennungsmotor, Zweitakt und Viertakt)

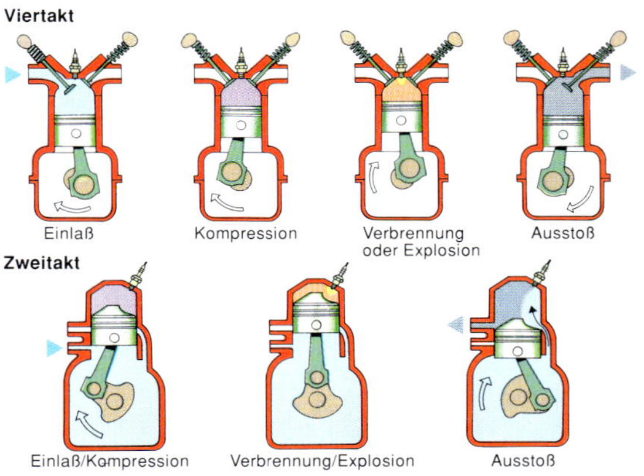

P

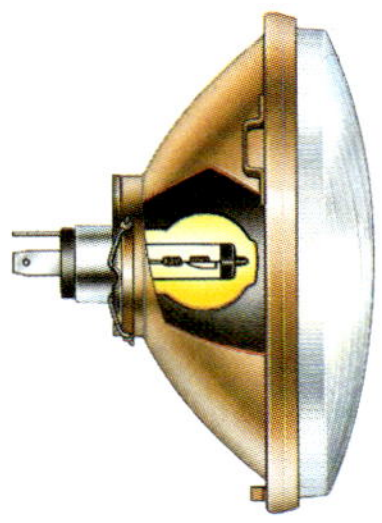

Europa

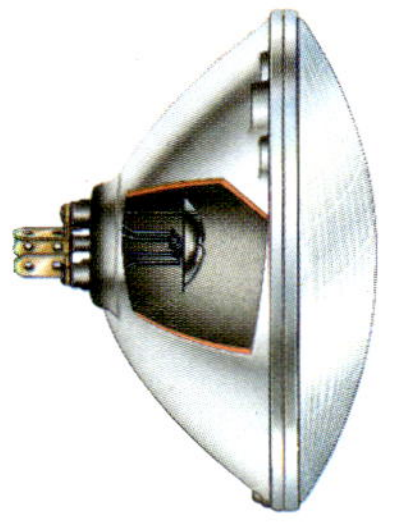

USA „Sealed Beam"

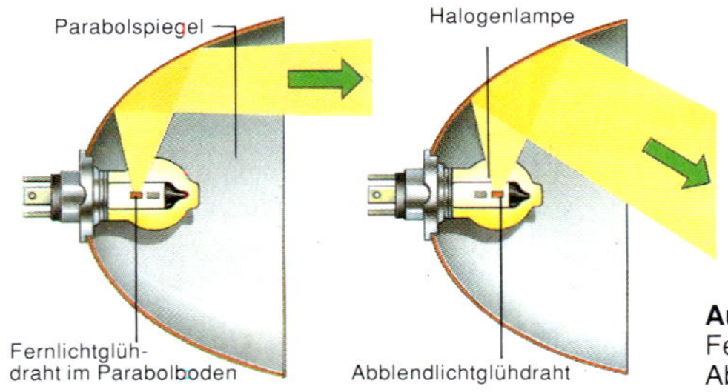

Auto-Scheinwerfer
Fernlicht (l.)
Abblendlicht (r.)
(europäische Scheinwerfer)

Schichten eines **Autoreifens**

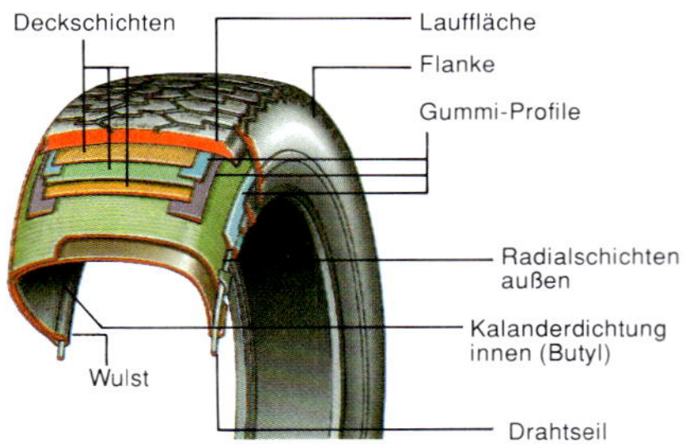

Verbrennungsmotor, **Kolben**

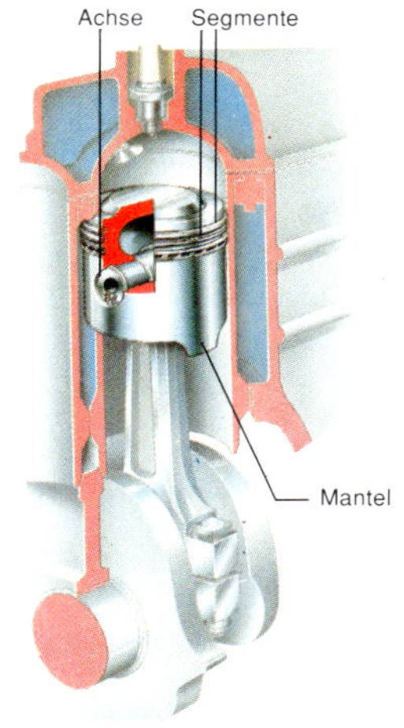

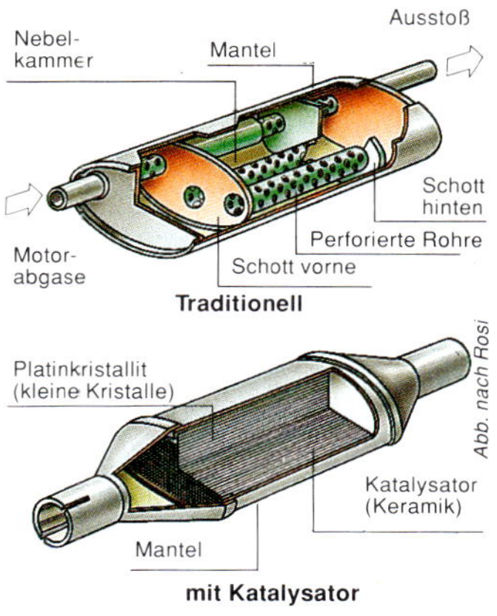

Auspufftöpfe

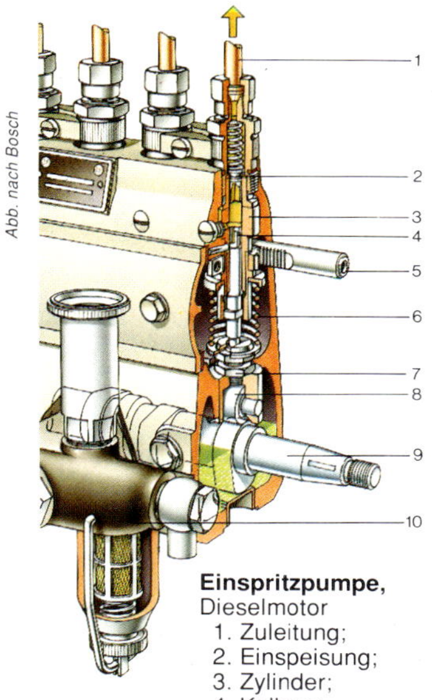

Einspritzpumpe,
Dieselmotor
1. Zuleitung;
2. Einspeisung;
3. Zylinder;
4. Kolben;
5. Zahnstange;
6. Kolbenfeder;
7. Reglerschraube;
8. Walze;
9. Nockenwelle;
10. Speisungspumpe.

R

Heizkörper (Automobil)

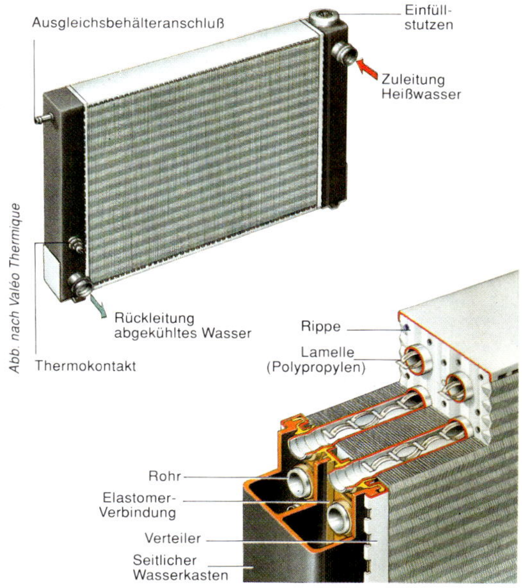

Hinterachse eines Automobils

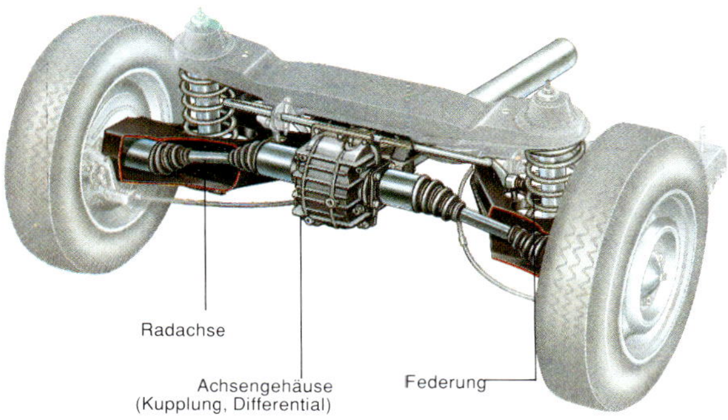

S

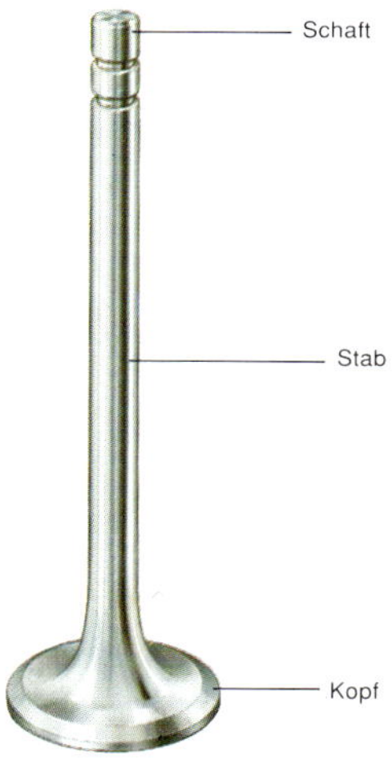

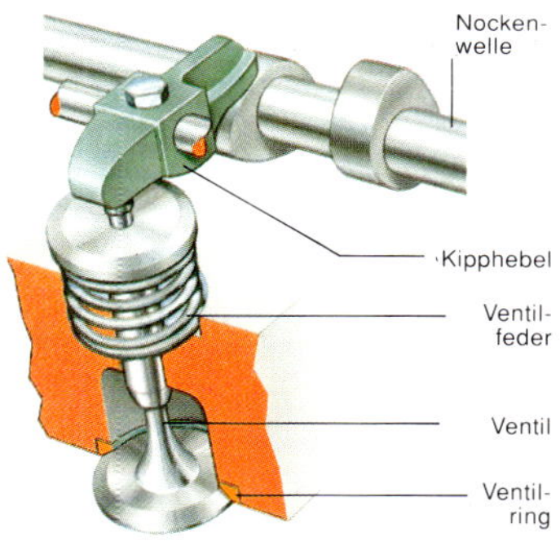

Strömungssteuerungs-Ventil
(Automobil)
(seitengesteuerter Motor)

Ventil, Detail

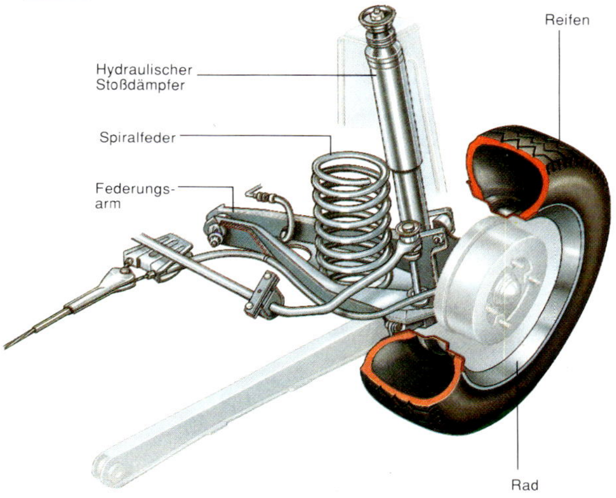

Spiralfeder-Aufhängung
mit hydraulischer
Stoßdämpfung (hinten)

Systeme der
Aufhängung/Federung

McPherson-
Radaufhängung
(vorne)

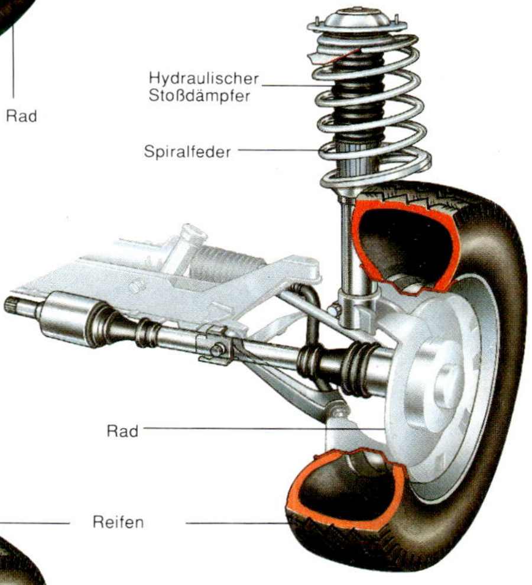

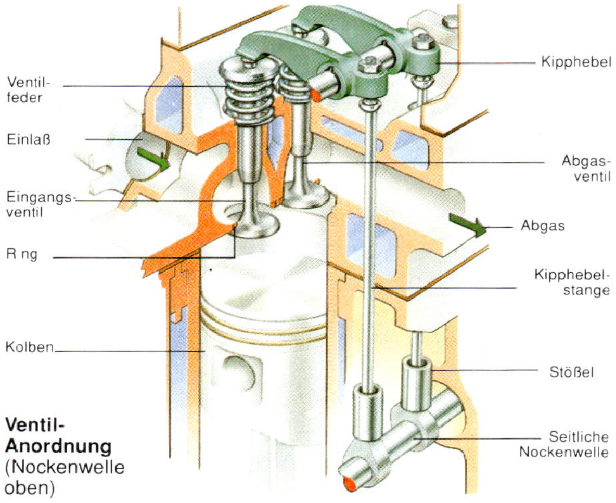

Ventil-
Anordnung
(Nockenwelle
oben)

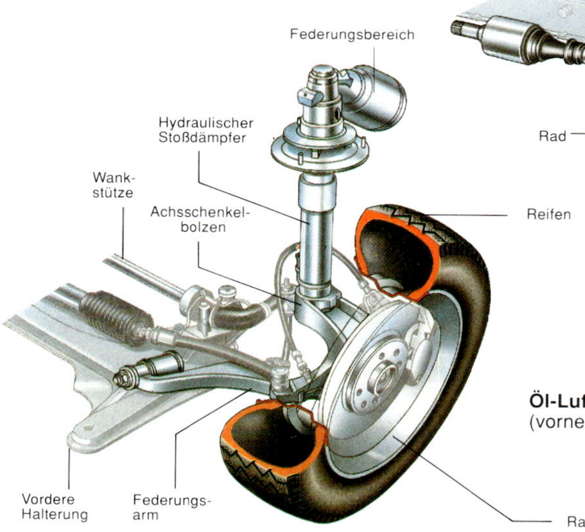

Öl-Luft-Federung
(vorne)

Automobile (Karosserien)

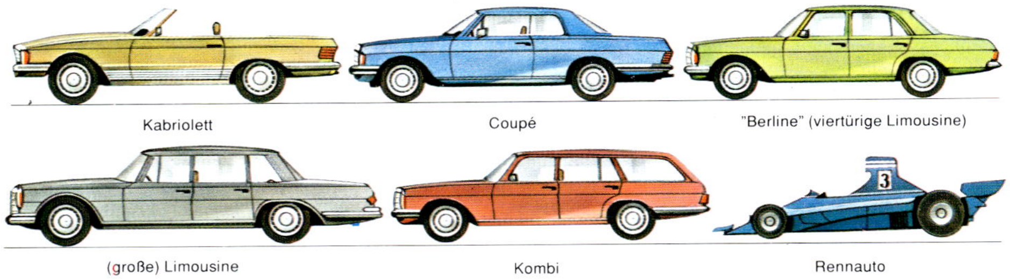

Triebwagen

Zum Personentransport mit Antrieb durch einen oder mehrere Motoren (üblicherweise Diesel). Bereifte Schienenfahrzeuge; (z.B. Metro Paris, teilweise) werden in Frankreich „Michelines" genannt

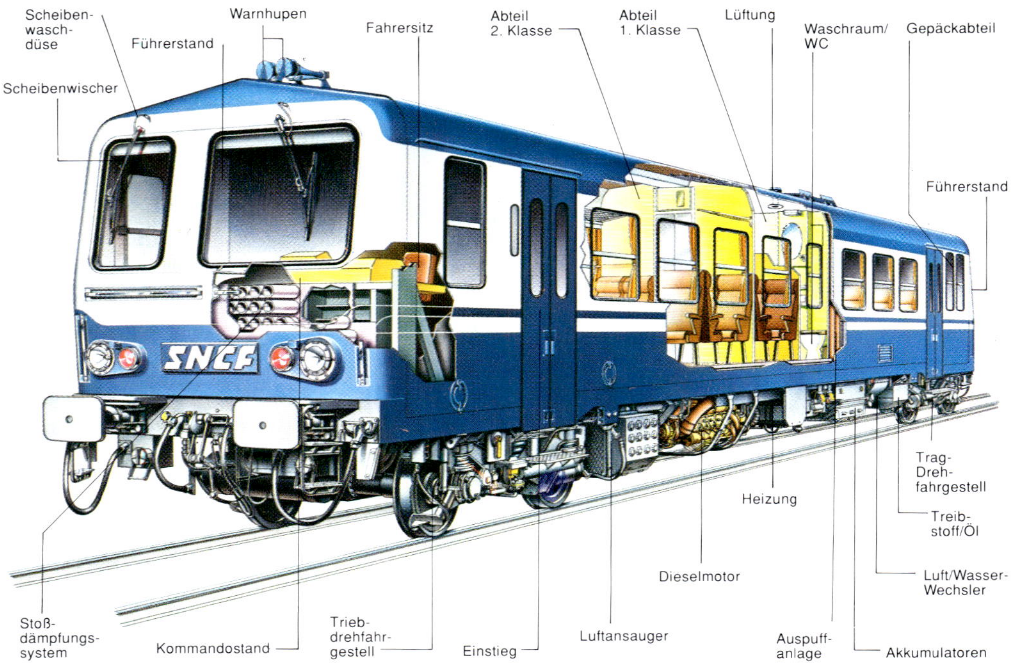

Lastautos

Zum Straßentransport schwerer Lasten

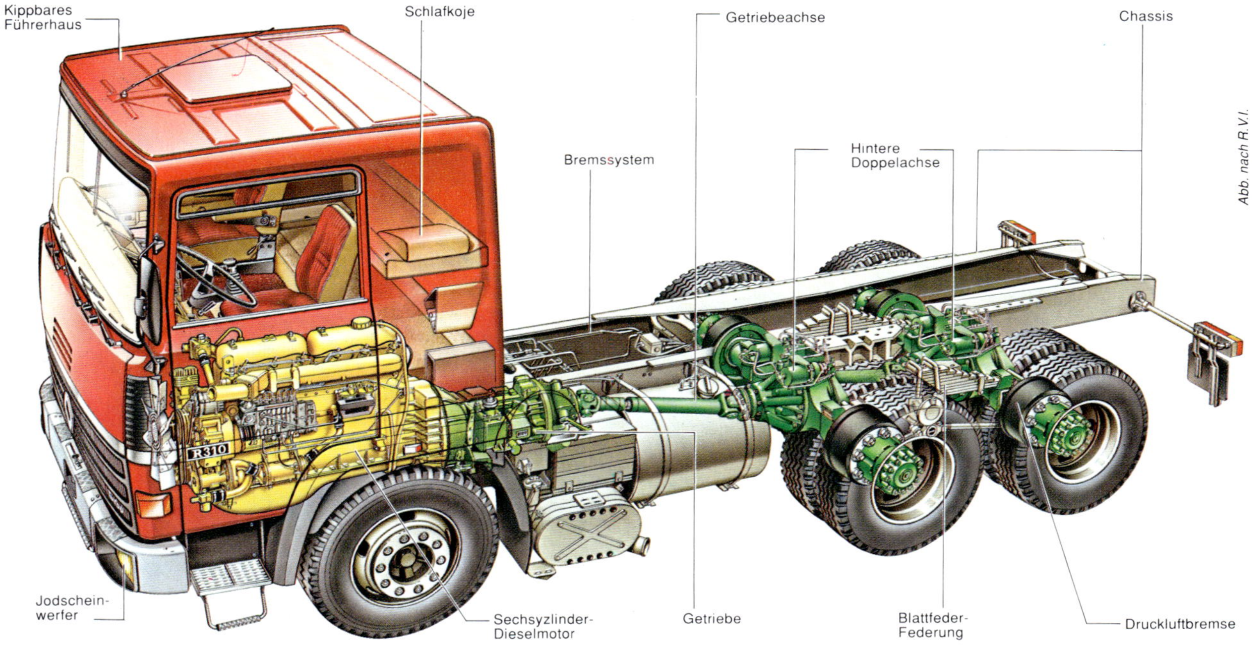

Diesel-Lkw

Kühlwagen

Müllkipper

Frachtlaster

Verschiedene
Lastauto-Typen

Abb. nach R.V.I.

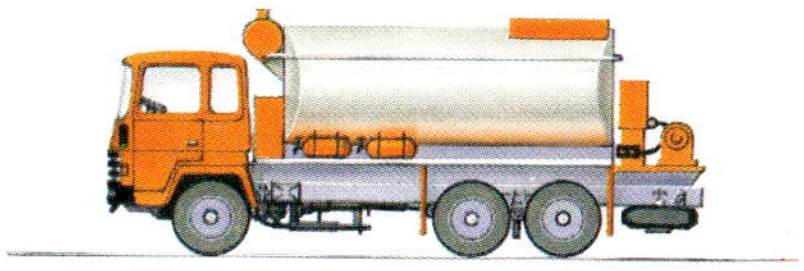

Tankwagen

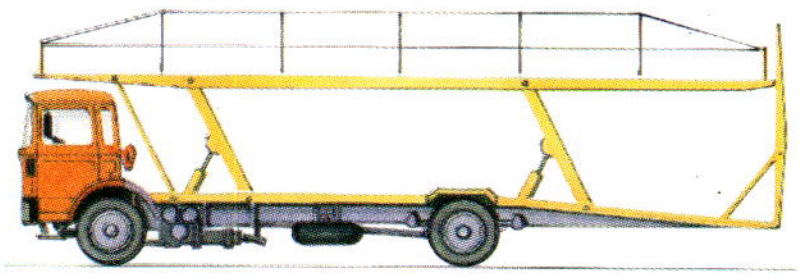

Pkw-Transporter

Kipp-Sattelschlepper

Maschinen-Sattelschlepper

Wohnwagen

Zur Verwendung als mobile Reiseunterkunft

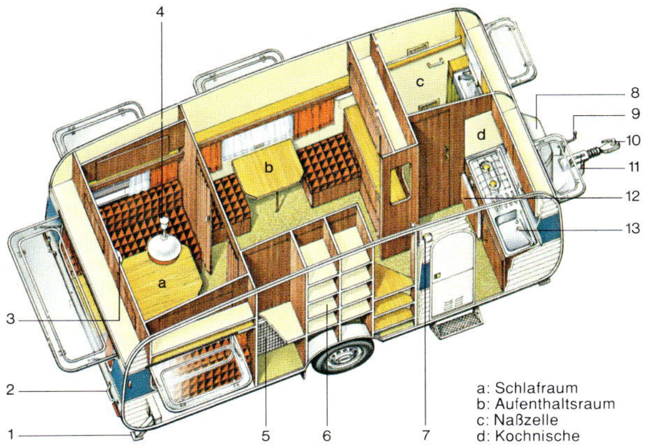

1. Standstütze;
2. Handgriff;
3. Gasbeleuchtung;
4. Elektr. Beleuchtung (batteriegespeist);
5. Gasheizung; 6. Stauraum;
7. Außenbeleuchtung;
8. Zwei Gasflaschen;
9. Griff für das Spornrad;
10. Ankupplung;
11. Rücklaufbremse;
12. Kühlschrank;
13. Wasserhahn (elektr. Pumpe).

Panzer

Zum Geleitschutz der Infanterie auf einem Schlachtfeld oder als Voraustruppe bei Angriffen. Ein Panzer ist ein gepanzertes, auf Raupen laufendes und bewaffnetes Automobil

Technische Daten:

Länge:	9,48 m
Breite:	3,10 m
Gewicht:	36 t
Besatzung:	4 Mann

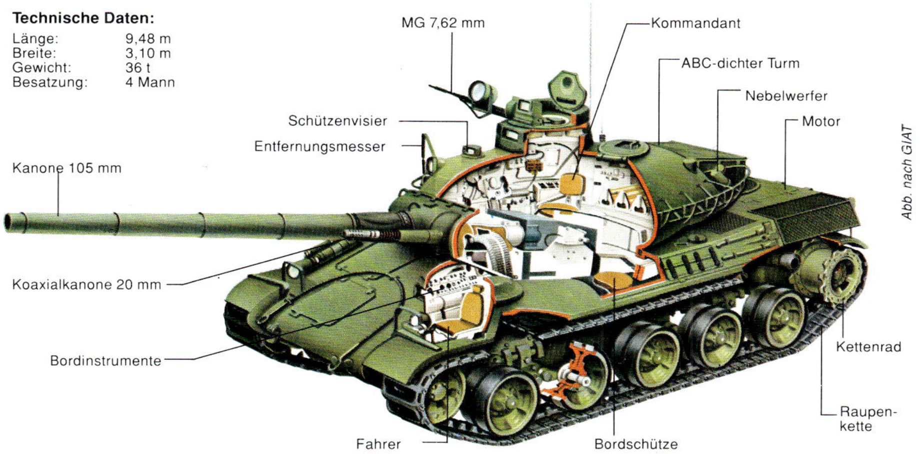

Französischer **Panzer** AMX 30, Schnitt

Turm des **Panzers** TTB 190

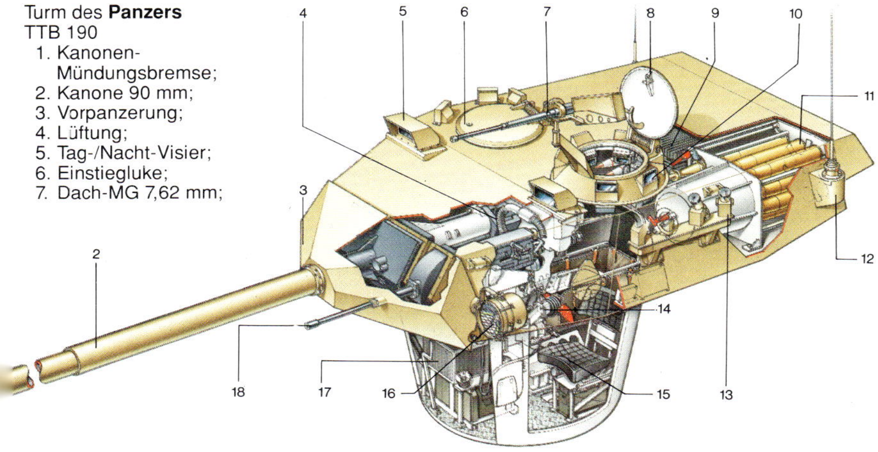

1. Kanonen-Mündungsbremse;
2. Kanone 90 mm;
3. Vorpanzerung;
4. Lüftung;
5. Tag-/Nacht-Visier;
6. Einstiegluke;
7. Dach-MG 7,62 mm;
8. Einstiegluke Kommandant;
9. Radio intern/extern);
10. Sehrohr;
11. Munition 90 mm;
12. Radioantenne;
13. Nebel- und Granatwerfer;
14. Elektrosteuerung;
15. Kommandostand des Kommandeurs
16. Scheinwerfer zur Kanone;
17. Motorelektronik;
18. Koaxial-MG 12,7 mm.

Technische Daten:

Länge:	9,78 m
Breite:	3,28 m
Gesamthöhe:	3,10 m
Gewicht:	43 t
Bewaffnung:	
1 Kanone 120 mm	
1 Kanone 20 mm	
1 MG 7,62 mm	
Motor: 1 100 PS	

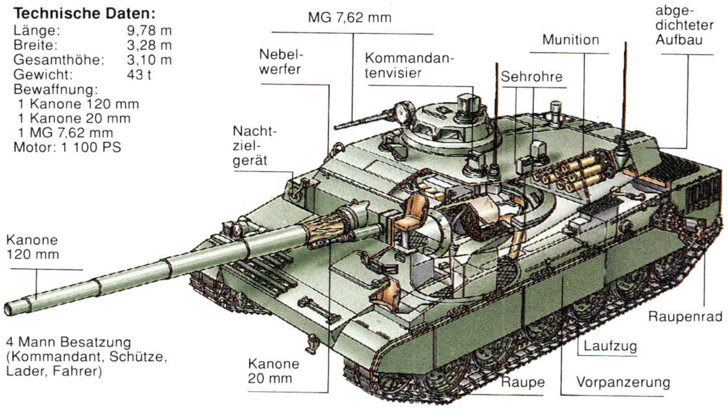

Französischer **Panzer** AMX 40 (1986)

Lokomotiven *Zum Ziehen von Personen- oder Güterzügen auf Schienen*

Dampflokomotive 241 P (1947), 4 Zylinder
1. Luftpumpe;
2. Rauchschild;
3. Rauchkammer;
4. Abzugsrohre (Rauch und Dampf);
5. Doppelschornstein;
6. Dampfleitung zu den Zylindern;
7. Dampf zum Überhitzer;
8. Dampfüberhitzer;
9. Überhitzungsverteiler;
10. Wassererhitzer;
11. Rauchleitung mit Überhitzungselementen;
12. Dampfdom;
13. Sanddom;
14. Dampfrohr;
15. Heiz-/Siederohr;
16. Überdruckventil;
17. Dampfnebenleitung;
18. Pfeife;
19. Brennkammer;
20. Steuerung;
21. Stocker (mechan. Befeuerung);
22. Bissel-Laufachse;
23. Aschenkasten;
24. Rost;
25. Feuerung;
26. Feuerfestes Ofengewölbe;
27. Kuppelstange;
28. Bremsbacke;
29. Wasserpumpe;
30. Antriebsräder;
31. Walschaert-Ventilsteuerung;
32. Pleuelstange;
33. Sandstreuerrohre;
34. Niedrigdruckzylinder;
35. Kolben;
36. Bremszylinder;
37. Dampfverteilerzylinder;
Tender:
38. Kohlenlager;
39. Wassertank.

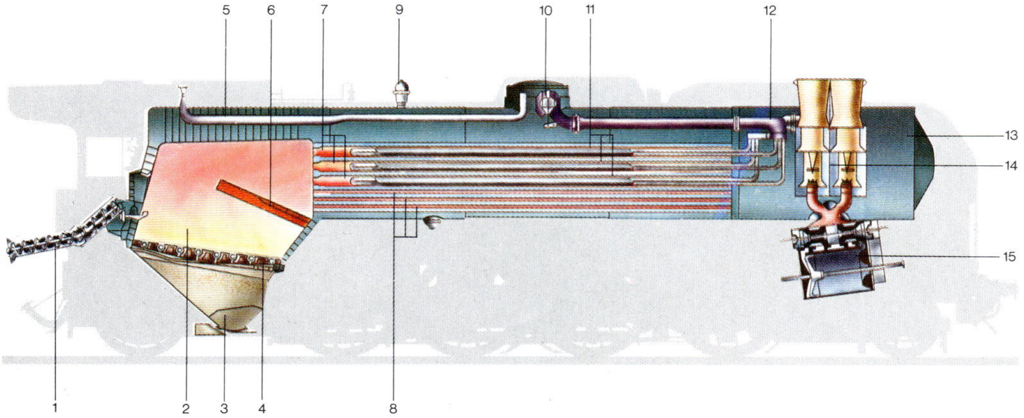

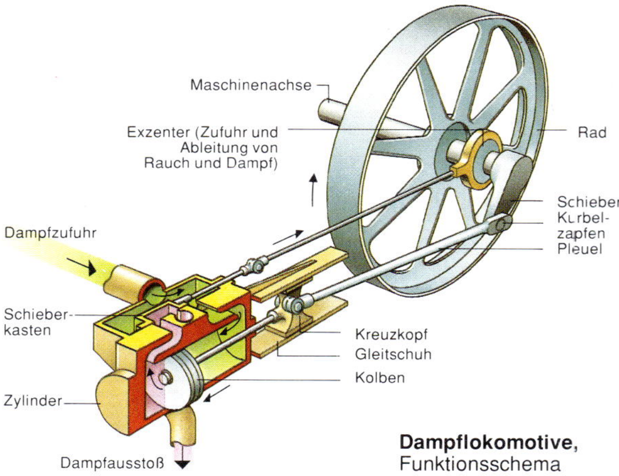

Dampflokomotive,
Funktionsschema

Dampflokomotive
Typ 141 P, Kesselsystem
1. Mechanische Ofenbeschickung (Stocker);
2. Feuerung;
3. Aschenkasten;
4. Rost;
5. Dampfnebenleitung;
6. Ziegelgewölbe;
7. Große Rauchrohre;
8. Kleine Rauchrohre;
9. Überdruckventil;
10. Dampfdom;
11. Überhitzer;
12. Dampfverteiler;
13. Rauchkammer;
14. Doppelauspuff;
15. Zylinder.

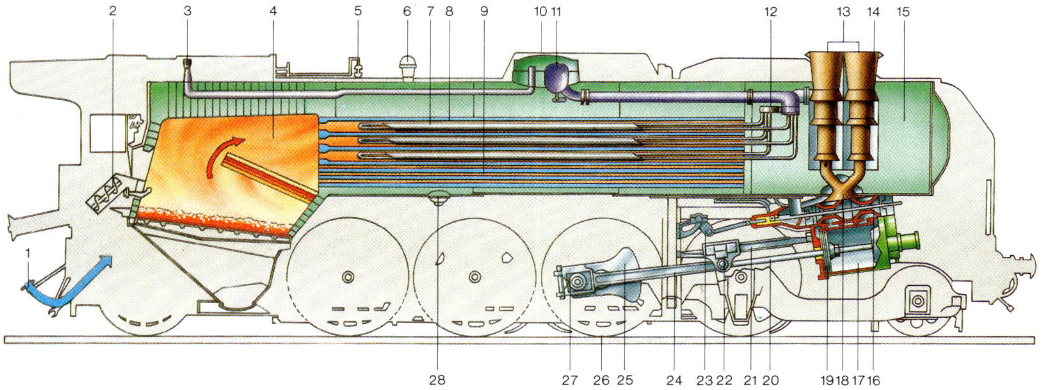

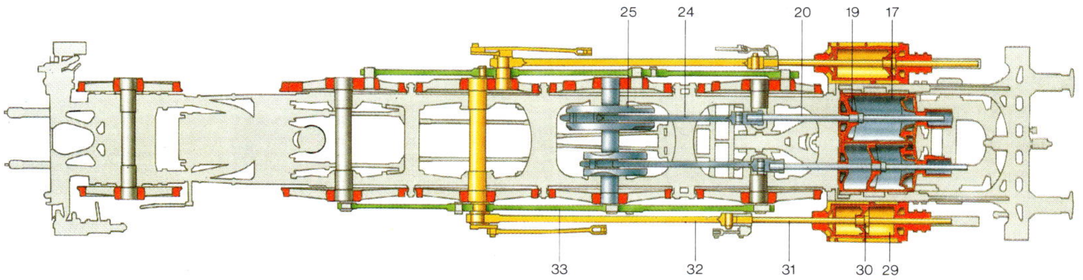

Dampflokomotive 141 P,
Längsschnitt und Aufsicht

1. Wasserzufuhr;
2. Stocker-(Kohlenbeschickungs-)schnecke;
3. Heiz-/Siederohre;
4. Feuerung;
5. Pfeife;
6. Überdruckventil;
7. Überhitzer;
8. Große Rauchrohre;
9. Kleine Rauchrohre;
10. Dampfdom;
11. Regulator;
12. Überhitzerverteiler;
13. Doppelschornstein;
14. Kylchap-Doppelauspuff;
15. Rauchkammmer;
16. Verteilerschieber;
17. Schieberzylinder ND;
18. Auspuff;
19. Kolben;
20. Kolbenstange ND;
21. Gleitstange ND;
22. Kreuzkopf ND;
23. Schiebestange ND;
24. Pleuel;
25. Gekröpfte Achse mit Gegengewicht;
26. Triebrad ND;
27. Pleuelkopf ND;
28. Kesselablaß HD;
29. Schieberzylinder;
30. Kolben;
31. Kolbenstange HD;
32. Pleuel
33. Kuppelpleuel.
(ND = Niedrigdruck, HD = Hochdruck.)

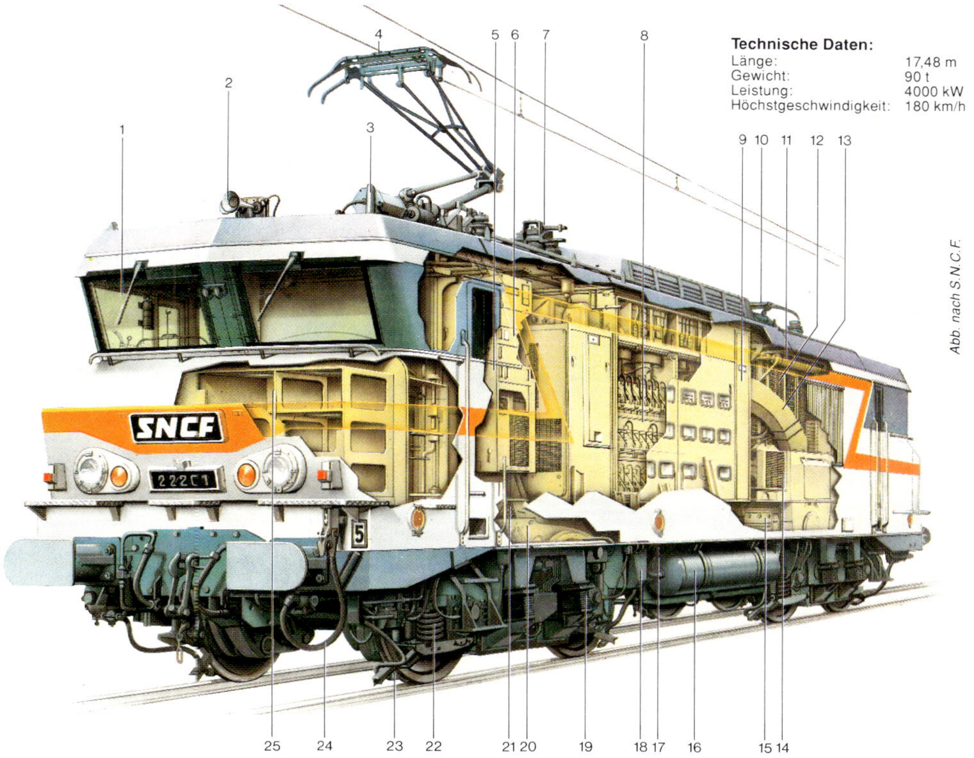

Technische Daten:

Länge:	17,48 m
Gewicht:	90 t
Leistung:	4000 kW
Höchstgeschwindigkeit:	180 km/h

Elektrische **Lokomotive** BB 22200 (1977)
1. Führerstand;
2. Zweitonwarnhupe;
3. Radioantenne;
4. Gleichstromabnehmer;
5. Batterieblock;
6. Sicherungen;
7. Einphasenschalter;
8. Regelwiderstände;
9. Gleichstromschalter;
10. Einphasenstromabnehmer;
11. Kühlsystem;
12. Stromaufnahme;
13. Belüftung;
14. Motorkompressoren;
15. Antriebsmotor;
16. Preßluft;
17. Haupttransformator;
18. Sandkasten;
19. Federungsgummilager;
20. Reduktor;
21. Zugmotor;
22. Federung;
23. Sandstreurohr;
24. Kupplungsschlauch elektr. Heizung;
25. Schutzschild.

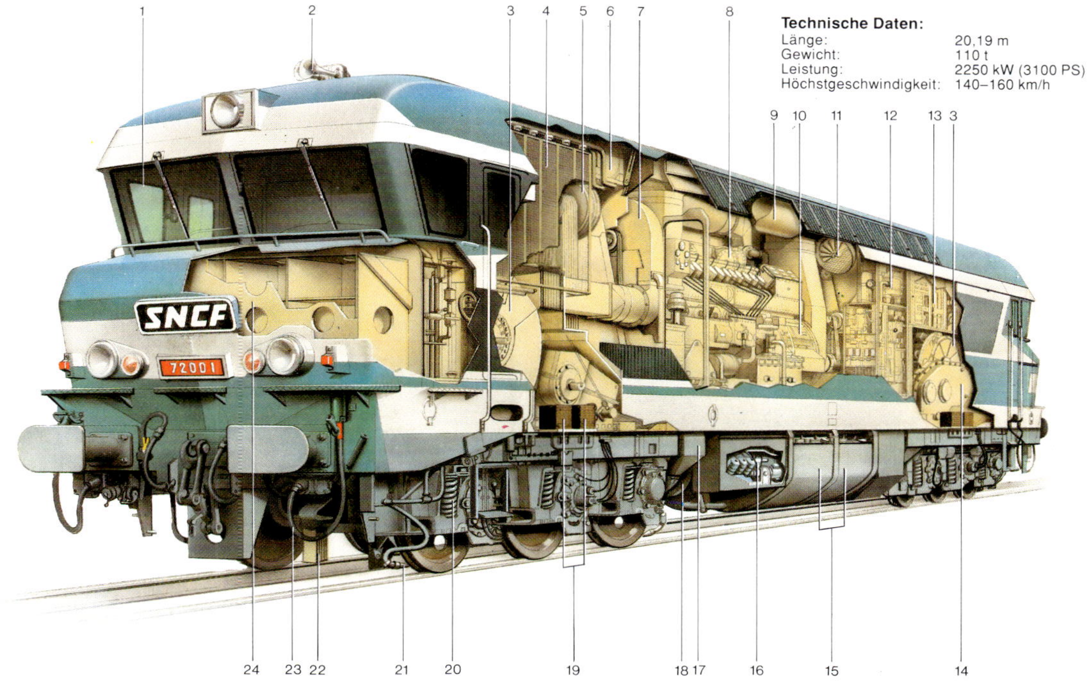

Technische Daten:

Länge:	20,19 m
Gewicht:	110 t
Leistung:	2250 kW (3100 PS)
Höchstgeschwindigkeit:	140–160 km/h

Diesellok CC 72000–72020 (1980)
1. Führerstand;
2. Zweitonwarnhupe;
3. Elektr. Zugmotoren;
4. Kühler;
5. Elektromagnet. Kupplung;
6. Wassertank;
7. Zugmotorbelüftung;
8. Dieselmotor;
9. Auspuffschalldämpfer;
10. Lichtmaschine;
11. Gehäusebelüftung;
12. Pneumatik;
13. Gleichrichter;
14. Umspannung;
15. Schweröltank;
16. Schwerölpumpe;
17. Sandkasten;
18. Preßluft;
19. Zusatzfederung Triebdrehgestell (Sandwichblock);
20. Federung;
21. Sandstreurohr;
22. Kontaktbürste;
23. Kupplungsschlauch elektr. Heizung
24. Schutzschild.

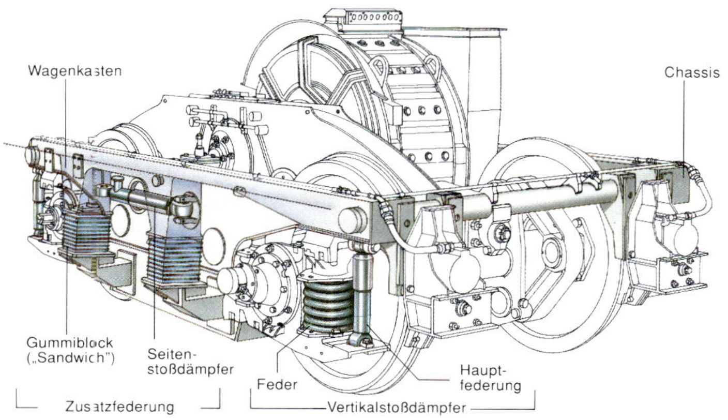

Lokomotive BB 15 000; Triebdrehgestell, Federung

U-Bahn

Zum Personentransport auf Schienen im innerstädtischen Linienverkehr und vorwiegend unter der Erde

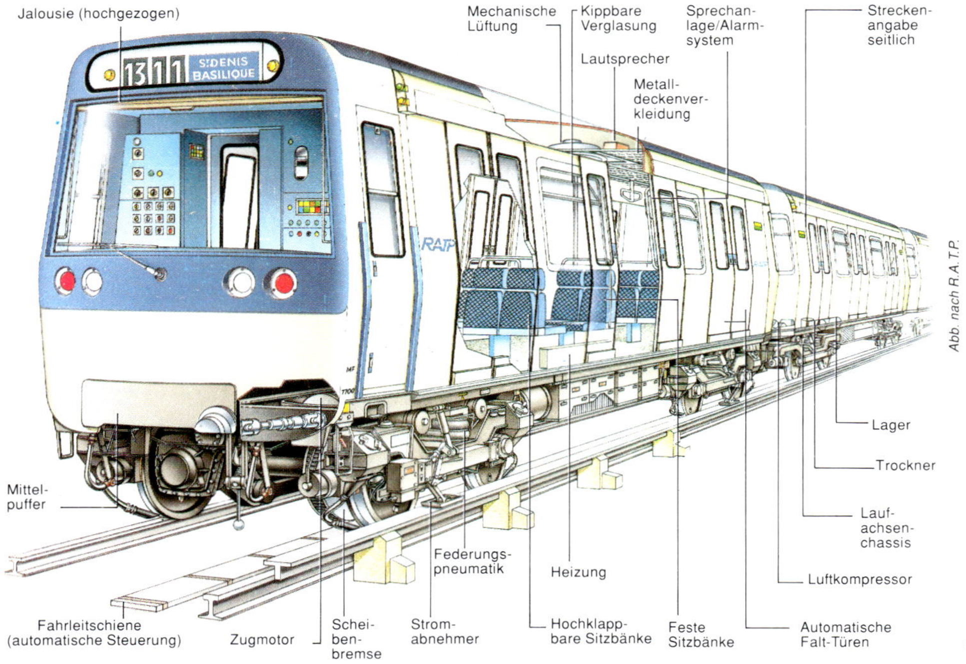

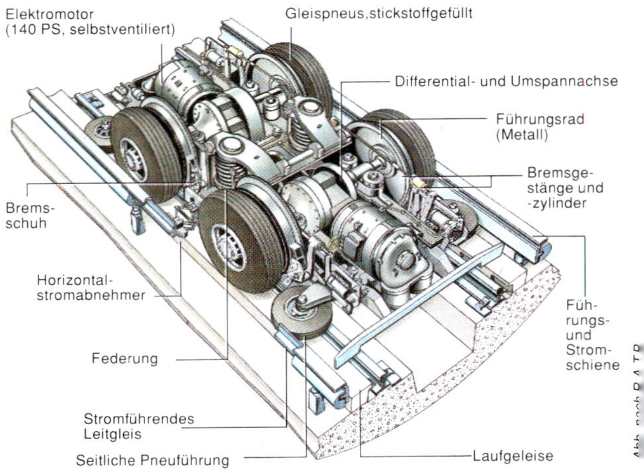

Triebdrehgestell mit Pneus eines **Metro**-Zugs, Detail

Der hier abgebildete Zug ist einer des Pariser Métro-Netzes mit seinen rund 3 500 Wagen und seinen 200 km Streckenlänge. Betrieben wird es von der 1948 gegründeten Gesellschaft R.A.T.P. (Régie autonome des transports parisiens).

Metrozug MF 77 der R.A.T.P., Paris

Motorräder

Zur Fortbewegung auf einem mit einer Wärmekraftmaschine ausgestatteten luftbereiften Zweiradfahrzeug

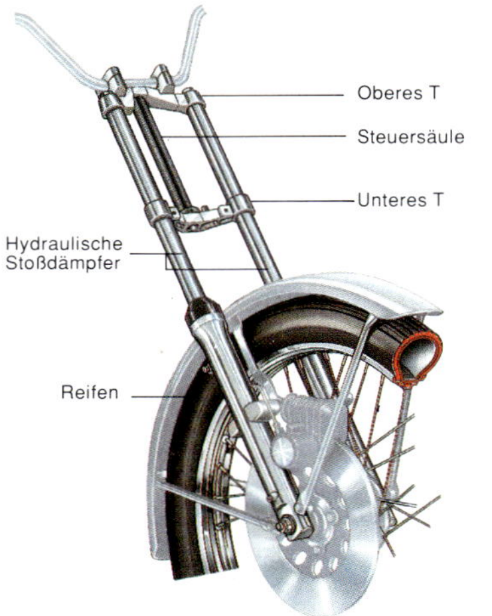

Motorrad, Vorderradfederung

Motorrad Kawasaki Z 1300 (Motor: 6 Zylinder/4 Takt, 1286 ccm, Verdichtungsverhältnis: 9,9, drei Doppelvergaser, elektronische Zündung, fünf Gänge, Maximalleistung 120 PS bei 8000 U/min, Höchstgeschwindigkeit 200 km/h, Beschleunigung 400 m Start/Halt in 11,7 sec, Gewicht 297 kg, Länge über alles 2,295 m.

1. Rücklicht; 2. Blinker hinten; 3. Federung/hydraulischer Stoßdämpfer; 4. Sattel/2 Plätze; 5. Transistorzündung; 6. Kupplung; 7. Tank (27 l); 8. Lichtschalter; 9. Rahmen; 10. Drei Doppelvergaser; 11. Zündung; 12. Lenker; 13. Armaturen; 14. Startknopf; 15. Hauptbremszylinder der Bremse vorne; 16. Bremse vorne; 17. Gas; 18. Scheinwerfer; 19. Blinker vorne; 20. Hupe; 21. Gelenkgabel; 22. Doppelnockenwellenkopf; 23. Kühler; 24. Kolben; 25. Scheibenbremse vorne; 26. Lichtmaschine; 27. Kurbelwelle; 28. Bremspedal hinten; 29. Fußraste; 30. Kupplungsgehäuse; 31. Auspuff; 32. Kardanwelle; 33. Getriebe; 34. Leichtmetallfelge; 35. Scheibenbremse hinten.

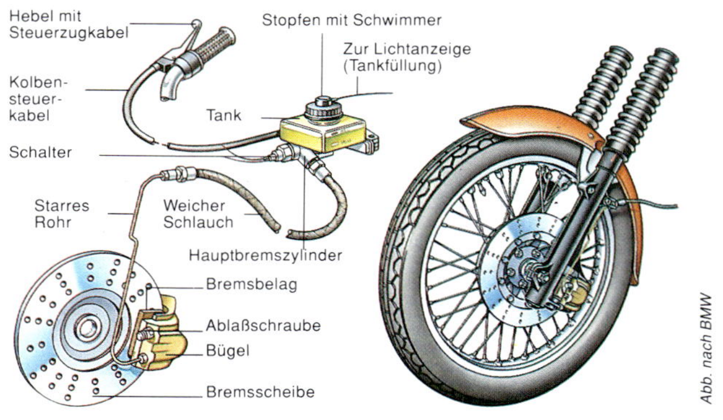

Motorrad, Scheibenbremse

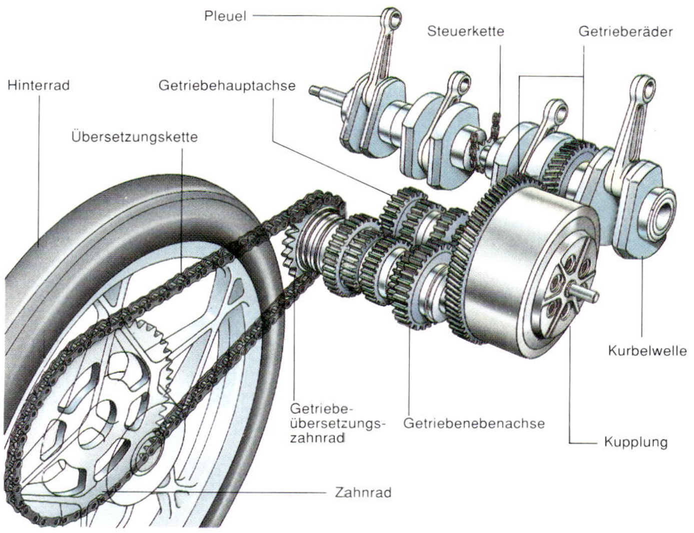

Motorrad, Kettengetriebe

Motorrad BMW K 100

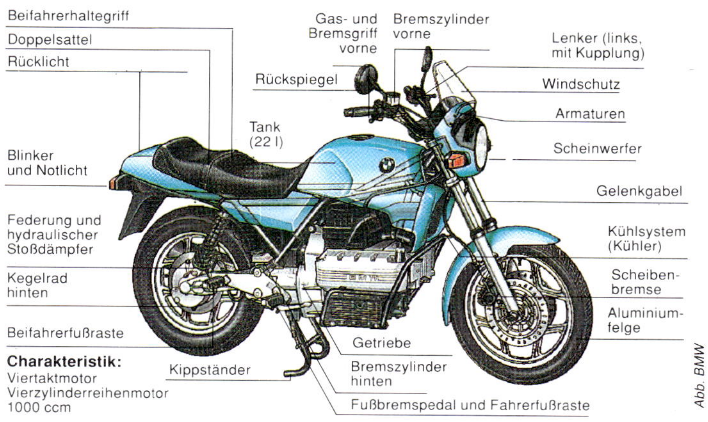

Abb. BMW

Raumstation

Als Unterkunft und Arbeitsstätte von Raumfahrern in Erdumlaufbahnen, dorthin gebracht durch Trägerraketen. Die Station wird unbemannt an ihren Standort transportiert und ist nicht rückholbar

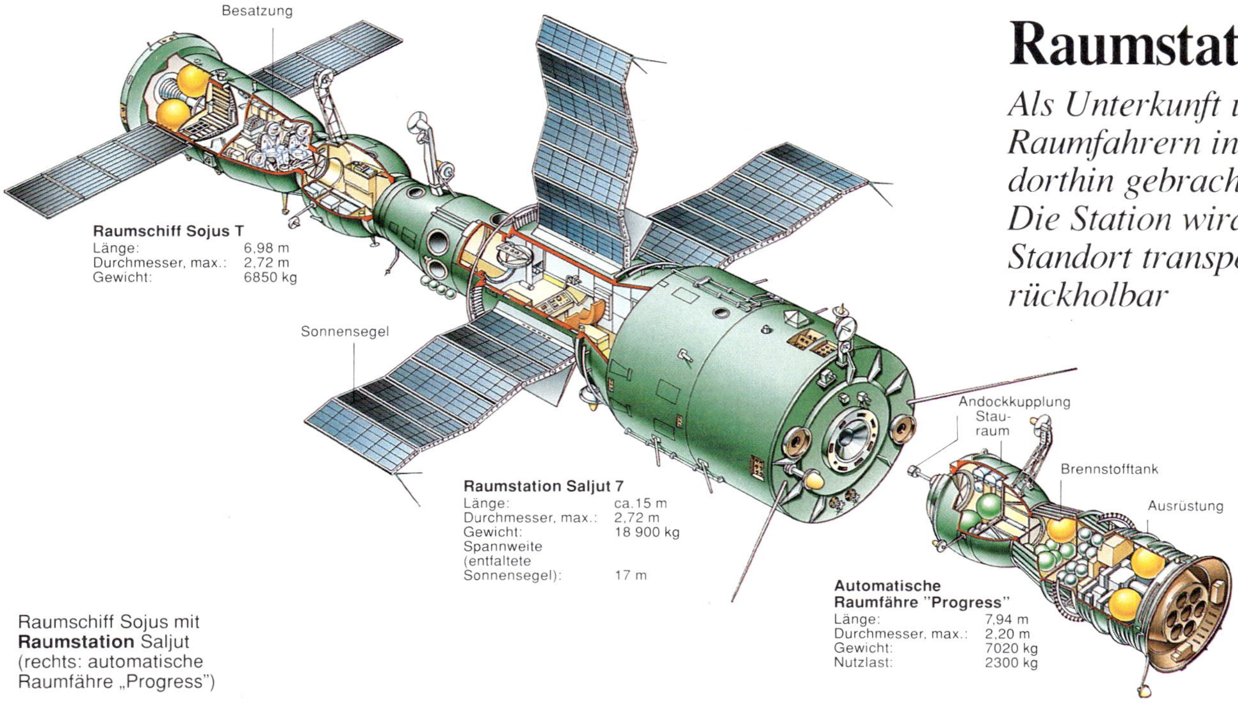

Raumschiff Sojus mit **Raumstation** Saljut (rechts: automatische Raumfähre „Progress")

Traktoren

Zum Ziehen motorloser Wagen/Anhänger und landwirtschaftlicher Maschinen und Geräte auf Feldern und Straßen

Traktor (SAME Tiger 100)
1. Lenkrad;
2. Fahrerhaus (klimatisiert);
3. Heberarm;
4. Antriebsrad;
5. Zapfwelle;
6. Getriebe;
7. Dieselmotor;
8. Antriebs- und Lenkrad;
9. Vorderachse;
10. Zughaken;
11. Luftfilter;
12. Batterie;
13. Lichtmaschine.

Abb. nach SAME

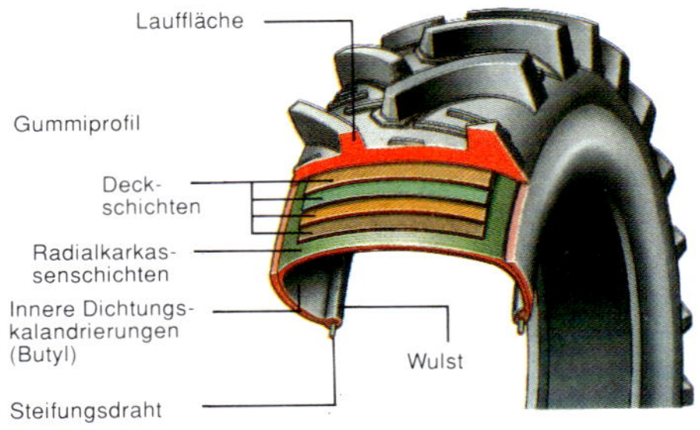

Schlauchloser **Traktor**-Reifen

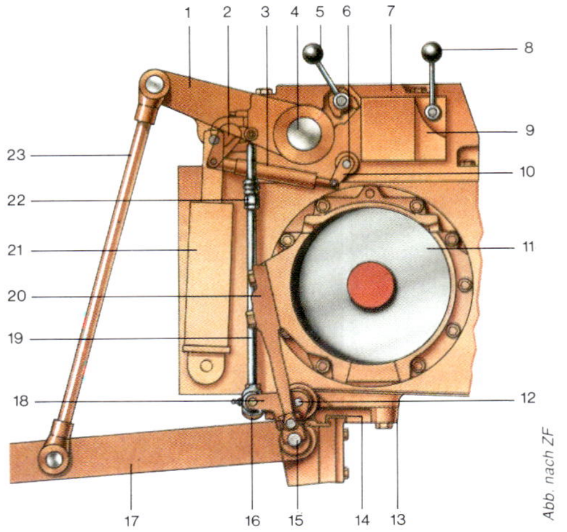

Hydraulischer **Traktoren**-Kraftheber (Schematischer Schnitt)
1. Hebearm; 2. Vorgelegehebel; 3. Federkupplung; 4. Hebeachse; 5. Wählhebel; 6. Reglerwelle; 7. Hebegerät; 8. Reglerhebel; 9. Verteiler; 10. Hebel; 11. Achse; 12. Kardanwelle; 13. Befestigung; 14. Nockenrille; 15. Gelenkachse des unteren Längslenkers; 16. Kupplungsgestängekopf; 17. Längslenker; 18. Antriebshebel; 19. Kupplungsgestänge; 20. Blattfeder; 21. Zusatzspindel; 22. Reglerschraube; 23. Hebestange.

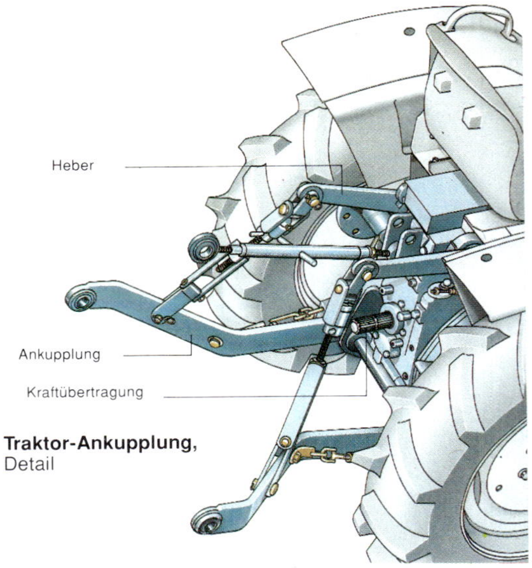

Traktor-Ankupplung, Detail

Hochgeschwindigkeitszüge

Zur Schnellverbindung großer Städte Frankreichs und Europas durch Eisenbahnzüge als Angebot für den angewachsenen Personenverkehr

T.G.V. *)
Sud-Est

1. Automatische Ankupplung;
2. Scheinwerfer;
3. Positionslicht;
4. Schutzschild;
5. Fahrerstand;
6. Mittelscheinwerfer;
7. Sicherheitsmaterial;
8. Motorblocks (3 pro Lok);
9. Motorblocks-Lüftungsgitter;
10. Gleichstromabnehmer (1,5 kV);
11. Einphasenstromabnehmer (25 kV);
12. Beiwagen;
13. Zugwaggon;
14. Ankupplungsdorn;
15. Bremssteuerung;
16. Triebdrehgestelle (3 pro Lok);
17. Führerstandklimaanlage;
18. Batterien;
19. Hauptluftreservoir;
20. Haupttransformator;
21. Umformer;
22. Luftkompressor;
23. Gepäckwagen;
24. Triebdrehgestell (beim Leitblock)

*) Train à grande vitesse, Hochgeschwindigkeitszug

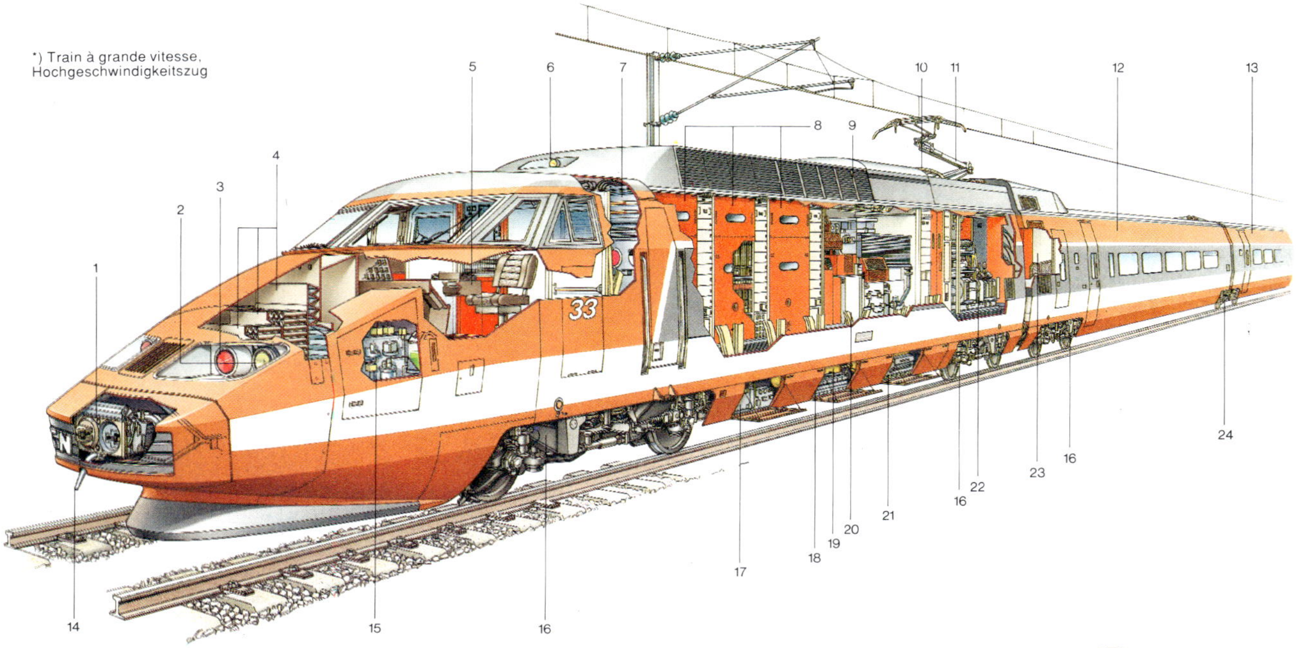

**) Französische Staatseisenbahn

*Die ersten Studien für die Strecke Paris-Lyon unternahm die S.N.C.F.**) 1966. Baubeginn war 1977, die ersten Zugeinheiten wurden 1978 geliefert. Die Linie Paris-Lyon wurde am 25. September 1978 eröffnet. Nach der Fertigstellung der Südwest- und Südostverbindungen wurden die Strecken am Atlantik von der Bretagne zu den Pyrenäen und nach Norden mit einer Linie nach England durch den neuen Kanaltunnel in Angriff genommen.*

T.G.V.-Leitblock
1. Gummiblock;
2. Fixring;
3. Ausgleichs-Stoßdämpfer;
4. Zusatzfederung;
5. Kugelgelenk (mit Lager);
6. Tragdrehgestell;
7. Tragring;
8. Ankupplung (mit Klappe);
9. Seitenstoßdämpfer;
10. Schleifstoßdämpfer;
11. Hüpfstoßdämpfer.

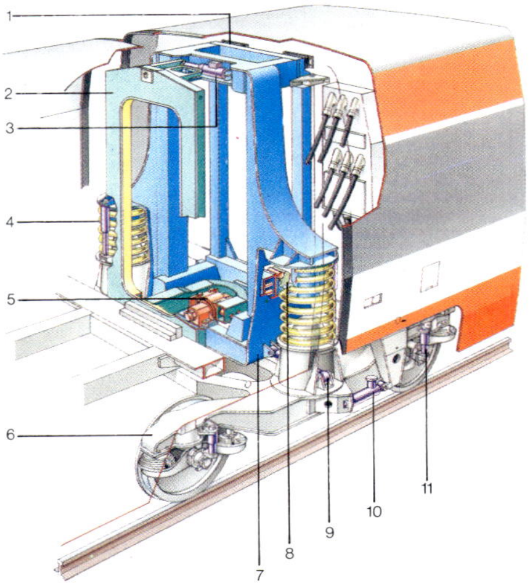

T.G.V.
Atlantique

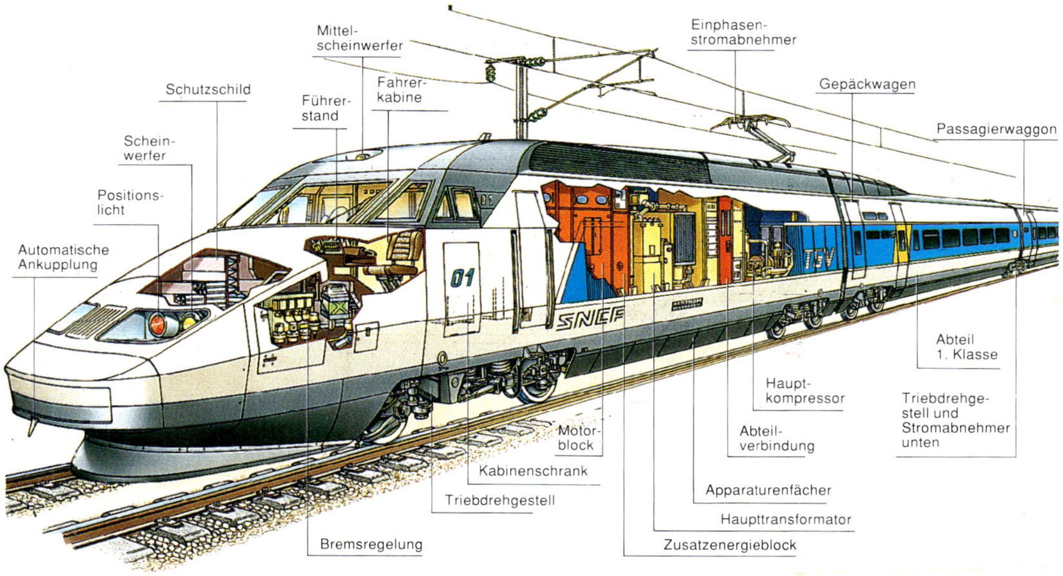

Feuerwehrautos

Zum Löschen von Bränden und für Erste Hilfe für Verletzte

Löschwagen

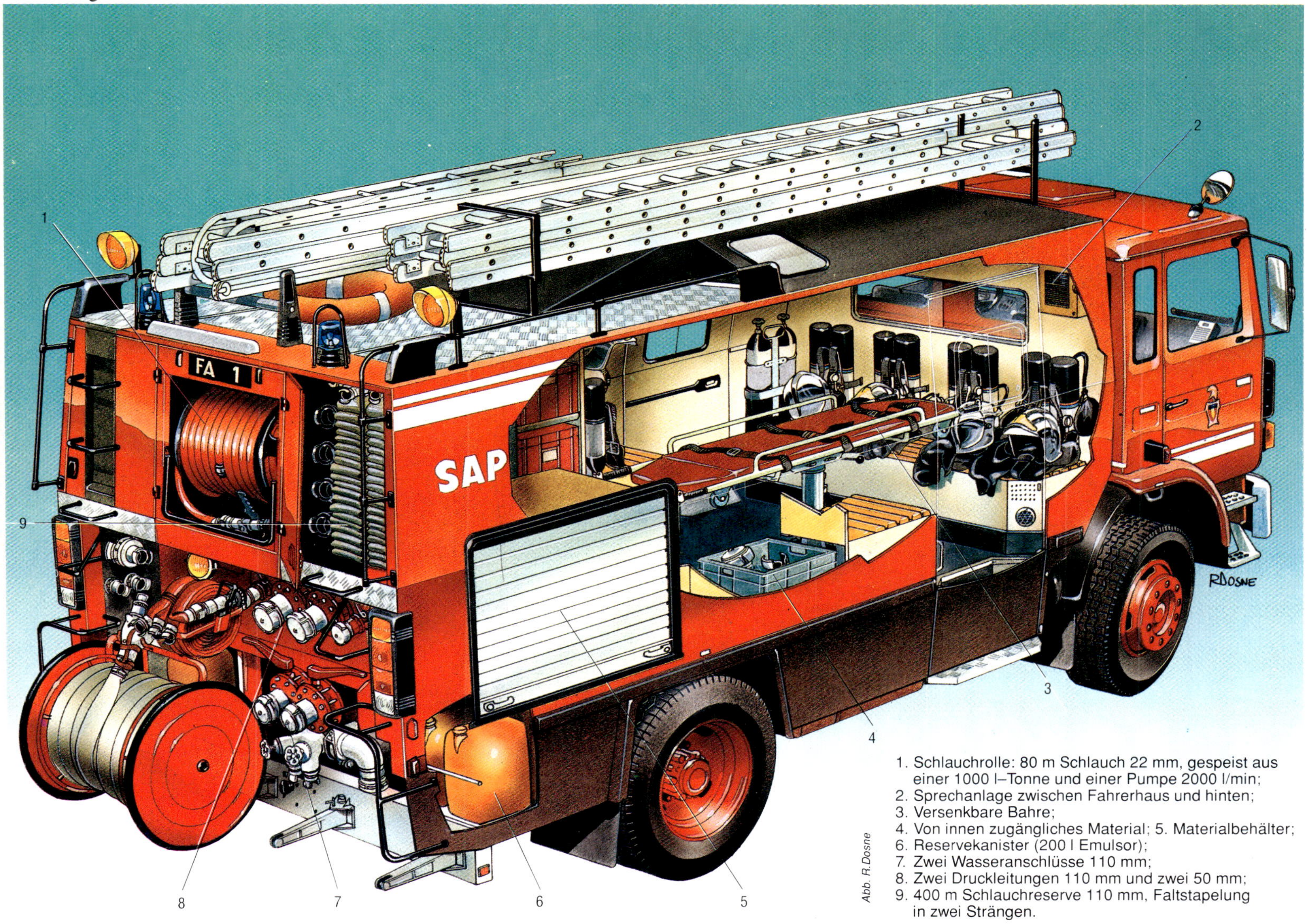

1. Schlauchrolle: 80 m Schlauch 22 mm, gespeist aus einer 1000 l–Tonne und einer Pumpe 2000 l/min;
2. Sprechanlage zwischen Fahrerhaus und hinten;
3. Versenkbare Bahre;
4. Von innen zugängliches Material; 5. Materialbehälter;
6. Reservekanister (200 l Emulsor);
7. Zwei Wasseranschlüsse 110 mm;
8. Zwei Druckleitungen 110 mm und zwei 50 mm;
9. 400 m Schlauchreserve 110 mm, Faltstapelung in zwei Strängen.

Fahrzeug für Rettung und Erste Hilfe

1. Atemgerät;
2. Materialbehälter;
3. Wassertank 600 Liter;
4. Schläuche 70 mm und 45 mm, alle nur mit 50 mm-Anschlüssen;
5. Pumpe 1000 l/min mit 3 Ausgängen 50 mm ;
6. Ausziehbares Bahrengestell;
7. Schlauchrolle (120 m Schlauch 70 mm);
8. Pumpensteuerung;
9. Ausziehbare große Leiter mit Haken;
10. Atemhilfegerät;
11. Schutzschale;
12. Stauraum.

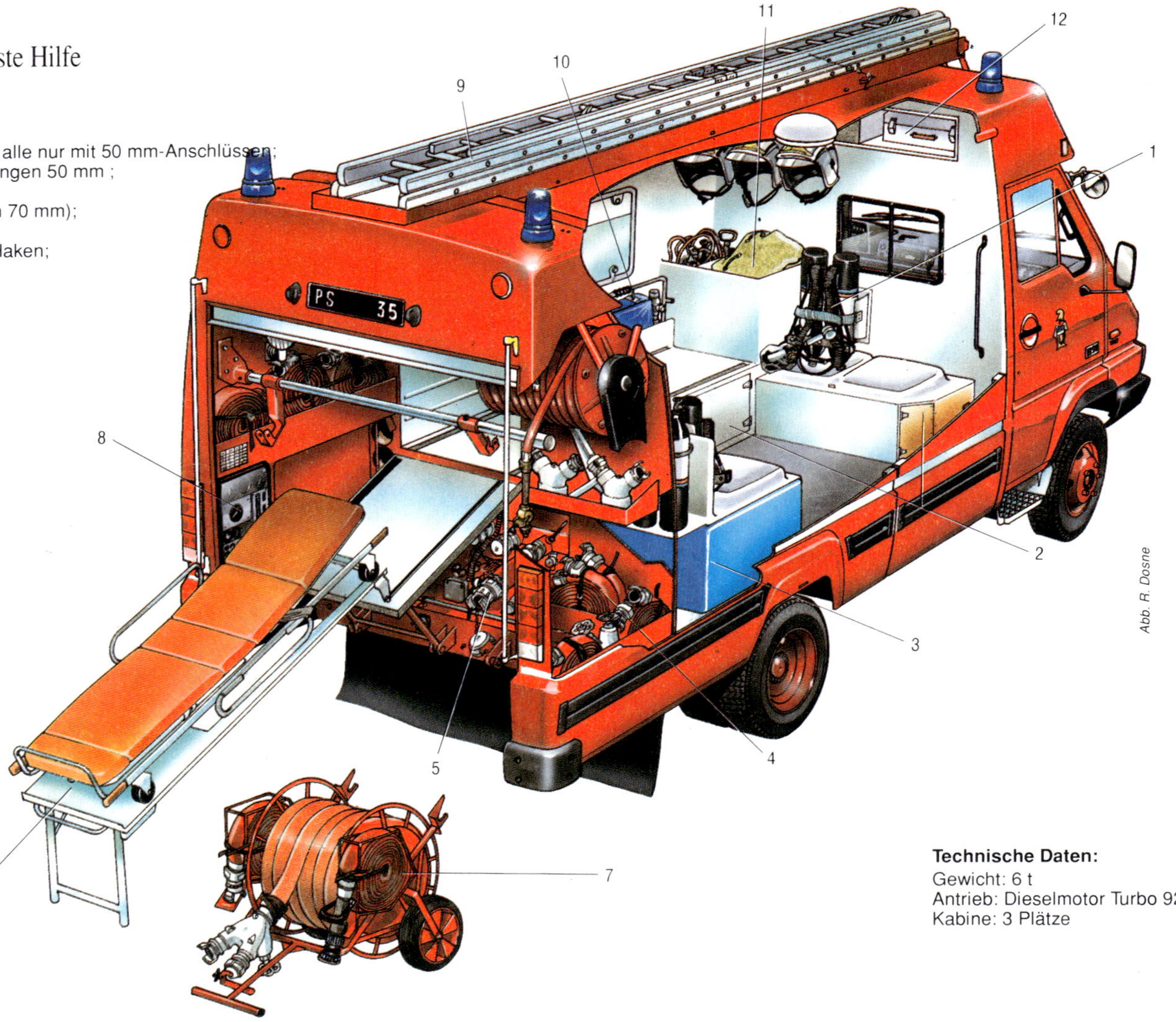

Technische Daten:
Gewicht: 6 t
Antrieb: Dieselmotor Turbo 92 PS
Kabine: 3 Plätze

Eisenbahnwaggons

Zum Personentransport in Eisenbahnzügen

Die Eisenbahn hat im Zuge der neueren Verkehrsplanung und -entwicklung neue Bedeutung gewonnen. Dementsprechend werden seit Jahren Anstrengungen zur Modernisierung der Strecken und der Züge selbst unternommen. Ihre Ausstattung wird neuzeitlichem Standard angeglichen.

Verschiedene Typen von **Eisenbahnwaggons**

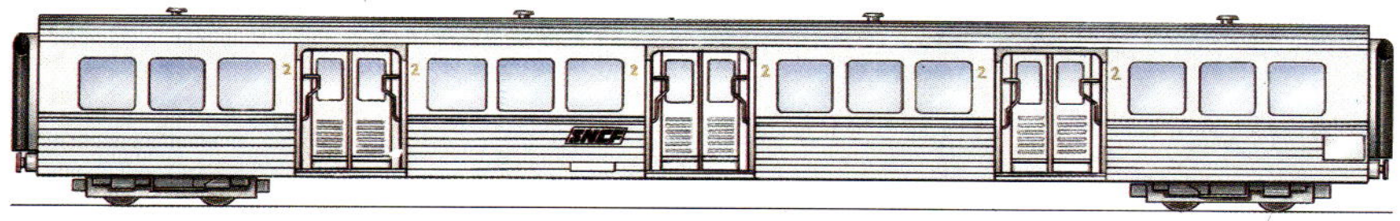

Nahverkehrszugwagen

Doppelstöckiger Nahverkehrszugwagen

Bremssystem (Eisenbahnwaggons) (Scheiben und Backen) eines Waggons vom Typ Corail (Draufsicht)

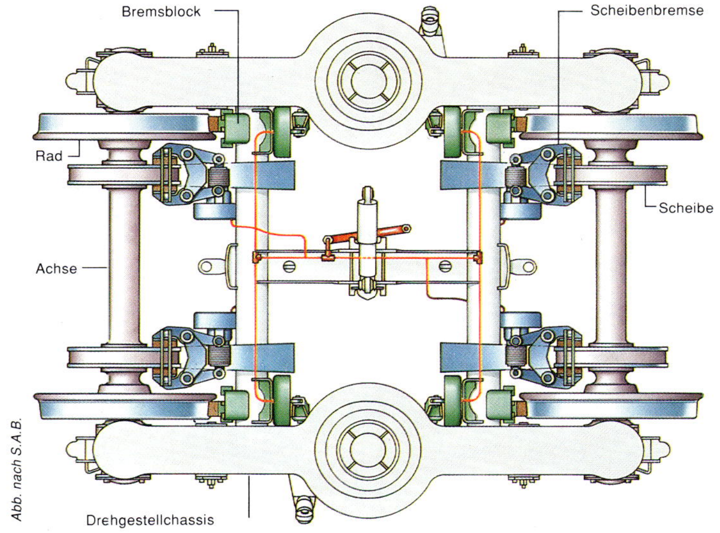

Luftdruckbremse (Eisenbahnwaggons) mit Verteiler C3W, Detail

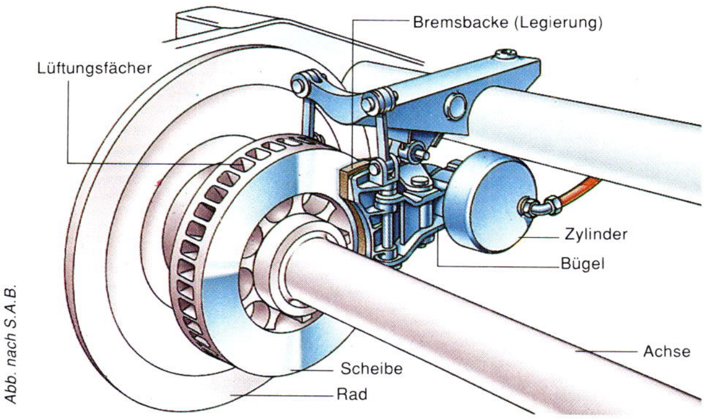

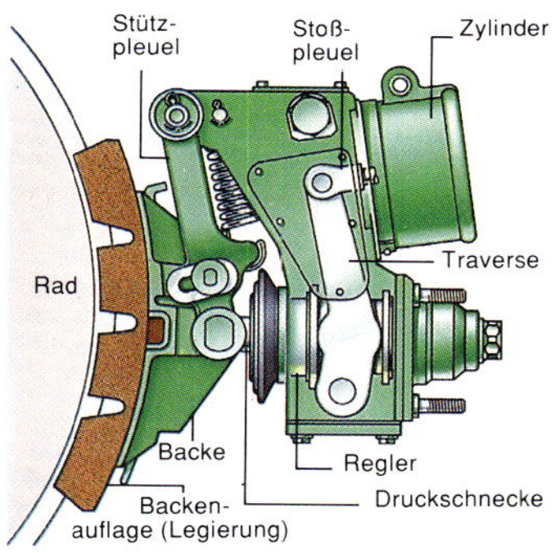

Scheibenbremse (Eisenbahnwaggons) (oben) und Backenbremse (Eisenbahnwaggons) (links) eines Waggons vom Typ Corail, Details

Federung eines Komfort-Fernzugwaggons

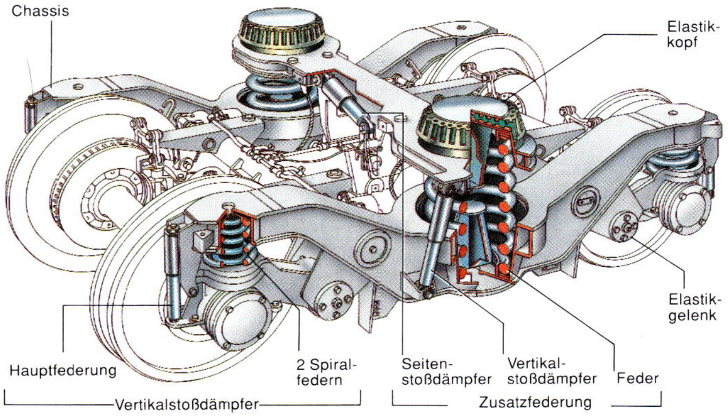

Lüftungssystem eines doppelstöckigen Nahverkehrszugwagens

1. Luftableitung WC
2./3. Abteil-Wärmereglerschalter oben und unten
4. Elektroschaltungen
5. Wärmesonden Außentemperatur
6. Außenluftansauggitter
7. Luftumwälzung
8. Luftheizungswiderstände
9. Luftzirkulationsventilation
10. Plattform-Luftableitung
11. Abzuggitter verbrauchte Luft
12. Wärmesonde zirkulierende Luft

Luft von außen
Umwälz-Luft
Luftstrom
Abluft

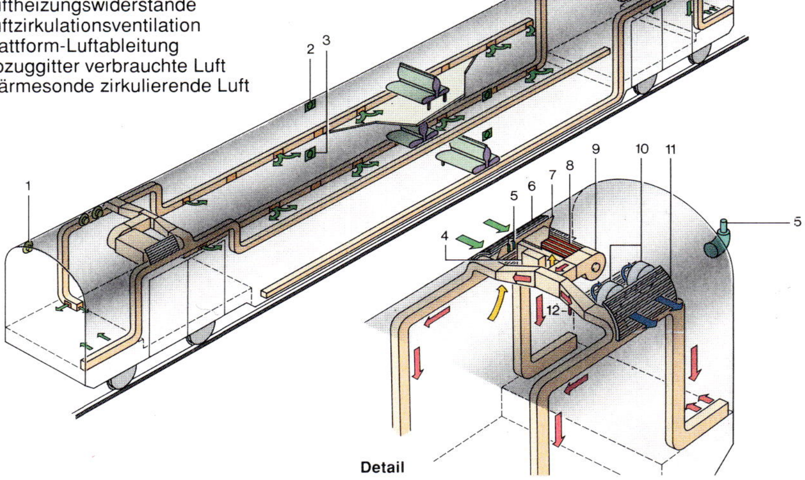

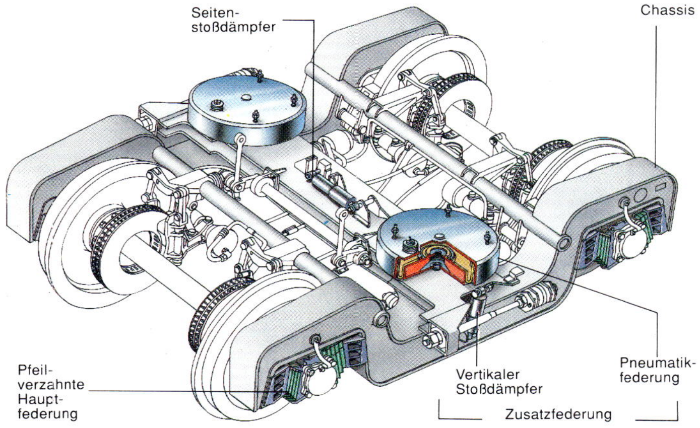

Federung eines doppelstöckigen Nahverkehrszugwagens

Güterwagen

Zum Schienen-Gütertransport

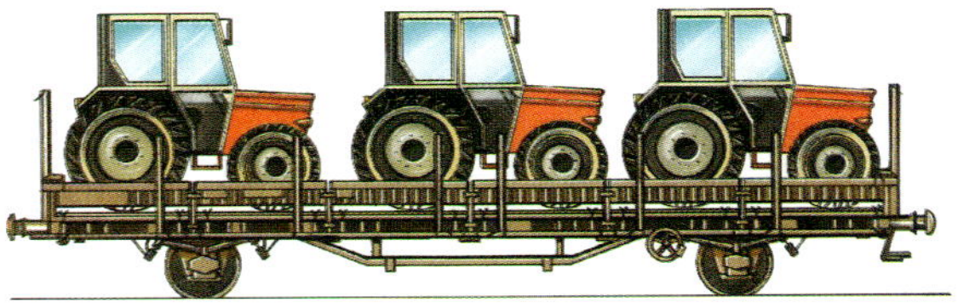

Zweiachslader

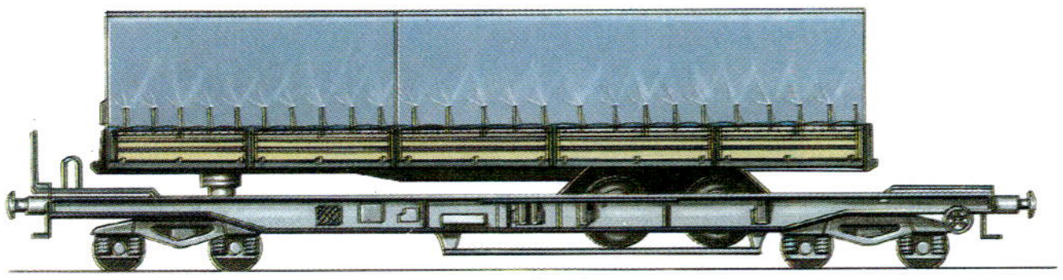

Schiene-Straße

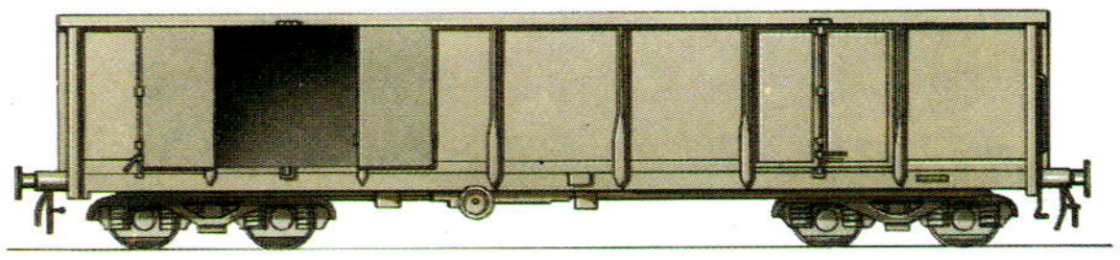

Hochbordwaggon

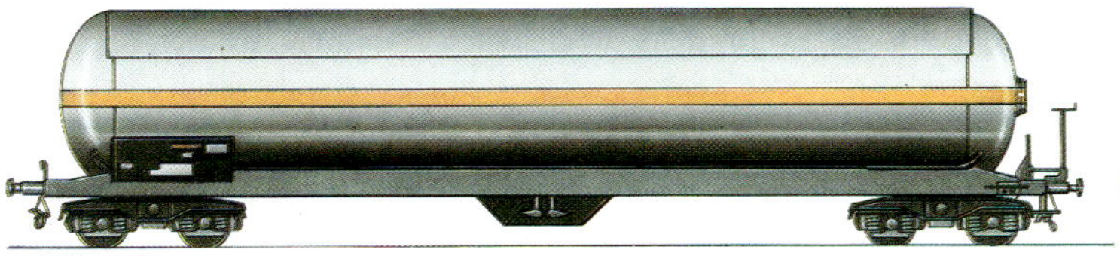

Tankwaggon

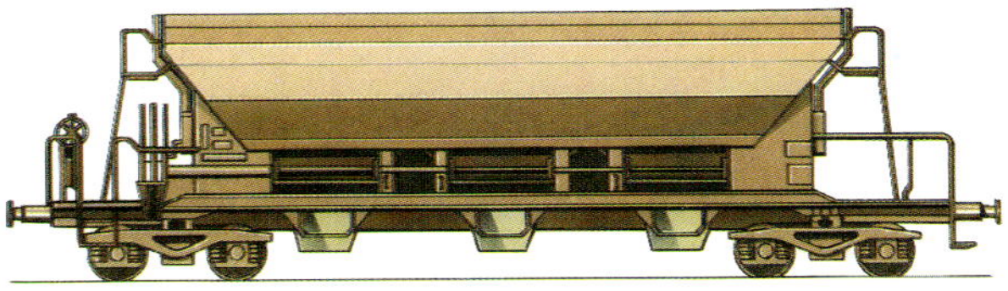

Offener Einfüllwaggon

Verschiedene
Güterwagen-Arten

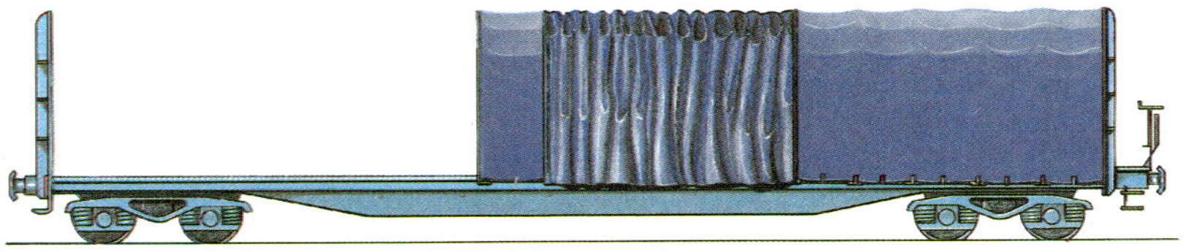

Plattformwaggon mit mechanischer Planenabdeckung

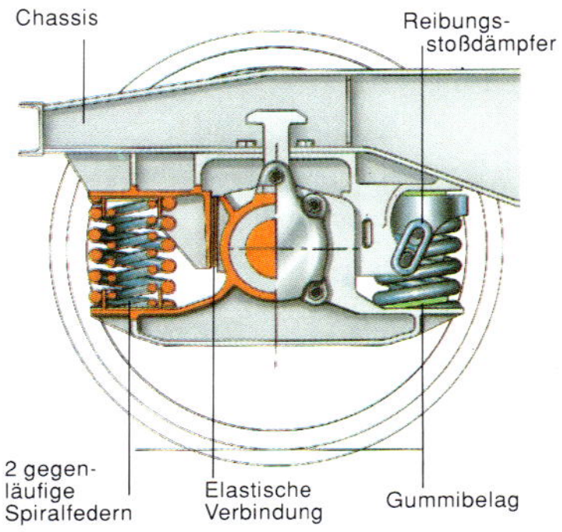

Güterwagen-Federung (Drehgestell)

Plattformwaggon zum Schiebe-Beladen

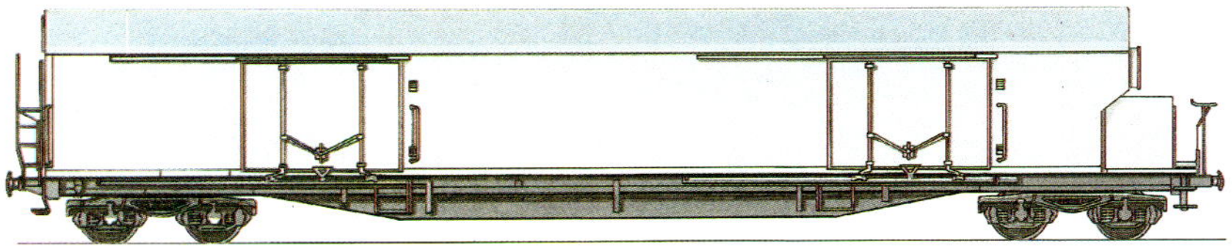

Kühlwaggon

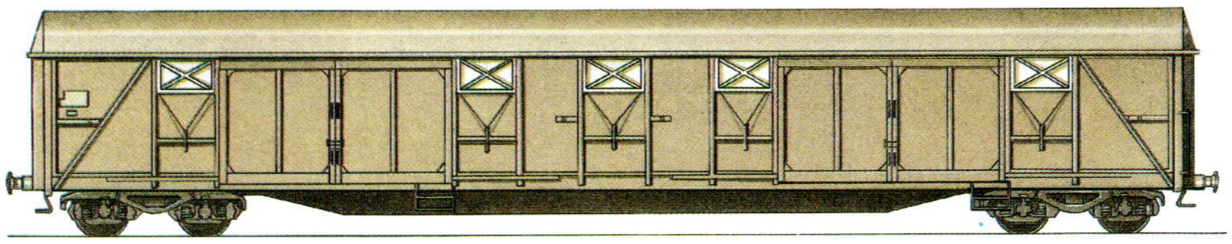

Gedeckter Großraumwaggon

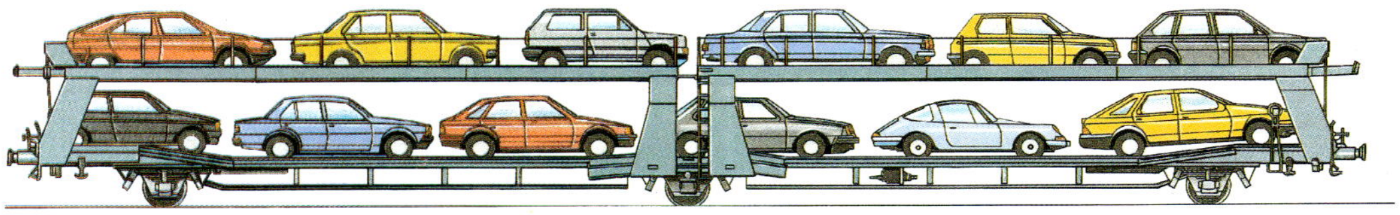

Autotransport-Tieflader

INDEX

A

B

C

D

E

F

G

H

I

J

K

L

M

N

O

P

Q

R

S

T

U

V

W

Z